世界石油工业关键技术发展回顾与展望

何艳青　饶利波　杨金华　主编

石油工业出版社

内 容 提 要

本书从地质、油气田开发、物探、测井、钻井、炼油和化工 7 个专业领域全面回顾了世界石油工业关键技术的发展历程，归纳总结了发展特点及趋势，重点介绍了各专业领域的重大关键技术，展望了未来 20 年技术发展前景，对一些重要的超前储备技术进行了重点描述与分析，最后得出结论与启示。

本书可作为石油工业上下游的科技管理人员、科研人员、生产技术人员以及大中院校师生的参考用书。

图书在版编目（CIP）数据

世界石油工业关键技术发展回顾与展望 / 何艳青，饶利波，杨金华主编 . —北京：石油工业出版社，2017.2
ISBN 978-7-5183-1768-4

Ⅰ. 世…
Ⅱ.①何…　②饶…　③杨…
Ⅲ. 石油工业-技术发展-世界
Ⅳ. TE-11

中国版本图书馆 CIP 数据核字（2017）第 010603 号

出版发行：石油工业出版社
　　　　　（北京安定门外安华里 2 区 1 号　100011）
　　　　　网　　址：www.petropub.com
　　　　　编辑部：（010）64523583　图书营销中心：（010）64523633
经　　销：全国新华书店
印　　刷：北京中石油彩色印刷有限责任公司

2017 年 2 月第 1 版　2017 年 2 月第 1 次印刷
787×1092 毫米　开本：1/16　印张：22
字数：550 千字

定价：160.00 元
（如出现印装质量问题，我社图书营销中心负责调换）

《世界石油工业关键技术发展回顾与展望》
编 委 会

主　　编：何艳青　　饶利波　　杨金华

成　　员(按章节顺序)：

<table>
<tr><td>何艳青</td><td>饶利波</td><td>杨金华</td><td>胡秋平</td><td>孙乃达</td></tr>
<tr><td>张焕芝</td><td>张华珍</td><td>田洪亮</td><td>李晓光</td><td>刘　兵</td></tr>
<tr><td>朱桂清</td><td>杨　虹</td><td>曹文杰</td><td>郭晓霞</td><td>王祖纲</td></tr>
<tr><td>刘雨虹</td><td>杨　艳</td><td></td><td></td><td></td></tr>
</table>

前　言

进入 21 世纪以来，油气工业技术发展很快，回顾过去 10 年的发展历程，可以归纳总结出石油工业技术发展的规律、特点和趋势，并对未来技术发展做出预判，对指导我国石油工业技术的发展有重要的意义。因此，中国石油集团经济技术研究院承担并完成了中国石油集团科技发展部下达的软科学研究课题——"世界石油工业关键技术发展 10 年回顾及 2030 年展望"。课题组分析总结了地质、油气田开发、物探、测井、钻井、炼油和石油化工 7 个专业过去 10 年行业发展的特点与趋势，以及专业关键技术过去 10 年的发展历程、特点、现状与趋势，对各专业当前重大关键技术进行了重点介绍，对未来 20 年技术发展进行了展望，对超前储备技术进行了重点描述与分析，最后得出结论与启示。本书正是在回顾与展望各专业的基础上编写而成。本书可为我国石油工业全面把握世界石油科技发展方向和前沿趋势，判断内外部发展环境，掌握竞争对手的科技发展战略与策略，为制定科技发展战略、规划等重大科技决策提供支撑。

本书共 8 章，第一章由何艳青、饶利波、杨金华编写，第二章由胡秋平、孙乃达编写，第三章由张焕芝、张华珍、田洪亮编写，第四章由李晓光、刘兵编写，第五章由朱桂清、杨虹、曹文杰编写，第六章由杨金华、郭晓霞编写，第七章由王祖纲编写，第八章由刘雨虹、杨艳编写。

课题组在课题研究及报告编写过程中得到了中国石油天然气集团公司科技发展部、相关专业公司及研究院所的大力支持，在此一并表示感谢。

由于水平有限，书中难免出现错误或不妥之处，敬请指正。

编　者

2016 年 11 月

目　录

第一章 概　　述

21 世纪以来，技术进步推动世界石油工业技术水平迈上一个新台阶。对世界石油工业的发展进行了回顾与展望，深度剖析了科技进步对世界石油工业发展的推动作用，分析总结了 10 年来世界石油工业关键技术发展的特点与趋势，对世界石油工业重大关键技术进行了重点描述，并对未来 20 年世界石油工业技术的发展进行了展望，最后针对国内实际提出建议。

第一节　科技进步对世界石油工业发展的推动作用

回顾 10 年来世界石油工业的发展，可以看到油气工业发展面临的形势越来越复杂，全球能源结构正在历经向多元化、低碳化方向发展的革命性变革，油气工业正在从常规油气向非常规油气发展，从陆上向滩海、深水、超深水发展，从浅层向深层、超深层发展，从自然环境较好地区向边远地区、复杂山地、沙漠、极地等恶劣环境发展，地下勘探目标从构造圈闭向隐蔽构造转变。总之，未来世界石油工业发展将面临自然环境恶劣化、资源品质劣质化、油气目标复杂化、安全环保严格化和能源结构多元化的严峻挑战。科技创新已成为推动和引领未来全球石油工业发展的重要引擎。

（1）科技进步不断深化了人类对世界油气资源的认识，资源评价日益深入，油气勘探成功率不断提高。

油气资源是不可再生的，也是有限的，但人们对资源的认识过程是不断深化的。随着科技的进步，全球油气可采资源量不同时期的评价结果总体呈上升趋势。据 2000 年美国地质调查局（USGS）的评价，全球常规油气可采资源量分别为 $3.34×10^{12}$bbl 和 $15.4×10^{15}$ft^3；全球非常规石油资源非常丰富，早在 20 世纪 70 年代，MASTERS 和 HOLDITCH 等专家就提出了资源三角理论，即常规资源仅占油气总资源的一小部分，大部分是致密砂岩气、页岩气、煤层气、重油、超重油、页岩油和天然气水合物等非常规油气资源；近年来，雪佛龙公司和得克萨斯 A&M 大学联合对美国 7 大成熟盆地进行资源评价，结果表明常规油气仅占总资源量的 10%~20%，其余 80%~90% 为非常规油气。进一步证实了资源三角理论的有效性。

随着三维地震、水平井、深水勘探、电磁测量等重大关键技术的进步，全球各地探井成功率不断提高，以美国为例，从 1990 年到 2010 年的 20 年间，探井成功率提高了 1 倍，从 30% 提高到 60% 以上；探井数占比稳步下降，从 1990 年的 16% 下降到 2010 年的 8%，降幅达 50%；单井发现储量大幅度提高。油气勘探领域不断向深水、超深水、深层、超深层、高温高压、沙漠、高山、极地、非常规油气等环境恶劣、目标复杂区域扩展。

（2）科技进步和创新推动全球石油产储量不断增长，油气采收率不断提高。

20 世纪 80—90 年代以来，盆地模拟、三维地震、水平钻井、三次采油等技术的突破，使全球原油年产量突破 $30×10^8$t；21 世纪以来，以地质导向、旋转导向钻井、水平井多级压裂、随钻测井、超高密度数据采集与处理、超深水电磁测量、最大油藏接触（MRC）等新型建井技术的发展和应用，推动全球油气产储量持续提高，原油产量突破 40×10^8 t。2000—2010 年 10 年间，原油探明储量从 1513.6×10^8 t 增长到 1894.8×10^8 t，增长 25%，年产量从 37.4×10^8 t 增长到 41×10^8 t，增长 9.6%；天然气探明储量从 154.3×10^{12} m^3 增长到 187.1×10^{12} m^3，年产量从 24134×10^8 m^3 增长到 31933×10^8 m^3，增幅为 32%。

在资源劣质化不断加剧的情况下，全球常规原油平均采收率约为 35%，非常规原油采收率约为 22%，常规天然气的平均采收率为 61%。随着技术的进步，不同类型油藏采收率持续提高，许多油田或区块采收率达到了 50% 以上，许多作业者或组织也不断提高采收率目标，如挪威大陆架组织将采收率目标定在 55%，美国能源部将采收率目标定在 60%，石油工程师协会将采收率目标定在 70% 以上。

（3）科技进步不断突破油气勘探开发新领域，深水超深水油气资源得到规模开发。

随着海上三维地震技术、可控源电磁测量技术、水平井/大位移井钻井技术、智能完井技术、多缆大型深水物探船、新型深水半潜式钻井平台、海洋深水工程重大装备、海底生产系统、多相混输等关键技术与装备的发展和完善，全球深水油气勘探开发 10 年来得到快速发展，深水油气钻探及生产水深记录不断创新，全球钻井作业水深纪录已突破 3000m，截至 2013 年 3 月达到了 3165m，海底完井的水深纪录为 2934m，铺管水深纪录已达 2700m。全球海上原油产量占全球原油总产量的 35%，特别是深水油气产量增长迅速，成为重要的产量增长区。

（4）科技进步成功推动了美国页岩气革命，引领了致密油风潮，掀起了全球范围内非常规油气资源开发热潮。

随着水平钻井、水平井多级压裂、微震监测、纳米孔隙 CT 成像数字岩心分析等技术进步与突破，工厂化钻井与作业模式的创新，美国页岩气等非常规气产量快速攀升。美国页岩气产量的突破，摆脱了天然气进口局面，美国页岩气产量从 2000 年的 122×10^8 m^3/a 增长到 2010 年的 1378×10^8 m^3/a，占到美国天然气总产量的 23%。页岩气开采技术被业界认为是过去 10 年里全球最重大的能源技术革新，由此正在引发全球包括中国、波兰、澳大利亚、阿根廷、捷克、南非、乌克兰、墨西哥等国在内的页岩气等非常规油气开发热潮。

继页岩气革命之后，技术创新使美国致密油得到规模化开发，在 Bakken，Eagle Ford 和 Barnett 页岩区带等地致密油产量迅速攀升。如 Bakken 地区（Bakken 主要是在美国境内，但是从盆地和地质构造上来讲，也扩展到加拿大境内），美国 Bakken 地层的产量从 2003 年的 1×10^4 bbl/d 已经提高到 2010 年的 45.8×10^4 bbl/d，达到半个大庆油田的水平，在加拿大境内的部分产量也已经超过 10×10^4 bbl/d。在美国几乎每个星期都会出现新的致密油产区，目前至少已经找到 20 多个，另外在加拿大也有五六处已经找到致密油资源。

（5）科技进步大幅度提高了作业效率。

科技创新和进步大幅度提高了工程技术服务领域的作业效率。例如，在钻井工程领域，钻机月速是反映钻井效率的重要指标。过去 10 年，随着技术的进步，全球钻机月速大幅提升。例如，2000—2010 年美国平均钻机月速（开钻至钻达总井深期间）从 3928.30m/（台·月）提高到 4661.19m/（台·月）。预计未来 20 年全球平均钻机月速将维持增长趋势。

（6）科技进步促进了石油工业与环境的和谐发展。

科学技术的进步带来了巨大的环境效益，使石油工业不断适应越来越严格的环保要求。例如在勘探开发领域，运用先进的勘探开发技术能够更加高效地开发油气资源，定向井、水平井、大位移井、分支井、丛式井技术的发展使井场占地面积越来越少，地下控制面积越来越大，大大减少了环境污染。根据美国能源信息署（EIA）资料统计，从 20 世纪 70 年代到 21 世纪的头 10 年，平均井场占地面积从 20acre 下降到 6acre，而地下油藏控制面积则从 502acre 扩大到 32170acre。

CO_2 捕集—驱油—封存综合联产技术创造了环境与大幅度提高原油采收率的双赢效果。先进的产出水处理技术为页岩气、致密油的开发创造了良好的生态环境保障。先进的技术和完善的 HSE 管理体系，减少了污染物的排放，降低了环境污染，增强了工人作业的安全性。

第二节　10 年来世界石油工业关键技术发展的特点与趋势

回顾世界石油工业关键技术发展历程，可以发现 10 年来世界石油科技创新呈现以下新的特点与趋势。

（1）政府高度重视能源领域的科技创新，成为赢得未来发展优势，保障国家能源安全的关键。

① 国家高度重视科技创新战略研究，制定了各种能源技术发展战略、发展路线图和研发计划，并保持持续稳定的研发投入。

发达国家高度重视科技创新战略研究，制定了各种能源技术发展战略、规划了各种能源技术发展路线图和研发计划，开展了多个技术研发项目，实施了各种技术转让和推广计划。特别是油气领域的技术创新一直是各国政府支持的重点之一，推出多项研究计划。例如，美国国家石油委员会受美国能源部委托开展的《直面能源问题的严峻事实》战略研究，深入分析了未来（2030 年）全球及美国的能源需求、供应格局、地缘政治以及技术现状与需求，提出了美国必须提高能源效率，扩大能源供应多元化，增强科技创新能力，加强碳管理，保障能源安全的总体战略。特别提出了 2030 年影响油气工业发展的关键技术。美国政府实施了超深水、非常规天然气和其他石油资源研究计划、提高采收率研究计划、深井和超深井研究等系列油气研究计划；日本政府制定了 2030 年和 2100 年能源战略技术路线图，实施了天然气水合物开发等计划；欧盟等国推出了可再生能源技术路线图；挪威实施了深水超深水计划（Demo，2000）；巴西实施了深水超深水计划（PROCAP-3000）；韩国政府也制定了天然气水合物开发 10 年计划等。我国政府也制定了"中国至 2050 年能源科技发展路线图"，实施了油气重大科技专项等一系列研发计划。

② 政府层面开展的科技创新更具长远性、前瞻性、基础性和原创性。

各国政府支持的油气技术研发主要集中在 3 大方面：一是保障国家长期能源供应安全，提供多元化能源供应，提高能源效率；政府投入增长主要在提高能源效率、可再生能源、核能、氢能和燃料电池等领域；二是为开辟风险更大、挑战更严峻的新区性领域超前布局与储备，如美国能源部针对致密气开发早在 20 世纪 70 年代初开展了"MHF"——大型水力压裂研究，80 年代开展了"MWX"——多井试验研究，80 年代后又实施了"IRD"——强化资源开发计划，针对煤层气、页岩气等非常规资源也相应制定实施了各种研究计划，制定了一系列优惠激励政策，有效引导了致密气、煤层气、页岩气等非常规油气资源的开发。近 10 年，为未来抢滩新领域，占领竞争优势地位，美国等政府纷纷开展了深水/超深水、非常规油气、极地、天然气水合物等研究计划；三是加强基础理论、应用基础和前沿技术研究，注重交叉学科和高新技术领域的融合创新，提升原始创新和持续创新能力，加强共性的可推广技术（提高采收率、微井眼钻井、能源环境）研发。

（2）大石油公司高度重视科技创新，遵循"技术是生命线"的创新理念；大石油公司是技术创新的主体。

国际大石油公司都遵循"技术是生命线"的发展理念，瞄准全球资源和市场，始终坚持"技术创新支撑和引领油公司发展，提升核心竞争力"的科技创新战略，把科技创新战略作为支撑公司持续发展的核心战略之一，作为提高公司竞争实力和竞争优势的主要举措。如埃克森美孚提出"技术是我们的生命线"，壳牌公司坚持"技术创造卓越"的理念，英国石油公司认为"技术是我们业务发展的核心和支撑"，斯伦贝谢公司坚持"技术是勘探、开发的生命线"的创新方略。

通过分析国际大石油公司的科技创新战略，可以总结出以下几大特点：

① 着眼全球，注重长远，正确把握战略布局与方向，形成"世界能源趋势—公司发展战略—科技创新战略"协调一致的战略体系。

无论是国际大石油公司还是国家石油公司，都对世界长远能源的供需格局和发展态势进行综合判断和预测，并以公司的效益与持续发展为核心，确立"未来世界能源发展趋势—公司业务发展战略—科技创新战略"协调一致的战略体系，强调科技发展战略与规划的前瞻性和长远性。

② 以公司的业务战略核心，制定科技发展战略，并形成科技"战略—规划—计划"体系。

目前，"业务驱动型"为大石油公司的科技发展战略典型特征。即根据公司的业务战略与目标确定技术需求和科技创新战略；在评估技术现状与能力的基础上，确定技术发展目标和策略，分类聚并形成研发项目；为保证研发目标的实现，构建研发体系，建立保障机制；从而形成目标明确、重点突出、指导性、可操作性强的科技发展战略—规划—计划体系。

③ 在具有战略意义的领域或环节上采取技术领先战略，充分发挥比较优势，加强具有自主知识产权的关键技术和专有技术发展，提高竞争实力。

各大油公司的技术水平和技术实力不尽相同，但是都在强调和强化优势领域的技术领先地位，将发展具有自主知识产权的关键技术和专有技术作为提升公司核心竞争力的重要手段，强调技术战略竞争价值的最大化。强调"做好你做得最好的"。

④ 在非优势领域技术发展采取快速跟进战略，强化集成，充分发挥技术的应用价值。

坚持有所为、有所不为的原则，在非优势领域快速跟进，采取多种形式的技术获取策略，不强调技术的原始创新或拥有权，而是强化集成应用和改进，强调技术应用价值的最大化。强调"把技术用得最好"。

⑤ 应用一代、研发一代、储备一代、构思一代成为大油公司技术发展的普遍做法。

国际大石油公司科技发展战略布局层次清晰、重点突出，注重长远发展。以持续改进技术支撑现有业务发展，以瓶颈技术突破保持竞争优势，以超前储备技术引领开拓未来业务发展。目前，各大石油公司将解决油气领域技术瓶颈、保持竞争优势的技术作为重点攻关技术，就油气领域的基础研究、新能源技术、温室气体减排等环境技术作为超前储备技术进行研发，为持续发展提供技术支撑。

⑥ 近年来，大石油公司科技创新组织管理呈现一些新的特点和趋势。

研发投入大幅增长，据里特公司统计，国际大石油公司研发投入年均增长 13%，部分公司甚至达到 25%；研发机构布局更加贴近生产、贴近资源，如埃克森美孚公司和道达尔公司在卡塔尔、壳牌公司在马来西亚、BP 公司在阿拉斯加、道达尔公司和壳牌公司在加拿大油砂资源地设立研发/技术中心；注重合作研究，推动开放研究，大石油公司、技术服务公司通过与大学或研究机构等共同成立股份公司、建立合作联盟、工业界联合研发、技术并购等方式，充分利用外部技术力量，开展开放式研究，同时加强与政府研究机构的合作；国际油公司研发领域宽泛，与拥有油气资源的国家石油公司注重对特定技术研究开展研发的"Farmer"方式不同，国际油公司的研发领域更加宽泛，更加类似"Hunter"，寻求一切可能的技术与机会；研发、培训和技术服务一体化，埃克森美孚公司、壳牌公司、BP 公司和道达尔公司等均重视三者的协同管理与合作，通过研发、生产岗位轮换等方式加强人员培训工作。

（3）科技创新方向明确，重点突出。

① 未来油气技术的研发重点。

无论是政府还是石油公司，未来油气技术的研发重点主要集中在 5 大领域：

a. 提高未发现油气资源的发现率；

b. 提高已发现资源的采收率；

c. 提高资源转化率和利用效率；

d. 发展替代能源，保障能源多样性；

e. 碳管理等能源环境技术。

超前储备，长远布局则集中在以下 4 大领域：

a. 非常规油气、超深水、极地、提高采收率等领域；

b. 新能源与可再生能源；

c. 提高能源效率；

d. 碳管理等能源环境技术。

② 全球油气技术研发重点向深海和非常规油气等领域转移。

随着全球资源劣质化、环境复杂化挑战的日益严峻，深水、极地、非常规油气等新区、新领域成为越来越重要的战略资源接替区，也成为技术创新的重点和难点。从斯伦贝谢公司近年来研发投入领域的变化情况可以清晰地看到，研发重点向深海、非常规油气和 CO_2 减排与利用等领域转移趋势明显。

（4）油气技术发展趋势明显，进一步向集成化、信息化、智能化、可视化、实时化、绿色化方向发展。

① 向集成化方向发展。

面对环境恶劣化、油气目标复杂化和资源劣质化的挑战，任何单项技术都难以保证石油工业未来的持续发展，因此多学科技术集成是解决勘探开发重大问题的最佳途径，是当代石油科技发展的最明显的方向和趋势。集成化充分体现在：多学科集成、数据集成、技术集成、方法集成、工具集成以及资产运营过程等多层次集成。例如，油藏表征模型功能不断扩展，在一个正演模型中，集成越来越多的测量参数同时进行反演，从而更精细地进行油藏表征，从油藏描述的层次从 Description 到 Characterization 再到 Illumination，充分反映了集成的过程和作用。地震采集处理和解释一体化、地震与资源目标评价一体化、地震与电磁测量方法集成、压裂与微震监测、随钻测井（LWD）、随钻地层压力测试、纳米机器人油藏监测等一批关键技术将不断成熟与完善，集成共聚正在推动石油科技产生质的飞跃，大大提高了油气资产的经营效益。

② 向信息化方向发展。

以高性能计算机、互联网络、卫星通信、数据银行等为主的信息技术应用，对石油工业的发展产生了巨大的推动作用，成为了石油工业发展的强大技术引擎。信息技术的应用纵向上贯穿石油工业整个产业链，如油气勘探、开发与生产、管道运输、炼油与加工、销售与市场各个环节，横向上贯穿整个管理、技术、决策和战略各个层次。信息技术应用与信息化建设为石油行业提供了广泛、共享的信息平台，推动了一代又一代关键技术的形成与发展，为集成和实时解决提供了基础，在此基础上石油工业可以实现远程生产监测与控制、远程分析与决策及实时解决与优化。目前，以信息技术为工具，连接人、战略、过程和信息，实时产生最优决策，提高业绩和价值的知识管理已经形成，并正在将石油工业推向相对完善的虚拟企业工作环境。

③ 向智能化方向发展。

以人工智能专家系统、地质导向、旋转闭环导向钻井系统、智能完井、数字油田、纳米机器人等为标志的一批关键技术不断发展与完善，推动了油气生产与经营向智能化方向发展。地质导向、旋转闭环导向钻井系统等大大提高了井眼轨迹的控制效率与精度；智能完井技术形成了数字油田的基础和核心。智能完井系统可以在不动井下设备的情况下，实现井下参数的实时连续监测、采集、处理、反馈及实时优化生产，地面遥控随意实现单井多层、多分支选择性生产和注入，优化各层的实时流动，实现随意封隔水气层，防止传流，一井多用，同采同注等智能控制功能。具有前视功能的导向系统、仿生井、纳米机器人等一批前沿技术正在引领油气技术向更高层次的智能化方向发展。

④ 向可视化方向发展。

20 世纪 90 年代以来，可视化趋势日臻明显，地震成像技术、成像测井技术、钻井过程可视化监控及可视化研究中心等，为优化控制、多学科集成研究与决策提供了最佳途径。特别是虚拟现实技术的引进，许多国际大石油公司纷纷建成现代可视化中心，通过各种虚拟现实处理与分析工具，使地质资料、地震资料、测井资料解释、钻井资料、油藏模拟和生产动态资料等均能可视化，充分反应油藏客观现实，从而使多学科从传统的桌面系统协同，进入了沉浸式、可视化协同阶段，改变了石油公司决策与研究的工作方式和流程，明显提高了工作效率和准确性。

⑤ 向实时化方向发展。

通过智能完井、各种永久传感器、数据传输系统、生产控制系统等，目前石油工业可以围绕各生产环节——油田开发设计、钻井过程、油藏动态监测、生产优化及作业实施等环节，实现实时监测、实时数据采集、实时传输与处理和实时决策与解决的闭环流程；通过数字油田的建设与完善，从而将各种人力、工艺、技术、方法与工具等相互联系到一起，通过多学科集成协同工作，使整个油田管理如一个有机系统，在整个油田开发的生命周期内，完成 E&P 生产实时、连续的优化，形成包括全过程、全任务的实时优化闭环系统，达到最大的资产经营效益。实时化是科技发展主要目标和趋势。

⑥ 向绿色化方向发展。

创造能源与环境的和谐，打造绿色石油工业是 21 世纪石油科技发展的重要趋势。科技进步从能源结构上将保证能源从高碳量的石油向低碳的天然气和无碳的可再生能源发展，从化石燃料向可再生能源发展，天然气正在成为这一过渡的桥梁。一批关键技术正在创造能源与环境的和谐发展，如水平井和多级压裂技术的突破，解放了非常规天然气资源，推进了能源结构的优化，CO_2 的捕集封存与提高采收率有望改变"游戏规则"，以丛式井、大位移井等为主的技术大大减少了井场污染面积，以清洁钻井液、完井液、压裂液等作业流体不仅保护了油气藏，同时也减少了环境污染。完善的 HSE 体系和清洁生产技术与工艺等推动世界石油工业朝着原料绿色化、生产过程绿色化、产品绿色化的绿色工业方向发展。

⑦ 高技术发展不断推动石油科技突破与创新。

不同时期"高新技术"皆对石油工业产生了巨大的推动作用。伴随着三次大的技术革命，世界石油产量出现了三次跨越式增长。随着信息技术、纳米技术、生物技术、新材料技术等现代高技术的发展，石油工业从 I1 向 I4（Instrument×Information×Intervention×Innovation）时代跨越。纳米技术、新材料技术在石油行业呈现良好的应用前景，纳米机器人在油藏漫步已经梦想成真，纳米驱油、生物驱油、纳米添加剂等正在油气生产中得到广泛研究和探索，专家预言，最有可能引起变革的是提高传感器的灵敏度、改良各种钻井材料，增强计算机运算处理和运算能力，制造出各种功能性的智能材料或注剂。

第三节 未来 20 年世界石油工业技术发展展望

在对过去 10 世界石油工业技术发展进行了回顾的基础上，从公司、油气资源和专业领域角度对未来 20 年技术发展进行了展望。

一、不同油气资源未来 20 年技术发展展望

未来 20 年，在继续发展常规油气开采技术的同时，将重点发展非常规油气、深水超深水和极地油气资源的勘探开发技术。非常规油气、深水超深水和极地油气资源将成为重要的战略资源接替区，是未来争夺的焦点，也是科技创新的热点和难点。

1. 常规油气开采技术

对于剩余常规石油资源，提高采收率是关键，且潜力巨大。美国十分重视 EOR 技术研发，目前应用最成功的是二氧化碳混相驱和蒸汽热采技术。近年来，在美国能源部的资助下，美国国际先进资源公司（ARI）提出了"新一代"CO_2—EOR 技术，即在现有技术基础上：（1）改进井型设计，充分扩大井与油藏的接触面积；（2）改善流度比、提高混相能力；（3）加大 CO_2 注入量；（4）实时过程监控、信息反馈与动态优化。模拟评估认为推广此技术有望将原油采收率从目前的 33% 提高到 60% 以上。

通过对资源和技术评价与调查，美国国家石油委员会认为的影响未来常规石油生产的重大关键技术及其工业化时间表见表 1-1。

表 1-1 影响未来常规石油开采的关键技术

技 术	简 评
大幅度增加井与油藏的可控接触面积技术	随着技术进步，水平井的战略地位和数量将不断提升，通过水平井技术可以更多、更有效地开发各种石油储量
水平井/多分支井/鱼骨井	从一个主井眼钻多个分支井眼可以进一步扩大与油藏的接触，有效开采剩余油

技　术	简　评
关节内窥镜建井技术(Arthroscopic-well construction)	在油藏中任何含油的地方,部署和钻泄油井眼(类似人体血管系统),从而提高最终采收率
SWEEP 系列技术(See,Access,Move)(看得见、进得去、采得出)	这是一系列集成技术(包括下面紧邻的4项技术),通过这些技术,可以清楚地观察到油藏内部状况、准确进入/接触到剩余油,并有效地将其驱替出来,从而大幅度提高可采储量
智能井(注入与生产)	可控制不同的流体按需求流向不同的地方(在井筒中)
油藏表征与模拟	现有模型功能不断扩展,在一个正演模型中,包括所有的测量参数同时反演
油藏实时可视与管理	油藏规模的测量参数(压力、地震、电磁、重力)联合反演,可能带有不确定性,但无数据丢失
全系统的任务控制	全系统(地下与地面)计算机再现与控制,真正实现系统运行最优化
二氧化碳驱流度控制	CO_2 驱替前缘的监测和控制是项目成功的重要因素
蒸汽辅助重力驱(SAGD)/蒸汽与三元复合驱(ASP)技术	改进和优化 SAGD(包括运用 ASP)的系列技术对广泛、经济地开发重油十分关键
北极地区海底至海岸(subsea-to-beach)工艺技术	海床表面的冰冲蚀,对于传统的水下作业工艺和传统的海底井口到海岸的作业工艺来说是一个巨大的挑战
人工举升	仅将需要的流体举升到地面
更快捷、更廉价和高精确度的三维地震技术	更快、更好、更便宜会使这项技术得到更广泛的应用

2. 非常规油气资源

1)致密气、煤层气、页岩气、致密油

非常规天然气资源主要包括致密砂岩气、煤层气和页岩气等,在全球分布广泛。表1-2和表1-3分别是未来10年和2030年非常规天然气重点研发技术。致密油的开采技术与页岩气是基本一致的。

表1-2　未来10年非常规天然气重点研发技术

技　术	简　评
实时随钻甜点监测	通过导向技术,引导钻头沿油气藏的高产能区域钻进
井深小于1524m的连续油管钻井	充分发挥连续油管钻井的优势(钻进速度快、井场占地少、钻机便于移动),实现一些困难地区的钻井
页岩气藏层状结构和天然裂缝3D地震成像	如果通过更好的测试方法,能更好地认识了解气藏,就可以进一步提高现有气井的采收率
产出水处理	采出水经处理后,可变废为宝,再用来进行农业灌溉,满足工业或钻完井过程的各种用水需求
深井钻井	深井钻井技术的发展决定了能够开发多深的煤层气、页岩气和其他各类非常规气藏
CO_2 注入/封存提高煤层气产量	需要确定技术解决方案,筛选合适的埋存地层及 CO_2 源
数据处理和数据库	目前已建成了包括北美大部分盆地地质、工程参数的数据库,正在逐步建立涵盖全球各盆地的数据库

表 1-3　2030 年非常规天然气重点研发技术

技　术	简　评
天然气资源评价和地质储量评估	开展全球各盆地非常规天然气资源评估并建库，供全球相关者使用
钻井和完井	不断改进钻井系统，依靠先进的金冶和材料技术、研发更精准的实时井下传感器，保证钻遇"甜点"

注："渐进"——正常进度；"加速"——加大资金投入（3~5 倍）；"突破"——大幅度增加资金投入（10~100 倍）。

2）重油、超重油和沥青

由于大量的重油资源已被发现，所以，目前勘探技术的重要性相对降低，重点是开发技术的改进。其开发技术主要包括浅层露天矿采、注蒸汽热采、冷采（出砂冷采、水平井冷采等）、火烧油层（尚存在技术经济等问题）等方法。提升重油价值、降低成本、减小环境影响是未来重油技术的发展重点和方向。表 1-4 是现有重油开发技术和未来重点研发技术。

表 1-4　未来重点研发技术

方　法	技术描述	优　点
替代燃料和气化、碳捕集与封存一体化	用煤、焦炭或渣油提供能量和制氢	降低 CO_2 排放
满足特需的小型核电厂	建小型核电厂，提供能量和制氢	降低 CO_2 排放，但要考虑安全、扩散、核废料处理等问题
就地改质	在使用或不使用催化剂的情况下，利用热能就地改质	临界能量平衡
井下蒸汽发生技术	利用电能或燃料在井下产生热能或蒸汽	适用于北极、海上或深层
矿采+井采		适用于北极和地面井场环境有严格限制的地区

3）油页岩

油页岩由基岩和干酪根组成。干酪根可以转化成为比重油和煤更优质的液态燃料。全球油页岩资源约 $3×10^{12}$ bbl，与常规原油资源量相当，约一半以上发现于美国。

最常用的开采方式是露天采矿与地面干馏。目前正在研发的就地转化技术引起了业界的广泛关注。这种方法通过钻井，缓慢加热油页岩储层至 350℃ 左右，数月后干酪根逐渐转化成石油和天然气。壳牌公司已经开展了先导性试验，采出了优质的中间馏分原料油。就地转化技术刚刚兴起，未来数十年会有哪些技术突破尚不清晰，但热量的有效利用和管理、油藏温度和饱和度分布预测、反应区"冻结壁"或低渗透屏障的监控技术等都是非常重要的技术。

油页岩开发技术与商业化时间：

2020 年——环境修复与治理；地面干馏装置与工艺改进；就地转化先导试验；

2030 年——大规模开发。

4）天然气水合物

天然气水合物主要分布于北极地区的冻土层内、大陆坡、海底、湖底等地。极地和海洋环境中的水合物在储层构造、技术需求和最终经济价值等方面都有很大不同。

目前，世界范围内只钻了几十口探井，主要在日本周边海域和印度海域，但相关资料尚未全部公开，勘探评估效果还不确定。

天然气水合物技术及商业化时间展望：

2020 年——北极地区水合物商业化开采；勘探与评价美国海域水合物资源；

2030 年——开发出海洋天然气水合物开采方法。

3. 深水超深水油气资源

深水油气资源是一种存在于非常规环境中的常规资源，在勘探、开发和生产过程中面临着一系列的技术挑战。未来 20 年优先发展的深水技术见表 1-5。

表 1-5　优先发展的深水技术

技　　术	重要性	简　　评
油藏表征	最大幅度提高采收率	只能用很少(但很贵)的油井资料，对越来越复杂的油藏进行动态预测和监测
生产系统扩充	保障油气资源经济有效开发	与陆上生气生产系统相比，要实现远程资源的高效开发，海上生产系统要有很多扩展，例如：必须建立海底流动保障系统(开采与输送至地面)、井控、配电及数据通信等系统
高温高压完井系统	保障安全、可靠的开发生产	各种设备与材料必须要在超高温、超高压、强腐蚀的环境中可靠而稳定的工作
海洋气象预报和系统分析	保障安全、可靠的开发生产	必须要有各种预测大气、水下"天气"及工程系统响应的综合模型

在上述 4 个优先发展的技术领域中，高温高压完井系统、海洋气象预报和系统分析必须要靠政府与行业间的通力合作，开展跨行业的技术转让或联合研发。实际上，深水技术与其他领域的技术是紧密相关的，必须给予高度重视(表 1-6)。

表 1-6　深水开发重要相关技术

技　　术	重要性	简　　评
盐下成像	寻找新的大型油气资源	用地震处理新技术，实现复杂盐下精确成像
气体液化	解决天然气的远程输送	鉴于离岸距离和水深双重因素，能够将天然气转换成易输送形式的技术会越来越有价值

4. 北极油气资源

近年来，北极地区受到全球瞩目，据 2008 年美国地质调查局(USGS)公布油气资源调查报告显示，在北极圈以北地区 25 个最具油气潜力的地质区，拥有 900×10^8 bbl 待发现的技术可采石油、1670×10^{12} ft³ 待发现的技术可采天然气和 440×10^8 bbl 技术可采天然气液，分别占世界待发现石油、天然气和天然气液的 13%，30% 和 20%。许多大国和大石油公司纷纷加快装备建设，加紧队伍组建，抢滩北极地区油气勘探开发，将北极确立为"首要战略能源基地"。例如，俄罗斯首先加快了核动力破冰船队的建设与维护，制定了《2020 年前俄罗斯联邦北极地区国家政策原则和远景规划》，美国发布新的北极政策。荷兰皇家壳牌公司、英国石油公司、埃克森美孚公司等国际大石油公司针对北极严冰、极低温、冬日漫长黑夜等极端恶劣的自然条件，加强技术装备研发与储备，如壳牌公司建造安装的极地冰上钻井平台，快速移动钻机、极低温原油输送等技术，借此进入该地区开展油气勘探与开发。为满足未来对勘探开发北极丰富的油气资源的需要，未来将设计建造多种类型的北极油气勘探开发装置。

二、各专业领域未来 20 年技术发展展望

1. 地质勘探

地质勘探技术总的发展趋势是：系统化、综合化、数字化、精细化。未来 20 年地质勘探技术发展展望见表 1-7。

表 1-7　未来 20 年油气地质勘探重要技术展望

技术领域	重点研发技术	简要描述
非常规天然气	资源评价和地质储量预测	对全球各盆地进行非常规天然气资源潜力评估并建库，供全球的生产企业或团体使用
深水探区	精细储层描述	有助于解决深水域地质勘探普遍缺乏井资料、地质目标层日趋复杂的难题
陆上高成本探区	特色配套技术和地球系统模拟	技术适应性需求不断增加，使特色配套技术研发意义重大；模拟更为综合的地球系统、判断潜在情形和参数中的不确定因素方面取得的进展能够极大帮助识别新的远景带和"甜点"

2. 油气田开发

油气田开发技术总的发展趋势是：看清楚、接触到、驱替好。未来 20 年油气田开发技术发展展望见表 1-8。

表 1-8　油气田开发技术发展趋势及未来 20 年展望

技术领域	当前重大关键技术	发展趋势与方向	未来 20 年技术展望
油藏描述	多孔介质微米 CT 成像；主流油藏描述软件	宏观规模更大；微观深度更细；功能越来越多	多孔介质纳米 CT 成像；油藏纳米机器人
油藏模拟	新一代油藏模拟器；主流油藏模拟软件	计算速度越来越快；网格数越来越多；功能越来越强大	十亿网格数值模拟技术
建井技术	智能井；MRC 井	与油藏接触面积越来越大，可控制程度越来越高	ERC 井；仿生井；关节内窥镜井
水力压裂	水平井分段压裂；微震实时监测	低伤害、无伤害压裂液；低成本、高强度、低密度、功能化支撑剂；创造流通性越来越好的油流通道	流动通道压裂技术；超清洁压裂液
EOR 技术	二氧化碳驱；化学驱；热采	现有技术改进；低成本、智能化、环保型注剂	新一代 CO_2—EOR 技术；新型油藏注剂（智能流体、聪明水、铁磁流体）；改进的水/气交替注入法（ASPaM）；低矿化度水驱

技术领域	当前重大关键技术	发展趋势与方向	未来20年技术展望
油藏经营管理	实时油藏经营管理; 数字油田	响应时间越来越短; 多学科高度协同; 全过程自动控制	全过程控制技术
稠油开采技术	SAGD	低能耗、低成本、低排放	地下改质(催化剂法、电法等); 热—溶剂复合法(LASER,ES-SAGD等)
非常规气开采技术	煤层气羽状水平井钻完井; 致密气连续管多层增产; 页岩气水平井分段压裂	充分发挥规模效益; 低成本、工厂化作业	二氧化碳驱提高煤层气采收率技术; 工厂化压裂

3. 地震勘探

地震勘探技术总的发展趋势是:(1)从一维向四维发展;(2)从单分量向多分量发展;(3)从时间域向深度域发展;(4)从使用声波向使用弹性波发展;(5)从各向同性向各向异性发展;(6)从叠后偏移向叠前偏移发展;(7)从反射波特性向岩石特性发展;(8)从静态诊断向动态实时监测发展;(9)从单项应用向综合应用发展。未来20年地震勘探技术发展展望见表1-9。

表1-9 地震勘探技术未来20年展望

技术领域	未来20年技术展望
处理解释技术	全波形反演; 基于GPU的真三维解释技术; 地震数据处理解释一体化技术; 综合多学科种数据解释技术
油藏地球物理	井中地震; 微震监测技术; 多波多分量地震勘探技术

4. 测井

测井技术总的发展趋势是:(1)测井装备向高可靠、高精度、高效率、网络化方向发展;(2)测量方法向多源、多波、多谱、多接收器方向发展,测量参数由二维成像向三维成像发展;(3)井下仪器向高精度、阵列化、成像化、集成化发展;(4)随钻测井向深探测、前视、成像方向发展;(5)测井资料应用由单井处理解释转向多井综合对比分析。未来20年测井技术发展展望见表1-10。

表1-10 测井技术发展趋势及未来20年展望

技术领域	当前重大关键技术	发展趋势与方向	未来20年技术展望
裸眼井电缆测井	成像测井、核磁测井	测量方式多样化; 成像测井向三维测量方向发展; 井下仪器向阵列集成、高温耐压、安全环保方向发展	多种传送方式快测平台; 高温高压仪器; 核测井可控中子源; 介电扫描仪;

技术领域	当前重大关键技术	发展趋势与方向	未来20年技术展望
随钻测井	随钻测井技术	向深探测、前视、成像方向发展	电磁套管扫描仪; 深探测随钻电磁测井仪器; 钻柱雷达
套管井测井	地层流体采样与压力测试、动态监测、套管井地层评价、井间电磁成像、井下永久传感器	油藏动态监测与套管检测技术向远探测和成像方向发展; 地层流体测试与采样技术向实时流体分析、高纯度样品采集与高效作业方向发展	新型井眼瞬变电磁测量系统; 高分辨率实时套管应力成像仪; 井下流体分析; 随钻地层流体采样
测井资料处理与解释	测井解释评价技术、测井软件	非常规地层评价备受关注	煤层气、页岩气、致密气等的处理解释技术

5. 钻井

钻井技术总的发展趋势是:更优质、更高产(更利于提高探井成功率、油气产量和采收率)、更快速、更经济、更安全、更环保、更聪明。未来20年钻井技术发展展望见表1-11。

表1-11 钻井技术发展趋势及未来20年发展展望

技术领域	当前重大关键技术	发展趋势与方向	未来20年技术展望
钻机及配套设备	(1) 电驱动钻机/交流变频电驱动钻机; (2) 液压钻机; (3) 双作业钻机; (4) 自动化钻机	(1) 多样化; (2) 个性化; (3) 模块化、轻量化、移运便捷化; (4) 自动化、智能化; (5) 能耗低、噪声小	钻机自动化水平和作业效率更高,深水钻井装置将越来越多地采用双作业钻机
钻头及破岩技术	(1) PDC钻头; (2) 牙轮钻头; (3) 高压喷射钻井	(1) 改进切削齿材质和制造工艺; (2) 个性化; (3) 多样化、集成化; (4) 耐高温高压; (5) 增强运转稳定性; (6) 发展新的破岩及辅助破岩方法	PDC钻头的钻井进尺占全球钻井总进尺的份额有望增至90%以上,破岩技术有望取得重大突破,甚至出现一次革命,激光钻井的研发前景不甚明朗
钻井液	(1) 水基钻井液; (2) 油基钻井液; (3) 合成基钻井液; (4) 气体类钻井液	(1) 增强井下高温高压、高盐等复杂环境的适应性; (2) 稳定井壁,提高钻井作业的安全性和效率; (3) 保护储层,提高油气发现率和单井产量; (4) 提高钻速,降低钻井成本; (5) 保护环境,降低废弃物处置费用	钻井液个性化、纳米化、多功能化、智能化
井下随钻测量技术	(1) MWD; (2) LWD; (3) 近钻头地质导向	(1) 多样化、多功能化; (2) 多参数,高精度; (3) 传输速率更快; (4) 传感器离钻头更近; (5) 横向探测深度更大,纵向随钻前视; (6) 耐温、耐压能力更强; (7) 模块化、小型化、微型化; (8) 测控一体化	井下随钻测量技术将继续取得重大突破,智能钻杆等实时、高速、大容量传输技术将助推随钻全面地层评价、随钻"甜点"监测和随钻前探技术的发展,随钻测量仪器的耐温能力有望提高到300℃

技术领域	当前重大关键技术	发展趋势与方向	未来20年技术展望
井眼轨迹控制技术	(1) 旋转导向钻井系统; (2) 自动垂直钻井系统	(1) 控制精度更高; (2) 造斜率更大; (3) 耐温、耐压能力更强; (4) 更加可靠、更加耐用、更加经济; (5) 模块化、系列化; (6) 闭环控制、智能化; (7) 监控一体化; (8) 远程化	在自动控制、人工智能、随钻前探、井下数据高速传输等技术的推动下,将出现井下智能钻井系统,实现井下自动化,自动引导钻头向"甜点"钻进
油井管材	(1) 钢质管材; (2) 可膨胀管; (3) 连续管	(1) 强度高; (2) 耐高温高压; (3) 耐腐蚀; (4) 轻质化; (5) 连续化; (6) 信息高速传输通道	油井管材将在轻质化和连续化方面取得重大突破
井型	(1) 水平井; (2) 多分支井; (3) 大位移井; (4) 深井、超深井	(1) 储层接触面积最大化、最优化; (2) 多样化、个性化; (3) 一井多目标; (4) 简化井身结构; (5) 降低开发成本	井型将向多样化和储层接触面积最大化方向发展,以提速降本、提高单井产量和油田采收率
钻井新工艺、新方法	(1) 气体钻井/欠平衡钻井; (2) 控压钻井; (3) 套管钻井; (4) 连续管钻井	(1) 多样化、集成化; (2) 自动化、智能化; (3) 提速降本; (4) 安全环保	钻井智能化是大势所趋,钻井无人化终将成为现实
高温高压钻井	耐高温高压的井下工具、仪器、材料	(1) 耐高温高压; (2) 耐腐蚀	井下工具、仪器、材料的整体耐温能力有望提高到300℃
海洋钻井	(1) 深水钻井; (2) 超深水钻井; (3) 自升式钻井平台; (4) 第六代潜式钻井钻井平台; (5) 第六代钻井船	(1) 海洋环境适应能力更强; (2) 作业水深更大; (3) 钻深能力更强; (4) 多样化; (5) 多功能化; (6) 信息化、自动化、智能化; (7) 设备更可靠; (8) 钻井效率更高	海洋钻井作业水深纪录不断刷新,深水、超深水钻井是未来的发展重点,适用于北极地区的钻井技术装备得到大发展
钻井信息化	(1) 钻井工程软件包; (2) 远程实时作业中心	(1) 精确可靠; (2) 多功能、集成化; (3) 智能化、网络化; (4) 三维可视化; (5) 远程化; (6) 使用方便	钻井信息化水平不断提升,有力支持自动化钻井,并推动钻井的智能化和无人化

6. 炼油

炼油技术总的发展趋势是:炼油装置大型化;提高原油的加工深度;发展重油加工;改

善石油产品收率和质量。未来 20 年炼油技术发展展望见表 1-12。

表 1-12 炼油技术发展趋势及未来 20 年展望

技术领域	当前重大关键技术	发展趋势与方向	未来 20 年技术展望
重油加工	延迟焦化、重油加氢	加工更劣质的原油、超重油和油砂将进入炼油厂的原料范筹	超临界溶剂脱沥青梯级分离工艺、悬浮床渣油加氢、焦化等技术将有新的突破
清洁燃料	催化裂化、汽柴油加氢、吸附脱硫	催化剂脱硫能力更强、加氢精制效率更高	高效的加氢精制技术和具备超强脱硫能力的催化裂化技术将相继研发出来
碳—化工	天然气制油、煤制油	经济性更加合理、能耗与排放降至合理范围	石油焦制氢将成为大型重油加工炼油厂的重要氢源
生物燃料	粮食乙醇、生物柴油	非粮生物燃料	微藻生物燃料将有重大进展

7. 石油化工

石油化工技术总的发展趋势是：替代原料多元化、产品高性能化、差别化与系列化、高效率新工艺、装置规模大型化、生产过程清洁化。未来 20 年石油化工技术发展展望见表 1-13。

表 1-13 石油化工技术发展趋势及未来 20 年展望

技术领域		当前重大关键技术	发展趋势与方向
乙烯生产技术		(1) 裂解技术； (2) 分离技术	(1) 装置大型化； (2) 装置长周期； (3) 乙烯装置节能； (4) 生产灵活性
合成树脂生产技术	聚烯烃生产技术	(1) 冷凝及超冷凝技术； (2) 超临界技术； (3) 共聚技术； (4) 不造粒技术； (5) 反应器新配置技术； (6) 双峰技术	(1) 催化剂技术先导作用； (2) 多种工艺并存，气相法技术发展较快； (3) 装置趋向大型化； (4) 产品应用广泛； (5) 信息技术； (6) 与环境相协调
	聚烯烃催化剂生产技术	(1) 聚乙烯催化剂； (2) 聚丙烯催化剂	
	ABS 树脂生产技术	(1) 乳液接枝—本体 SAN 掺混生产技术； (2) 连续本体聚合法	
合成橡胶生产技术		7 大橡胶生产技术	(1) 装置多功能、高产化； (2) 合成技术由溶液法向气相聚合倾斜； (3) 分子设计工程技术； (4) 活性正离子聚合技术； (5) 成品胶延伸加工与改性； (6) 茂金属催化剂； (7) 弹性体乳液加氢改性技术

第四节 建 议

针对国内现状现状，提出如下建议：

（1）国内外非常规油气资源丰富，建议加大页岩气和致密油等非常规油气的技术攻关力度，推动非常规油气的勘探开发。

（2）世界深水超深水和北极油气资源丰富，建议加大深水超深水油气勘探开发技术攻关力度，加强北极油气勘探开发技术储备，加快进军深水超深水的步伐，做好进军北极的准备。

（3）加强高技术前沿探索，重视可能发生革命性变革的科技方向，重视交叉领域和新兴前沿方向的前瞻布局。通过与高新技术的融合，实现油气技术的跨越式发展。为应对未来的挑战，建议各专业领域优先安排一批超前储备技术（表1—14）。

表 1-14　各专业超前储备技术推荐

专业领域	超前储备技术推荐
油气田开发	（1）大幅度增加井与油藏的可控接触面积的新型建进井技术（ERC井、仿生井、关节内窥镜井等）； （2）新型油藏注剂（智能流体、聪明水、铁磁流体）； （3）新一代 CO_2—EOR—CCS 技术； （4）油藏表征与模拟； （5）全系统的任务油藏管理技术； （6）非常规油气压裂新技术； （7）天然气水合物等非常规油气高效开发技术； （8）地下改质（催化剂法、电法等）； （9）纳米级多孔介质CT成像； （10）浮式生产装置； （11）水下生产系统
地震勘探	（1）复杂构造建模与成像新技术； （2）非均质储层及流体识别技术； （3）天然气水合物地球物理技术； （4）地球物理油气藏监测技术； （5）电磁法三维勘探及油气探测
测井	（1）随钻甜点监测与导向； （2）纳米机器人油藏探测器； （3）数字岩心技术； （4）高温高压仪器； （5）随钻地层流体采样； （6）井下流体分析
钻井	（1）新的高效破岩及辅助破岩方法； （2）智能钻头（仪表化钻头）； （3）全自动钻机（智能钻机）； （4）智能控压钻井系统； （5）耐高温高压旋转导向钻井系统； （6）高造率旋转导向钻井系统； （7）智能导向钻井系统； （8）智能钻井专家系统； （9）远程实时控制中心； （10）极高温钻井液； （11）智能钻井液； （12）连续套管； （13）智能管中管（可输送电力和高速传输数据）； （14）极高温高压井下工具、仪器、材料（耐温能力超过250℃）； （15）无人化钻井（机器人钻井系统、无钻机钻探、海底钻机）

专业领域	超前储备技术推荐
炼油	（1）清洁燃料生产新技术； （2）劣质重油加工技术； （3）高档润滑油、石蜡及高等级沥青生产技术； （4）非粮生物燃料生产技术
石油化工	（1）石油焦与煤气化及碳一化工技术； （2）低成本烯烃、芳香烃生产技术； （3）高附加值合成树脂技术； （4）高性能合成橡胶技术； （5）催化新材料生产技术

（4）建议加强基础理论、应用基础研究，注重交叉学科和高新技术领域的融合创新，提升原始创新和持续创新能力。

第二章　世界石油地质勘探关键技术发展回顾与展望

近10来，科技进步与创新在国际各大石油公司应对日趋严峻的油气地质勘探形势和日益激烈的市场竞争环境中发挥着极其重要的作用。为了更好地了解地质勘探关键技术的发展态势，准确地把握技术创新方向，本章在以前多项研究的基础上，对近10年来世界石油地质勘探关键技术的现状与发展趋势进行了系统地回顾，并对2020—2030年影响未来石油勘探成效的重大勘探技术进行了前瞻性分析预测和展望。

第一节　地质勘探技术发展10年回顾与趋势分析

一、技术综合发展历程

世界油气地质勘探理论技术的不断完善与创新，有力推动了全球油气地质勘探水平不断向新的高度迈进。特别是近10年来，世界石油地质勘探理论技术在国际大石油公司强调科技战略、提高竞争优势的新形势下，取得了较快的发展，形成了以多学科协同研究为基础的综合勘探科技体系，并逐步渗透到油气开发领域。

在整个综合勘探科技体系中，地质综合研究形成了以盆地分析为基础、以含油气系统为思路和方法、以目标评价系统为手段、以协同研究为特点、以优化勘探决策为目的的一整套地质综合评价方法和技术。

板块构造学说指导下的含油气盆地分析有重大突破，应用板块构造理论对盆地成因分类、演化，对含油气远景进行分析评价，在此基础上发展了盆地模拟技术，使油气评价向动态、定量化方向发展。

含油气系统已发展为成熟的理论，成为石油地质综合研究的核心。它从系统论观点出发，把油气形成、运移、聚集作为一个完整的油气成藏动力系统来研究，改变了以往孤立、静止的分析各成藏条件的状况，其理论方法在油气勘探中广泛应用，在区域资源评价以及有利区带和远景圈闭预测方面显示出独特的效果，成为不可或缺的找油工具。而以该理论为指导，发展起来的动态模拟技术，对油气勘探评价方法的现代化具有重大意义。

层序地层学的发展非常迅速，其理论和方法逐渐形成完整的科学体系，在区域地层等时对比、储层预测、隐蔽油气藏勘探和生、储、盖识别以及开发方案优选、剩余油分布预测等方面发挥着越来越重要的作用。今后层序地层学研究将向高精度方向发展。

资源与目标一体化评价系统在国外已有10多年的发展历史，目前各大石油公司都拥有自己的一套评价方法，并已形成相应的软件，包括生、储、盖、运、圈、保等成藏要素的描述和地质、工程、经济、风险分析以及钻后评价与可采储量评估等内容，已经成为勘探部门进行决策的重要工具。

此外，以岩性地层油气勘探技术、火山岩油气勘探技术和碳酸盐岩勘探技术为代表的专项勘探技术的不断完善与应用也都推动了油气勘探理论方法的发展。

多学科的交叉、综合，多种勘探方法、勘探技术的综合运用，多个部门间的广泛联盟将是 21 世纪石油地质勘探技术发展的主流。高效的信息管理网络、地质勘探技术的综合与集成、基于风险和经济评价的目标优选和决策将成为各大石油公司的制胜法宝。

目前，国外油气勘探的地质关键技术与理论主要有：油气系统分析与模拟技术、资源与目标一体化评价技术、层序地层学理论与分析技术。前沿的热点研究理论方法主要有：地球动力学——盆地油气成藏动力学、油气无机成因论、非常规天然气资源研究。

图 2-1 展示了 20 世纪 60 年代以来国外油气地质勘探理论技术的发展历程、阶段、特点和发展的总体趋势。

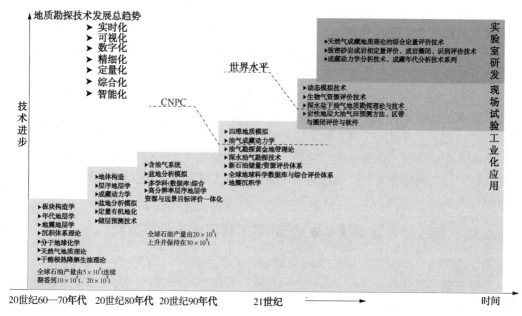

图 2-1　世界油气勘探地质理论技术的发展历程与趋势

二、技术总的发展方向

当今世界油气地质勘探形势及未来地质勘探领域决定了地质勘探理论技术的需求和主要发展方向。21 世纪的石油地质勘探科技的发展特点与全球科技发展特征类似，具有加速发展的趋势：新技术、新理论、新方法出现的周期越来越短，技术变革的速度日益加快；各种专业学科技术之间的交叉、渗透日渐深入；多种技术方法的综合运用日趋广泛；多个部门之间的联盟更加普遍，合作愈加紧密；科技创新的意义越来越突出；信息技术、生物技术、纳米技术和自控技术等高新技术在石油地质勘探行业的推广应用会越来越广泛、深入，产生的影响会越来越巨大、深远。

未来石油地质勘探科技发展的总体趋势是：

（1）系统化。油气资源不可再生的特点和油气勘探的从优原则，导致世界剩余油气资源主要集中在沙漠、极地、深层、深海、隐蔽圈闭等地表条件恶劣和地下条件复杂的地区，使今后石油工业面临着勘探开发难度增加、成本上升的严峻挑战。针对这种情况，全面、深入、系统地研究地下地质构造特征、油气生成演化规律、剩余油分布特点等成为规避勘探风险、提高勘探成功率、降低勘探开发成本的客观需求。

（2）综合化。在研发指导思想由学科导向转向问题导向的基础上，在科技的不断进步和发展的推动下，今后的研发工作更加强调多学科综合的研究思路，各种专业与学科之间的界限越来越模糊。就石油工业而言，在传统的上游科技领域中，勘探与开发、钻井与采油、地震与测井等都是截然分开的，而当今它们之间的彼此交叉和相互渗透日益广泛而深入，有的地方已无法把它们区分开来，加之勘探开发对象日趋复杂，使多学科综合研究已成为大幅度提高工作效率，获得更大经济效益的重要手段。

（3）数字化。油气勘探开发是一个逐渐认识地下地质特征和改造油气藏的过程，这一过程是从采集信息、处理信息和解释运用信息开始的，因此，油气勘探开发的实质是一项技术高度密集化的信息工程。针对油气信息资料的种类和形式越来越多、量越来越大、查找和管理越来越复杂的特点，将各种图形、原始记录、监测资料等信息进行数字化管理是资料管理方式的一次深刻变革。这种变革不仅能把专家从查找和处理大量资料的烦琐辅助工作中解放出来，使之将主要精力集中于发现新储量和油田生产的战略调整上，而且也使整个决策过程越来越脱离了人的经验性影响和控制，朝着更方便快捷、更客观、更理性的方向发展。

（4）精细化。随着全球油气勘探程度的普遍提高，已知油区的深层、复杂的盐下构造、特殊岩性体以及非常规资源区等高成本探区将成为未来发现石油的主要领域。为了降低勘探风险，提高勘探成功率，降低成本，需要大力发展高灵敏度、高分辨率的精密仪器设备和技术方法，精细描述储层特征，精确构建地质模型，以更好地了解复杂探区的石油地质特征和油气分布规律。

三、地质综合研究理论技术发展 10 年历程回顾与趋势分析

21世纪以来，全球范围内的油气勘探普遍进入了复杂油气藏勘探的新阶段。以油气系统分析与模拟技术、资源与目标一体化评价技术、层序地层学和油气成藏动力学为核心的油气地质综合研究理论方法成为油气藏勘探不可或缺的工具，并在复杂油气勘探中发挥越来越重要的作用。

1. 油气系统与模拟技术成为远景目标评价的核心，向定量化方向发展

1) 技术的适用范围、解决的主要问题

油气系统是一个评价系统，在实际应用中根据地质需要进行评价，生烃是基础，圈闭是条件，保存是关键。油气系统分析注重油气藏发育和油气生成、运移和聚集过程研究的结合，彻底改变了以往勘探地质研究就是生、储、盖、圈等成藏条件的罗列和描述的状况，油气系统理论在区域资源评价以及有利区带与远景圈闭预测方面取得了重要成效。

油气系统模拟技术以盆地分析模拟为基础，涉及石油地质学的大部分学科成果和信息，属于勘探界近年来发展最快的技术领域。它使油气勘探一改百余年静态研究的历史，进入动态评价阶段，并使勘探理念发生深刻的变化。该技术代表综合石油地质研究的技术前缘，是远景目标定量评价技术体系的核心，是有效预测和发现油气资源的重要方法工具。它研究的是油气从生油凹陷到圈闭聚集的全过程。通过关键时间界面(包括大量生烃时间、大量排烃时间、油气藏发生大规模调整甚至破坏的时间等)，建立油气成藏主控因素与地质作用过程的组合关系，从而实现科学预测油气资源潜力与分布的目的，进而为在勘探战略选区与钻探目标选择上最大限度地减少风险、提高勘探成功率提供理论依据。

2) 技术原理、特点及研究流程

石油系统(oil system)的概念首次由美国石油地质学家 W. G. Dow 在 1972 年 AAPG 年会上首次提出，Perrodon 和 Masse(1984)最先使用了"油气系统"(petroleum system)这一名词，引起国际石油界的广泛关注，后经 Perrodon，Demaison，Meissner，Ulmiskek 和 Magoon 等补充、修改而完善。1994 年，Magoon 和 Dow 发表了《含油气系统——从源岩到圈闭》，系统总结了油气系统的概念、鉴定特征、研究方法及其在勘探上的应用，掀起了油气系统研究的高潮。

油气系统是介于盆地与区带之间的一个勘探层次和研究层次，是用于确定油气来源、运移、聚集的成因单元，因此是全球范围内最适合的用于分析、比较、评价富烃程度的单元。油气系统着重于烃源岩与油气藏之间的成因联系，它的研究内容包括 4 个方面：(1)各种成因的天然气、凝析油、原油、重油等；(2)油气源岩、储层、盖层和上覆岩层；(3)圈闭的形成、烃类的生成、运移和聚集；(4)上述诸因素在时间和空间上的成因关系。

油气系统分析与模拟技术研究的基本思路是将传统石油地质要素纳入从烃源岩到圈闭的动力学过程中，从而实现对油气成藏的时间与空间的综合分析，即以油气的生、运、散、聚成藏过程为主线，应用特征面、关键时刻序列和运聚模拟技术、可视化技术对含油气盆地进行科学的空间离散化、时间离散化和资源耦合关系解析，揭示各期构造运动中的生、储、盖、圈闭等特征，确定各构造阶段的油气生成量、运移损失量、地表散失量和油气聚集量，最后计算出反映油气聚集层位和位置的资源，即油气系统的资源量，直观地再现了油气藏的形成过程与分布，为区带评价和井位部署提供直接依据(图 2-2)。

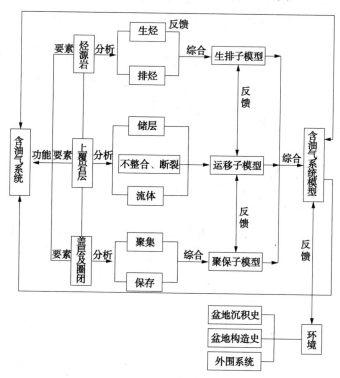

图 2-2　油气系统研究的系统思路框架图

一套完整的含油气系统模拟软件主要有六个部分组成：交互式含油气系统建模、古系统恢复、生排烃模拟、运聚模拟、运聚过程的流线表达与维可视化，以及资源分析和目标评价。模拟将所有有关油气从生成、运聚到评价全过程的相关技术和专业信息集于一体，提供了统一、科学的石油地质综合研究平台，在这个平台上不同学科专业的研究人员可以围绕同一个油气生成和运聚过程进行描述，以期最大限度地减少勘探风险。

3）技术的成熟度、发展前景

油气系统分析和模拟技术处于快速发展阶段，国外大油公司已广泛应用，并已取得重大成效。目前，Shell，BP 和 Exxon 等国外主要石油公司已经将油气系统分析与模拟技术陆续应用于资源评价、快速选位和远景目标评价、钻前异常超压预测、气油比预测等，其最主要的应用是能够有效地实现运聚单元资源丰度评价。而多旋回叠合盆地的多期成烃、多期运聚和多期成藏等问题，是目前油气系统研究面临的难题。

油气系统模拟技术是勘探界近年来发展最快的技术领域，是未来 5~10 年的主流技术，代表综合石油地质研究的技术前缘，是远景目标定量评价技术体系的核心技术。

4）技术发展趋势

油气系统的发展趋势是开展定量化研究，开发出能反映油气生、运、聚和散等整个地质过程的油气系统模拟软件，进行能反映出油气时空分布规律的油气资源预测，已成为国际上的重大热门课题。目前，国内外普遍采用盆地模拟的方法进行油气系统定量评价。

2. 资源与目标一体化评价技术成为不可或缺的勘探决策工具

1）概念、特点与优势

资源与目标一体化评价技术是指利用先进的计算机技术和数据库技术，在统一的系统和数据平台下，高效动态地实现盆地、含油气系统、区带、圈闭及区块等多层次的地质评价、资源量(储量)估算、风险分析、工程评价、经济评价及勘探决策分析的综合评价与决策管理技术。该技术近年来得到快速发展，已成为实现高效勘探和资源动态管理不可或缺的勘探决策工具。

资源与目标一体化评价技术主要由三部分组成：运用现代石油地质理论预测油气资源的空间分布；应用有效勘探方法精确发现目标(圈闭)；优选低风险、低投入勘探目标提供钻探从而迅速获得经济储量。

资源与目标一体化评价技术是对油气勘探目标进行科学的、多角度的评价，与传统的资源评价和一般的勘探目标评价明显不同，一体化评价无论在评价内容、方法方面还是在评价实施的组织管理上都有独到之处(表 2-1)。

表 2-1 一体化评价与传统资源评价、目标评价的对比

对比项目	传统资源评价	目标评价	一体化评价
工作组织与划分	独立的资源评价，与目标评价明显脱节	独立的目标评价，与资源评价脱节	勘探对象评价的两个方面，资源评价与目标评价紧密结合
评价目的	摸清盆地或含油气系统的资源潜力，以指导勘探领域、勘探大方向的选择，服务于宏观战略规划	服务于日常勘探业务	准确揭示各层次勘探对象的资源量，评价具体目标的勘探风险，实现宏观与微观、中长期与年度勘探部署的统一
研究内容	侧重于对油源条件描述，估算资源量	区带或圈闭的资源潜力和地质风险，侧侧重于钻探目标评价	明确各层次目标资源量和资源空间分布，侧重于地质、风险、经济等综合评价

续表

对比项目	传统资源评价	目标评价	一体化评价
评价方法	资源量计算的各种方法，包括统计、类比与成因等方法	目标描述与评价方法	资源量计算方法、目标评价方法及资源空间分布预测方法
评价对象	主要针对盆地、含油气系统及区带	侧重于圈闭及具体油气藏	盆地、含油气系统、区带、圈闭及区块，甚至具体油藏
研究人员	专门的区域综合研究人员	专门的圈闭评价人员	同一研究小组，只有地区划分，没有专业划分
动态化要求	无动态化要求，周期一般 3～5 年	日常动态化要求较高，随时服务勘探	实现日常化、动态化评价

　　资源与目标一体化评价技术的优势主要表现在两方面：一是快速、高效的资源评价与勘探同步，可以有效指导勘探，加快勘探节奏，增强市场敏感性和反应能力；二是通过成藏过程反演和成因约束可提高资源计算和目标预测的可信度，因此可以有效提高勘探的成功率，为高效勘探和资源动态管理提供了最佳研究构架和动作模式，同时减少由于决策者凭直觉、预感和片面经验造成的失误，从而提高勘探效益。

　　2）技术原理与研究流程

　　由于从资源的形成到聚集包含了完整的油气成藏动力学过程，在这个过程中任何环节的风险都将直接影响到目标的评价结果，因此一个理想的评价系统应当整合与成藏过程有关的一切专业和信息，也称"面向过程一体化"。近年来，油气成藏动力学模拟技术的发展，从动态演化的角度将盆地总资源与目标评价结合在一起，使资源与目标的一体化评价成为可能，并代表综合勘探技术发展总的趋势或潮流。

　　资源与勘探目标一体化评价技术是包括风险分析、潜在资源量评价、经济评价、勘探目标优选、勘探决策分析、随钻—钻后信息反馈和数据库与软件支撑系统 7 大板块集成的封闭系统(图 2-3)。它可以针对盆地、含油气系统、区带、目标等不同级别对象进行评价，主要研究内容有：(1)目标(圈闭)精细描述研究；(2)刻度区解剖与评价参数深化研究；(3)加强油气资源可采性与经济性研究，进行可采资源量的估算与评价；(4)开展勘探开发经济一体化评价研究；(5)预探目标评价与优选方法研究；(6)数据库与软件平台的建立与完善；(7)勘探信息反馈研究与评价系统完善。

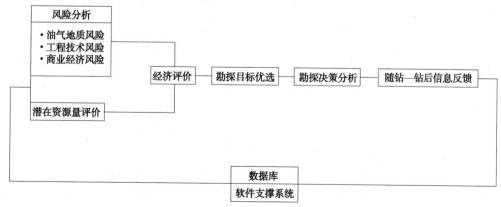

图 2-3　资源与勘探目标一体化评价技术流程

西方跨国石油公司的一体化综合勘探评价系统经过多年的发展和参数积累,具有丰富的刻度区参数,而且在评价临界参数的选择方面相对稳定,评价结果符合油公司勘探经济准则。如雪佛龙德士古公司为了在统一的基础上对全球众多勘探机会进行比较和管理,于1989年成功开发应用了综合勘探评价系统,首次在区带和圈闭层次采用和体现了资源与目标一体化的勘探评价思路和流程,经过近10年的发展,该系统和应用流程日益完善,可信度不断提高,已成为该公司评价世界范围内现有勘探目标和机遇潜力的有效工具。雪佛龙德士古公司一体化评价流程是在区带或圈闭成藏地质要素描述的基础上,由地质风险评价、资源量(储量)预测与分布、工程和概念性开发方案、勘探经济评价、勘探决策、钻后反馈等步骤组成(图2-4)。它体现了西方跨国石油公司资源与目标一体化技术的应用流程与特点,将勘探评价人员、石油地质学家、公司高层管理者有机地结合在统一的环境下,及时调整勘探目标的分析、评价与决策,改进一体化的评价流程和评价模型,提高勘探效率,增强公司决策对市场反应能力,该技术已成为雪佛龙德士古公司评价世界范围内现有勘探目标和机遇潜力的有效工具。

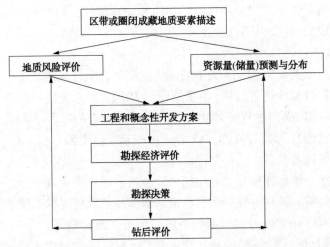

图2-4　雪佛龙德士古公司一体化勘探评价技术应用流程示意图

3) 技术的成熟度与发展前景

风险分析和管理在国外大中型石油公司已广泛应用,每个公司都有自己的评价体系和专业人员。国外石油公司具有丰富的刻度区参数,评价结果具有较高的可信度。

资源与目标一体化评价技术能够实现资源接替与勘探同步,加快勘探节奏,增强对市场的反应能力,同时也有利于提高资源与目标评价的可信度,一套成熟稳定的资源与目标一体化评价系统能够使石油公司在剧烈的市场竞争中获得优势。

3. 层序地层学研究不断深入,向高精度方向发展

1) 技术的适用范围、解决的主要问题

层序地层学是在20世纪70年代出现的地震地层学的基础上发展起来的一门新的分支学科。90年代初它开始应用于油气勘探研究,由于其科学性、预测性、定量性和实用性,一经问世,就受到了业界的广泛关注和高度重视。层序地层学从全球变化的研究思路出发,把现代沉积学理论、全球海平面升降旋回和年代地层学有机结合起来,通过等时格架的建立,在时间地层单元内进行地层充填结构和展布样式的研究,在盆地油气勘探和开发领域,包括盆地沉积演化史分析、地层与储层预测、隐蔽油气藏的勘探以及油气藏的描述等方面均取得了成功。因而，层序地层学不仅变革了传统地层学和沉积学的理论，而且已成为一门能够指导油气勘探的应用学科。

层序地层学的研究不断从盆地规模的层序地层和体系域分析向储层规模的高精度层序地层学的方向深化，层序地层学的概念和方法可应用于从盆地到储层的各种规模的沉积充填分析，对于隐蔽油气藏的勘探、优选开发方案及剩余油的分布预测等具有十分重要的意义。

2）技术原理、特点及研究流程

层序地层学被认为是 20 世纪后期出现的沉积学和地层学的重大进展，被誉为地层学的一次革命，它是沉积学、地层学与地球物理学科交叉、渗透的结果。层序地层学把地层学和沉积学完美地结合在一起，从时空四维空间动态地解释了沉积地层的发生、发展过程，为寻找与沉积有关的矿藏提供了科学的指导思想和技术手段，尤其在油气勘探开发中发挥了重要的作用。

当 P. R. Vail，R. M. Mitchum 和 J. B. Sangree 等的地震地层学理论在美国石油地质学家协会专刊 第 26 号（1977）上一发表，层序地层学便进入了一个重要发展时期。

到 20 世纪 90 年代，层序地层学的概念和方法逐渐形成完整体系并已成为油气勘探中广泛应用的、被国际上许多著名油公司作为一种权威性的技术。以最大的跨国石油公司 Exxon 为例，从盆地分析到圈闭的成因解释，从油藏描述、数值模拟到后续动态模拟，从勘探开发各个阶段的软件开发到油藏管理，都直接或间接地应用到层序地层学的理论、方法或研究成果，甚至还以已知油气藏与层序地层的关系为基础研究层序地层与成藏模式，指导新区的勘探开发。目前，层序地层学已进入高精度储层层序地层学阶段，在研究沉积体系的基础上开始向提高分辨率和适应陆相地层等不同地质条件的复杂对象方面发展，并向烃源岩性质及生烃潜力预测方面延伸。

层序地层学具有不同的学派，主要有：（1）以 Exxon 公司的 Posamentier 和 Vail（1988）等为代表的沉积层序地层学，它强调地层不整合或与该不整合可以对比的整合界面为层序边界；（2）以 Frazier 和 Galloway（1989）为代表的成因层序地层学，它强调最大海（洪）泛面为层序分界；（3）以 Johnzon（1985）为代表的旋回层序地层学，它强调以地层不整合或海进冲刷不整合的海进海退界面为层序边界；（4）以 Wheeler（1964）和 Cross（1988）为代表的高精度层序地层学，它强调岩心、露头、测井、地震资料的结合，进行一系列高频地层学包括如高密度的微体超微体古生物学、高密度的碳氧同位素、锶同位素的综合研究等内容。精细的测井分析、高分辨维地震剖面及其各种参数处理与切片技术、计算机模拟技术和可视化技术是开展高精度层序地层学研究与应用的基础。

3）技术成熟度与发展前景

近 20 多年来，层序地层学理论的巨大发展及其在国内外油气勘探和地质研究等领域中的广泛而又有效的应用表明，它在许多方面明显优越于其他分支的地层学科：（1）沉积解释比其他地层学更加符合客观地质实际；（2）对生、储、盖层的时空展布具有更强的预测性和更高的预测精度；（3）更有助于在油气勘探成熟的盆地和新的油气勘探盆地中发现新的油层；（4）能帮助更为准确地计算盆地油气资源量和发现常规解释所遗漏的隐蔽油气圈闭及含油气远景区。正是由于层序地层学具有这些优越性，铸成了它旺盛的生命力，并给地层学、沉积学及油气勘探等带来更具革命性的飞跃和发展。

高精度层序地层学通过正、反演模型的建立能够对不同构造背景、不同沉积环境的地层进行定量预测。由于其在不同构造类型盆地、海相和陆相不同沉积环境形成的地层开展层序地层研究的广泛适用性，以及在以不整合面为界的三级层序中可以进行高精度等时地层单元划分与对比的特点，逐渐被美国的一些石油公司、法国的原 Elf 公司、挪威的 Statoil 公司、哥伦比亚的一些石油公司等接受。

近期国际层序地层学研究动态主要表现为：

（1）完善理论。相继提出运动学层序和体系域、地球半径变化与海平面旋回关系假设、气候变化是高频层序形成的主控因素、深海页岩层序识别和陆架边缘崩塌基准面及崩塌层序等新理论。

（2）更新手段。在传统的露头、岩心描述和测井、地震资料处理与解释的基础上，增加了古生物高精度层序地层研究、样品分析测试与有机地球化学研究、三维可视化、地震智能化分析、地质统计、数值模拟与模式识别等新技术。

（3）扩大应用。从海相碳酸盐岩沉积领域扩展到陆相碎屑岩沉积领域。

（4）走向高分辨。以高精度三维地震为基础，建立更为精细的等时层序地层格架，通过工业化图件的编制，达到有效预测储层分布、预测圈闭的目的。

随着层序地层学研究的不断深入和发展，其理论体系将不断得到完善，在油气勘探开发中的应用将更加广泛，作用也会更加突出。

4）发展趋势

随着油气勘探难度的不断增加，相应地对层序地层学的研究也提出了更高的要求，今后层序地层学研究手段更趋多元化，研究和应用领域进一步拓展，分辨率和层序级别将进一步提高，主要体现在以下几个方面：

（1）标准化。由于学派的不同，引进理论时翻译的差异，造成许多概念的混淆和曲解，同时，目前对层序的级别、界面的识别还缺乏一个统一认可的标准。因此，将层序地层学研究纳入标准化，有利于其进一步发展和应用。

（2）精细化。大范围、高级别的层序研究已难以适应油气后期勘探和开发的需要，小范围、精细层序的研究成为发展的必然。目前，以高分辨率三维地震为基础，建立更为精细的等时层序地层格架，通过工业化图件的编制，以期有效预测储层分布、预测圈闭的研究不断深化。

（3）精确化。不同沉积体系及相带界线识别、划分和预测的准确性，对勘探目标的选择和井位的部署有重要影响。因此，如何将界面和界线精确化、增进研究成果的可信度和可利用性是面临的一个重要挑战。

（4）定量化。层序地层模拟技术以及层序地层分析与地震反演相结合是实现层序地层定量化研究的重要途径。通过三维空间的层序对比和研究，准确定义不同沉积体系的空间边界，可以计算出储层厚度、体积、延展范围。

4. 油气成藏动力学研究向动力场耦合与三维模拟方向发展

1）技术的适用范围、解决的主要问题

动力学是地学研究的主要趋势，动力学与石油地质学相结合产生了石油地质动力学。石油地质动力学是个内涵丰富的概念，涉及盆地动力学到干酪根降解的物理、化学动力学等不同层次的问题。油气从细粒烃源岩生成、排出、运移聚集到圈闭并保存或因外界条件的变化而发生多次运移,这一系列过程的每一个环节都涉及动力机制问题,只有弄清油气成藏动力机制,才能变被动为主动,真正掌握油气赋存规律。在这种背景下,人们从静态分别研究和评价一个地区的生、储、盖、圈、运、保等油气藏形成的基本要素,发展到把一个地区的各种成藏条件当作一个整体的动态演化发展的系统加以研究,并运用多种模拟手段,力求从定量的角度进行评价,形成了"含油气系统"和"油气成藏动力学"的概念。现在,已有越来越多的学者倾向于使用成藏动力学系统,成藏动力学有可能成为石油地质领域一门相对独立的研究学科。

目前,油气成藏动力学对沉积盆地的温度、压力、势能、应力等多种动力学的研究取得了长足的进展,并向多种动力场耦合的方向发展。油气成藏动力学研究已在基础理论上获得了许多创新成果,并已基本形成了油气成藏动力学研究的概念体系和可用于油气勘探实际的具有一定技术优势的工作方法,即以盆地为背景,以油气系统为单元,在查明区域地质特征的前提下,开展"三场"(地温场、地压场、地应力场)定量分析,划分出烃源区与聚集区,详细解剖油气系统及流体封存箱,总结盆地内油气藏形成、类型、分布的模式与规律,指导油气勘探,提高勘探效益。

2)技术原理、特点、研究流程

20世纪60—70年代,石油生成的化学动力学研究卓有成效,并取得了具有重要意义的研究成果。油气成藏动力学系统包括两个最基本的部分:一是成藏的最基本条件,诸如油源、输导系统、储层、封盖层、圈闭等及各种成藏的动力学条件;二是这些基本物质和动力学条件在地质历史过程中有机地匹配所发生的动力学过程及其结果。成藏动力学系统是运用系统论的方法,从盆地发育的动力学背景、沉积构造的动态演化以及油气的形成、运移和聚集的动力学角度,探讨油气聚集分布规律的一种新的系统工程。其研究思路如图2-5所示。

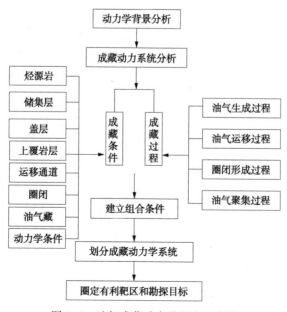

图2-5 油气成藏动力学研究思路图

油气成藏动力学的研究主要从5个方面进行:(1)盆地演化的深部过程的动力学背景;(2)盆地构造、沉积的演化特征和时空展布;(3)盆地的生、储、盖、运、聚、保等成藏条件及应力场、温压场等动力学背景；（4）研究盆地孔隙流体压力特征，划分成藏动力学系统，利用测井、地震和实测压力资料计算盆地地层孔隙流体压力和流体势，并以此作为划分成藏动力学系统的基础，进行油源对比，追踪确定各油气藏与各烃源层的关系，分析各个成藏动力学系统的成藏条件和成藏过程；（5）进行盆地模拟，恢复盆地演化史、构造发育史、沉积史、热史、生烃史、流体压力演化史、排烃史、运聚史，分层、分期地研究各个成藏动力学系统的形成演化和油气藏的形成分布规律，从而指出进一步勘探方向。

3）技术的成熟度与发展前景

油气成藏动力学的形成是石油地质学发展的必然，当前已经具备了构成完整研究体系的基本条件。今后，随着油气成藏机理研究的不断深化，油气成藏动力学研究系统已成为生产研究服务的一个研究工具，通过在烃源体和流体输导体系的格架上进行油气生排运聚的历史研究，充分利用计算机模拟手段校正地质模型，使地质家头脑中的油气运移聚集模型得以可视化和定量化，以达到全面评价盆地、区带、目标的目的。

4）发展趋势

成藏动力学的进一步发展有赖于地质过程及其机理和主控因素研究的深入，在进一步认识与油气成藏密切相关的化学动力学、流体动力学过程和机理的基础上，实现盆地温度场、压力场、应力场的耦合和流体流动、能量传递和物质搬运的三维模拟，是成藏动力学的重要发展方向。

5. 油气无机成因论研究取得进展

油气无机生成的理论已经存在了多年，由于对自然界中，无机生成石油的机理、条件等一直未能得出具有科学和经济价值的结论，因而也未能形成气候。但无机生成的石油确实存在，因而这种研究也一直在继续。

最近，鞑靼共和国科学院院士穆斯里莫夫和喀山大学地质—矿业学博士普洛特尼科娃联合撰写的题为"石油储量能不能再生？"的文章指出，研究表明，罗马什金油田现有的石油总储量，用当今的采油技术将可以开采到2065年；进一步推广采用新一代提高采收率技术，将可使该油田的开采时间延长到2200年；而依据深层石油"补给"理论，罗马什金油田的开采时间将可延长数百年。这一结论表明油气无机成因论研究取得了重要成果。

迄今为止，世界石油天然气资源量的评估几乎都基于有机成因论。但是，在20世纪80年代，无机成因论在苏联和其他一些国家开始广泛流传。该学派的学者提出在地壳深部和超深部，特别是沉积盆地的结晶基岩中勘探新油气资源的理论。一些学者认为，地球深部的油气资源将比地球全部沉积盖层中的原始总资源量大许多倍。美国地质学家也提出要发展新的非常规的油气勘探目标。例如，莫比尔石油公司副总裁摩迪就认为未来数十年的新的石油发现将取决于新思想的推广应用。美国地质学家普拉特断言，"美国油气勘探的巨大成就完全是应用新思想的结果"。他指出，经常在老概念认为不可能有油的地方，勘探工作者却发现了石油。

近年来石油无机成因论主要是原苏联地区的一些专家在理论上予以重视和研究，他们的主要证据是：（1）斯得哥尔摩斯里昂地区自巴尔季斯克地盾下2000多米深的基岩中获得了石油，在越南南陆棚上也发现了世界上基岩内最大的白虎油田，其中部分井钻透基岩1600m，全段饱和石油；（2）世界上大多数油气藏皆出现在深大断裂带的线性地段，由此认为烃类是沿着断裂垂向上移进入遭地动力破坏而生成的储集空间；（3）油气可发育在不同岩性成分、不同来源和地质年代的岩层中，很难寻得它们与有机物间的依存关系；（4）在海洋底部发现的来自上地幔的甲烷流层，在红海裂谷地带内的水下断层发现了油气显示；（5）地幔物质中含有水和二氧化碳的来源。

该文认为，从结晶基岩对沉积盖层含油气性影响的长期的和大量的研究，使人们客观地得出油田从结晶基岩中的垂直运移通道不断获得深层石油"补给"的结论。

（1）乌克兰的谢别林卡大气田是深层油气补给的最具说服力的例子。尽管该气田已开采约 50 年（1956 年发现），但其天然气资源没有枯竭。20 世纪 70 年代，气田达到约 $310 \times 10^8 m^3$ 的高峰年产量。随后不只一次地对气田的原始储量进行核实，但每次都发现储量上升了。现在，该气田的储量增长了 1 倍。

（2）在鞑靼共和国存在许多获得深层石油补给的例子。有许多油藏的石油储量已经采尽，但油井仍继续出油。该共和国在罗马什金油田中区对深层石油补给过程进行了大量研究，证明油田在不断发展，从深层不断获得石油补给。这实际上是老油田石油再生的过程。从这点出发，罗马什金油田还可以再开发几百年。鞑靼共和国石油生产已有 60 多年的历史，累计石油产量超过 $30 \times 10^8 t$。近年石油产量还略有回升，保持为 $(3100 \sim 3200) \times 10^4 t/a$。

鞑靼的深层石油补给研究已延续半个多世纪。

1969 年在洛波夫的领导下提出了在鞑靼自治共和国许多地区对结晶基岩进行钻探的研究大纲。洛波夫支持石油无机成因的观点，但他向当时中央政府申请资金时避开了这个观点，而提出石油从乌拉尔山前坳陷向鞑靼背斜顶部长距离侧向运移的理由。整整花了 4 年时间才获准在罗马什金大油田明尼巴耶夫区钻第 1 口研究结晶基岩的超深井。

在第 1 口井的大量资料的基础上，又提出钻第 2 口基岩超深井的报告。此井从申报到获准花了 5 年时间。由于地质原因、技术原因和政治原因，第二口井钻了 15 年以上。从这两口井获得了大量出乎意料的结果，从而为对结晶基岩的石油勘探潜力进行评估创造了条件。

罗马什金油田未来的研究方向，首先要对深层石油经过石油运移通道对在产油田进行补给的过程进行进一步的研究；将来则需要研究人工强化这个运移过程的方法，从而使老油田稳产增产。一旦新技术方法，包括提高采收率新方法研究成功，罗马什金油田将会获得第二次生命。

油气成因理论是当今科学前沿的重大课题之一。随着有机成因油气田大量开采而渐趋减少，将来会把无机成因油气田勘探提到议程上来。因此，超前进行无机成因油气及其油气田分布规律研究是十分必要的。相对于有机成因油气来说，无机成因油气有着不可穷尽的油气源库区，无机成因的油气可能比有机成因的油气多得多。

6. 非常规天然气资源日益受到重视，成为能源领域的研究热点

非常规天然气资源具有低碳、洁净、绿色、低污染的特性，加强非常规天然气资源研究与勘探开发是世界石油工业发展的必然趋势。非常规天然气主要有页岩气、煤层气、深盆气和天然气水合物等。页岩气正在成为天然气行业新宠，发展势头强劲；煤成气的研究与勘探在美国、加拿大等国全面展开，美国的煤成气理论与勘探开发技术处于国际领先地位；深盆气分布广泛，技术与经济性是深盆气开发的主要问题；埋藏于北方冻土地带和近海深处的天然气水合物总储量达 $15 \times 10^{12} t$，超过其他化石燃料资源 1 倍，是一笔巨大的潜在能源与化工资源。今后伴随非常规天然气研究技术的进一步提高，必将极大地拓展全世界的天然气资源量，为天然气世纪的到来展现出光明的前景。

1）页岩气

页岩气是一种重要的非常规天然气资源。页岩气是指主体位于暗色泥页岩或高碳泥页岩中，以吸附或游离状态为主要存在方式的天然气聚集。页岩气可以是生物成因，也可是热裂解成因或混合成因。与常规储层气藏不同，页岩既是天然气生成的源岩，也是聚集和保存天然气的储层和盖层。因此，有机质含量高的黑色页岩、高碳泥岩等常是最好的页岩气发育条件。

页岩气藏的储层一般具有低孔、低渗的物性特点。页岩气的成藏机理兼具煤层吸附气和常规圈闭气藏的特征，体现出复杂的多机理递变特点；在页岩气的成藏过程中，天然气的赋存方式和成藏类型逐渐改变，含气丰度和富集程度逐渐增加；完整的页岩气成藏与演化可分为 3 个主要的作用过程，自身构成了从吸附聚集、膨胀造隙富集到活塞式推进或置换式运移的机理序列；页岩气的成藏条件和成藏机理变化对页岩气的成藏与分布有重要影响，岩性特征变化和裂缝发育状况对页岩气藏中天然气的赋存特征和分布规律具有控制作用。

全球页岩气发育广泛，资源丰富。页岩气存在于几乎所有的盆地中，只是由于埋藏深度、含气饱和度等差别较大分别具有不同的工业价值。据预测，世界页岩气资源量约 $456\times10^{12}m^3$，与常规天然气资源量相当，主要分布在北美、中亚和中国、中东和北非、拉丁美洲、原苏联地区等，特别是美国页岩气资源极其丰富，估计资源量超过 $28\times10^{12}m^3$。我国与美国在页岩地质条件上具有许多相似之处，具有与美国大致相同的资源前景及开发潜力。

世界上的页岩气资源研究和勘探开发最早始于美国，1821 年，第一口页岩气井钻于美国东部，20 世纪 20 年代步入规模生产，70 年代页岩气勘探开发区扩展到美国中西部，90 年代，在政策、价格和技术进步等因素的推动下，页岩气成为重要的勘探开发领域和目标。目前美国和加拿大是页岩气规模开发的主要国家，2010 年美国页岩气产量由 1998 年的 $85\times10^8m^3$ 增长到接近 $1000\times10^8m^3$，据美国能源署（EIA）预测，未来 20 多年，美国页岩气产量还会大幅上涨，到 2030 年页岩气产量将占到美国天然气总产量的 18%~28%。页岩气的异军突起使美国天然气储量显著增加，目前美国已取代俄罗斯成为世界最大的天然气生产国，不仅实现了自给自足，而且按美国目前对天然气的需求计算，页岩气还可供美国使用 90 年。目前，除美国和加拿大外，澳大利亚、德国、法国、瑞典、波兰等国家也开始了页岩气的研究和勘探开发。

近年来，随着社会对清洁能源需求不断扩大，天然气价格不断上涨，人们对页岩气的地质认识不断提高，水平井与压裂技术水平不断进步，页岩气研究与勘探开发正由北美向全球扩展。页岩气在非常规天然气中异军突起，已成为全球油气资源勘探开发的新亮点，并逐步向一场全方位的变革演进。由此引发的石油上游业的一场革命，必将重塑世界油气资源勘探开发新格局。加快页岩气资源研究与勘探开发，已成为世界主要页岩气资源大国和地区的共同选择。

2）煤层气

煤层气主要以吸附态存在于煤储层中，这既不同于呈液态贮存的石油，又有别于主要呈游离态存于地层的常规天然气。主要表现在：

（1）煤层气主要以吸附状态赋存在煤层孔隙内表面，吸附量主要与煤的变质程度、组成及温压条件有关；

（2）煤源岩生成的煤层气被煤层吸附聚集，几乎不经过长距离运移，其聚集受温压场影响，不受流体动力场的控制；

（3）煤层气藏一般无明显边界，只有含气丰度的差别；

（4）煤层气以吸附气、游离气和水溶气形式存在，吸附气约占80%。

煤的吸附性导致煤层气成藏的机制和开发技术与常规天然气截然不同，研究煤层气成藏理论的基本出发点是同时根据扩散和运移特性开展成藏模拟。煤层气成藏宏观上受含煤盆地沉积埋藏史、煤化作用史、地下水活动史和有机质生气史的控制，要求煤的生气性和储气性共同发展。其动力学实质是一个以煤储层压力为核心的广义压力系统来维系的能量平衡系统。煤层气成藏的微观动力学特征受煤中有机质大分子结构演变、煤层孔隙裂隙系统的形成与发展、煤层气实际吸附状态和煤基质吸附能力变化、流体成分与状态变化等控制。

沉积环境控制着煤层气的储盖组合、煤储层的几何形态、煤层厚度，并通过对沉积母质的控制，影响着煤储层的含气性、吸附性和物性。煤成气理论的出现对油气能源产生了巨大的影响，在一些国家由于煤成气理论使其天然气工业发生了翻天覆地的变化。20世纪70—80年代原苏联地区应用煤成气理论指导勘探，发现了一批大型及巨型煤成气田，储量巨大。目前，俄罗斯天然气储量中煤成气约占75%。我国至2000年煤成气储量已占全国气层气总储量的94%，预计今后中国天然气储量的增长仍将主要依靠煤成气。煤成气的研究与勘探在美国、加拿大等国全面展开，美国的煤成气理论与开发技术处于国际领先地位。

3）深盆气

J. A. Mastera 于20世纪70年代末首次提出深盆气（Deep Basin Gas）概念。深盆气一般位于向斜盆地轴部或构造下倾部位，分布规模巨大；埋深变化较大，从几百米到几千米不等；气水关系倒置；多具异常压力；储层多为致密砂岩；烃源岩多为煤系地层。

深盆气广泛分布，或存在于常规圈闭中，或在非常规的盆地中心聚集。它们通常形成较大的单个气田，空间分布比常规气田还大。深盆气生成的主控因素包括甲烷热稳定性、水与非烃类气体的作用、随热成熟度增加孔隙的损失、油气动态热裂解以及成熟度与干酪根类型所决定的烃源岩潜力。

技术与经济性是深盆气开发的主要问题。技术方面开发深盆气藏的最大问题就是如何克服恶劣的钻井环境，如高温高压、酸性气体等。

4）天然气水合物

天然气水合物俗称"可燃冰"，其成分中80%~99.9%为甲烷，可以燃烧，$1m^3$ 的"可燃冰"可以释放 $164m^3$ 的甲烷天然气。它是在低温、高压条件下，由水与天然气结合形成一种外观似冰的白色结晶固体，主要存在于陆地上的永久冻土带和海洋沉积物中。天然气水合物作为一种潜力巨大的洁净新能源，被认为是未来人类最理想的替代能源之一，日益受到各国科学家和各国政府的重视，成为近期能源领域的研究热点之一。

目前，有30多个国家与地区开展了天然气水合物资源调查研究，调查发现并圈定有天然气水合物的地区主要分布在西太平洋海域的白令海、鄂霍茨克海、千岛海沟、冲绳海槽、日本海、四国海槽、南海海槽、苏拉威西海、新西兰北岛；东太平洋海域的中美海槽、北加利福尼亚俄勒冈滨外、秘鲁海槽；大西洋海域的美国东海岸外布莱克海台、墨西哥湾、加勒比海、南美东海岸外陆缘、非洲西西海岸海域；印度洋的阿曼海湾；北极的巴伦支海和波弗特海；南极的罗斯海和威德尔海，以及黑海与里海等。目前，在世界这些海域内有88处直接或间接发现了天然气水合物，其中26处岩心见到天然气水合物，62处见到有天然气水合物地震标志的似海底反射(BSR)，许多地方见有生物及碳酸盐结壳标志。

据专家估算，水合物中甲烷的碳总量相当于全世界已知煤、石油和天然气总量的 2 倍，天然气水合物的储量预计达到$(25 \sim 28) \times 10^{12} m^3$，而传统气田的世界天然气可采储量为 $147 \times 10^{12} m^3$，天然气水合物的储量之大、分布面积之广，是人类未来不可多得的能源。

2000 年 5 月，美国拨款 4750 万美元进行为期 5 年的天然气水合物的勘探和从天然气水合物中开采天然气的工程。日本在这方面更加积极，要在最近 10 年内进行天然气水合物的工业开采。但开采天然气水合物还面临许多非常复杂的问题，要解决这些问题需要付出巨大的努力。中国从 1999 年起才开始对天然气水合物开展实质性的调查和研究，近几年来已在南海北部陆坡、南沙海槽和东海陆坡等处发现其存在的证据。并已开始钻探深井进行天然气水合物的储量勘测，预计在 2020 年进行开采。

甲烷水合物研究具有几个独特的挑战：（1）明确其如何形成、演化和分解的物理属性，以及什么因素控制着气的聚集；（2）分析水合物对沉积物强度和海底稳定性的影响；（3）通过遥感、改进的模拟和模型及新的开采技术来表征和勘探水合物。

第二节　未来 20 年重要地质勘探技术发展展望

未来世界油气供需形势以及地质勘探形势和勘探领域决定了未来地质勘探理论技术的主要发展方向。随着全球人口增长和人们生活水平的提高，预计未来 20 年世界油气供需矛盾将日益突出，而与此同时，世界油气地质勘探将面临着日益严峻的环境恶劣化、目标复杂化和资源劣质化问题。围绕解决这一系列问题，未来 20 年天然气地质勘探技术、深水地质勘探技术、储层精细描述技术以及特色配套技术将获得迅猛发展，并在油气地质勘探中发挥极其重要的作用。

一、行业发展面临的挑战与技术需求

1. 行业发展面临的形势与挑战

未来全球能源需求将不断增长，全球能源结构将不断向多元化、低碳化方向发展，但油气仍是主要能源。随着全球范围内油气勘探程度的增加，世界油气地质勘探形势日益严峻，面临种种挑战。概括起来主要体现在以下 5 个方面：

（1）地质勘探的环境恶劣化；

（2）地质勘探的目标复杂化；

（3）地质勘探的风险增大；

（4）地质勘探的成本增加；

（5）发现油藏的规模变小、储量的品质变差。

全球石油资源丰富，但勘探对象、环境日益复杂，资源品质日益变差是不可回避的严峻事实，未来以深水、极地、油砂、油页岩等为代表的新兴领域将成为越来越重要的战略接替资源，成为技术创新的热点和重点。世界油气勘探的基本趋势是：勘探成熟盆地，新发现油气藏的规模降低，油气藏类型更加复杂，钻探深度加大；在全世界的油气发现中，天然气比例增大；在新的油气探明储量中，以海相含油气盆地居多；近海地区的油气发现中，海水深度增大；未勘探的内陆盆地的远景级别下降；与此同时，发现剩余油的难度和风险加大，成本上升。

全球气候变化正在引发绿色能源革命，传统化石能源向生物能源和可再生能源转变是大势所趋，创造能源与环境的和谐是石油科技发展绿色化的必然选择。随着国际社会对全球气候变化和环境问题的关注，优化能源结构，提高能源效率，减少碳排放，减少环境污染，实现可持续发展，已成为世界石油工业共同而紧迫的课题。发展绿色石油科技是时代的要求，是可持续发展的基础。

2. 行业发展面临的宏观技术需求

面对日益严峻的地质勘探形势，提高勘探成功率，寻找更多替代储量、降低勘探成本便成为未来地质勘探技术发展与突破的主要方向，围绕这一最终目标，未来油气地质勘探技术存在的主要技术需求：

（1）地球系统模拟技术；

（2）隐蔽型油气藏勘探技术；

（3）深层和深水油气勘探技术；

（4）恶劣条件油气勘探新技术；

（5）油气勘探集成配套技术。

二、未来 20 年技术发展展望

1. 非常规天然气将备受关注，其地质勘探技术将不断涌现，快速发展

在世界环保浪潮的推动下，世界能源结构进入更加清洁化和便利化的调整过程。天然气既是一种优质丰富的绿色能源又是重要的化工原料，其开发利用的经济效益、环境效益和社会效益都十分巨大。2010 年 11 月 17 日，国际能源署发布的《2010 世界能源展望》指出，未来 20~25 年间，天然气肯定会在满足世界能源需求方面发挥核心作用，其中非常规天然气将扮演重要角色。

全球非常规天然气资源十分丰富，据中国首次非常规油气资源国际研讨会资料，权威估算世界非常规天然气资源约为常规天然气资源量的 4.56 倍。目前美国是全球非常规天然气资源评价、勘探开发和利用的领军国家，随着美国在页岩气等非常规天然气资源勘探开发认识和技术上的不断突破，其非常规天然气产量快速增长，由 1990 年非常规天然气(包括页岩气、煤层气和致密砂岩气)产量约占其天然气总产量 10% 锐增到 2010 年的超过 50%，这一强劲发展势头，不仅正在改变美国天然气供应格局，甚至会影响美国未来的整体能源局势，而且引起各方广泛关注。大力开发非常规天然气已成为全球绿色经济发展的主流趋势。

可以预见，未来 20 年在巨大的天然气消费需求推动下，非常规天然气地质勘探开发新理论、新技术、新方法将不断涌现并迅速发展，而需要重点研发和加速发展的是非常规天然气资源评价和地质储量预测等技术(NPC)。

2. 深水域仍是勘探热点，其地质勘探技术将向高效、环境友好方向发展

从 20 世纪 90 年代中期开始，世界油气勘探的热点地区有近 3/4 集中在海域。其中，里海、西非、南美、南大西洋、美国墨西哥湾等深水水域的油气勘探非常活跃，陆续获得了一系列重大发现，特别是 2008 年以来在巴西海上不断钻获特大深水发现，极大地鼓舞了不少跨国石油公司加盟或继续进行深水勘探，使得深水探区成为未来 20 年油气勘探的一个主要领域；而深水油气勘探的风险更大、成本更高、保护海洋生态环境的要求更严格。在此背景下，无疑对快速、有效、环保的地质勘探技术需求比以往任何时候都更加紧迫，这将极大地促进高效、环保型深水地质勘探技术的迅速发展，特别是为了应对深水域地质勘探普遍缺乏井资料、地质目标层日趋复杂的挑战，未来20年需要优先重点考虑大力发展和完善精细储层描述技术（NPC），使其进一步向定量化的方向发展。

3. 陆上高成本探区将成为未来发现石油的主战场，研发特色配套技术势在必行

油气勘探的从优原则，导致未来陆上剩余油气资源主要分布在勘探成本较高的地区，如沙漠、高山、极地等自然地理环境恶劣的边远地区和已知油区的深层、复杂的盐下构造、特殊岩性体以及非常规资源区等。与此同时，适宜采用一般勘探技术的大规模油气田将越来越少，而对地表和地下条件都较为特殊地区的勘探问题将越来越突出，因为为了满足日益增长的油气需求，动用这类地区的资源是大势所趋，陆上高成本探区将成为未来发现石油的主战场，这部分资源将在未来烃类能源增长中发挥日益重要的作用。因此，为了低成本、有效地勘探这些地区，需要有针对性地组织研发先进、实用的特色配套技术，如适用于复杂碳酸盐岩勘探的配套技术；适用于高寒、高风险地区勘探的特色配套技术，适用于非常规油气勘探的特色配套技术，以及适用于岩性地层及成熟探区勘探的特色配套技术等。未来20年，随着勘探地区适应性需求的不断增加，重点研发特色配套勘探开发技术势在必行。与此同时，需要加速发展地球系统模拟技术，因为模拟更为综合的地球系统、判断潜在情形和参数中的不确定因素方面取得的进展能够极大地帮助勘探工作者识别新的油气远景带和局部勘探目的层，这些技术的发展将有可能极大地改善未来20年的勘探成效。

第三节　结论与启示

通过对国外关键技术发展10年回顾和未来20年展望（表2-2、表2-3），结合中国石油的勘探形势及海外勘探的需要，主要得出如下结论与启示：

（1）在未来5~10年应大力发展油气系统分析模拟技术、资源与目标一体化评价技术、高精度层序地层学、油气成藏动力学与地质实验技术。

① 油气系统分析与模拟技术是勘探技术的核心，中国石油务必强化油气系统分析及动态模拟技术。中国石油勘探开发研究院的盆地模拟软件在成熟度模拟方面达到国际一流水平，但是由于缺乏交互建模、运聚动态模拟、流线法计算和三维可视化技术，在短时间内尚不能满足勘探需要。因此，我们必须走引进与开发相结合的路子，通过技术引进和合作，迅速发展自己的模拟软件体系。

② 油气资源与目标一体化评价技术能对油气勘探目标进行科学的、多角度的评价，使勘探决策程序规范化、决策依据科学化、决策方法国际化、经济效益最大化，是油公司正确投资决策的基础。我国在勘探目标综合评价技术方面基础极为薄弱，在评价参数体系和刻度区方面基本没有有效积累，目标勘探的风险评价和经济评价目前虽初具雏形，但是还没有投入实质性应用。建议走自主研发的路子，加强技术攻关，建立中国石油的资源与目标一体化评价体系。

③ 层序地层学自20世纪80年代中后期引入我国后，经过10余年的认识与实践，其理论和研究方法已逐渐被我国大多数地质学家所接受。目前，层序地层学分析技术在我国已进入边探索边应用阶段，在东部一些地区已取得一定的效果，应用前景广阔，技术成功与商业

化应用的潜力很大。今后要加强高精度层序地层学研究，进一步完善有关理论方法，统一标准和规范应用。在此基础上，进一步加强碳酸盐岩高分辨率层序地层学与大比例尺岩相古地理工业制图技术的研究，采取自主研发与国际合作相结合的研究方式。

④ 油气成藏动力学具有广阔的发展前景，对指导油气勘探，提高勘探效益将发挥重大作用。中国石油应该加强这方面的研究力量，并在地质实验技术方面加强成藏地球化学和成藏动力学分析技术的研发、推广和应用。

（2）在未来20年，应加速发展非常规天然气地质勘探技术、深水地质勘探技术和陆上高成本探区特色配套技术，并需优先重点研发非常规天然气资源评价和地质储量预测技术、储层描述技术以及地球系统模拟技术。

① 大力开发非常规天然气已成为全球绿色经济发展的主流趋势，未来20~25年间，非常规天然气将在满足世界能源需求方面扮演重要角色。我国非常规天然气资源极其丰富，具有巨大的资源潜力和勘探开发远景，战略接替意义重大。建议组织有关部门，对我国非常规天然气资源的分布、前景、地质特征进行深入研究，加强国际交流，加快引进、消化国外相关先进技术和经验，加速优先重点研发非常规天然气资源评价和地质储量预测技术，形成有知识产权的非常规天然气地质勘探核心技术。

② 深水探区是未来20年油气勘探的一个主要热点领域，尽早抢占这一重要领域的战略意义不言而喻。为应对深水油气勘探风险大、成本高、环保要求严的挑战，建议进一步加强与国外石油公司在深水勘探领域的合作，学习他们的先进技术和经验，吸引他们的人才和资金，促进我国高效、环保深水地质勘探技术的快速发展。而为解决深水域地质勘探普遍缺乏井资料、地质目标层日趋复杂的难题，未来20年需要优先重点考虑大力发展和完善精细储层描述技术（NPC），使其进一步向定量化的方向发展。

③ 陆上高成本探区将成为未来发现石油的主战场，为满足勘探地区适应性需求的不断增加，建议采取自主研发的形式，有针对性地组织研发先进、实用的特色配套技术，如适用于复杂碳酸盐岩勘探的配套技术，适用于高寒、高风险地区勘探的特色配套技术，适用于非常规油气勘探的特色配套技术，以及适用于岩性地层及成熟探区勘探的特色配套技术，同时，需要加速发展地球系统模拟技术，因这些技术的发展将有可能极大地改善未来20年的勘探成效。

表2-2　油气地质综合研究理论技术现状与发展趋势

技术领域	当前关键理论技术	发展趋势与方向
地质综合研究	油气系统分析与模拟	成为远景目标评价的核心，向定量化方向发展
	资源与目标一体化评价	成为不可或缺的勘探决策工具，不断完善资源目标评价决策系统
	层序地层学	研究不断深入，向高分辨方向发展

表2-3　未来20年油气地质勘探重要技术展望

技术领域	重点研发技术	简要描述
非常规天然气	资源评价和地质储量预测	对全球各盆地进行非常规天然气资源潜力评估并建库，供全球的生产企业或团体使用

续表

技术领域	重点研发技术	简要描述
深水探区	精细储层描述	有助于解决深水域地质勘探普遍缺乏井资料、地质目标层日趋复杂的难题
陆上高成本探区	特色配套技术和地球系统模拟	技术适应性需求不断增加，使特色配套技术研发意义重大；模拟更为综合的地球系统、判断潜在情形和参数中的不确定因素方面取得的进展能够极大帮助识别新的远景带和"甜点"

参 考 文 献

[1] 胡秋平，等. 石油情报[R]. 中国石油集团经济技术研究院，2010(12).

[2] IEA. 2009. WORLD ENERGY OUTLOOK 2009. http：//www. iea. org/textbase/nppdf/free/2009/WEO2009. pdf.

[3] BP. 2010. Statistical Review of World Energy 2010. http：//www. bp. com/liveassets/bp_internet/globalbp/ globalbp_uk_english/reports_and_publications/statistical_energy_review_2008/STAGING/local_assets/2010_ downloads/Statistical_Review_of_World_Energy_2010. xls.

[4] 杨金华，等. 中国石油关键技术对标分析与发展策略研究[R]. 中国石油集团经济技术研究院，2010.

[5] Steven Poruban. 2011：E&P Spending on the Rise[J]. Oil & Gas Journal，2011，1(3)：1-5.

[6] 张立伟，等. 油气勘探开发投资比例与储量接替率关系探讨[J]. 资源与产业，2009，11(13)：74-78.

[7] 郑德鹏. 中外石油公司油气上游成本指标与成本变化对比分析[J]. 国际石油经济，2008(33)：33-39.

[8] 刘振武，何艳青. 等. 我国油气及煤层气勘探开发技术发展战略研究[R]. 中国石油集团经济技术研究院，2010.

[9] 方超亮，等. 世界石油工业关键技术现状与发展趋势[M]. 北京：石油工业出版社，2006.

[10] 胡秋平，等. 国外油气地质勘探关键技术发展现状与趋势[R]. 中国石油集团经济技术研究院，2010.

[11] 潘继平，等. 资源与目标一体化评价技术及其勘探意义[J]. 中国石油勘探，2007，12(1)：76-80.

[12] 胡秋平，等. 世界石油地质勘探理论技术新进展[R]. 中国石油集团经济技术研究院，2002.

[13] 周靖华. 页岩气：非常规能源领域的新主角[N]. 石油商报，2010-8-27(A3).

[14] 张焕之. 页岩气正在成为天然气行业新宠，发展势头强劲[R]. 中国石油集团经济技术研究院石油情报，2009(43).

[15] 高寿柏. 美国天然气工业的一场静悄悄的革命[R]. 中国石油集团经济技术研究院石油情报，2010(8).

[16] 高寿柏. 罗马什金油田还能开采多少年[R]. 中国石油集团经济技术研究院石油情报，2012(12).

[17] 胡秋平. 石油地质勘探理论技术新进展[R]. 中国石油集团经济技术研究院，2012.

[18] 章欣，等. 面对能源问题的严峻事实——纵观2030年全球石油和天然气前景(编译版). 美国国家石油委员会，2008：167-178.

第三章 世界油气田开发关键技术发展回顾与展望

21世纪以来，技术进步推动世界油气田开发水平迈上一个又一个新台阶。本章在以前多项研究的基础上，对21世纪10年来世界油气田开发关键技术发展进行了全面回顾，深入总结了21世纪10年来世界油气田开发关键技术发展呈现的新特点、新趋势和大方向，并剖析了出现新趋势的主要原因和驱动因素；重点分析了油气田开发关键前沿技术的发展现状与发展前景；对2020—2030年影响未来石油工业发展的油气田开发关键技术进行前瞻性分析和预判。

第一节 开发技术发展10年回顾与趋势分析

一、油气田开发关键技术综合发展历程与前沿

油气田开发关键技术综合发展历程如图3-1所示，我们系统地回顾1970年以来油气田开发关键技术的发展历程可以发现，技术进步已经使油气田开发产生了翻天覆地的变化，已经从最初的盲目开采发展到了能够对油藏进行实时的、动态的经营管理。纵观油气田开发关键技术的整个发展历程，过去40年为油气田开发带来重大变革的技术主要包括压裂酸化技术、油藏数值模拟技术、水平井、集成化油藏经营管理技术、智能井技术等。在未来20年可能会给油气田开发行业带来重大变革的技术主要包括油藏描述与综合模拟一体化、智能化技术；ERC井、仿生井、关节内窥镜井等建井技术；新一代CO_2—EOR、注入智能流体、低矿化度水驱等提高采收率技术；非常规油气开采技术等。

二、油气田开发关键技术发展总趋势

世界油气田开发技术总体发展趋势可以用3个词来概括：看得见、进得去、采得出（图3-2）。具体解释就是通过先进的油藏描述技术和新一代油藏模拟技术充分认识油藏，找到、找准剩余油的位置；通过MRC和ERC等新型建井技术以及不断进步和革新的压裂增产改造措施最大限度地接触到剩余油；发展低成本、环境友好型注剂和功能注剂，提高波及效率和驱替效率；建立全系统、全过程、全任务控制体系，实现油田资产的实时、闭环的管理与经营，实现经营效益和资产价值最大化。

三、关键技术发展10年历程回顾与趋势分析

21世纪10年来，油气田开发技术日新月异，涌现出了一大批关键技术：以多孔介质微纳米CT成像为代表的技术使油藏描述和模拟越来越精细，有助于更加清晰、准确地认识油藏；以智能井和MRC井为代表的新型建井技术，有助于进一步提高可控油藏接触面积；以水平井多段压裂和连续管压裂为代表的储层改造技术，有助于建立更加顺畅的油流通道。正是这一大批关键技术的进步，有效地推动了全球油气田开发行业的发展。

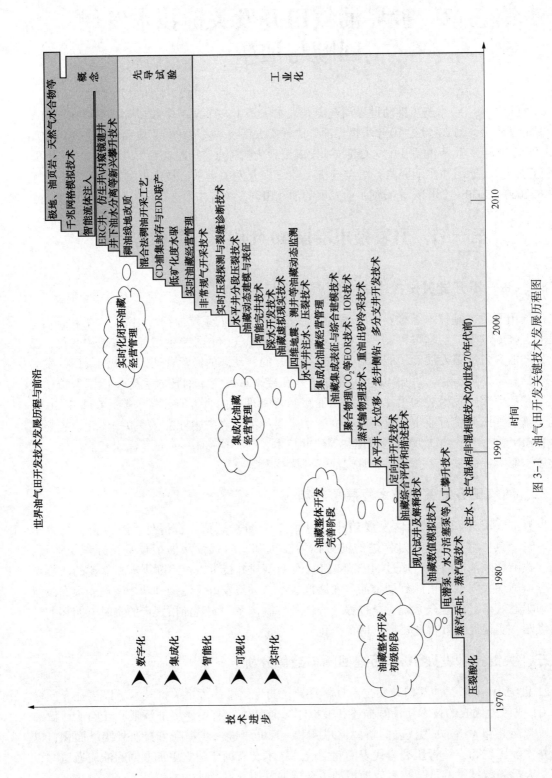

图 3-1 油气田开发关键技术发展历程图

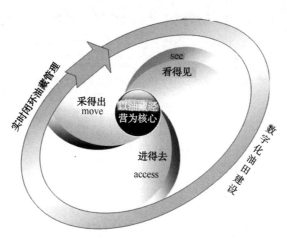

图 3-2　油气田开发关键技术发展趋势

1. 油藏描述技术

1) 发展历程

油藏描述技术的发展已经走过了四十多年的历程(图 3-3)，经历了单学科油藏描述、多学科分体式协同油藏描述、多学科一体化油藏表征三个阶段，目前已进入可视化、定量化、实时化的油藏描述阶段。

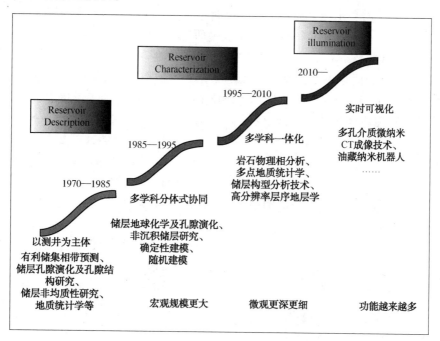

图 3-3　油藏描述技术发展历程

2) 发展特点与趋势

要实现多学科综合和多种技术的发展，主要应该从三方面着手：(1)要不断提高和发展单相技术水平，它是整个油藏描述得以实现的基石，也是多学科综合运用的前提条件，发展的准确、完善与否，直接影响着多学科和多种技术的集合效果。(2)由于地质统计学能够方便地综合运用各种资料，如地质、地震、测井、生产等信息，而现代油藏描述的方向就是强调多种技术多学科的综合研究，因而应把地质统计学更广泛地应用于油藏描述。（3）要建立完善的综合运用多学科以实现高效油藏描述的机制，它是一门独立于单相技术之外的科学，各学科只有得到有效的组织才能发挥其最大的效用。实现这一目的关键就是在公司各油田加强油藏管理学习，科学的管理，是任何工作得以开展的关键所在，对于油气勘探这样的大型系统工程，尤为关键。

3）重大关键技术

（1）多孔介质微纳米 CT 成像技术（Micro-CT，Nano-CT）。

众所周知，油、气、地下水等流体资源都储集在多孔介质中，岩石的微观孔隙结构是控制油、气、水在储集岩（层）中渗流的主要因素。从 20 世纪 50 年代开始，人们就开始重视对岩石微观孔隙结构的研究，但由于当时技术水平的限制，只能通过岩石薄片显微照相来获得微观孔隙的 2D 图像，不能反映孔隙在 3D 空间的分布状态，在其基础上描述的孔隙形态学特征与拓扑学特征存在较大误差。随着科学技术的进步和众多学者的不懈努力，目前已有了比较成熟的多孔介质微观孔隙结构 3D 图像获取技术。

目前国际上比较先进的多孔介质微观结构三维成像技术主要有切片技术、聚焦离子束技术（FIB）、激光共聚焦扫描显微镜、Micro-CT 和 Nano-CT 等。切片技术由于劳动强度大、费时而逐步被淘汰，并被 FIB 技术取代。FIB 技术虽然能获得高分辨率的 3D 图像，但它是一种破坏性的技术，不适合于测试含有流体的样品及跟踪流体的驱替过程，而且高能量输出导致费用昂贵。激光共聚焦扫描显微镜同样可获得高精度图像，但因其探测深度有限，重构的图像仅仅是假三维的，不能获得用于渗流机理研究的多孔介质微观孔隙结构的 3D 成像。Micro-CT 及 Nano-CT 是一种无损伤的 3D 成像技术，不但可获得足够分辨率的多孔介质微观孔隙结构 3D 图像，而且还可以现场实时检测孔隙中流体的渗流状态，目前在多孔介质孔隙结构及渗流机理研究中已得到广泛应用，该技术必定成为今后的主流技术。

目前常用于对地质多孔材料进行微米级成像的 Micro-CT 系统有两种：应用工业 X 射线发生管的台式 Micro-CT 扫描仪和同步加速 X 射线微层析仪。虽然大多数台式 Micro-CT 扫描仪能提供达到 $5\mu m$ 或更小的分辨率，但从文献报道中得知最好的图像分辨率是通过同步加速 Micro-CT 获得的。例如 Coenen 等报道可获得 700nm 的分辨率。一些台式 Micro-CT 制造商如 SkyScan，宣称他们的纳米扫描仪（SkyScan 2011 Nano-CT）分辨率为 400nm，视域为 $200\mu m$，每像素为 150~200nm。

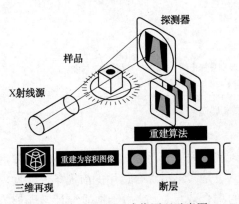

图 3-4 Micro-CT 成像原理示意图

Micro-CT 的工作原理（图 3-4）：样品通过样品控制台作高精度的定位和旋转，X 射线穿过样品，用探测器接收图像，每旋转一个角度获得一张模糊不清的透视图（通常样品旋转一周要拍下720 张），这些图片作为原始信息用于计算机处理和 3D 图像重构。X 射线源、样品台旋转、扫描图像参数的设计等都由计算机控制和完成。

2004 年，澳大利亚国立大学（ANU）成立了数字岩心实验室。他们使用自制的 Micro-CT 系统进行了孔隙空间成像的拓展研究，并取得了成果。他们的设备可以扫描直径 5cm 的岩心柱，成像最大视域为 55mm，分辨率为 $2\mu m$。ANU 的研究小组开发了 3D 图像重建的并行算法，在 128 个 CPU 的 PC 机群上运行接近 4h 生成 2048^3 体素的层析图片。基于由 Micro-CT 提供的微观结构，澳大利亚国立大学提出了一个虚拟渗透率的概念，采用格子 Boltzmann 模拟方法，分别对每个体素求解拉普拉斯方程来计算岩石的绝对渗透率和地层因子。

最近几年国外的研究焦点主要集中在 3 个方面：①孔隙的形态学与拓扑学特征研究。探索和计算控制孔隙内部流体渗流的孔隙结构参数。②孔隙网络模型提取方法研究。应用图形学的模式识别理论，研究从 3D 图像中提取能准确反映多孔介质微观孔隙结构的孔隙网络模型的方法，以及孔隙网络模型的 3D 可视化方法。③基于孔隙网络模型的渗流模拟研究。通过拟合实验分析可以得到储集岩的毛细管压力曲线及相对渗透率曲线，用于单相、两相及三相流体在多孔介质中渗流机理的研究。除此之外，由 Micro-CT 获取的 3D 岩石图像还可用于岩石组构、孔隙内部三相流体可视化的研究。Micro-CT 提供了较好的分辨率来识别孔隙空间中原始和残余流体的分布，孔隙内部流体形态及配置关系能被清晰识别，这对提高石油采收率技术的研究是非常重要的。

通用的台式 Micro-CT 扫描仪获得的图像分辨率对胶结较差的砂岩是足够了，但对胶结紧密的低渗透砂岩和碳酸盐岩，它们中控制流动的孔隙通常是亚微米级的，则需用同步加速 X 射线微层析仪才能获得较好效果。但目前同步加速 X 射线微层析仪还不能工业化地应用于日常的实验，因为价格昂贵，买得起的单位很少。随着 Micro-CT 技术的不断进步和计算能力（操纵巨大的图像数据集的能力）的不断改进，在不远的将来一定能用到纳米级的 CT 设备，获取分辨率更高的微观孔隙结构三维图像，孔隙结构及渗流机理的研究也将从微米级迈向纳米级。

（2）主流油藏描述软件。

油藏描述理论都是通过相应的油藏描述软件来实现，因此，对目前比较流行的油藏描述软件进行追踪显得尤为重要，国内外比较主流的油藏描述软件及特点见表 3-1。

表 3-1 国内外典型油藏描述软件

软件	研发公司	维数	特色	缺点
Gocad	EDS Chevron	2.5D	三维模型查看器； 断面查看功能； 结构框架生成器； 研发史较长，应用较广	模拟断层时需要单独建模，不是全三维建模软件
GeoFrame	Schlumberger GeoQuest	3D	多学科综合运用； 集成化的项目数据管理方法； 地震数据解释精度高（ms 级）	简单，集成化程度低，应用时需要其他软件支持
Prtrel	Schlumberger	3D	跨学科综合平台； 可操作性强，应用范围最广； 与 Eclipse 软件结合，油藏描述与建模一体化程度高	基于 Windows 平台的建模软件，和其他操作系统兼容性差
SKUA	Paradigm	3D	真正的全三维建模工具； 采用了 UVT Transform™ 技术同时输出两种类型的模型（地质体模型和流体模型）	和其他平台的兼容性较差，刚推出，现场应用情况尚不明确

续表

软件	研发公司	维数	特色	缺点
GeoEast	中油油气勘探软件国家工程研究中心有限公司	3D	高分辨率处理、复杂地表、低信噪比地区资料处理方面国际领先；中文界面，应用方便，系统规模灵活可变	基于 LINUX 操作系统，通用性较差，集成化程度较低
深探地学建模软件	北京网格天地软件公司	3D	中文界面，应用方便；速度建模和储层反演建模技术领先	应用范围小，系列化、集成化程度低

2. 油藏数值模拟技术

1）发展历程

油藏数值模拟是现代油藏开发中最重要的技术手段。它的应用已经渗透到油藏开发的各个环节，无论是油藏描述，产量预测，还是开发方案优化，都离不开数值模拟。很多国外的巨型石油公司都自行开发和维护自己的数值模拟工具，以满足他们及其巨大的需求。由于油藏本身的复杂性和工业界对开发方案的更高的要求，高性能的油藏模拟器一直是业界不断努力追求的目标。国外的很多大学和公司都在这一方面投入巨大的人力物力，也取得了非常显著的进展。油藏模拟技术的发展历程如图 3-5 所示。

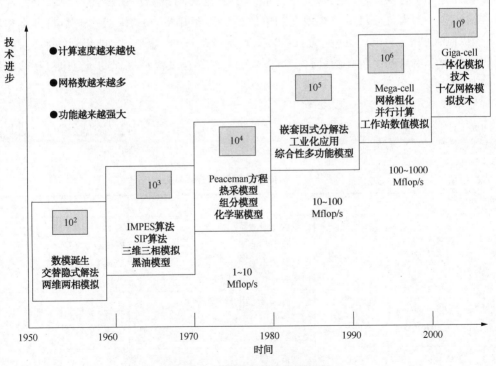

图 3-5　油藏模拟技术发展历程

Mflop/s—每秒百万次浮点运算

2）发展特点与发展趋势

现代油藏模拟器正向着高速、多功能集成、系统耦合模拟的方向发展。在模拟速度方面，新型线性求解器，如限制压力留数法多级求解器；新的数值格式，如使用 IMPES，IMPSAT，FIM 的多级自适应隐式格式；新的相平衡算法，可以把对于组分模型至关重要的相平衡计算速度提高一个数量级；并行计算方法，程序可以运行在多个CPU机器，或PC集群上，并随着CPU数目的增加，运行速度有显著的提高。多功能集成方面，现代数值模拟器集成了越来越多的功能，并且倾向于使用统一的版本，便于维护和再开发。例如在一个模拟器中整合黑油、组分、热采模型；整合全隐式、压力隐式和自适应隐式等不同格式；整合结构化和非结构化网格系统，整合传统井模型和智能井模型。在系统耦合模拟方面，现在油藏模拟器的模拟对象已经超出了油藏，而是对整个油藏系统（包含油藏，井，地面管网、设备）进行全隐式的模拟。而以前的各种努力通常是分部模拟，使用简单的曲线显式地链接起来。全系统的耦合模拟可以达到更精准的效果，只有依赖于这样的模拟器，才能实现真正的全局优化。

3）重大关键技术

（1）主流油藏模拟软件。

油藏数值模拟技术总是以油藏模拟软件为载体的，自1966年第一个商业数值模拟软件诞生以来，新的油藏模拟软件不断涌现，国内外主流油藏模拟软件及发展方向见表3-2。

表3-2　国内外主要油藏模拟软件

油藏数值模拟软件	研发公司	优势领域	可操作性	发展方向
ECLIPSE	Schlumberger	黑油模型、前后处理模块、综合模拟、多段井功能	较差	原有版本升级实现Petrel-ECLIPSE油藏描述建模一体化
CMG	CMG	热采模型（Stars）、组分模型	较强	原有版本升级实现三维可视化
VIP	Halliburton Landmark	聚合物驱、微生物驱、泡沫驱、凝胶驱	中等	Nexus
PRIS	中国科学院软件所	大规模整体油田的精细油藏数值模拟	中等	PRIS系列升级

（2）新一代油藏模拟器。

由于油藏本身的复杂性和工业界对开发方案的更高的要求，高性能的油藏模拟器一直是业界不断努力追求的目标。国外很多公司和研究机构都在这一方面投入的巨大的人力物力，也取得了非常显著的进展，埃克森美孚公司、雪弗龙公司、斯伦贝谢公司等纷纷提出或研发出了自己的新一代油藏模拟器（表3-3），它们的共同特点就是具有油藏内的渗流、井筒和地面集输系统的管流以及采出流体处理系统的一体化模拟能力，而且在计算速度，内存管理，并行优化，并行负载平衡，处理超大模型等方面将有重大进展。

表3-3　"新一代"油藏模拟器及其特点

公司 & 机构	新一代油藏模拟器	主要特点	成熟度
雪佛龙斯伦贝谢	INTERSECT	可运转大型非均质模型，快速模拟数千万级网格；可正确地对复杂地质条件和油井进行模拟，给出详细的油藏描述；支持复杂油藏管理，可以掌控数千口油井，在单一的模拟器中模拟所有流体类型和采收工艺；将包括海洋开发工具，还可以按照要求定制增产工作流插件	正在逐渐进入市场

公司 & 机构	新一代油藏模拟器	主要特点	成熟度
埃克森美孚	Empower	迅速评估大型项目；分析复杂地质结构；模拟油藏流体在油藏和地面设备中的流动形态；模拟拥有多种设备的各种油田；提高了添加了几条热模拟裂缝的稠油油藏的模拟精度	正用于分布在 20 多个国家的 150 多个油藏
兰德马克	Nexus®	快速的油藏模拟能力和更精确可靠的解法；油藏和设备的综合模拟；允许地面和地下模型进行串联求解；允许用户把数个油藏综合到一个共同的地面网络中，还可以接受来自于不同地球模型数据源的油藏数据；可以作为一种完全自足的综合的资产管理工具	
法国石油研究院	Puma Flow	整合了所有模拟所需的精确而严格的物理公式，高效的解法为大型或超大网格提供了一流的计算性能和可靠的结果；适用于各种生产方式和 EOR 过程；适合所有地质类型和流体组成的油田	已经用于中东、非洲、拉美和俄罗斯的大型复杂油藏

（3）非结构化网格建模技术。

油藏模拟主要采用结构化网格，但是处理最大储层接触（MRC）井的数值模拟时，还存在很多困难。在油田整体模拟、多相渗流过程中，要提高数值模拟的准确性，最重要的是在复杂结构井附近进行网格加密。沙特阿美石油公司在中东一个以 MRC 井为主的巨型碳酸盐岩油藏采用了非结构化网格建模方法，以便更好地模拟近井区流入动态，来提高数值模拟的准确性。通过高效计算，建立了一个具有良好一致性的离散化模型。非结构化网格模型与原始的结构化网格模型相比，在需要较少网格单元的情况下，有效地节约计算成本。

与现有的结构化网格数值模拟结果相比，非结构化工作流程实用性强，近井区建模精度高。非结构化网格非常适合于复杂几何形态、近井流动集中、网格分辨率要求高的区域。在油田范围内进行非结构话网格模拟，可以显著地提高计算精度并节省成本。非结构化网格技术可以有效地处理最大储层接触井（MRC），在中东一个巨型碳酸盐岩油藏应用结果表明，网格节点减少 30%，运行时间减少 20%。

3. 建井技术

1）发展历程

建井技术是近年来发展最快，最具提高采收率潜能的技术。到 2030 年，原油采收率有望从现在的 30% 左右提高到 50% 左右，实现这一目标的主要途径就是大幅度增加井眼对油藏的可控接触面积。建井技术的发展历程见图 3-6。

2）发展特点与发展趋势

建井技术的发展趋势就是油藏接触面积越来越大、可控性越来越高、采收率越来越高。展望未来，经过今后 20 年的发展，建井技术有望能够实现井筒或泄油孔与油藏中每一滴原油的充分接触。

3）重大关键技术

（1）智能井。

20 世纪 90 年代中后期，世界大量油气发现从陆地转向深水、高温高压地区，大斜度井、水平井、大位移井和多分支井应用越来越多，由于生产难以控制，常规完井方式受到挑战，随着水下控制系统、光纤传感系统和各种井下仪表、滑套和安全阀等技术的日臻完善，

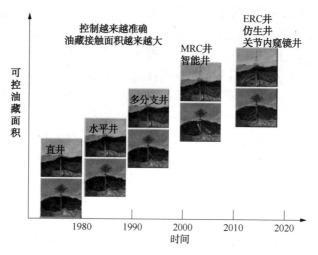

图 3-6　建井技术发展历程

智能完井技术应运而生。

　　智能井就是在井中安装了可获得井下油气生产信息的传感器、数据传输系统和控制设备，并可在地面进行数据收集和决策分析的井。通过智能井可以进行远程控制，达到优化产能的目的。智能井系统的主要部件包括流动控制装置、直通层间隔离封隔器、井下传感器和控制系统。智能井可能是多分支井，其中每一个分支被不同数量的流入控制阀控制；也可以单一井筒，通过流入控制阀控制每一个层段。智能井技术主要用于油藏开采过程的管理。应用智能井技术可以通过一口井对多个油藏流体的流入和流出进行远程控制，避免不同油藏压力带来的交叉流动。对于多油层合采，智能完井的应用允许交替开采上部和下部产层，加快了整个井的生产速度，油井的净现值也得到了提高。应用智能完井的注入井可以更好地控制注水，提高油井的最终采收率。同时，应用智能井系统也可以减少地面基建设施成本。智能井的不足之处是成本高，可能会使单井成本增加 20%～30%。

　　哈里伯顿公司和壳牌国际勘探开发公司合资组成的专门研发智能井系统的 WellDynamics 公司推出的 SmartWell® 智能井系统，是智能井领域的领头羊。另一个在智能井领域起步较早的公司是贝克石油工具公司，该公司的 Intelligent Well System™ 智能井系统结合了永久数据采集、流量管理和系统集成，不需进行昂贵的采油修理作业就能够可靠地遥控流量。威德福公司的 Simply Intelligent（多层智能完井系统）将永久井中光纤监测与水力流动控制结合起来，实时优化生产及油藏管理，降低了成本，增加了可靠性。其他在智能井领域比较成功的国外服务公司包括斯伦贝谢的油藏监测和控制（RMC）系统，BJ 公司的系列智能完井仪器等。据 SFG 估计，WellDynamics 公司的智能井系统占市场份额的 50%；贝克休斯公司和斯伦贝谢公司各占市场份额的 20% 和 25%；BJ 公司和威德福公司分享剩下的市场（图 3-7）。

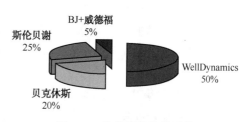

图 3-7　各公司智能井系统
所占市场份额（2006 年数据）

　　近几年，智能井监测和控制技术取得了较大的进展。沙特阿美石油公司推出了新型智能井下监测系统，并在世界上第一口 MRC 井中进行了安装，3 个分支裸眼完井长度共 5000m，每个分支安装可调节井底流入控制装置和永久性井底监测系统。这些光学监测系统放置在每一个分支的入口处前方，具有固定的井底组件，同时具有在地面控制的电子设备，能够确保较高的可靠性和测量准确性。同时，两相流量计和光纤压力/温度表集成在一起，没有外露的传感器、活动件或井底电子仪器，材料具有很好的性能，可以防磨蚀和腐蚀。应用结果证明，使用该监测系统可以监测压力和温度、监测不同产层的产量贡献、监测含水率和识别生产异常，实时优化油井生产。通过这种井底监测和控制技术已经可以实现 MRC 井的智能化生产。

斯坦福大学研究了一种智能井生产优化方法，使用一个商业性油藏模拟器作为目标函数模拟器，从油藏工程的角度来寻找最优化的流入控制阀分布，发现最佳的流入控制阀组合，可以延长井的寿命，延长稳产期。通过选择性控制不同分支产量，减缓了由于大裂缝带来的意外产水，因此增加了最终采收率。该技术使用的优化技术包括遗传算法、数字油藏模拟器、多分支井分支悬挂技术、流入控制阀控制技术和 MATLAB GA 和 Eclipse 优化程序。该技术在一个海上油藏模型中应用，模型模拟资料来自中东海上成熟油田，目前正在二次采油，生产井是一口三分支智能井（图 3-8）。通过调节流入控制阀进行配产调整之后，将3000bbl/d 的稳产期延长了两年，使总的无水产油期达到六年，并使含水率最小化，并且见水后产量递减的速度放缓。

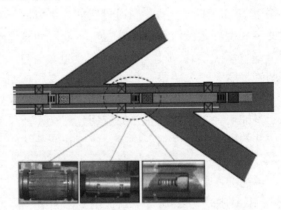

图 3-8　三分支智能井组件

（2）油藏最大接触位移（MRC）井。

油藏最大接触位移井（Maximum Reservoir Contact Well）的出现可以说是建井技术历史上继水平井出现之后的又一次重大变革，被誉为 21 世纪初最具发展潜力的 8 项建井新技术之一，代表了石油钻井技术的发展方向，受到石油业界的高度关注。MRC 技术是指从一个主井眼中钻两个或多个分支井眼，这样就可以从一个井眼中获得最大的总水平位移，在相同或不同方向上钻穿不同深度的多套油气层（总接触位移不小于 5km）。除了具有水平井的常规优势外，它可以钻遇多个不同空间位置的产层，增大储层钻穿几率和有效面积，提高单井油气产量，其成本比单个水平井低。MRC 技术现已成为油气田开发的一种重要技术，在世界范围内广泛应用。

MRC 技术是集井眼轨迹设计、钻井液设计、侧钻方式、完井方式和采油工艺于一体的新技术，目前国际著名大公司如斯伦贝谢公司、哈里伯顿公司、贝克休斯公司、威德福公司等都在研发自己的专有技术。哈里伯顿公司的核心技术具备了分支井的全套钻井、完井、开采和分支井重新进入等配套技术和工具装备，拥有 20 余项专利技术，在世界上处于领先地位。

4. 水力压裂技术

1）发展历程

水力压裂技术经过 60 多年的发展，在裂缝模型、压裂液、支撑剂、压裂施工设备、压裂设计与监测工具、压裂工艺等方面均取得了惊人的发展，不但成为油气藏的增产增注手段，也成为评价认识储层的重要方法（图 3-9）。近 10 年来，随着致密气、页岩气、页岩油等非常规油气资源的大规模开发，超清洁压裂液、超低密度支撑剂、连续管压裂、水平井分段压裂、微震实时监测等技术都有了重大进展。

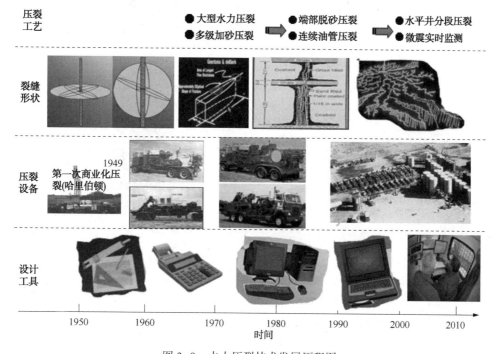

图 3-9　水力压裂技术发展历程图

2）发展特点与发展趋势

虽然 21 世纪 10 年来水力压裂技术取得了重大进展，但面对越来越难以开采的油气资源，压裂技术还有诸多方面需要进行探索和改进：改善已压裂储层的网格和岩石力学/增产的模型；提高多级压裂和油层分隔的经济性和可靠性；耐高温的压裂液和小粒径的支撑剂；深埋藏、低渗透率和高温/压储层中如何有效压裂；如何在边远地区的敏感和低渗构造中开发致密气藏；水源的问题，包括水供应及水处理。为了解决这些复杂的问题，今后水力压裂的发展趋势主要变现在以下几个方面：压裂液向着高导流能力、高支撑剂悬浮性能、无伤害方向发展；支撑剂向低成本、高强度、低密度、用途多样化方向发展；压裂作业向着流程化、标准化、工厂化方向发展；压裂监测与诊断向着精细化、实时可视化方向发展；总体向着创造流通性越来越好、流动阻力越来越小的油流通道的目标迈进。

3）重大关键技术

（1）超低密度支撑剂。

由于压裂液向低伤害、无伤害方向发展，且无固相不含聚合物，密度较低，以往支撑剂对压裂液悬砂性能要求高，因此，超轻密度的支撑剂应运而生。超低密度支撑剂最初是为滑溜水压裂设计的，目的就是利用"部分单层铺置"理论(partial monolayer)大幅度降低支撑剂的沉降速率(图 3-10)，增加有效支撑裂缝缝长，超低密度支撑剂要求的压裂液黏度不高，可降低泵功率。超低密度支撑剂 2004 年首次商业化应用，当时的相对密度为 1.75，可以实现近悬浮状态。经过近几年的发展，最近使用的 ULW 支撑剂相对密度仅为 1.05，是由热固性纳米复合材料制成。

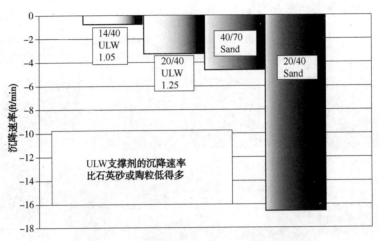

图 3-10 不同类型支撑剂在水中的沉降速率

（2）水平井分段压裂。

水平井分段压裂技术是油气田开发史上继水平井出现之后的又一里程碑，这项技术可以实现油藏接触面积最大化，特别适用于致密气、页岩气、页岩油等非常规油气资源的开发。这项技术已经在北美、非洲和中东的 10 多个国家成熟应用，哈里伯顿、斯伦贝谢、贝克休斯等国际知名油田服务公司都已经拥有自己成熟的水平井分段压裂技术服务体系，最多已经可以压到 30 多段。下面主要介绍一下哈里伯顿公司的 SurgiFrac[SM] 裸眼水平井压裂工艺和贝克休斯公司的 Frac-Point 多层定点压裂工艺(图 3-11)。

SurgiFrac[SM] 裸眼水平井压裂工艺是哈里伯顿公司研发的适用于中、低渗油气藏的工艺。该工艺只要用于中、低渗油气藏水平井裸眼完井，不用机械封隔就可以达到像外科手术一样的布缝精确度。这种对裂缝的产生和延伸的准确控制具有以下几个优点：①提高现有资产的产量。用连续油管或连接起来的油管进入裸眼水平井精确地压裂未波及的层位和没射孔的层位，快速而且高效。②优化油藏驱替。精确定位的裂缝可以很好地符合井况。③与常规压裂相比可以更迅速地增产。层与层之间不用封隔器等工具隔离开，而是依靠调节支撑剂的浓度来中止裂缝延伸或使裂缝重新张开，几个小时就可以造多条缝。④降低压裂施工成本。采用低黏度压裂液以及需要较少的设备降低了成本。

贝克休斯公司一直是完井技术方面的佼佼者，该公司的 Frac 系列多分支压裂系统为致密页岩气藏的增产提供了一个很好的解决方案，可以节约 50% 的增产成本。在进行致密气井压裂时，没有太多好的选择，一种选择就是将压裂液泵送进入裸眼井筒，但是压裂液通常会流入阻力小的区域，而绕过部分产层，降低了其他区域的产量。贝克休斯石油工具公司

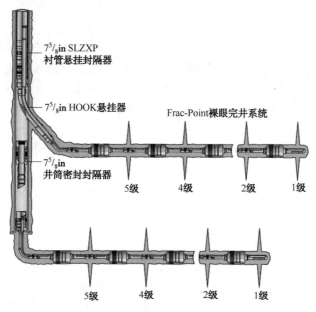

图 3-11　Frac-HOOK 和 Frac-Point 系统完井示意图

Frac-Hook 多分支套管压裂系统通过定点压裂克服了以上缺陷，且不需要固井。该系统可以更好地定位压裂位置，更精确地控制分支井筒，提供有选择性的、高压的压裂能力，不仅节约时间和成本，还提供了经济可行的增产系统，加速了储层排泄速度，缩短了投资回报时间。该技术获得了美国海洋技术会议（OTC）"聚焦新技术奖"。

此外，斯伦贝谢公司的 Stagefrac 水平井多段压裂技术和 PackersPlus 公司的 StackFrac 水平井多级压裂技术应用也很广泛。

（3）实时压裂监测与裂缝诊断技术。

近几年，压裂监测与裂缝诊断技术取得了很大的进展，已经能够在压裂进行的过程中实时地监测井下情况（裂缝的方位、高度、长度、体积和复杂度等信息），还可以在压裂不间断的情况下改变压裂程序以达到对压裂作业的实时控制。几种比较典型的压裂实时监测服务及其特点见表 3-4。

表 3-4　几种比较典型的压裂实时监测服务及其特点

技　　术	研发公司	特　　点	成　熟　度
IntelliFrac™	BJ 贝克休斯	结合了贝克休斯公司的地层评价、套管井钢缆技术和 BJ 公司顶尖的泵送和增产技术；对于复杂情况下的压裂是至关重要的，尤其是页岩	已开始投放市场
ExactFrac	哈里伯顿	综合了测井、井眼地震和微震技术	
StimMap LIVE	斯伦贝谢	实时形成裂缝生成图像，实现压裂裂缝传播的同步可视化；可以改进裂缝监测的有效性，提高采收率	已经用于 Barnett 页岩，效果很好

5. 提高采收率技术

1）发展历程

EOR 作为提高石油产量的有效选择之一仍然是油田开采永恒的主题。提高采收率技术主要分为四大类，即热采、化学驱、气驱、微生物驱。热采是世界第一大 EOR 方法，产量最大，占 66%。如图 3-12 所示，热采项目数的增长势头虽然早在 1986 年已经停止，并开始有所递减，但依然是 EOR 产油量的主要来源。随着全球常规石油开采总量的递减，人们将逐渐把目光投向需要依赖热采工艺才能开采的重油、超重油和油砂，今后 30 年内热采仍然会是主流的 EOR 技术。本报告中的热采技术主要放在稠油开采技术中介绍。气驱是发展最快的 EOR 方法，1986 年以来，世界气驱项目数基本呈递增趋势，其中 CO_2—EOR 是气驱中发展最快、前景最为看好的方法。化学驱主要集中在中国，提高采收率幅度较大，但存在成本和环境问题。微生物驱油技术在全球 100 多个油田进行了试验，但还没有形成规模，其产量也很少，很难与其他 EOR 技术所带来的产量相比。

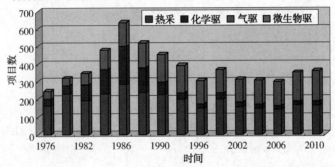

图 3-12　1976—2010 年历年提高采收率项目统计

2）发展特点与发展趋势

近十年来，提高采收率技术的发展呈现出 3 个新趋势：一是在现有技术基础上进行改进和完善，如新一代 CO_2—EOR 技术、低矿化度水驱等；二是是集成技术创新，如气驱与化学驱结合、热采与溶剂结合、表面活性剂与增产措相结合等；三是推出革命性的新技术，如向油藏注入智能流体、"聪明水"等。

3）重大关键技术

二氧化碳驱提高采收率技术

二氧化碳驱是一种迅速发展的提高采收率方法，目前已广泛用于美国、加拿大、北海、安哥拉、特立尼达、土耳其等地。从 20 世纪 50 年代开始，美国等一些国家相继投入了二氧化碳驱在油田开发上的应用研究和矿场试验，经过数十年的实践，二氧化碳驱已在二次、三次提高原油采收率方面获得了日益广泛的应用，尤其是作为水驱后油藏的三次采油方法。据《油气杂志》2010 年统计，世界 EOR 产量 $8088 \times 10^4 t/a$，其中 CO_2—EOR 产量为 $1258.6 \times 10^4 t/a$，占总 EOR 产量的 18%。二氧化碳驱提高原油采收率的潜力是非常巨大的，据国际能源机构（IEA）2000 年分析，世界适合 CO_2—EOR 的资源约 $(3000 \sim 6000) \times 10^8 bbl$。世界上约 90% 的 CO_2—EOR 都集中在美国，在美国 CO_2—EOR 技术已经成功应用了 30 多年，累计增油超过 $15 \times 10^8 bbl$。截至 2010 年，美国共有 114 个 CO_2—EOR 项目，日产原油 $27.2 \times 10^4 bbl$。二氧化碳在中国石油开采中有着巨大的应用潜力，但尚未成为研究和应用的主导技术。

美国二氧化碳驱项目的不断增加主要有两方面的原因：一方面是美国天然 CO_2 资源丰富，美国 CO_2—EOR 产量80%来自于离这些较大的 CO_2 天然气源不远的二叠系盆地。另一方面是美国政府(税收、投资)和企业对 CO_2 捕技术都大力支持，逐渐发展解决了许多地区无天然 CO_2 气源的问题。据先进能源国际(ARI)评估，CO_2—EOR 技术在美国得克萨斯、加利福尼亚、墨西哥湾、路易斯安娜、伊利诺伊、阿拉斯加等地还有很大的应用潜力。从技术角度来看，今后二氧化碳驱提高采收率技术将会由单一二氧化碳驱油技术向复合与综合技术发展。二氧化碳驱提高原油采收率与 CO_2 的捕集、封存有机地结合在一起是 CO_2—EOR 的应用潜力所在和主要发展方向，这将有利于能源与环境的和谐发展。虽然目前二氧化驱提高采收率技术已经规模化应用，但还存在诸多问题，如二氧化碳在向油层的注入过程中存在诸如腐蚀、沉淀、气窜等问题，由此引发的一系列技术难点有待攻克；注二氧化碳提高采收率的油藏工程、采油工程技术、油井产出二氧化碳的回收与循环利用等都是具有挑战性的技术问题。从经济角度来看，CO_2 驱提高原油采收率的经济性受原油价格、CO_2 价格、技术等多种因素影响。从美国来看，在油价高于25美元/bbl 时，CO_2—EOR 项目投资就能盈利，油价高于35美元/bbl 时，投资回报较高，随着技术的不断发展和进步，CO_2—EOR 项目的投资回报率将会不断增加。CO_2—EOR 项目是一个系统工程，涉及油气资源、CO_2 资源、油价、财税、政策等多个方面的内容，必须综合考虑。

6. 油藏经营管理技术

1) 发展历程

油藏经营管理发展历程如图3-13所示。世界上大规模开采石油已有100多年的历史，从一开始人们就在管理油藏，但是管理的内容却在不断发生变化，特别是近40年来，随着经济的飞速发展和高新技术的应用，油藏管理的内容更加丰富和完善。国外对油藏经营管理的认识和实践大致经历了以下几个发展阶段：第一阶段为20世纪70年代以前，由于过分强调了油藏工程的重要性，因而认为油藏工程是油藏经营管理活动中唯一重要的技术，甚至将油藏工程当作油藏经营管理的同义词。第二阶段为20世纪70年代到80年代中期，油藏描述技术在油田开发中起到了越来越重要的作用，油藏工程师与地质师的合作被提到了越来越重要的地位，形成了以油藏工程师和地质师的密切合作为主要特征的油藏经营管理阶段。第三阶段为80年代后期至90年代后期，随着世界油气新发现越来越少，边老低难资源所占比例越来越大，这部分资源开采除了需要油藏工程师与地质学家的密切合作外，还需要地球物理、钻井、采油、地面工程等多学科人员的配合与协作，因此形成了一套成熟的、以多学科协作为特点的集成化油藏经营管理体系。第四阶段2000年以来，该阶段油藏经营管理有两大发展，一是在集成化的基础上向着智能化、实时化方向发展；二是从油藏经营向"资产"经营扩展。油藏动态诊断技术成为发展重点，各种诊断技术不断发展，从上一阶段的3D地震、随钻测井、随钻测量技术(LWD/MWD)、油藏模拟技术等发展到4D地震、成像测井等油藏动态诊断技术。各类数据从集成管理向数据挖掘发展，信息向知识转化。地质导向技术与旋转导向技术快速发展，实现了钻井实时优化。网络、海量信息处理、虚拟现实等信息技术的应用，实现了实时的或闭环的资产经营。

2) 发展特点与发展趋势

油藏经营管理未来的研发重点有4个：实时油藏经营实施综合方法和流程研究；"风险管理"业务模型研究；组织机构重组研究；学科集成与技术集成应用研究。从技术上来讲有

5 点：性能可靠、质量高的传感器研究；井下和海底信息传输系统研究；海量信息宽带传输研究（全油田海底地震数据传输等）；井下传感器——桌面数据传输研究；不同信息源的数据集成与可视化研究，主要包括数据格式兼容研究、同步研究、诊断、控制与决策过程可视化研究。

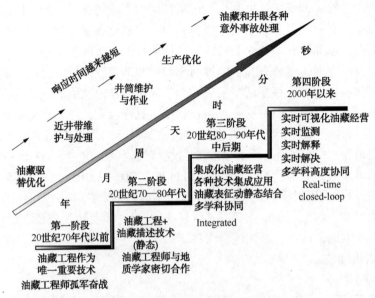

图 3-13　油藏经营管理发展历程

3）重大关键技术

（1）实时油藏经营管理技术。

实时油藏经营管理具有完整、综合、快速、高效的特点。由康菲、BP、挪威国家石油公司、雪佛龙、道达尔、斯伦贝谢、哈利伯顿等 20 家公司组成的企业联盟早在 21 世纪初就开始了这项技术的联合研究。目前实时油藏经营管理主要用在海上油田和新油田开发。

实时油藏经营管理的过程就好比是人完成一个"看到"—"思考"—"行动"的过程，其本质就是通过对油藏实时监测、实时数据采集、实时解释、实时决策、实时解决来实现油藏生产力的跃变，大幅降低生产成本，获得最佳的油藏经营效益（图 3-14）。要想达到这个目标，决策支持中心必须有 4 个顶尖技术系统做保障。这 4 个系统非别为：①产品技术一条龙服务线，包括测井、射孔、压裂、酸化、钻井、固井、修井等其他各种油气井服务。②油藏描述和认知系统，主要包括油藏模型、测井解释、地震解释、岩心资料解释、钻井评价报告、生产预测等。③服务和技术解决方案系统，包括地质专家、地球物理专家、测井专家、钻井工程师、油藏工程师、采油工程师及各种服务专家在虚拟还价下组成团队，共同解决油藏问题，实现最大经济效益。④实时作业施工，即油藏决策中心各路专家通过遍布全球的通信工具、互联网、计算机和可视化会议直接观测作业现场，并测量有关数据信息。利用这套技术，专家们可以根据油藏具体情况实时做出作业决策。

就实时油藏管理技术发展规划而言，新型传感器和虚拟现实工具模拟是提供虚拟工作进程的支撑要素所必需的，而自动化和远程控制可以在像极地这样恶劣的环境下实现无人操作，纳米技术和人工智能将会是所谓的创造价值的领域。

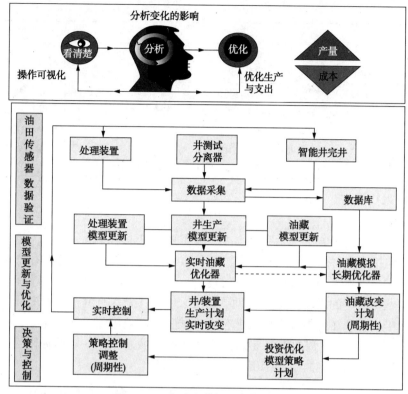

图 3-14 实时油藏与生产优化系统

（2）数字油田技术。

随着油田信息化建设进程的发展，数字油田的概念应运而生，并迅速在全球石油行业引起了强烈反响。数字油田是一套连接地面与井下的闭环信息采集、双向传输和处理应用系统，能够伴随作业进程实时地指导勘探开发方案的执行和相关技术的应用，是覆盖所有主要价值循环过程的一个闭环系统。因此，涉及勘探、评估、开发和开采领域的各项新兴技术对油气资源的整个生命周期都有重大影响，而其中遥测、虚拟现实、智能完井、自动控制和数据集成是组建数字油田的关键技术。

数字油田的建立对于石油工业增加储量、提高产量、降低成本方面必将发挥重要的作用。2003 年世界著名的剑桥能源研究所（CERA）公布的一项最新研究成果指出，由多项新型数字化技术构成的数字油田，将在未来 5~10 年内使全球原油储量增加 170×10^8 t，同时能够提高油气采收率 2%~7%，降低举升成本 10%~25%，提高产量 2%~4%。

国际上许多著名大油公司如 BP 公司、壳牌公司、雪佛龙公司、埃克森美孚公司、沙特阿美公司等都在积极发展自己的"数字油田"技术（表 3-5）。"数字油田"已经从初期的仪器、仪表和监测的数字化发展成衔接现场作业和各业务部门作业的闭环工作流程。通过这些业务流程的无缝衔接，数字化油田的全部潜能将不断得以发挥和实现。

表 3-5 国际大油公司各自的数字油田特点

公 司	特 点	典型项目 & 效果
BP （e-field）	实现从市场到油藏作业的全过程数字化，重点是实时数据传输和远程自动操作	挪威 Valhall 油田

续表

公司	特　　点	典型项目＆效果
Shell （smart field）	综合了数字信息技术与最先进的钻井技术，地震技术和油藏模拟技术，可以实现油田现场无人化	南中国海 Champion West
Chevron （i-field）	通过先进的传感器、监测装置和优化工具实时监测油田动态，并不断调整操作条件，提高油气产量，改善开发效果	东得克萨斯 Carthage 天然气田
Saudi Aramco （I-Field）	4个层面：监控——连续监测生产、注入信息；一体化——不间断地对实时数据进行查询；优化-对全油田优化动态进行系统管理；创新——存储整个油田寿命中优化进程事件及相关措施信息	Qatif、Hawtah 及 Haradh - Ⅲ 油田（增油 300000bbl/d）

7. 稠油开采技术

1）发展历程

世界重油油藏的开采方法主要有三大类，即矿采、热采和冷采。目前，热采技术应用最为广泛，主要包括蒸汽吞吐、蒸汽驱、蒸汽辅助重力驱、火烧油层。蒸汽吞吐和蒸汽驱目前属于成熟技术，是世界重油开采应用最广的技术，但是蒸汽驱技术目前还没有成功逾越中深层、大斜度油藏蒸汽驱的难关。蒸汽辅助重力驱（SAGD）以水平井和热采技术结合为特点，自20世纪80年代以来在世界多个地区都有成功试验和商业应用，该技术正以采收率高（高达60%）、见效快显示出广阔的发展前景，但是这种技术还存在一定的局限性（能耗高、不环保）。世界稠油开发关键技术发展历程如图3-15所示。

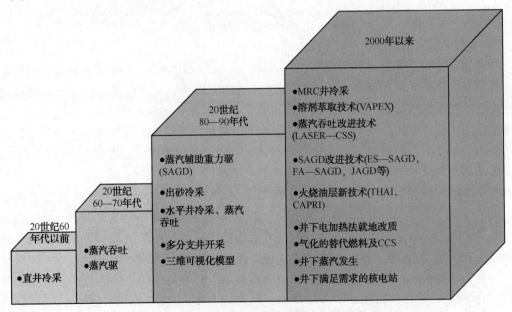

图 3-15　世界稠油开发关键技术发展历程

2）发展特点与发展趋势

21世纪10年来重油技术发展的主要特点：开采方法越来越多，从直井冷采、蒸汽吞吐、蒸汽驱发展到出砂冷采/水平井、分支井冷采、蒸汽辅助重力驱、溶剂萃取（VAPEX）等多种开采方式；开发井型越来越复杂，从直井到水平井、多分支井、MRC（最大油藏接触面积）井等；开采机理不断创新与扩展，从热采机理/孔隙压缩、流体膨胀扩展到泡沫油机理等；举升方式和设备不断发展，从有杆泵举升扩展到电潜泵/螺杆泵举升等；生产监测手段不断完善，从常规测井监测发展为分布式光纤温度测量、4-D 地震、油藏模拟、示踪剂监测等综合三维可视化油藏监测与表征，使定期油藏动态监测发展为实时监测，油藏动态描述越来越准确，油藏经营管理水平越来越高；油田生产热能管理越来越有效，热电联产、CO_2 捕集/封存与提高采收率等综合管理与利用使热量综合管理与经营效益提高。

未来稠油技术的发展主要围绕两点：一是降低生产成本和能耗，二是提升稠油价值。这也决定了稠油开采技术和稠油改质加工技术的发展方向，目前体现这两者完美结合的稠油地下改质技术已经崭露头角，井下核电站、井下产生蒸汽法、催化剂法等井下就地改质技术正处于实验室研发或先导实验阶段。业内多家研究机构和公司也在研究 SAGD 的替代方法，如溶剂萃取技术(VAPEX)、溶剂辅助蒸汽吞吐(LASER)、溶剂增强工艺(ES-SAGD)等。

3）重大关键技术

（1）蒸汽辅助重力驱(SAGD)。

蒸汽辅助重力驱(SAGD)是近 10 年来发展最快也是应用最广泛的稠油热采技术。这种方法主要用于超重油的开采，需要钻一对平行水平井，其中一口井位于另一口井上方 5~7m。从上方的水平井注蒸汽，加热井筒周围重油，降低黏度，降黏后的重油在重力作用下流向下方的水平井中被产出。这种方法的优点是见效快、采收率高，可达到 50%~70%。但是，这种方法耗能巨大，对于 100000bbl/d 的油产量而言，耗能高达 1500MW/d，因此，温室气体(CO_2)排放量也很大，高达 15000t/d。该技术主要适应于较厚的油层(15~20m)，对于层状地层采收率将受到严重影响。

SAGD 技术今后的发展方向将集中在以下三方面：①降低能耗。例如用渣油替代天然气生产蒸汽，降低操作成本；通过渣油气化替代天然气生产蒸汽和 H_2。②联产增效。生产蒸汽与 CO_2 捕集、封存或提高采收率联产增加综合效益。③改进注采工艺。如单井蒸汽辅助重力驱、与溶剂结合使用(如 ES—SAGD 工艺)以及发展高温环境下的集成配套技术等。

（2）火烧油层及其改进技术。

火烧油层又称火驱，用于高黏度重油开采。该方法需要在井组间进行。通过注入井注入空气、点燃，燃烧地下部分原油，产生热量，使剩余油黏度降低，随燃烧前缘的不断推进，从生产井采出。该技术可以说是一项老技术，从 20 世纪 60 年代开始，世界许多油田都曾尝试过火烧油层方法，结果发现这种方法不稳定。但是在罗马尼亚的 Suplacu de Barcau 油田自 1964 年起一直在进行大规模的火烧油层采油。该方法通过热裂解可实现原油地下改质，达到较高高采收率(60%)。目前火烧油层工艺正朝着 3 个方面继续发展：一是伴随燃烧物注入的多样化，如富氧燃烧工艺、金属盐类添加剂改善火烧油层效果、注过氧化氢提高原油采收率、添加泡沫等；二是新型助采技术，如水平井辅助火烧油层、直井压力循环火烧油层等；三是火烧油层工艺的非常规应用，如考虑火烧油层作为一种热力激励的增产措施在其他方法使用前对油藏进行预处理等。

1993 年，英国 Bath 大学的 Malcolm Greaves 教授与加拿大阿尔伯塔省卡尔加里的石油采收率研究所(PRI)的 Alex Turta 博士合作，发明了水平段端部到根部注空气技术。加拿大 ORION 油公司 2005 年投资 3 千万美元，在阿尔伯塔的 Athabasca 油砂试验区开展了世界上第一个 THAI 先导试验项目。这项技术组合了垂直注气井和水平生产井，可实现全新的火烧油层方式。这种方式将一组水平生产井平行地布在稠油油藏的底部，垂直注入井布在距离水平井端部一段距离的位置，垂直井的打开段选择在油层的上部。

与SAGD相比，THAI技术有几点优势：采收率高，其采收率高达70%~85%；操作过程稳定性好；成本低；天然气和淡水用量少；产出的原油可部分得到改质；降低了温室气体的排放；减少了稠油集输时需要添加的稀释剂。与其他火烧驱油技术相比，THAI的不同主要在于它的强制流动和重力辅助机理保证了将完全控制或减弱这种影响。这一改进使得THAI技术可以成为开采稠油和油砂最有效、最理想方法。

8. 非常规气开采技术

近10年来，随着非常规气开发技术突破和较高气价刺激，北美非常规气取得突破，正在改变美国的天然气供需形势和世界天然气市场格局，引起极大的关注。有了非常规气的崛起，天然气被视为通往低碳能源的桥梁，正在应对全球气候变化中扮演重要角色。北美非常规气开发的成功能否在世界其他地区复制，值得深思。

1）发展历程

在过去的二三十年中，随着一系列挑战被克服和大批储量不断得到证实，北美非常规天然气的地位发生了翻天覆地的变化。美国目前开采的非常规天然气（包括页岩气、煤层气和致密气）已经满足了美国一半的天然气需求，目前产量排在前12位的气田中有10个为非常规气田。新的非常规气田更是在北美遍地开花。在过去的20年里，美国非常规天然气产量以平均每年8%的速度增长，从1990年的$907×10^8 m^3$增加到2009年的$3089×10^8 m^3$，非常规天然气产量占美国天然气总产量的比例已经从1990年的15%提高到目前的50%。据美国能源信息署（EIA）预测，美国非常规气产量将以每年3.1%的速度递增，其中页岩气产量年均增速为5.3%，2035年页岩气产量将达到$6×10^{12} ft^3$，占美国天然气总产量的25.8%。

非常规气具有低渗、低产的特征，必须使用非常规的技术进行开发。早在20世纪80年代到90年代初期，美国天然气研究所（GRI）和美国能源部（DOE）资助了大量的油气研发项目。正是在大量研发资金的支持下，北美在非常规气藏描述技术、钻完井技术、环境技术等方面取得了一系列的突破（图3-16），而且技术创新步伐还在不断加快。在煤层气开发方面形成了以羽状水平井技术为代表的特色技术；在致密气开发方面形成了以全三维裂缝建模、水平井钻井和连续油管分层压裂技术为代表的特色技术；在页岩气开发方面形成了以水平井分段压裂技术、滑溜水压裂技术和微震裂缝实时成像技术为代表的特色技术。

2）发展特点与发展趋势

未来非常规气开发技术的发展主要向着低成本、规模化作业、绿色化方向发展。在钻井技术方面，通过采用欠平衡钻井技术和丛式井钻井技术，缩短钻井周期，降低钻井成本；在完井方面，通过采用"压裂工厂"的作业模式（即在同一井场对多口井同时进行钻井、射孔、压裂、完井和生产作业）和改进压裂液体系，缩短完井周期，降低完井成本，降低压裂作业对环境的伤害。

3）重大关键技术

（1）非常规天然气资源评价技术。

非常规天然气是一种大面积连续气藏、一般独立于水柱而存在，且与气体在水中的浮力没有直接的关系，所以不能按下倾水面所划分的单个气藏来表示。因此，气藏的大小和连续性是最难评价的参数。用于常规天然气气藏规模和数量的传统资源评价方法不能应用于连续气藏，而需要专门的评价方法。目前用于非常规天然气资源评价的方法主要包括3种：资源丰度类比法、体积法和动态储量法，每种方法都有其适用条件和适用范围，见表3-6。

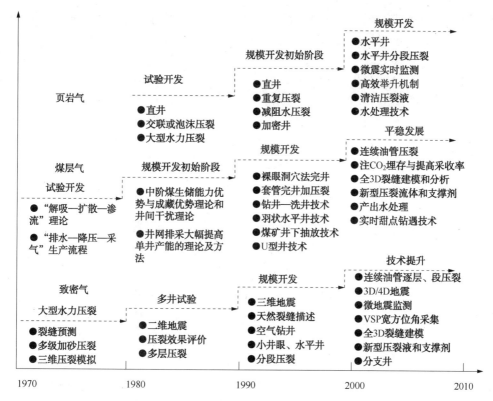

图 3-16　非常规气开法技术发展历程

表 3-6　非常规气资源、储量评价常用方法

评价方法	适用条件	适用范围	适用类型
资源丰度类比法	未开发评价区块，极度缺少各种参数	盆地	非常规气
体积法	未开发评价区块，缺少系统参数	大区	页岩气、煤层气
单井(动态)储量估算法	已有开发单元的评价区块	区块	非常规气

美国切萨匹克公司(非常规气开发领先者之一)每年都利用越来越多的新井和数据(包括测井数据、岩心数据、钻屑分析数据和气井产量)来重新计算地层中的天然气储量，更为准确地预测产气速度和评价最终采收率。

(2) 非常规天然气钻完井工艺技术。

采用有针对性的新技术开发新盆地是美国煤层气产量大幅增长的主要因素，比较典型的有圣胡安盆地洞穴完井技术、粉河盆地低煤阶管下扩孔技术和阿巴拉契亚高煤阶羽状水平井技术。

美国 CDX 公司在阿巴拉契亚盆地研发了一套羽状水平井技术，由 1 口洞穴直井和 1 口多分支水平井组成(图 3-17)。洞穴井在水平井钻井期间用于主汽保压，实现欠平衡钻井；生产阶段用于排水采气。水平主支为 500~1000m，分支个数为 4~10 个，分支长度为 300~600m，分支与主支角度为 30°~45°。其中核心技术包括井眼轨迹优化设计技术、注气欠平衡煤层保护技术、洞穴井强磁引导联通技术和近钻头双伽马煤层识别引导技术。该技术适用于高煤阶薄煤层，单井产气量达 $(3.4~5.66)×10^4m^3/d$，比常规产量提高 5~10 倍，3 年采出可采储量 85%，由于单井控制面积大，开发井数少、钻将成本低，投资回收期短、效益好，投产后 10~12 个月即可收回成本，该技术在阿巴拉契亚盆地推广应用，将进一步提高非常规天然气开采效率。目前该套技术已经于 2007 年引入国内，自主设计完钻分支水平井，并在沁水盆地煤层气开发推广应用。

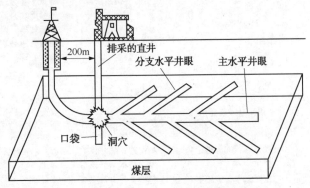

图 3-17　羽状水平井示意图

（3）先进的储层改造技术。

美国在 30 年前就开始对致密气开发技术进行研究，形成了大型压裂和连续油管分层压裂等关键技术，使致密气有效开发下限渗透率已达 0.001mD。20 年前美国就实现了致密气和煤层气的规模开发，近 2~3 年在页岩气方面形成的水平井钻完井和水平井段段压裂为代表的特色技术，使页岩气也实现了真正意义上的突破。

为了提高多产层致密气藏的采收率并达到长期增产的目的，埃克森美孚公司研发了多层增产技术，这项技术包括即时射孔技术（JITP）和环空连续管压裂（ACT-Frac）两项核心技术（图 3-18）。多层增产技术的优势包括：①使用一种底部钻具组合对多产层增产；②有选择性地变换增产措施使其为每个层位所特用，使井的生产能力达到最大值；③层位之间进行强制隔离，以使先前处理过的区域不被干扰；④在高流速下进行作业以便有效地增产。多层增产技术已经使以前不可能经济开采的致密气藏实现了经济开发。

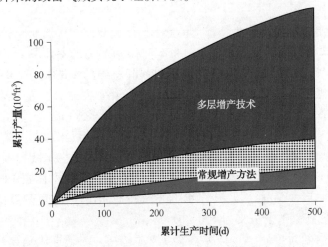

图 3-18　Piceance 盆地使用新技术前后的累计产量对比

即时射孔是指在一口井中有选择性地射开某个层段并用球封的方式实现层段之间的转换来连续地处理不同的层段（图 3-19）。不断重复图 3-23 所示的过程，一组处理完成之后，取回射孔枪。如果还有更多的产层需要处理，可以在已经处理过的层位上面放置一个桥塞来进行隔离。环空连续管压裂技术（ACT-Frac）是在即时射孔技术之后研发的，它是在井眼中自下而上逐个处理每个层位的增产方法，其目的就是更好地实现即时射孔多层增产过程的增油潜力。ACT-Frac 增产过程如图 3-20 所示，能够处理的地层数是由井底钻具组合（BHA）上的射孔枪数量决定的。

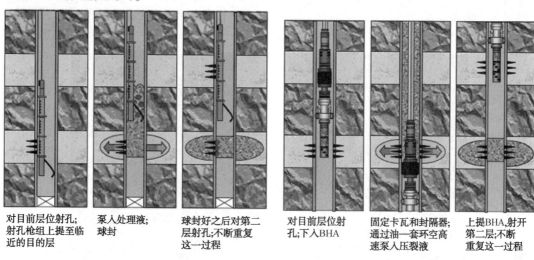

图 3-19　JITP 增产过程　　　　　　图 3-20　ACT-Frac 增产过程

9. 浮式生产装置

海上油气生产装置经过了数十年的发展，形成了多种多样的生产装置。目前浅海的油气生产装置主要是导管架生产平台、浮式生产储油卸油装置（FPSO）和半潜式生产平台，而深水和超深水的油气生产装置主要是 4 种浮式生产装置，即 FPSO、半潜式生产平台、张力腿平台（TLP）和深吃水立柱式平台（Spar），后三者一般配备钻机，可进行钻井、完井和修井，称为钻井、生产、修井一体化平台。FPSO 因具有自航、灵活等特点，得到了广泛应用。

1）发展历程

从装备的应用目的看，由单一的油气生产细化发展了生产、储油、液化气、天然气等多种具体应用领域的生产装置。从装备的定位方式看，随着水深的不断加大，动力定位正不断取代传统的锚链定位，虽然各种新材料的加入让锚链定位还存在于一定的市场。从装备的功能看，装置的上部甲板的各种功能模块多样化，有的已经加入了钻井修井功能。从装置的移动性能看，从固定式平台向浮式生产装置发展，各种船型生产装置得到广泛应用（图 3-21）。

2）发展特点与发展趋势

海上油气生产装备向着多样化、自动化、更安全、高效率方向发展呈现出的趋势。结构不断优化，增强恶劣海域适应能力。新型材料不断应用，提高可变载荷。海上钻采装备发展向深水、超深水等复杂环境下高效、高稳定性方向发展。深水油气钻采装备结构正不断优化，装备自动化越来越强，复杂海况适应能力越来越强。技术装备更精细，装置多功能化、系列化。装备自动化越来越高，装备系统智能化。

3）重大关键技术

（1）FPSO。

FPSO，即浮式生产储油卸油装置，是把生产分离、注水（气）设备、公用设备以及生活设施等安装在一艘具有储油和卸油功能的油轮上。油气通过海底管道输到单点后，经单点上的油气通道通过软管输到油轮（FPSO）上，FPSO 上的油气处理设施将油、气、水进行分离处理。分离出的合格原油储存到 FPSO 上的油舱内，计量标定后经穿梭油轮运走。FPSO 主要包括单点系泊系统、船体部分、生产设备、尾卸载系统等部分。技术已经很成熟，广泛的应用于各大海域。

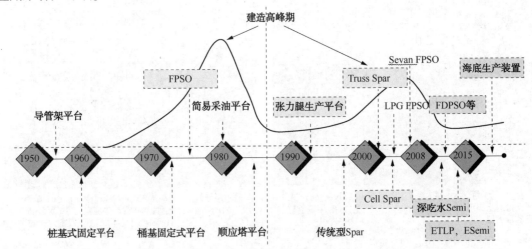

图 3-21　海上生产装置发展历程图

FPSO 的系泊方式有两种：一种是永久系泊，例如"渤海世纪"号，该船永久系泊于秦皇岛 32-6 油田；另一种是可解脱式系泊，例如改装 FPSO"南海盛开"号，该船装有可解脱式转塔系泊系统，可在台风来临前解脱，而在台风过后重新连接。

利用 FPSO 作为主要生产装置，初始投资低、可以低价购置当前过剩油轮，大大降低投资成本；由于油轮可在船厂建造，海上不必动用大型浮吊，而可降低海上安装费和缩短海上安装周期；储油能力大，FPSO 上船舱的储油能力可根据油田产能和穿梭油轮来船周期进行设计，因此不必建造储罐平台或输送到陆上储存。另外由于卸油和卖油可直接在海上进行，因此对穿梭油轮吨位选择的范围较大。甲板面积大，有利于油气处理设备的安装，油气水能很好地分离和处理，可重复使用。

图 3-22　圆筒形 FPSO 示意图

① Sevan Marine 公司圆筒形 FPSO。Sevan Marine 公司开发了一种圆筒形 FPSO（图 3-22），适于各种海上作业环境。如其公司旗下 SSP300 海上浮式生产储油船，直径达到 64.3m，高 35m。船上建有一座日生产能力达 30000bbl 原油的炼油厂、一座日压缩能力达 $360\times10^4ft^3$ 的注气站，并拥有 $30\times10^4bbl/d$ 的原油存储能力。该油船以创新的圆筒形浮式开采为特色，储卸油系统针对多种海洋环境设计，能最大效率生产出轻质原油。该油船在巴西 Piranema 油田的 1000~1600m 的深水区。

② FPDSO。巴西国家石油公司 Petrobras 在其 PRO-CAP3000 研发项目中最先开始研究该技术。Single Buoy Moorings 公司、Kværner 公司和 Gusto 工程公司也共同研

发，SBM又提出了配备TLD系统的FPDSO单元的设计方案。主要是通过在FPSO船壳的月池上添加钻探设备，增加钻探功能，可以在钻探的同时进行生产。由于FPDSO具有较强的抵御恶劣作业环境的能力，更加适合深海作业，因此，可以预见FPDSO未来具有广阔的商业前景。装备主要包括装备部分有防喷器、钻井隔水管、钻柱存储和类似于钻井船的钻井处理系统。还有制静系统、流体工艺系统、装卸、安全系统、钻机系统等。世界上第一艘FPDSO于2009年在Murphy石油公司西非的Azurite项目中应用（图3-23），作业水深达1400m，这项工程是由Prosafe公司将已有FPSO改造，并进行安装。据报道，相对于利用FPSO和钻井平台的开发方式来开发，利用FPDSO开发边际油田更经济。

图3-23 FPDSO

③ LNG FPSO（FLNG）。由于世界天然气存储量的22%位于海洋，而且大部分位于深海或搁浅的海域，经过多年研发，开发出LNG—FPSO（图3-24，表3-7），该船将LNG船与FPSO融为一体，与传统的固定式海洋结构物相比，具有功能更多和建造成本更低的优点。概念上主要是将天然气液化、储存等整套加工设备都安装在FPSO船上。目前在LNG船建造中得到实船应用的液舱系统主要是挪威的Moss独立球型、法国的GTT薄膜型以及日本的IHI（SPB）独立棱柱型。船壳结构与LNG运输船类似，船上分4个区：①居住区：住房，带直升机甲板与公用工程服务设备；②2台球形LNG储罐，容积$18.18×10^4m^3$；③工艺装置及凝析油储罐、公用工程系统与卸载系统；④火炬塔、系泊装置。

图3-24 LNG FPSO（FLNG）示意图

④ LPG FPSOs。由于海洋石油开发过程中所产生的石油气通常被燃烧掉，对环境造成了很大的危害，因此FPSO市场又推出了LPG FPSO（浮式石油及液化石油气开采储卸船）新概念船（图3-25），甲板上装置有气体压缩机、液化装置。采用这种船型既可避免石油气被

燃烧掉，又可合理利用油气创造商业价值。2005 年，由日本 IHI 建造世界上第一艘 LPG FPSO，称为 SANHA 号 LPG FPSO(表 3-8)。其储存能力为 135000m³，采用 IHI 的独立构造式、菱形、IMOB 型货舱技术，日产量为 6000m³(或是 37370bbl)，储存能力达 13.5×10⁴m³。

表 3-7　LNG FPSO 指标

参　数	指　标	参　数	指　标
LNG 储存能力(10^4m^3)	25~180	宽度(m)	50~70
LNG 生产能力[10^4t/a(10^4ft^3/d)]	200~500(29~73)	设计年限(a)	40
长度(m)	300~450		

图 3-25　LPG FPSO 示意图

表 3-8　SANHA 号 LPG FPSO 参数

参　数	数　值	参　数	数　值
全长(m)	260.00	储存能力(10^4m^3)	13.5
宽度(m)	49.00	日产量(bbl)	37370
深度(m)	29.30		

(2) 半潜式生产平台。

半潜式生产平台 1975 年首次投入使用。半潜式生产平台的主要特点是把采油设备(采油树等)、注水(气)设备和油气水处理等设备，安装在经改装(或专建的)半潜式钻井船上。它需另一油轮完成装油和卸油的功能。油气从海底井经采油立管(刚性或柔件管)上至半潜式钻井船(常用锚链系泊)的处理设施，分离处理后经海底输油管线和单点系泊系统，进入储油轮，再经穿梭油轮运走(图 3-26)。

半潜式平台通常由平台主体(甲板结构)、浮体、立柱和支撑(或称桁撑或撑杆)4 个部分组成。平台主体用以布置钻井设备、钻井器材、作业场所及人员生活舱室等。浮体提供所需的绝大部分浮力。其内部空间经过分隔后布置燃油舱、淡水舱及压载水舱等液体舱以及泵舱、推进机器舱等。立柱将平台主体和浮体连接起来，使重力和浮力得以相应传递和支承。支承的作用在于保证平台主体、浮体、立柱三者间的可靠连接并确保平台的整体强度。可通过排水或灌水的方法使浮体上浮或下沉。在钻井过程中，浮体深沉于水线以下，以减小波浪对它的作用力；平台主体高出水面以上，以避开波浪对它的作用力；立柱以小水线面穿出水面，从而使平台在波浪中具有较小的运动响应。当水深时，由数个竖直柱形浮体与水平浮体联结并结成以支撑上部模块，并由多根锚缆锚固于海上。

半潜式生产平台的作业水深从 10m 到 2146m 不等，大多在 700m 以上。2008 年美国 Anadarko 石油公司将在美国墨西哥湾投入使用 Independence Hub 号半潜式生产平台，作业水深将达到 2414m。目前半潜式生产平台的水深纪录为 2146m，是 2007 年 BP 石油公司的 Atlantis 半潜式生产平台在墨西哥湾创造的。

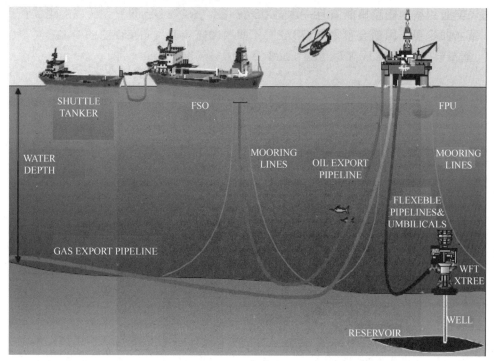

图 3-26　半潜式平台+水下井口/水下生产系统+FPSO/FSO

半潜式生产平台具有以下优点：可用多根柔性立管；吃水深，稳定性好，采油施工平稳；甲板面积大，可以安置处理设备；移动性能好，安装周期短；浮体与上部模块一体化可在建造码头边进行，以降低海上安装费用；适用水深范围宽。随着技术的不断进步，现在半潜式平台的水深范围可以扩展到 2500m 水深。技术已经很成熟，广泛的应用于各大海域。

未来的半潜式生产平台将很好的解决深水中的干式井口问题，FloaTEC 公司新设计了两种半潜式生产平台 Truss Semi 和 ESemi™-Ⅱ，将能够在超过 2000m 水深的海域用干式井口采油。基于安装方式的不同，设计了 Truss Semi（图 3-27）和 ESemi™-Ⅱ两种模式。Truss Semi 需要大型的安装结构进行各个部分的安装，ESemi™-Ⅱ能够在拖运至目的海域，部分固定后，自动安装。

（3）张力腿平台。

自 1954 年美国的 R. D. Marsh 提出采用倾斜系泊方式的索群固定的海洋平台方案以来，张力腿平台（TLP）经过近 50 年的发展，已经形成了比较成熟的理论体系。1984 年第一座实用化 TLP—Hutton 平台在北海建成之后，TLP 在生产领域的应用也越来越普遍，逐渐成为了当今世界深海采油领域的主力军之一（图 3-28）。

张力腿平台是一种垂直系泊的顺应式平台，通过数条张力腿与海底相接。顾名思义，张力腿平台的张力筋腰中具有很大的预张力，这种预张力是由平台本体的剩余浮力提供的。在这种以预张力形式出现的剩余浮力作用下，张力腿时刻处于受预拉的绷紧状态，从而使得平台本体在平面外的运动（横摇、纵摇、垂荡）近于刚性，而平面内的运动（横荡、纵荡、首摇）则显示出柔性，环境载荷可以通过平面内运动的惯性力而不是结构内力来平衡。张力腿平台在各个自由度上的运动固有周期都远离常见的海洋能量集中频带，一座典型的 TLP，其垂荡运动的固有周期为 2~4s，而纵横荡运动的固有周期为 100~200s，显示出良好的稳定性。

 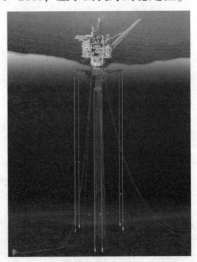

图 3-27　Truss Semi 示意图　　　　　图 3-28　张力腿平台示意图

总体上仍可将其按结构分成 5 部分：平台上体、立柱（含横撑、斜撑）、下体（含沉箱）、张力腿、锚固基础。通常又将平台上体、立柱、下体 3 部分并称为平台本体，事实上 TLP 平台可以被看作一个带有张力系泊系统的半潜式平台。

经过数十年的发展，出现了三代张力腿平台：传统型 TLP（Classic TLP）、Mini-TLP 和 ETLP 张力腿平台。

传统类型 TLP 应用数量很多，约占 TLP 平台总数的一半。纵观 1990 年后传统类型 TLP 的发展状况，可以看出，传统 TLP 正朝着更大水深、更大吨位的方向发展。

Mini-TLP 不是一种简单缩小化的传统类型 TLP，它通过对平台上体、立柱以及张力腿系统进行结构上的改进，从而达到优化各项参数、以更小吨位获得更大载荷的目标，

ETLP 是 Extended TensionIeg Platform 的简称，中文意义为延伸式张力腿平台。这种新型的 TLP 设计概念是由 ABB 公司提出的。相对于传统类型的 TLP，ETLP 主要是在平台主体结构上做了改进，其主体由立柱和浮箱两大部分组成，按照立柱数目的不同可以分为三柱式 ETLP 和四柱式 ETLP，立柱有方柱和圆柱两种形式，上端穿出水面支撑着平台上体，下端与浮箱结构相连，浮箱截面的形状为矩形，首尾相接形成环状基座结构，在环状基座的每一个边角上，都有一部分浮箱向外延伸形成悬臂梁，悬臂梁的顶端与张力腿相连接。

在美国墨西哥湾，只有 Prince 号张力腿平台的作业水深为 448.6m，其他张力腿平台的作业水深都大于 500m。自 1984 年首座张力腿平台投入使用以来，张力腿平台的作业水深逐步加大，从 2004 年开始，张力腿平台的作业水深都超过了 1000m。

技术已经工业化，广泛应用于美国墨西哥湾深水海域。未来的 TLP 的发展方向，主要在 ETLP 如何进入更深的水域作业。

（4）Spar。

Spar 最初做为一种储油和卸油的浮筒应用到海洋油气生产中。1987 年，Edward E. Horton 在柱形浮标(Spar)和张力腿平台概念的基础上提出一种用于深水的生产平台，即单柱平台(Spar Platform)，并于 1996 年应用于墨西哥的 Neptune 油田，水深为 588m。从 20 世纪 80 年代中期到目前，Spar 海上采油平台得到了蓬勃的发展，成为了当今世界深海石油开采发展的有力工具。

Spar 平台在整体组成上一般可分为六大系统：平台上体、主体外壳(Hull Shel1)、浮力系统、中央井(Centerwel1)、立管系统、系泊系统(包括锚固基础)。而从结构上来讲，则将 Spar 平台分为 3 部分：平台上体、平台主体以及系泊系统，其中平台上体和平台主体并称为平台本体。平台上体是一个多层桁架结构，它可以用来进行钻探、油井维修、产品处理或其他组合作业。用来支撑钻探设备和生产设备的生产钻探甲板及中间甲板与固定平台的甲板很接近，井口布置在中部。

当前世界上在役和在建的 Spar 平台可分为三代，按其发展的时间顺序排列分别是：Classic Spar，Truss Spar 和 Cell Spar(图 3-29)。

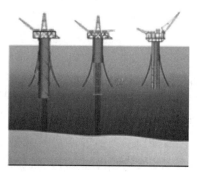

传统式 Spar(Classic Spar)，又称为箱式 Spar(Caisson Spar)，是最早出现的 Spar 深海采油平台，该型 Spar 平台最主要的特征就是主体为封闭式单柱圆筒结构，体形比较巨大，主体长度一般都有 215m，直径都在 23m 以上。传统 Spar 的主体是一个大直径、大吃水的具有规则外形的浮式柱状结构。第二代的 Spar 的概念是 Deep Oil Technology(DOT)公司和 Spar 国际公司从 1996 年起经过大量的工作，历时 5 年后提出的，并于 2000 年 2 月第一

图 3-29　三代 Spar
(Classic Spar, Truss Spar, Cell Spar)

次应用于 Nansen/Boomvang 油田，也称为构架式 Spar。它与第一代 Spar 平台最大的不同在于它的主体分为 3 个部分，上部和 Classic Spar 一样为封闭式圆柱体，中部为开放式构架结构，下部是底部压载舱。Cell Spar 在结构上最大的不同就是其主体不再是单柱式结构，而是分为若干个小型的、直径相同的圆柱形主体分别建造，然后以一个圆柱形主体为中心，其他圆柱形主体环绕着该中央主体并捆绑在其上，构成的封闭式主体，在主体下部，仍然采用了构架结构，以减少钢材耗用量。Cell Spar 比 Classic Spar 和 Truss Spar 拥有更小更轻的主体结构，进一步降低了 Spar 平台的造价和安装运输费用。由于 Cell Spar 的主体是分为数部分各自建造，每一个圆柱式主体的体积都不是过于庞大，对造船场所要求不是太高，这就使生产商在选择 Spar 主体建造地点时具有了更大的灵活性，可以大大降低平台的整体造价。

Spar 平台特别适宜于深水作业，在深水环境中运动稳定、安全性良好。可以应用于深达 3000m 水深处的石油生产，具有较大的有效载荷，刚性生产立管(Rigid steel production risers)位于中心井内部，由于其浮心高于重心，因此能保证无条件稳定，立管等钻井设备能装置在 Spar 内部，从而得到有效的保护。与其他浮体结构相比，具有更好的运动特性，由于采用了缆索系泊系统固定，使得 Spar 平台十分便于拖航和安装，在原油田开发完后，可以拆除系泊系统，直接转移到下一个工作地点继续使用，特别适宜于在分布面广、出油点较为分散的海洋区域进行石油探采工作。

第二节　未来20年开发技术发展展望

一、行业发展面临的挑战与技术需求

1. 行业发展面临的挑战

目前油气田开发面临的形势与挑战主要有以下几个方面：

（1）常规油气提高采收率难度加大。

油田日益老化是世界上所有大石油公司所面临的主要问题，这些老油田采出程度越来越高，但依然是全球石油生产的主战场。全世界的老油田为全球提供了近70%的产量，大油公司把2/3的投资用于开发30年以上老油田的调整和挖潜。目前全球常规油气平均采收率仅为35%，这些老油田提高采收率却难度越来越大。近年来，业界虽然提出了一些EOR新技术，但这些技术距大规模的商业化应用还很远。

（2）非常规油气产业化前景广阔。

非常规油气是常规油气的最佳补充能源。近年来，随着技术的不断进步和完善，非常规油气资源，除天然气水合物外，在一些国家都得到开发利用并见到了显著成效，如加拿大的油砂、爱沙尼亚的油页岩、美国的煤层气和页岩气等，现已有一系列的开发利用技术和相应的鼓励政策。目前全球非常规油产量超过$7500 \times 10^4 t$，非常规天然气产量超过$1800 \times 10^8 m^3$。有关专家预测，到2020年非常规油气资源在全球石油供应中将占近35%。从世界范围来讲，非常规油气资源已经在全球能源结构中扮演着重要的角色，其产业化前景非常广阔。

（3）油气田开发环境日益恶劣。

随着陆上油气资源的日益减少，油气田开发环境正逐渐从陆地向海上、深水、沙漠、极地等边远地区扩展。这些边远地区虽然蕴藏着极其丰富的油气资源，但是开发环境极其恶劣。海上石油资源量约占全球石油资源总量的34%，但44%分布在300m以深的水域；北极圈内未开发常规原油有$900 \times 10^8 bbl$，常规天然气$1669 \times 10^{12} ft^3$，其中近84%分布在近海区域（据2008年美国地质调查局评估）。

（4）油气田开发成本压力增大。

目前油气田开发在经济效益方面面临3个方面的问题：一是资源老化，含水率上升，单井产量低；二是非常规、海上等油气资源所占比重越来越大，而这类资源的开发成本又相对较高；三是油价巨幅振荡。上述这些因素导致油气田开发成本压力日益增大。

（5）环保要求日益严格。

在环保要求日益严格的今天，在油气田开发过程中如何降低对环境的影响已经成为一个永恒的主题。在生态脆弱和敏感的区域，生产作业过程中更要注意环保，如使用更小"伤害"和"更绿色"的化学品、采用小井距或多分支井降低占地面积等。此外，在碳排放日益受限制的今天，二氧化碳的捕集与再利用已经势在必行。

2. 行业发展面临的宏观技术需求

针对以上油气田开发所面临的5个方面的形势与挑战，现在和将来很长一段时间油气田开发面临的宏观技术需求主要有以下几个方面：

（1）精细化的油藏描述与模拟技术；

（2）先进建井技术；

（3）革命性的增产改造技术；

（4）提高采收率新技术；

（5）全自控的油藏经营管理技术；

（6）低成本技术；

（7）"绿色化"技术。

二、开发关键技术发展展望

展望未来，油气田开发关键技术发展路径主要有 4 条：一是在现有技术基础上进行改进和完善，例如在目前的兆级（百万）网格模拟技术的基础上发展千兆级（十亿）网格数值模拟技术、在目前 MRC 井基础上发展 ERC 井建井技术、在目前的 CO_2—EOR 技术基础上发展新一代 CO_2—EOR 技术等；二是集成技术创新，如将 CO_2 混相驱与 ASP 三元复合驱相结合的改进的水/气交替注入技术（ASPaM）、将热采与溶剂相结合的溶剂增强工艺（ES—SAGD）等；三是推出革命性的新技术，如油藏纳米机器人、仿生井、流动通道压裂技术等。四是研发针对稠油、油砂、煤层气、致密气、页岩气、页岩油、天然气水合物等非常规油气开发的新技术，如稠油地下改质技术、二氧化碳提高煤层气采收率技术、天然气水合物 CO_2 置换开采法等。

紧密结合上文提到的 7 大方面的技术需求，对 7 大领域的 16 项已经崭露头角的油气田开发关键技术的发展前景进行了展望。

1. 微观化、精细化、智能化的油藏描述与模拟技术

1）油藏纳米机器人

目前，油气采收率平均只有 30% 左右，大量的剩余油有待发现和开采，因此需要了解井间基质、裂缝和流体的性质以及与油气生产相关的一些变化，但现有技术在探测范围或分辨率上还无法满足这种需求。为了有效地探测和开采剩余油，一些大型油公司和服务公司开始了油藏纳米机器人的研究。据报道，纳米机器人不仅能够探测甚至可以改变油藏特性，从而提高油气开采效率和采收率。

纳米机器人（纳米侦测仪）的尺寸是人头发直径的 1%（图 3-30），可以随注入流体大批量进入储层，注入的同时可以感受储层的压力、温度和流体类型，并将信息存入单板存储器，然后从采出液中取回侦测仪下载信息，获得所经过的地层的重要资料。纳米机器人的垂直分辨率要高于测井和岩心分析，探测范围介于测井与地震勘探之间，非常有助于油藏描述。

纳米机器人在油藏表征及剩余油探测中的巨大潜力受到了多家公司和研究机构的关注，这些公司纷纷开始研发油藏纳米机器人，并于 2010 年取得突破性进展。沙特阿美石油公司继 2008 年完成油藏纳米机器人可行性研究之后，2010 年 6 月首次在油藏条件下成功地完成了油藏纳米机器人的现场测试。测试结果证实，纳米机器人具有非常高的回收率；纳米剂的稳定性和液压流动性也很好。先进能源财团资助的莱斯大学也已经制造出纳米机器人，正在岩心中进行测试。目前的油藏纳米机器人尚无探测能力，沙特阿美石油公司计划在 2 年内将第一代智能油藏纳米机器人送入油藏，并逐步增强其探测能力。

纳米机器人在油气勘探与开采中有多种用途：辅助圈定油藏范围、绘制裂缝和断层图形、识别和确定高渗通道、识别油藏中被遗漏的油气、优化井位设计和建立更有效的地质模

图 3-30　纳米机器人和人类头发的尺寸对比

型、将化学品送入油藏深处增加油气产量、还可以先于钻头进入地层来代替地质导向技术，或者从探井进入地层来寻找储层边界和油水界面。这些应用将有助于延长油田寿命，据报道，油藏中 30%~50% 的剩余油是因为无法确定位置和数量而未被采出，如果纳米机器人能够有效探测剩余油，将有助于大幅度提高油气采收率，所以这项技术的发展前景十分广阔。

2）十亿网格模拟技术（Giga-cell Simulation）

目前广泛应用的三维地震数据和复杂模型算法，可以建立高分辨率描述油藏特性的地质模型。然而，当这些模型用于模拟流动时，由于现有模拟器处理的网格数量有限，模拟之前必须先将信号放大，这样大大降低了分辨率。未来的油藏模拟器能够处理数目更多的网格，从目前的兆级网格增加到千兆级（十亿）网格以上，因此应用新的地质模型时不必将信号放大，可以高分辨率模拟巨型油田。这些模拟器新增的能力必须来自于新颖的算法和改进的软件。

沙特阿美石油公司在这一方面做了一系列卓有成效的工作。目前已经具备了实现十亿网格的核心技术：（1）并行线性求解器。用于模拟器的并行线性求解器 GigaPOWERS，可以处理由结构网格和非结构网格产生的线性方程组。（2）分布式非结构网格基础设施。开发了一种可升级的全分布式非结构网格构架，目的是为了适应兆网格到千兆网格范围的分布式存储器计算环境的复杂结构和非结构模型。

沙特阿美石油公司将其开发的十亿网格模拟器应用到巨型加瓦尔油田中，详细准确地预测了见水时间（该模型包括 1031923800 个活动网格，有大约 3000 口井超过 60 年的历史数据）。这种超大规模的应用和长达 50 年的模拟历史，是油藏模拟事业的一个新的里程碑，将数值模拟技术向前推进一大步。在快速发展的并行计算机技术和线性、非线性求解机取得的研发成果辅助下，十亿网格节点并行模拟技术可能成为巨型油田的日常应用工具，这对巨型油田的开发和模拟具有非常重要的现实意义。

3）水平井多簇压裂裂缝模拟技术

随着非常规油气藏的逐步投入开发，水平井多段压裂技术已成为有效开发非常规油气的核心技术。水平井经过多段压裂后产生的裂缝的分布形式、延伸方向以及裂缝间的连通性等是影响水平井开发的关键因素，需要进行精细刻画。壳牌公司提出了水平井多簇裂缝模拟技术,该技术主要用于描述水平井多簇压裂缝的形成和交互作用,精细刻画水平井多段压裂时的压力分布。它可以用于模拟不同水平应力、不同弹塑性条件、不同裂缝宽度、不同注入区域大小、不同流变压裂液等对水平井压裂裂缝的分布、大小、形状等方面的影响。

从新技术的发展来看,数值模拟技术已突破常规的油藏数值模拟用于油藏开发过程、开发机理和开发规律的模拟范畴,已经涵盖了高端工艺技术模拟(如压裂模拟)和实验室内数字模拟等领域。

2. 大幅度增加可控油藏接触面积的新型建井技术

1)极大储层接触井(ERC 井)

目前研发成功并推广应用的油藏最大接触位移井(MRC)是一种初始的智能多分支井(图3-31),通过钻横向分支井可以在油层中延伸到距主井筒 3 英里远的地方,横向分支井的设计能优化排油,能有效提高产能,尤其适合致密和非均质油藏。但是,MRC 的缺点是每口井的横向分支数很少,而且还是通过机械的方法控制它的油管线与井口之间的联系,因此效用有限。在未来 10~20 年的时间内,极大储层接触井(Extreme-Reservoir-Contact,简称ERC)将取代 MRC 井。ERC 井的特点是各分支井的出油管是利用无线遥控技术代替 MRC 中的机械控制,它通过一个井下控制模块向井下各阀门的开关传输无线指令,因此,理论上ERC 井可以拥有无限多的智能分支,每一个分支可以拥有无限多的智能阀门。这样就可以大幅增加可控油藏接触面积,提高油气采收率。

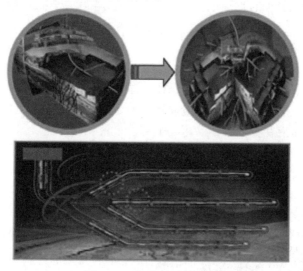

图 3-31　极大触及储层井

2)仿生井(Bionic Well)

仿生井(图3-32)的原理和大树扎根原理差不多,只不过它是寻找油多的地方而不是水多的地方。未来的仿生井就和树一样,树根状的分支井筒可以有选择地向不同层位钻进。钻完直井段后,仿生井的智能分支可以自动向含油层钻进,当该层被水淹以后关闭该分支,再向其他含油层钻进。尽管这种想法听起来比较遥远,业界已经取得了许多看起来不可能实现的成就。从直井开始(一棵树的主根)到水平井(一个更复杂的树根)再到多分支井(有很多根须的树根)。这之后,加装上智能井下控制阀,就能自动关闭某个分支。所有这些已经成为现实,并且正在研发更为复杂的井,如 ERC。

图 3-32 仿生井示意图

仿生井可以进行裸眼完井，使用黏弹性井底阀代替机械阀门，一旦遇到特定的化学剂，阀门可以改变自身流变性进行打开和闭合，来控制油井分支。目前仿生井技术的难点在于"自动钻井"，但是凭借现有的连续管钻井技术、水射流钻井技术和正在研究的激光钻井等技术，可以逐步实现这一愿望。值得一提的是，挪威正在研制和试验的獾式钻探器(badger explorer)将能够实现真正的自动钻探，虽然现在还处于全尺寸样机试验场试验阶段，但有望在未来5年内投入商业应用。因此，必将带来仿生井技术的飞跃。

3）关节内窥镜井（Arthroscopic-well）

关节内窥镜技术是美国国家石油委员会(NPC)提出的一种建井技术的新概念，就是在地层中进行一种类似于关节内窥镜手术的操作，即在油藏中任何含油的地方，部署和钻非常小的泄油孔眼，这样就能够实现井筒或泄油孔与油藏中每一滴原油的充分接触，就像我们身体里的血管系统能让血液在我们身体的每一个部位自由流动一样。

3. 能创造无限导流能力的增产改造新技术

1）流动通道压裂技术（HIWAY）

斯伦贝谢公司于2010年推出一种命名为HIWAY的压裂新方法——流动通道压裂技术（Flow-channel hydraulic fracturing technique）。这项技术从根本上改变了依靠支撑剂形成裂缝导流能力的方式，它可以在压后裂缝的支撑剂充填层内建立稳定的流动通道，减小裂缝对油气的流动阻力，增加有效裂缝长度，在油藏和井筒之间实现无限导流能力，进而提高产能和采收率(图3-33)。

图 3-33 HIWAY 压裂方法与
常规压裂方法形成的裂缝比较

传统压裂方法提高裂缝导流能力主要依靠提高支撑剂的圆度和强度、降低支撑剂粉碎和胶化载荷，这些方法都是基于有孔的支撑剂或岩石间隔来提高导流能力。而HIWAY压裂方法依靠独特的支撑剂注入模式、射孔策略、特殊材料和施工设计相结合彻底改变了水力压裂技术的面貌，消除了裂缝产能和支撑剂渗透率的关系，形成了具有无限导流能力的油气通道(表3-9)。油气流经通道而不是支撑剂充填层,这样有效裂缝长度几乎等于裂缝半长,传导能力可以提高几个数量级,因此可以达到增产和提高油气采收率的目的。

表3-9 HIWAY压裂方法与常规压裂方法对比

对 比 项 目	常 规 压 裂	HIWAY通道压裂
导流能力	依靠支撑剂充填层	稳定的流动通道
支撑剂搅拌机	常规	用PodSTREAK或SuperPOD搅拌机
支撑剂注入模式	连续注入	按照特定的设计进行脉冲式注入
射孔策略	均匀	按照有利于形成通道的方式进行射孔
有效裂缝半长	小于裂缝半长	等于裂缝半长
其他		添加专有纤维(确保通道在泵注和裂缝闭合过程中的稳定性)

HIWAY通道压裂技术适用于固结岩石的压裂处理,可以是单层压裂或多层压裂,适用温度范围是100~250℉。该技术成功实施有几个关键要素:独特施工设计、地面装备和专有纤维材料。独特的完井策略和过程控制装备确保HIWAY技术能够实现最优的采收率。专有纤维材料确保流体通道的稳定性,这种纤维能够保证从地面到油藏结构不变,直到裂缝闭合。HIWAY通道压裂技术已经被成功用于美国落基山脉地区和阿根廷寒拉斯布兰卡地层,在采收率、初期产量、单井最终预测采收率(EUR)方面都有重大提高。

应用实例:阿根廷Loma La Lata(LLL)油田。

Loma La Lata(LLL)油田位于阿根廷西南部,主要烃类是天然气和凝析气,是阿根廷主要的天然气生产地,有300多口生产井,天然气产量占全国的26%。该油田平均深度9500ft,油藏原始压力4500psi,井底温度240℉。

YPF公司用HIWAY压裂方法改造了7口井,8口邻近井采用常规压裂。HIWAY压裂井压后压降试验和压力恢复试验结果表明形成了无限大的导流能力。数据显示,HIWAY压裂井初产比邻井高53%,根据最初两年的生产数据预测HIWAY压裂井10年之后的最终采收率比邻井高47%(图3-34)。

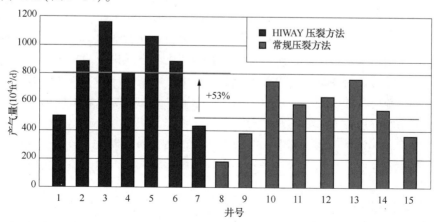

图3-34 利用常规压裂方法和HIWAY压裂方法产气量比较

2)无水压裂技术

水力压裂和水平井技术推动了北美非常规油气的大规模开发,但因用水量巨大,以及存在可能导致地下水污染和引发地震等隐患，水力压裂越来越受到环保人士的诟病。在水资源相对缺乏的国家或地区，用水问题已经成为制约非常规油气开发的瓶颈。为了解决非常规油气压裂的用水问题，业界正积极研发无水压裂技术，目前已经崭露头角的有以下几种：

（1）液化石油气压裂（LPG）。液化石油气压裂是用丙烷混合物替代水进行压裂，将丙烷压缩到凝胶状态，与支撑剂一起压入地层。该技术是加拿大 Gasfrac 公司推出的，获 2012 年《勘探与生产》杂志评选的增产技术创新奖。其优点是：有效裂缝长，支撑剂悬浮性能好，无污染，100% 回收利用。Gasfrac 公司已经进行过 1200 多次作业（图 3-35），并得到雪佛龙等超过 50 家公司的应用。作为一项发展中的新技术，液化石油气压裂还存在成本高、危险系数高等缺点，但有可能成为未来的压裂优选方案。

图 3-35 液化石油气压裂现场

（2）深冷压裂。深冷压裂是指将温度极低的液态氮或液态二氧化碳注入井底，使它们接触含油气层，利用温差导致的应力产生裂缝，随后深冷液体受热膨胀、气化，钻进裂缝，导致地层内压力增加，进而使裂缝扩张。这项技术的优势是减少储层伤害，用水少。美国科罗拉多矿业大学在美国能源部的资助下正在进行深冷压裂技术研究。

（3）推进剂压裂。推进剂压裂是把一种固体燃料和氧化剂的混合物注入地层，在地层中点火产生大量气体使地层压力变大，从而压裂岩石，然后利用打碎的岩石作为支撑，使油气流出。该技术的优点是：提高能效、减少用水、使用化学药品、费用低、现场设备精小。美国 ATK 公司正在致力于这项技术的开发与试验。

（4）超临界二氧化碳压裂。超临界二氧化碳压裂是利用超临界二氧化碳流体进行压裂。超临界二氧化碳能使储层产生更多微裂缝，有助于天然气生产。最重要的是二氧化碳能置换吸附在岩石上的甲烷，在提高产量的同时，实现二氧化碳的永久埋存。但只要二氧化碳捕获技术还未实现重大突破，使用二氧化碳会很昂贵。中国石油大学（华东）正在进行这项研究。

（5）酸性矿山排水压裂。酸性矿山排水压裂是利用废弃煤矿中的酸性废水进行压裂。这种方法的原理与酸化压裂相似，矿山排水通常含有丰富的酸性化学物质，利用这种污水进行压裂不仅可减少新鲜水的使用，而且能避免污染问题。然而，酸性矿山排水的化学成分复杂多变，前处理昂贵，还可能会破坏井内套管柱的完整性。

随着致密油、致密气等非常规油气的规模开发，用水问题将日益突出。为此，业界将探索更多的无水压裂技术，相信未来几年内一定会出现一种或多种经济高效和环境友好型无水压裂技术。

4. 提高采收率新技术

1）新一代 CO_2—EOR 技术

传统的 CO_2—EOR 技术存在波及系数低、混相效果差以及流度控制难等问题，为了充分发挥 CO_2—EOR 技术的潜力，美国能源部资助研发、提出了新一代 CO_2—EOR 技术，并于 2003 年起在美国加州、俄克拉何马州、伊利诺斯州等六大盆地或地区进行评价研究，选择了三类具有代表性的油藏，进行不同技术方案的评价。2006 年 2 月，美国先进资源国际公司(ARI)向美国能源部提交了《CO_2—EOR 技术进一步大幅度提高原油采收率的潜力评价》的报告，提出了新一代 CO_2 驱技术。针对传统技术主要缺陷，新一代 CO_2—EOR 技术主要有五大改进：(1)大幅度提高 CO_2 注入量，达到 1.5HCPV，远远超过常规注入量；(2)改进布井方案和驱替方式，提高剩余油波及程度和驱油效率；(3)改善流度比，控制 CO_2 的黏性指进；(4)通过添加混相剂，提高混相度；(5)综合利用以上各项技术。

新一代 CO_2—EOR 技术尚处在方案设计、数值模拟和资源综合评价阶段。大规模的工业化应用尚需持续地研发与投入，实际应用效果还有待进一步考察。ARI 最近更新了他们对美国采用"新一代"CO_2—EOR 技术的研究报告，结果表明这项技术的开发和成功应用有望将整体原油采收率进一步提高到 61%，在一些地质条件适宜的油藏中，采收率甚至可达到 80% 以上(表 3-10)。

表 3-10　美国"新一代"CO_2—EOR 技术潜力评价结果

技 术 阶 段	适合 CO_2—EOR 的油藏		可采量	
	数量 (个)	原始地质储量 (10^8bbl)	技术可采量 (10^8bbl)	经济可采 (10^8bbl)
目前 CO_2—EOR 技术	1111	4300	871	450
新一代 CO_2—EOR 技术	1111	4300	1187	644

2) 低矿化度水驱

BP 公司从 2002 年开始研发低矿化度水驱技术("Low-Sal")，已经申请了专利，并宣称在未来 20 年内低矿化度水驱提高采收率技术能够使 BP 在全球的产量增加约 $1.4×10^8$t。其他公司也有类似的研究，但比 BP 落后两三年。

低矿化度水的矿化度一般在 1000~3500mg/L，低矿化度水驱不需要大量的化学剂，也不需要进行复杂的地面处理，所以这项工艺能够在恶劣的环境下较容易地实施。这项工艺实施的难点在于低矿化度水的获得，尤其是在深海作业时。BP 公司已经做了大量实验室工作和现场先导试验。BP 用北海的岩心在室内的实验结果表明，与传统方法相比，低矿化度水驱的采收率达到了近 40%。在阿拉斯加进行了 4 个单井化学示踪试验，结果显示，注低矿化度水大幅度降低了水驱残余油饱和度，提高了采收率 6%~12%。2008 年初至 2009 年 5 月，BP 在 Endicott 油田(已经生产了 20 多年的高孔、高渗沙岩油藏)进行矿场试验，经过一年多的精心设计和监测，有了重大进展。矿场试验结果表明，低矿化度水驱确实比常规水驱具有更好的增油效果，而且油井产水率降低了。

低矿化度水驱的机理如图 3-36 所示。当多孔岩石结构中的带负电的黏土颗粒浸泡到水中时，在黏土矿物周围会形成一个扩散双电层。这个扩散双电层内层为阳离子吸附层，外层为阴离子扩散层。扩散双电层的厚度由周围水环境中离子的浓度决定。高矿化度水中离子浓度较高，扩散双电层比较紧凑，而低矿化度水中扩散双电层比较松散。吸附层阳离子主要是指二价钙离子或镁离子，它们在黏土与油滴之间起到纽带的作用。而注入低矿化度水时，扩散层就打开了，注入水中的单价阳离子(如钠离子)进入扩散双电层，这样单价阳离子就取代了二价阳离子，破坏了油滴与黏土颗粒之间的纽带，因此驱油效果更好。

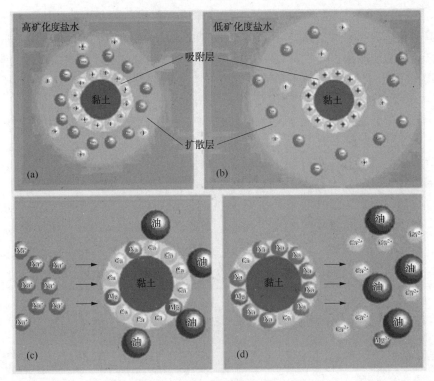

图 3-36　低矿化度水驱的机理示意图

3）改进的水/气交替注入方法（ASPaM）

怀俄明大学研究了一种命名为 ASPaM 的提高采收率新技术，该技术将 CO_2 混相驱技术和碱—表面活性剂—聚合物（ASP）三元复合驱技术相结合，是一种改进的水/气交替注入（WAG）方法。技术原理是 CO_2 驱混相带的混相功能和 ASP 驱界面张力的降低相叠加，进而提高采收率的目的。

采用 South Slattery 油田的数据进行了扇区模拟。敏感性分析显示，新方法和单独的 ASP 驱、CO_2WAG 驱相比，采收率明显提高。ASPaM 技术的水气比和同规模的典型 WAG 完全不同，采收率提高了 10%。通过数值模拟和其他不同的 EOR 方法（WAG，CO_2，ASP，水驱和纯粹 ASP 驱）对比结果表明，在均质模型中，ASPaM 驱采收率明显高于其他驱替方式，含水率低于其他方式。尽管纯 ASP 驱效果不错，但是该方法不经济。对于 3 个非均质模型（向上变粗、向上变细、随机非均质）也做了测试，在变粗和变细模型中，ASPaM 采收率明显优于其他方式，而且采收率高于均质体系。在随机非均质模型中，ASPaM 方法的采收率增加了，但是同条件的 WAG 驱的采收率降低了。

该研究表明，CO_2 驱油如果和小型 ASP 段塞相结合，可以提高稳定性和采收率，模拟结果到目前为止势头很好。

4）新型智能油藏注剂

（1）"聪明水"（Bright Water）。

"聪明水"技术源于 1997 年，两个 BP 工程师（Harry Frampton 和 Jim Morgan）在寻找能够改善水驱效果的化学技术的过程中产生了这个创意。现在是由埃克森美孚公司、BP 公司、雪弗龙公司 3 家组成了一个称为 MoBPTeCh 的联盟正在研发这项技术，因 Nalco 在化学方面的卓越性也被纳入了这项技术的研发。

"聪明水"是一种能够在特定的温度和时间膨胀的预交联聚合物颗粒，粒径分布为0.3~0.5μm(图3-37)。这种化学颗粒具有热激活性，到达预定的油藏位置之后可以膨胀为原来体积的数倍，然后聚集，进而封堵漏失层的孔喉，这就迫使注入水转向原来未被波及到的含油富集区，把更多的原油驱替到生产井中，这样就可大大地改善水驱的波及系数，进而提高原油采收率。

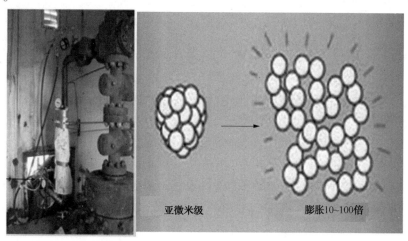

亚微米级　　　膨胀10~100倍

图3-37 "聪明水"示意图

"聪明水"主要适用于温度为50~150℃的以注水方式开采的砂岩油藏，对注入水的水质有一定的敏感性，其配方随注入水的矿化度、温度、pH值和油藏组份的变化而变化(表3-11)。该技术主要有以下几个优点：可以克服传统聚合物凝胶在注入性能和成本上的局限性；深度调节吸水剖面；提高原油采收率约10%；可以采用传统的化学药剂注入设备和现有的注水系统；可以配成水溶液；对油藏和环境没有危害。

表3-11 聪明水与传统聚合物的区别

比较项目	"聪明水"	聚合物驱	堵水用聚合物凝胶
用途	液流转向剂	驱动剂、流度控制	液流转向剂
作业流体	与水类似	黏性流体	凝胶
剪切降解	否	是	是
注入能力	与水类似	差	差
EOR原理	扩大水驱波及面积	流度控制	
施工用量	小	大	小
起作用的区域	离注入井很远		近
施工方法	连续		间歇
基质岩石	是		是
裂缝	否		是

BP公司和雪弗龙公司在多个地区对"聪明水"技术进行了测试。2001年雪佛龙公司在其

印度尼西亚的 Minas 油田进行了概念验证性试验，结果增油 30×10^4 bbl。BP 在普拉德霍湾油田（成熟油田，含水率 70%）也进行了这项技术的测试，2004 年底开始注入"聪明水"，2005 年中就见到了增油效果。2005 年至 2007 年共增油 41×10^4 bbl。BP 公司还在其他地方进行了油田测试，初期结果表明，"聪明水"可以很容易地注入基质渗透率为 $50\sim300$ mD 的砂岩油藏。

（2）智能流体（Smart Fluids）。

智能流体是指被放入地层中自动完成特定任务的流体，例如，智能流体通过应用相对渗透率改性剂和乳化凝胶，在遇水时可以与水化合膨胀完全堵塞水淹层，遇油时脱水收缩允许油流入其他层位。智能流体被用于改变近井区域地层性质，然后进入地层深处大规模改变地层性质。它们可以钻入地层以自己的方式自动工作，不需要任何复杂的部署技术，如层位封隔和连续管等。虽然目前应用的范围和取得的成功仍很有限，该技术是很先进的。

（3）铁磁流体。

铁磁流体是一种纳米级尺寸的智能流体，在磁场存在时可以强烈极化，主要由悬浮于载流体（通常为有机溶液或水，占体积 80%）当中纳米数量级的铁磁微粒（占体积 15%~20%）组成，铁磁微粒由表面活性剂（通常为油酸、氢氧化四甲基铵、柠檬酸、大豆卵磷脂等）包裹以防止其因范德华力和磁力作用而发生凝聚。由于它们的高磁化率，通常被认为具有"超顺磁性"。

铁磁流体可以提高表面活性剂驱的效率，主要作用机理是铁磁流体与原油接触产生偶极矩，从而降低表面张力和原油黏度。在水润湿性油藏中加入一种表面活性剂之后，铁磁流体会破坏因水锁而形成的油珠，进而大大地降低表面张力。此外，当铁磁流体与油藏流体接触之后，由于偶极矩的出现，它们之间发生相互作用，油藏流体分子排列，降低流动阻力。用铁磁流体作为表面活性剂更好的溶剂，原油更容易极化。与常规表面活性剂驱相比更适用于黏性油藏流体（$10\sim500$ mPa·s），孔隙介质中的铁磁流体仅受磁场控制，与渗流通道和孔隙介质的渗透率无关，利用磁铁在铁磁流体中产生一定的压力梯度就可以控制流体流动。使用跟踪装置可以跟踪磁铁流体的流向，有助于提高驱替效率计算精度并可以获得更准确的油藏岩石物理数据。与常规表面活性剂驱相比加入铁磁流体的表面活性剂驱能够降低原油黏度，降低表面张力，提高波及效率，进而提高采收率。

5. 全自控、高效率的油藏经营管理技术

传统的智能油田是指将油田所有相关的信息（包括储层压力、温度、井口流体组分、管线流体及工厂信息）进行综合，根据实时信息对油田进行管理。这些理念的应用通过与中央处理系统相连的井下测控装置来实现。例如，在哈拉得Ⅲ油田，每口井都安装了一套井下永久监测系统，将油藏实时信息传至地面，在地面将该信息综合实现对整个油田的实时监控。

然而，未来的智能油田将更为复杂，从各井的自我监测到朝着完全自控的方向发展（就是最终实现油田完全自动化）。全自控油田能够将井下储层资料、井口信息与管理结合起来进行实时的油藏模拟，得出最优的注采比，并向每一口井的井底控制阀发送指令，实现自生成的生产策略。油田还会时常对这些资料进行实时分析，进行有效的数据开发和控制。例如，通过对比井下和地面的压力、温度测量数据，检测反常现象，确定已经发生水侵的井，并确定水驱前缘。在这些全自控油田工作的油藏工程师其职责是监测和维护，而不是干涉和控制。

6. 稠油开采技术

1）稠油地下改质技术

（1）催化剂法就地改质工艺——CAPRI™。

1996 年卡尔加里石油采收率研究所的 Conrad Ayasse 博士提出了 CAPRI 技术并于 1998 年取得专利。该工艺是对 THAI™ 工艺的进一步发展，即在水平井中充填上 CoMo、NiMo 等加氢处理催化剂，进一步实现重油的就地改质。实验室结果表明，与不填充催化剂的 "THAI™" 工艺相比，CAPRI™ 工艺的原油改质效果更好（图 3-38、图 3-39）。在阿尔伯达 Whitesands 油砂项目的 3 对 THAI 试验井取得成功的基础上，在生产井水平井段安装了两个同心割缝衬管，衬管之间放置了活性催化剂床。这样，产出油先是经过 THAI 的热裂解，然后又经过 CAPRI 催化裂解。在油田现场应用中，2008 年 6 月完钻的试验井 8 月开始注空气和采油，至今正在连续生产，产出油 API 重度已经由 8°API 改质到 11.5°API。

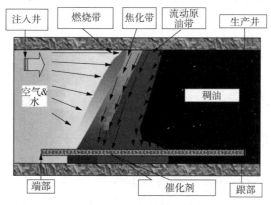

图 3-38　CAPRI™技术示意图

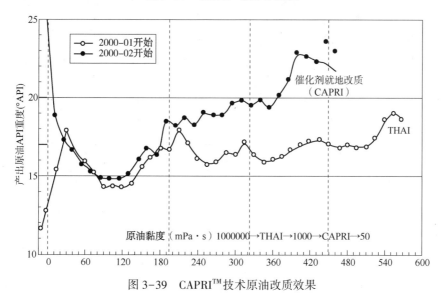

图 3-39　CAPRI™技术原油改质效果

CAPRI™ 工艺的潜力主要表现在：原油采收率较高（70%～80%），资本投资和操作成本较低，产出油部分改质，环境影响相对较低，以及后续输送和改质方面简化等。CAPRI™ 技术为油砂和重油开采与改质指出了新方向。

（2）电加热法就地改质工艺。

电加热就地改质是通过在地层钻若干口距离很近的水平井，其中一些插入加热管，另一些用来生产和监测。经过一段时间，加热器慢慢将重油加热。随着温度升高，重油开始发生裂解，焦炭留在地下，轻油从生产井采出。应用该技术在加拿大阿尔伯达西北和平河油砂矿区成功进行了先导性试验，10×10^4 bbl 黑色半固体状油砂改质成 API 重度为 $30 \sim 49°$ API 的轻油。尽管应用规模还不是很大，但该技术有可能成为彻底改变重油开采局面的"游戏变革者"。

2）热—溶剂复合法稠油开采技术

热—溶剂复合法稠油开采技术是指在 SAGD、CSS 和蒸汽驱过程中加入溶剂，这种方法能够降低能耗，改善热采效果，同时能够降低温室气体的排放量。埃克森美孚公司和阿尔伯塔研究委员会已经分别研制出了自己的混合法稠油开采工艺。

（1）LASER 工艺。

埃克森美孚 2005 年获得专利的 LASER(Liquid Assisted Steam Enhanced Recovery)技术是把一种低浓度的稀释液加入蒸汽中来提高稠油采收率。这项技术适用于蒸汽吞吐中后期，由于先导试验比较成功，2007 年已经开始进行了小规模的商业化应用。

LASER-CSS 能够改善以蒸汽循环为基础的热采方法。这种方法的特别之处就是把混合的液态烃加入注入的蒸汽中，而不是像以前那样在一个蒸汽吞吐周期之前注入一个独立的液态烃段塞。发明这项技术的初衷就是为了通过用同样多的蒸汽接触和动用更多的稠油，来促进蒸汽吞吐在油田的应用。与传统的蒸汽吞吐相比，这种方法能够提高采收效率和最终采收率(图3-40)。LASER-CSS 可以利用现有的 CSS 井。可以直接把液态烃混合并快速喷入(flash into)蒸汽注入管线中，然后伴随蒸汽注入 CSS 井眼，最后以气体形态与井筒附近的蒸汽区内的稠油接触。注入的液态烃大部分伴随着稠油产出。最优的液态烃加入量需要根据压降和现有的 CSS 设备来确定。

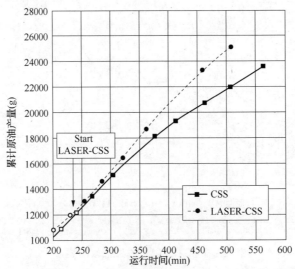

图 3-40　LASER-CSS 与 CSS 效果比较

（2）溶剂增强工艺(Expanding Solvent-SAGD)。

溶剂增强工艺(Expanding Solvent-SAGD)是阿尔伯特研究所的 Nasr 博士等提出的一种稠

油开采工艺，于 2001 年获得专利。这种技术能够改善 SAGD 的效果，在同样的地层条件下，加入增溶剂（C_1—C_{25} 的烃）之后，稠油的流动性较好。溶剂蒸气和水蒸气同时起作用时，水蒸气加热稠油，溶剂蒸气进一步降低原油的黏度，因此不存在指进和溶剂的漏失，从而提高稠油采收率（图 3-41、图 3-42）。此外，ES-SAGD 还可以减少蒸汽用量，进而可以减少产生蒸汽所需燃烧的天然气量（约 25%）。ES-SAGD 技术一旦在油田范围内得以证实，这项技术将会拓宽 SAGD 的使用范围，在溶剂的帮助下，SAGD 技术将会使用于更多的油藏，也会变得更加经济可行。目前，Suncor 能源公司正在 Burnt lake 和 Firebag 进行先导试验，Petro-Canada 也在 Mackay River 进行现场试验。

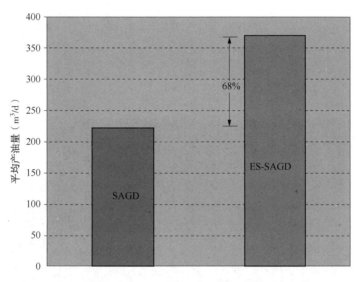

图 3-41　ES-SAGD 与 SAGD 产量

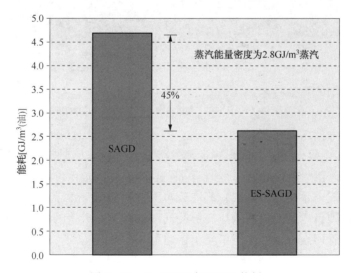

图 3-42　ES-SAGD 与 SAGD 能耗

3）太阳能稠油热采技术

传统的稠油开采，经常需要用燃气加热产生高温水蒸气注入油层提高采收率，这样做会消耗大量的天然气资源，同时产生严重碳排放，污染环境。利用太阳能进行稠油开采无疑是一件既节约能量又节约成本同时不伤害环境的良策。美国大西洋富田石油公司在20世纪80年代便开始了利用太阳能提高石油采收率的试验，但进展不大。近两年，太阳能开采稠油技术步入了商业化应用阶段，未来发展前景广阔。

（1）温室太阳能热采技术。

美国加州 GlassPoint 太阳能公司利用当地优越的日照环境，开展将太阳能用于稠油热采试验，已取得良好效果。试验项目位于加州科恩县 Berry 石油公司的21Z 区块，在占地面积1acre 的温室里放满太阳能聚光镜，可以生成 250~300℃ 的热水蒸气（图3-43）。21Z 太阳能项目每小时大约生产 100×10^4 Btu 的热量，可以供应每年 EOR 项目总需求量的80%以上，从而减少80%的天然气用量。GlassPoint 公司成功研制出了一套光热系统，不采用昂贵易碎的真空管集热器，改在温室内组建轻质聚光镜组吸收太阳能，以降低系统成本。该技术将产生蒸汽的成本降低了25%，运营和维护成本低廉。GlassPoint 太阳能公司是太阳能提高石油采收率（EOR）的全球领军人物，该公司2013年4月凭借其太阳能稠油开采技术被世界知名的研究机构——IHS 剑桥能源研究协会（CERA）评选为能源创新先锋。

图3-43　全球第一个太阳能 EOR 项目的太阳能采集设备

（2）聚光镜太阳能热采技术。

雪佛龙公司于2011年10月在 Coalinga 稠油油田启动了太阳能提高采收率示范项目，试验聚光镜太阳能热采技术开采稠油的可行性。这是目前世界上最大的太阳能提高采收率项目，采用了7600多个聚光镜，将太阳能量聚集至一台太阳能锅炉中，由此产生的蒸汽注入油层，以增加石油产量（图3-44）。该项目占地100acre，聚光镜占地65acre，利用太阳光聚集的热量，由太阳能塔系统产生蒸汽，蒸汽分布至整个油田，然后注入地下以提高原油采收率。该太阳能示范项目产生的蒸汽量与一台燃气蒸汽发生器产生的数量相同。过程蒸汽冷却并成为水，水直接返回至塔顶的锅炉单元，在此重复循环。

太阳能 EOR 方案可以让用户在开发稠油的过程中生产蒸汽而不排放 CO_2，并在30年的使用寿命期间，以稳定的价格提供蒸汽。这种低成本、价格稳定的蒸汽生产技术，可以使油田优化开采策略，大大提高资产价值。太阳能 EOR 方案从理想化状态发展到今天的商业化项目启动，进展非常迅速。

图 3-44 雪佛龙公司部署的日光反射装置

4）无线电波稠油开采技术

SAGD 技术推动了加拿大油砂的开发进程，但是需要消耗大量的淡水和其他能源，成本居高不下，而且有大量温室气体的排放。为了降低作业成本、减少温室气体排放，加拿大油砂开采公司纷纷尝试新方法。其中，Laricina 能源公司、加拿大 Suncor 能源和 Nexen 能源公司合作，尝试将 Harris 电信装备制造公司研发的天线加热棒下入井中，以电磁能源取代蒸汽加热来开采沥青（图 3-45）。初步测试表明，使用天线加热棒的技术可将能源用量减少40%，还可省去蒸汽设施所需的高额先期成本。对于大多数采用 SAGD 技术的项目而言，每桶油的成本为 55~65 美元，而这项新技术意味着 SAGD 每桶油的单位成本可大大降低。如果不用蒸汽，设施的成本可降低 60%。据预测，天线加热技术将于 2019 年达到成熟并投入应用。

5）稠油化学冷采方法

美国位于北极圈内的阿拉斯加北坡油田稠油储量约为 200×10^8 bbl，储层胶结疏松，孔隙度与渗透率较高，原油黏度数量级为 10000mPa·s，埋存位置接近永久冻土层。热采法有可能融化永久冻土层，导致胶结疏松的砂层发生沉降，因而需要采用其他方法进行开采。

为了开采阿拉斯加北坡油田的稠油，得克萨斯大学奥斯汀分校研究了一种稠油冷采新方法：盐水+碱+表面活性剂溶液驱替。碱—表面活性剂配方组成为：0.1% 的 TDA-30EO 和 0.5% 的 Na_2CO_3。TDA-30EO 是一种非离子表面活性剂，加入少量 Na_2CO_3 后，可生成水包油型乳状液。在平面填砂模型中首先进行 2.5PV 的盐水驱替，采出程度为 33%~35%。之后进行不同矿化度下的碱+表面活性剂驱，采出程度增加了 18%~24%。相对而言，高矿化度下碱+表面活性剂驱含油率较高，采油速度较大。

7. 天然气水合物开采技术

目前，通过钻井进行可燃冰开采的方式主要包括降压法、CO_2—CH_4 置换法、热采法、注入化学抑制剂法、固体开采法等，其中降压法和 CO_2—CH_4 置换法最具发展前景，成为室内研究和重大现场试验的重点对象。日本曾于 2001 年与 2007—2008 年两次在加拿大进行联合开采实验，分别采用热激发开采法和降压法，证明降压法开采效率更高、成本更低。

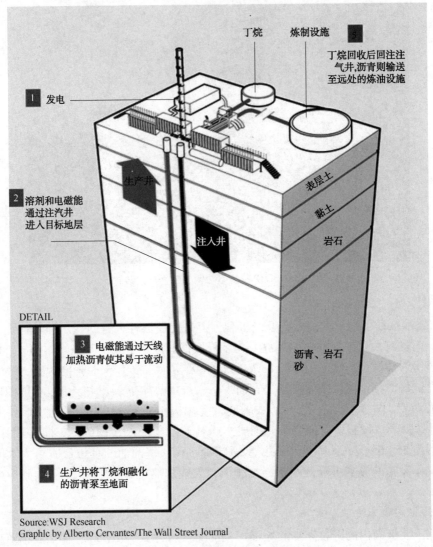

图 3-45　无线电波加热技术开采油砂示意图

1）降压开采法

降压开采法是目前最常用的方法，开采过程中不需要补充过多能量，可以快速开采大面积区域的可燃冰。这种方法的本质与煤层气开采过程非常相似，储层与井筒之间的压力梯度驱动可动流体从储层流向井筒，压力降迅速传遍整个储层，使水合物在局部区域内失去稳定条件，导致其分解为天然气和水。可燃冰的解析过程是一个由自身吸热特性决定的自我调节过程。随着生产时间的延长，储层温度大幅降低，会逐渐提高水合物的稳定性，严重冰堵井筒附近地层的孔隙。因此，降压开采过程中必须对生产速度和压力进行精细控制，间歇性地为地层提供热量。

降压开采法在钻井和生产上面临着诸多方面的挑战。可燃冰作为一种主要的深水资源，钻井的后勤和作业费用巨大。希望通过水平井提高产气量，在埋藏较浅的非胶结沉积层中钻水平井是一大挑战。由于开采井通常设计成低压井，需要装备人工举升设备及产出水收集与处理设备，并制定严格的防砂措施。由于低温和解析反应的吸热特性，井筒和集输设备必须采取流动保障措施。随着开发经验的不断积累和技术的持续进步，降压法将向着与周期加热、机械举升、化学增产等诸多方法集成的方向发展。

2）CO_2—CH_4置换法

通过向水合物沉积层中注入二氧化碳置换出甲烷的方法叫 CO_2—CH_4置换法，其最大优势在于释放甲烷的同时，以水合物的形式埋存二氧化碳。因此这种方法受到政府部门和石油业界的青睐。康菲和卑尔根大学的实验研究表明，二氧化碳能够替换水合物结晶中的甲烷分子，置换率高达70%，且置换过程中没有观测到自由水的出现。如果这种方法能够成功应用于现场，不仅为二氧化碳封存提供了途径，还能够解决降压开采中的几个关键技术难题：减少或消除水的产出、增加储层岩石力学稳定性、可用温度范围更大等。置换法面临的主要挑战是二氧化碳注入性极低，且二氧化碳一旦与原生地层水接触，就会立刻形成水合物，进一步降低了储层渗透率。2012年，美国能源部、日本国家油气金属公司以及康菲石油公司共同在阿拉斯加北坡应用二氧化碳置换法结合降压法进行水合物开采，取得了巨大成功。

第三节　结论与启示

通过对油气田开发过去10年的发展历程回顾以及未来20年的发展前景展望，得出以下几点结论和启示：

（1）回顾过去10年，油气田开发重点领域发生了3个拓展：由原油向天然气拓展、由常规向非常规拓展、由陆上向海上与深水拓展；平均油气采收率变化幅度较小，未来还有很大的上升潜力；随着开发环境复杂化、油气品质劣质化和环保要求绿色化，油气开发成本日益增高。

（2）回顾油气田开发关键技术综合发展历程可以发现，21世纪10年来涌现出了一批为油气田开发带来重大变革的技术，主要包括多孔介质微米 CT 成像技术、智能井技术、MRC井建井技术、水平井分段压裂技术、实时压裂监测与裂缝诊断技术、实时油藏经营管理技术、数字油田技术、稠油蒸汽辅助重力驱、非常规气开采技术等。

（3）世界油气田开发技术总体发展趋势可以用3个词来概括：看得见、进得去、采得出。具体解释就是通过先进的油藏描述技术和新一代油藏模拟技术充分认识油藏，找到、找准剩余油的位置；通过 MRC 和 ERC 等新型建井技术以及不断进步和革新的压裂增产改造措施最大限度地接触到剩余油；发展低成本、环境友好型注剂和功能注剂，提高波及效率和驱替效率；建立全系统、全过程、全任务控制体系，实现油田资产的实时、闭环的管理与经营，实现经营效益和资产价值最大化。

（4）目前油气田开发面临的形势与挑战主要有：常规油气提高采收率难度加大；非常规油气产业化前景广阔；油气田开发环境日益恶劣；油气田开发成本压力增大；环保要求日益严格。针对这些挑战，油气田开发现在和将来很长一段时间面临的宏观技术需求主要有：精细化的油藏描述与模拟技术；先进建井技术；革命性的增产改造技术；提高采收率新技术；全自控的油藏经营管理技术；低成本技术；绿色化技术。

（5）展望未来，油气田开发关键技术发展路径主要有4条：一是在现有技术基础上进行改进和完善，例如在目前的兆级(百万)网格模拟技术的基础上发展千兆级(十亿)网格数值模拟技术、在目前 MRC 井基础上发展 ERC 井建井技术、在目前的 CO_2—EOR 技术基础上发展新一代 CO_2—EOR 技术等；二是集成技术创新，如将 CO_2 混相驱与 ASP 三元复合驱相结合的改进的水/气交替注入技术(ASPaM)、将热采与溶剂相结合的溶剂增强工艺(ES-SAGD)等;三是推出革命性的新技术,如油藏纳米机器人、仿生井、流动通道压裂技术等。四是研发针对稠油、油砂、煤层气、致密气、页岩气、页岩油、天然气水合物等非常规油气开发的新技术,如稠油地下改质技术、二氧化碳提高煤层气采收率技术、天然气水合物 CO_2 置换开采法等。

综上,油气田开发过去 10 年、未来 20 年的关键技术及其发展趋势见表 3-12。

表 3-12　油气田开发关键技术 10 年回顾与未来 20 年展望

技术领域	当前关键技术	发展趋势与方向	未来 20 年技术展望
油藏描述	多孔介质微米 CT 成像、主流油藏描述软件	宏观规模更大、微观更深更细、功能越来越多	多孔介质纳米 CT 成像、油藏纳米机器人
油藏模拟	新一代油藏模拟器、主流油藏模拟软件	计算速度越来越快、网格数越来越多、功能越来越强大	十亿网格数值模拟技术
建井技术	智能井、MRC 井	与油藏接触面积越来越大,可控制程度越来越高	ERC 井、仿生井、关节内窥镜井
水力压裂	水平井分段压裂、微震实时监测	低伤害、无伤害压裂液;低成本、高强度、低密度、功能化支撑剂;创造流通性越来越好的油流通道	流动通道压裂技术、超清洁压裂液
EOR 技术	二氧化碳驱、化学驱、热采	现有技术改进;低成本、智能化、环保型注剂	新一代 CO_2—EOR 技术;新型油藏注剂(智能流体、聪明水、铁磁流体);改进的水/气交替注入法(ASPaM);低矿化度水驱
油藏经营管理	实时油藏经营管理、数字油田	响应时间越来越短、多学科高度协同、全过程自动控制	全过程控制技术
稠油开采技术	SAGD	低能耗、低成本、低排放	地下改质(催化剂法、电法等);热—溶剂复合法(LASER、ES-SAGD 等)
非常规气开采技术	煤层气羽状水平井钻完井、致密气连续管多层增产、页岩气水平井分段压裂	充分发挥规模效益;低成本、工厂化作业	二氧化碳驱提高煤层气采收率技术、工厂化压裂

参 考 文 献

[1] George J Stosur, 尹玉川. 提高采收率:过去、现在和未来 25 年的应用前景[J]. 国外油田工程, 2004, 20(11): 1-3, 11.

[2] 关振良, 谢丛娇, 董虎, 等. 多孔介质微观孔隙结构三维成像技术[J]. 地质科技情报, 2009, 28(2): 115-121.

[3] 沙特阿美石油公司网站, 2010-6.

[4] 新视野奖获奖项目介绍[J]. World Oil, 2008, 11.

［5］潘仁芳，黄晓松.页岩气及国内勘探前景展望［J］.中国石油勘探，2009，14(3)：1-6.

［6］Saggaf M. A Vision for Future Upstream Technologies［J］.JPT，2008(3)．

［7］Salamy S P，AI-Mubarak H K，Ghamdi M S，et al. MRC Wells Performance Update：Shaybah Field，Saudi Arabia［C］.SPE 105141，2006.

［8］Lee R Raymond，Claiborne P Deming，Marshall W Nichols. Facing the Hard Truths about Energy：a Comprehensive View to 2030 of Global Oil and Natural Gas［C］. US National Petroleum Council，2007.

［9］Saggaf M M，Saudi Aramco. A Vision for Future Upstream Technologies［J］.JPT，2008.

［10］Nikita Kothari. Application of Ferrofluid for Enhanced Surfactant Flooding in EOR［C］.SPE 131272，2010.

［11］Pilisi N，Wei Y，Selecting Drilling Technologies and Methods for Tight Gas Sand Reservoirs［J］. SPE 128191，2010.

［12］Holditch S A，Bogatcher K Y. Developing Tight Gas Sand Adviser for Completion and Stimulation in Tight Gas Sand Reservioirs Worldwide［J］. SPE 114195，2008.

［13］A-IThuwaini J，Emad M. Deep Tight Gas Zonal Isolation Solution with Novel Flexible and Expandable Cement Technology［J］. SPE 131577，2010.

［14］Samuelson M L，Kinwande T A. Optimizing Horizontal Completions in the Cleveland Tight Gas Sand［J］. SPE 113487，2008.

［15］Goktas B，Ertekin T. Performances of Openhole Completed and Cased Horizontal/Undulating Wells in Thin-Bedded，Tight Sand Gas Reservoirs［J］. SPE 65619，2000.

［16］Edwards，William Jason，Tight Gas Multi-stage Horizontal Completion Technology in the Granite Wash［J］. SPE 138445，2010.

［17］Snyder Daniel. Optimization of Completions in Unconventional Reservoirs for Ultimate Recovery［J］. SPE 139370，2010.

［18］Yergin D，Ineson R. America's Natural Gas Revolution［N］. The Wall Street Journal，2009-11-2.

［19］Newell R. Annual Energy Outlook 2010［R］.Washington，DC：U. S. Energy Information Administration，2009，12(14).

［20］Modern Shale Gas Development in the United States：A Primer［R］.Oklahoma City：Ground Water Protection Council，2009.

［21］World Energy Outlook 2009［R］.International Energy Agency，2009.

第四章　世界石油地震勘探关键技术发展回顾与展望

在过去的一个多世纪，上游领域依靠新技术取得了显著的勘探开发成果。油气勘探开发逐渐向更加复杂的地区延伸，技术进步将在油气产业链的重要环节发挥着关键支撑作用。在过去的 10 年，地球物理行业取得长足进步，发展了一批前沿、高端技术，基本满足油公司的技术需求。

第一节　过去 10 年地震勘探技术发展历程回顾与趋势分析

物探技术在石油勘探开发领域占据举足轻重的位置，尤其是地震勘探技术，更是国外技术服务公司的重点服务项目，也是综合性石油公司降低成本、实现高效益生产的主要手段之一。在现阶段，相关学科的不断发展促使地震勘探技术在数据采集、处理、解释和设备制造方面取得长足的进步。地震勘探技术已在油气勘探与生产中发挥着无法替代的作用，为提高勘探成功率、降低生产成本和改善采收率做出了突出的贡献。

一、物探技术发展历程

自 20 世纪 80 年代中期以来，在计算机、电子、机械制造等相关产业技术进步的推动下，石油地震勘探技术快速发展，沿着精细化、实时化和综合应用的发展方向取得显著成绩，使地震勘探技术从传统的油气勘探领域逐步延伸到油气田开发领域和生产领域，不仅进一步提高了勘探成功率，同时也在提高油藏采收率和延长油田生产寿命方面做出了重要贡献，实现了油气田的勘探—开发—生产全程地震技术服务。图 4-1 简要概括了地球物理技术发展历程、前沿与趋势。

在 20 世纪 80 年代后期，国外物探公司提出油藏地球物理概念，并推出以三维地震和井下地震技术为核心的储层和油藏地震描述技术，借助地面地震资料良好的空间分布和井下地震资料准确的纵向分辨能力，结合测井、岩心分析等信息，通过地震反演、模拟等手段，对储层和油藏参数进行描述，建立油藏静态模型，辅助油藏工程师制定油田开发方案。油藏静态地震描述技术很快得到油藏开发界的认同，成为油田开发方案设计中不可缺少的组成部分。这项技术的成功应用标志着地震勘探技术从此步入油田开发领域。

到 20 世纪 90 年代中期，物探公司在三维地震基础上推出了四维地震监测技术，通过在生产油藏实施多次三维地震观测，对油藏生产措施或油田开发方案的实施效果进行监测，并根据监测结果对油藏参数的动态变化进行描述，建立油藏动态模型，协助油藏工程师深入了解油藏参数变化，确认剩余油分布，调整开发方案，以及部署加密井。这项技术推出不久就成为现代油藏管理中不可缺少的手段，它标志着地震勘探技术进一步扩展到油田生产领域。

20 世纪 90 年代后期，随着计算机技术的进步，物探公司推出以地震资料为背景、支持决策和多学科研究的三维虚拟可视化系统及应用技术，该系统及应用技术不仅有效解决了复

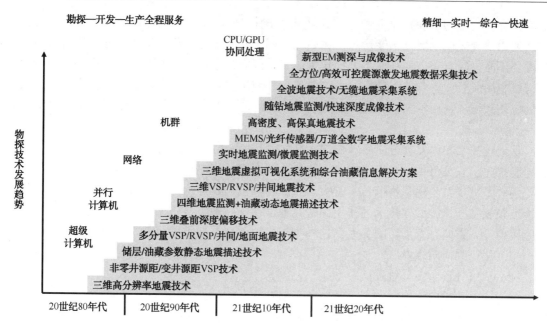

图 4-1　物探关键技术发展历程

杂地层地震资料解释问题，同时能够在地震资料背景上辅助设计各种复杂井眼轨迹，以及综合多学科信息完成油藏结构和参数的静、动态描述，协助石油公司资产评估部门完成多学科综合研究和决策。该系统出现后立刻成为现代油藏管理理想的多学科信息共享的操作平台，为实现油田勘探—开发—生产一体化技术服务奠定了基础。

21 世纪初，物探公司借助可视化系统推出了综合油藏信息解决方案技术，进一步丰富地震勘探技术的服务内涵，不仅完善了地震勘探技术在油藏静、动态描述的服务能力，同时增加了地震勘探技术对钻井、压裂、注水等工程技术服务项目监测，进一步强化了地震勘探技术对钻井、压裂、注水等工程技术服务项目监测，进一步强化了地震勘探技术协助石油公司系统规划、设计和决策油田勘探—开发—生产整个过程的作用，使地震勘探技术朝着一体化全程服务的方向发展。

经过 20 年的努力，国外物探技术已经取得显著的进步，为保证全球石油天然气储量和产量的持续增长做出了巨大的贡献。据近几年美国能源部和 SEG 的调查，多数石油公司认为，三维高分辨率地震技术的广泛应用，使全球勘探作业成效显著，探井钻井的成功率达到 70%，四维地震监测技术的使用，明显改善了油藏管理，不仅降低了油田开发生产成本，也使油藏采收率大幅度提高，同时，四维地震监测技术在确定剩余油分布方面发挥了重要作用，使油田的平均生产寿命延长了 8%~14%。地震勘探技术作为地球物理勘探的一项核心技术，在地震地质解释上不可避免地存在着多解性。为了克服这一问题，国外公司比较注重地震正演模拟与反演解释的结合，注重物探技术与地质学、石油工程等其他学科的结合，注重建立多学科的协同工作组，实现勘探开发一体化的综合勘探模式。

二、物探技术总的发展趋势

在过去的 20 年中，世界对石油的需求日益增加，石油上游生产产业面临不断增加储量和扩大产量的巨大压力。随着石油勘探开发深入展开，面临的问题与挑战也日趋严重，对石油勘探开发先驱的物探技术而言，突出表现在勘探环境恶劣化，地下储层或油藏结构复杂化，油田发现规模小型化，储量品位劣质化，剩余油分布分散化等诸多方面。这就迫使物探技术要不断创新，努力加强地震勘探技术的分辨能力，丰富地震作业方式，提高地震作业效率与资料的质量，完善地震勘探技术与其他学科应用技术的综合利用能力，扩大地震勘探技术的应用领域，从而不断提高勘探成功率和油藏采收率，扩大储量接替率，延长油田生产寿命。

从地震技术整体发展方向看，储层/油藏参数静态地震描述、四维地震监测/油藏参数动态地震描述、三维可视化和综合油藏信息解决方案等技术的出现，是过去 10 年物探领域最重要的技术进步，实现了物探技术重大跨越。物探公司延伸物探技术服务领域，在油田开发和生产领域发挥地震勘探技术的作用，这与地震勘探技术本身长期坚持精细化、实时化和综合应用的发展方向有着密切的关系，这种指导思想体现在地震勘探技术各个环节：

（1）从一维向四维发展；

（2）从单分量向多分量发展；

（3）从时间域向深度域发展；

（4）从使用声波向使用弹性波发展；

（5）从各向同性向各向异性发展；

（6）从叠后偏移向叠前偏移发展；

（7）从反射波特性向岩石特性发展；

（8）从静态诊断向动态实时监测发展；

（9）从单项应用向综合应用发展。

目前，随着地震勘探的对象由简单构造到复杂构造、由构造勘探进入岩性勘探、从简单地表转向复杂地表、由浅层勘探进入深层勘探等新情况的出现，原有的基于水平层状均匀介质的基础理论已经显示出了一些不适应性，各向异性理论、多相介质理论以及非线性算法等，成为世界各国地震勘探的研究热点。

三、重大关键技术

随着勘探对象的复杂化和勘探要求的日益精细化，以及高性能计算机技术的发展，地震资料的采集、处理、解释技术得到快速发展，尤其是高密度、宽方位、宽频采集技术、叠前深度偏移成像技术及处理解释一体化技术的应用，油藏地球物理技术的发展，为实现勘探—开发—生产一体化进程做出巨大贡献。

过去 10 年，地震勘探技术主要朝着提高勘探效率、降低勘探成本和勘探开发一体化发展。在地震勘探装备方面，发展了新型可控震源激发技术，扩大了地震数据采集装备带道能力，完善了传输技术，实现了实时 QC 管理，减少设备单位重量；在勘探技术方面，开发了高密度、宽方位、宽频采集方法，开发出地震成像新技术，加强数据处理解释一体化、可视化建设，扩大井眼地震技术应用，开发新型电磁测深技术，支持油藏地球物理应用。这些新装备和新技术提高了地震数据质量和地震资料分辨率，加强地震技术解决复杂地质现象的能力，并推动了地震技术在在创新油藏描述和生产管理中的应用。

1. 地震勘探装备

地震勘探装备是取得高品质地震数据的重要手段，近年来，在地震数据采集方面，超万道地震仪、全数字检波器、新型可控震源及采集系统有效提高了地震勘探的效率及数据质量。以 3D VSP、井下震源和接收系统的井眼地震装备推动了油藏地球物理技术的发展，光纤系统在地球物理勘探装备的应用，推动了海底永久油藏监测的发展。

1）可控震源

陆上地震采集激发方式主要是炸药和可控震源。炸药震源由于激发能量强、信噪比相对较高、适合各种地形等优势而广泛采用。但其也有明显的缺点，如炸药储存、运输、爆炸等环节的安全风险，购买炸药、钻井、下药和清线等成本以及爆炸后的环境影响等。可控震源是指能准确控制波形，并能用固定的函数关系式描述的震源。近年来，随着大吨位可控震源的研制成功及应用，解决了激发能量及频率等问题，可控震源作为激发源已成为地震勘探普遍采用的一种手段。可控震源是一种地震勘探信号激发设备，在石油勘探中具有施工成本低、无污染、HSE 风险小、施工组织灵活、激发信号可人为控制等优点。

表 4-1 中给出了 CGG，ION 和 WGG 几家主要的国际物探公司目前在用的主力可控震源装备的主要性能对比，其中 CGG 的 NOMAD 系列可控震源属于目前国际上最先进的可控震源系统之一，其中 90 系列的输出力峰值可达 90000lbf，居世界第一。

表 4-1　国外主要公司可控震源性能对比

指　　标	CGG		ION		WGG
在用技术	NOMAND 可控震源		AHV-Ⅳ	X-Vib	DX-80
	65 系列	90 系列			
峰值输出（lbf）	62000	90000	80000	60000	80000
有效冲程（cm）	7.62	10.16	10.16		
额定频率（Hz）	7~250	5~250	5~250		
行驶速度（mile/h）	17	15	13		

2）数字检波器

在过去的 60 年，数据采集道数随着地震勘探的要求，由最初的几道增长到现在的几千道甚至十几万道。传统的石油地震勘探所用检波器以机械结构为主，尽管这种"动圈式"机械检波器经过不断的改进与发展，其体积、坚固性、灵敏度和失真度等技术性能有了很大改进，但某些固有缺陷却始终无法克服，如动态范围小，检测 10Hz 以下的低频地震信号困难，在三分量地震勘探中各轴向之间信号串扰，灵敏度存在误差等。为此，国内外许多公司和研究机构纷纷探索开发新的地震信号检测技术，地震检波器近年来取得较大进展的是以 MEMS 技术为核心的数字检波器。

2002 年 Sercel 和 ION 公司相继推出基于 MEMS 传感器的全数字地震仪，其中 ION 公司率先研制了 MEMS 加速度检波器，采用 MEMS 加速度传感器，使地震检波器的性能有了大幅度提高。数字检波器推动了地震采集技术的发展。近几年来，数字检波器凭借其频带宽，高频成分保持好，无震源衰减，无环境噪声衰减，垂直分辨率高，各向同性记录好，能有效抑制工业频率和雷电干扰，重量轻等特点，在国际物探领域得到了广泛的应用。表 4-2 对 Sercel 和 ION 公司的数字检波器系统进行了性能对比。

表 4-2　主要数字检波器性能对比

指　标	CGGV	ION
在用技术	DSU3-428 数字检波器	VectorSeis 数字检波器
动态范围(dB)	120(4ms)	124(4ms)，121(2ms)，118(1ms)
最大倾角	可全方向倾斜	可全方向倾斜
采样率(ms)	4，2，1，0.5，0.25	4，2，1
带宽(Hz)	0~800(最高 1600)	
能耗(mW)	285(8Mbps)，300(16Mbps)	
工作温度(℃)	-40~+70	-40~+60
尺寸(H×W×D)(cm×cm×cm)	15.92×7.0×19.4	16.5×5.0(直径)
质量(kg)	0.43	0.625

　　数字检波器单点高密度采集、宽频接收、室内组合或进行三维去噪，是提高分辨率和保真度的有效途径。从目前获取的资料来看，数字检波器对于地震属性的研究具有明显优势，应成为未来地震勘探的发展方向。

　　3）新型陆上采集系统

　　作为地震信号的记录仪器，采集系统的性能、质量、适应性和使用效果直接关系到采集信号的效果。各大物探装备技术公司纷纷推出新型采集系统，其中包括 WGG 的 UniQ 系统、Sercel 的 428XL 系统、INOVA 公司系统等。

　　陆上地震电缆采集系统带道能力都在 10 万道以上，以 WGG 公司的 UniQ 系统和 Sercel 公司的 428XL 采集系统为代表，WGG 公司的 UniQ 系统目前已经在生产中实现了 20 万道数据采集。Sercel 公司新升级的 428XL 系统采用光纤千兆交叉线，有 10 万道/2ms 实时采集的能力，传输速率从 100Mbit/s 提高到 1Gbit/s，大幅减少电缆数量(图 4-2)。并且该系统可以同时使用多个光纤千兆交叉线，如两个千兆交叉线即可达到 2ms 采样 20 万道实时传输的能力，这意味着未来实现百万道数据采集的梦想将很快实现。

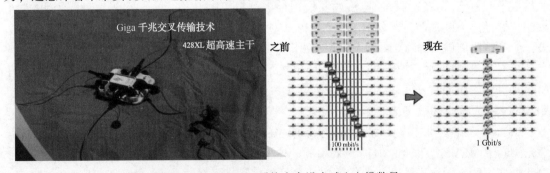

图 4-2　新型 428XL 系统在布设中减少电缆数量

　　近两年，无缆采集装备发展迅速，其中以 Sercel 公司的 UNITE 系统、INOVA 公司的 FireFly、HAWK 系统及 Fairfield Nodal 公司的 Z-Land 系统为代表。而 CGG 公司的 UNITE 和 INOVA 公司的 FireFly 系统则是目前发展的较为成熟的两种无缆陆上采集系统。Sercel 公司的新升级的 UNITE 系统简化了后勤流程，数据采集效率提高了 50%。可兼容模拟、数字多种检波器，并记录低频信息。INOVA 公司的第三代无缆系统 FireFly DR31 继承了 FireFly 系统的所有优点，但经过重新设计，延长了产品的使用寿命。同时，能够与 Hawk 节点记录系统共享电池组、后台充电和数据集成设备。第三代 FireFly 系统和 Hawk SN11 独立节点记录系统具有很好的集成性（图 4-3），两种系统既可独立使用也可结合使用，并且共享许多相同的操作软件和硬件产品。都支持模拟检波器和多分量数字检波器。

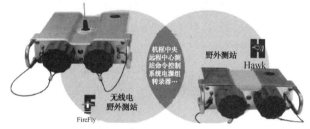

图 4-3　新型 UNITE 系统和 FireFly、HawK 系统

为了能更加有效地对地震信号进行采集，提高分辨率和信噪比，减少干扰信号的影响，采集系统的技术不断更新，高性能的产品不断推出。今后采集系统将朝着扩大带道能力、数字化、小型化、无缆化快速发展。

　4）海上拖缆采集系统

陆上油藏勘探难度不断加大，各大公司都将勘探注意力转向海上，海上地震勘探装备得以迅速发展。作为进行海上地震信号采集的主要设备，海上采集系统延续了陆上采集系统的发展趋势，向着大带道能力、低噪声和宽频率响应方面发展，由于海上拖缆勘探存在拖缆易损坏、定位不准和可重复性差等特点，提高拖缆的抗破坏能力，发展拖缆定位系统和海上采集 QC 控制系统已经成为提高海上地震资料采集质量、降低 HSE 风险的主要手段。

目前的拖缆系统主要特点表现在以下几方面：

（1）拖缆自动控制系统。通过拖缆上的自动操纵系统调整拖缆距离与深度，更好地控制密集拖缆排列，通过改善拖缆排列系统形状减少填充井数量，改善 4D 勘探的可重复性。

（2）固体拖缆。避免由于海水侵入引起的拖缆不平衡，消除填油式拖缆中存在的膨胀波（bulge waves），放宽操作的气候窗，提高采集效率，记录更好的低频信息，减少环境污染。

（3）双传感器（压力和质点速度）。去除震源、检波器中的鬼波，能够在较安静的深水环境进行拖缆采集。拓宽频谱，同时获得低频的信号（更深的穿透力）与高频信号（更高分辨率）。

目前，CGG 公司的 Seal 海上采集系统最大带道能力为 20000 道，并且支持固体拖缆和液体拖缆两种类型。其固体拖缆最大长度为 15750m，是目前世界上最结实的海洋拖缆，能够抵抗海洋地震操作期间受到的自然外力，延长使用寿命，降低 HSE 风险；ION 公司的 DigiSTREAMER 海上采集系统最大带道能力为 19200 道，该系统支持低噪声数据采集，可以达到最低 2Hz 的低频响应。WGG 公司的 Q-Marine 海上采集系统提供了宽带宽、高分辨率的地震资料采集，最大限度地压制了噪声，4D 勘探可重复性提高了 3 倍，勘探带宽提高了 35%。PGS 的海上拖缆采集系统采用双传感器接收技术，去除了震源和检波器的鬼波，能够提供宽频响应。

5）海底 OBC 地震采集装备

由于海底地震数据能够提供高品质数据，提高成像质量，近些年，海底地震采集市场迅速增加。目前国际市场的 OBC 采集系统主要有 CGG 公司的 SeaRay428 系统、ION 公司的 Calypso 和 VectorSeis Ocean 系统，以及 WGC 公司的 Q-Seabed 系统。其中 WGC 公司的装备不对外开放，只提供技术服务。

SeaRay428 系统是在综合 408UL 系统和 428XL 采集系统众多优点基础上研发出来的，使用全方位 MEMS 数字检波器。设计水深到 500m，电缆半径更小，质量更轻，电缆长度可达 35km 以上，可进行 4D4C 勘探，并具有全波成像功能。

ION 公司的回收式海底电缆地震数据采集系统主要有 Calypso 系统（图 4-4）和 VectorSeis Ocean Ⅱ 系统（VSO Ⅱ），两种系统都能获得全波场地震数据（多分量）。可进行宽方位采集排列，加强复杂目标体照明效果。另一个特点是不需使用专门的数据记录船，而是采用浮标式装备，减少了劳动力，降低了操作成本。VSO Ⅱ 系统应用深度可达 1000m。Calypso 海底电缆采集系统 Calypso 拖缆长度和采集深度较 VSO 系统都有很大的提高，适用于 2000m 水深。

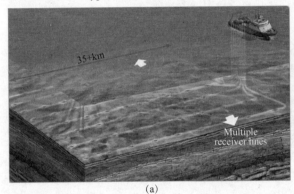 

(a)　　　　　　　　　　　　　　　　　　　　　(b)

图 4-4　SeaRay428 采集系统和 Calypso 海底电缆采集系统

6）海底节点地震采集系统

海底节点宽方位采集技术在墨西哥湾的成功应用，为深部复杂构造成像提供了重要依据。目前市场上的海底节点采集系统主要有 CGG 公司的 Trilobit 系统、FairfieldNodal 公司的 Z700 和 Z3000 系统。

节点系统相比电缆系统具有明显优势：无限大道集采集，系统设备大幅减少，去掉占系统辎重 70% 的电缆及仪器车；野外施工人员大幅减少，运载车辆大幅减少，减少碳排放；放炮过程无须等待时间，不用查排列，观测系统可以任意设计，叠加次数可以任意抽取，不受系统的制约；数据质量高，可以实现超大道集真三维采集，生产效率极大提高，对环境影响极小。是一个集低成本、高效率和高数据质量于一身的好系统。节点系统也有它本身的缺点，即不能现场实时地得到监视记录，对野外资料不能及时加以判断，假如资料出现异常，不能及时采取必要的措施。

7）海底光纤永久监测系统

随着深海耐压材料工艺的突破和海上高分辨精细地震勘探技术的发展，海底地震勘探方法逐渐成为热点。一方面，海上三维地震勘探方法逐渐向四维发展，在海上布设漂缆数量越来越多的同时，海底电缆或检波器也被应用到海上复杂油气区块的精细调查中去；另一方面，新能源研究与深水油气技术的突破，同样需要高频与低频型海底地震仪器。此外，在海底永久布设光纤传感系统成为未来重要的发展方向。

利用光缆作为传感单元和数据传输通信线路进行地震勘探成为未来发展的重要技术。光纤检波器及光缆重量的降低，使得测量系统的安装方式更灵活，安装费用更低。标准电缆的质量在水中时为 3.0kg/m，而光缆的质量在水中时仅为 0.3kg/m。

光学地震传感系统的重要特征主要包括：(1)在传感点无电子部件或无电力需求；(2)通过遥感技术控制方向；(3)长距离、多路解码技术令地震数据可以缔造模拟传输；(4)极好的传感器性能；(5)高可靠性。

采用光纤系统进行海底永久油藏监测(PRM)比海底节点、电缆采集成本要低，目前国际市场上主要有 CGG，PGS 和 TGS 三家技术服务公司能够提供光纤系统永久油藏监测服务。CGG 公司的 Optowave 系统、PGS 公司的 OptoSeis 光纤采集系统、TGS 公司的 Singray 系统。其中 CGG 公司和 TGS 公司通过收购获得了这项技术，PGS 自主研发的 OptoSeis 光纤系统采用了稳定的光学传感器、快速有效的数据传输设备和先进的数据处理系统，应用水深可达3000m。已经先后在墨西哥湾、北海多个油田进行了应用。巴西国家石油公司选择 OptoSeis光纤系统在 Jubarte 大油田 1300m 水下安装，进行油藏监测。OptoSeis 采用了稳定的光学传感器、快速有效的数据传输设备和先进的数据处理系统，在当前光纤系统市场刚刚起步阶段具有较强的竞争力。

光学传感系统的采用象征着从数字到光学传输的发展，光学高频载波将提供从传感点到导向一起的极好模拟传输，更容易转换成供数据存储和处理的数据格式。

8) 井下装备

随着地震勘探的不断发展和向油田开发领域的延伸，井中地震勘探方法越来越受到业内人士的关注。井中地震勘探因其独特的勘探方式和高效率、高质量的勘探成果备受石油勘探开发界的青睐。井中地震勘探仪器作为井中勘探的基础，在最近几年得到了飞速的发展。接收仪器已经从模拟型发展成数字型，从单级发展到多级、多分量数字遥测的井中地震仪器。斯伦贝谢公司的 Q-Borehole 系统是式其 Q-单传感器地震采集与处理技术系列的一部分，是一项集成的集中地震系统，从设计到数据采集、传输、处理、解释，能够优化井中地震服务的各个方面，提供精确的高保真信号，并进行智能噪声去除等。

2. 地震采集技术

石油地震勘探技术从 20 世纪 50 年代发展至今经历了不同的发展阶段，60 年来取得了突飞猛进的发展(表4-3)。随着地震采集装备的快速发展，地震采集技术朝着高密度、高分辨率、全方位、宽频谱数据发展，改进照明，提高复杂构造的成像质量。目前，CGG，WGG 及 PGS 等国际大技术服务公司都在可控源采集、高密度、宽方位采集、海上宽频采集等方面取得重大进展。

表4-3 石油地震勘探技术发展概况

时间阶段	地震仪	采集维数	技术、方法	解决的主演问题
20 世纪 50 年代前	光点照相记录	1D	人工处理	划分构造单元，圈出有利构造盆地，查明区域构造特征，发现局部圈闭
20 世纪 50 年代	模拟磁带记录	2D	多次覆盖	

续表

时间阶段	地震仪	采集维数	技术、方法	解决的主演问题
20世纪60年代		2D	高次覆盖	预测和识别油气圈闭结合形态
20世纪70年代		2D	高次覆盖	
20世纪80年代	数字地震仪（24道至千道）	3D/3C	3D地震	查明各种复杂构造及隐蔽油气藏，描述储层参数分布和非均质性及其微观特征。监测油藏内流体性质和分布，进行油藏综合评价，为油藏模拟建立初始地质模型
20世纪90年代		3D/3C 4D	高精度3D地震，开发地震	
21世纪	万道地震仪 光纤传感器 无缆采集	3D/4D全波采集	宽方位、宽频地震勘探	查明盐下等复杂构造油气藏，改进照明，增加覆盖次数，对油藏的流体流动状况进行长期监测

1) 可控震源采集技术

出于降低勘探成本以及满足高密度空间采样的技术要求，近几年，一些西方油公司进行大工作量、高密度陆上地震采集时大多考虑应用"可控震源高效采集技术"。可控震源施工主要分3个级别：第一级是常规采集，第二级是交替扫描（FFS）和滑动扫描（SS）等高效采集，第三级是高保真、高效采集，如独立同步震源（ISS—Independent Simultaneous Sources）、远距离独立滑动扫描（DSSS—Distance Separated Slip Sweep）、高保真可控震源采集技术（HFVS—High Fidelity Vibratory Seismic）等。目前，普遍采用第二级和第三级。可控震源高效采集是缩短野外作业时间、提高作业效率、降低项目风险的需求，也是地震采集的发展方向，是高密度采集的必由之路，应用前景广阔。

以CGG公司的高效可控震源采集（HPVA）技术为例，克服了滑动扫描引起的谐波噪声问题，能够获得较高质量的数据。由于对高密度、宽方位数据的需求不断增加，HPVA技术实现了滑动扫描采集，提高了性能，在保持生产效率与数据质量的同时，增加了采样密度。

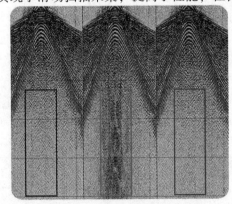

图4-5 参考可控震源炮点记录（左），采用滑动扫描技术采集的数据（中），采用HPVA技术的数据记录（右）

从图4-5中可以看出，采用滑动扫描技术采集的数据，具有非常明显的谐波噪声，而采用HPVA技术采集的数据，谐波噪声被压制，数据质量提高，与参考炮点记录不相上下。

CGG公司推出的V1震源采集技术是当时一项突破性的技术。通过高性能、高密度和宽方位角陆上地震采集技术，实现了地下成像在照明及分辨率方面的飞跃。V1可控震源通过发展单点可控震源技术使得成像质量、操作性能及灵活性等方面都有了重大改进。施工效率较常规震源施工提高了约2.5倍，可以支持多达12个滑动扫描震源进行滑动采集，结合震源同时采集的数据分离技术以及谐波衰减可以有效保持数据采集质量。

2）无缆地震采集技术

为了解决有线采集系统在生产中的约束，提高工作效率，降低有线系统对 HSE 问题造成的影响，无缆地震采集技术已经成为地震采集技术的一个重要发展方向，也成为各家技术服务公司竞相发展的重点。有实力的物探技术服务公司的研发竞争，无疑加快了无缆采集技术的商业化进程。

无缆地震采集是指无须电缆连接，通过采集站接收放炮数据后自动存储，再用专门的数据回收系统把所有放炮数据从采集站中取出来的一种采集新理念。无缆地震采集系统最大特征是没有大线，没有地震数据传输，打破了传统电缆数据采集中利用电缆进行数据传输的环节，由传统的采集—传输—记录，变为采集—记录，突破了常规电缆采集系统在生产中的约束。无线地震采集技术的优势：

（1）减少系统重量。如今标准的地震勘探系统中，电缆和其他的地面装备总质量达到 20t 或者更高，这些繁重的设备直接影响到地震队的经费支出和设备的运输成本，无线地震采集技术的无线设计能最大限度地减少电缆重量，与普通的陆上地震勘探相比，操作费用能降低 20% 以上。

（2）提高操作效率。对常规的采集系统而言，电缆的铺设、故障查找和维护工作是一种高强度的体力劳动，有 25%~50% 的体力劳动是用于电缆的铺设和回收，而有 50%~75% 的故障是由于电缆的问题所引起的。采用无线地震采集技术能有效提高人力劳动和后勤工作的工作效率。

（3）降低 HSE 风险。由于减少了繁重的电缆以及人力劳动，无线地震采集技术给地震队所带来的健康及安全风险就相应的减少，同时也降低了电缆对自然环境造成影响的可能性。

（4）改善了系统的可用性。在常规采集系统中，地震队有超过一半的时间用于电缆的故障检测，而随着站数的增多，用于试错和故障检测的时间也越来越多，则用于工作的时间将进一步的减少。无线地震采集技术克服了由于电缆而造成的这些缺陷，同时，随着站数的增加，生产性能也得到了提高。

3）高密度三维采集技术

随着高道地震记录系统、高效可控震源技术的不断进步，陆上 3D 地震采集技术从稀疏采样向高密度采集发展，主要通过减小面元尺度和提高空间采样率来增加采样密度。随着万道、十万道地震仪的推广应用，高密度地震采集技术已逐渐成为地震采集技术发展的主流，并促成高水平超级工作队的诞生。并且以 WGG 公司 Q-Land 技术为代表的单点激发、单点接收、室内组合处理的方法成为一种采集新理念，推动了高密度采集技术的革命性进展。

实施高密度三维地震采集与处理面临 4 个关键问题，即地震道数、采集成本、数据量与处理成本以及方位属性等问题。

（1）地震道数问题。高密度三维地震技术需要上万道地震道数，现有地震道数不能满足这个要求，但可以利用灵活的观测系统设计，通过减少道数，适当增加炮数解决这个问题，实现高密度采集。

（2）采集成本问题。高密度三维地震采集必然要增加一定成本，但是成本的增加不是随炮数和道数线性增加的。降低成本可以通过提高效率、优化管理控制成本来解决。

（3）数据量与处理成本问题。高密度三维地震的数据量是常规三维地震数据量的数十倍。如果按运算量来计算成本，其处理成本将数倍增长。目前计算机机群的成本不断下降，计算能力不断增强，因此处理费用并不随数据量的增加而线性增加，而且，叠前时间偏移应是强制性的常规处理。

（4）方位属性问题。由于高密度三维地震资料含有丰富的地质信息，特别是常规地震难以得到的叠前方位属性和叠前弹性反演属性，它们对于研究储层物性和含油气性具有重要意义。但是，如果不是对裂缝型储层进行精细描述，则不需要太宽的方位角，避免增加不必要的成本。

高密度三维采集技术可以有效地提高地震剖面的纵横向分辨率，提高有效地震波的保真度，对地震剖面的质量有"质"的改变。通过高密度地震剖面与常规剖面对比发现，在地震地质构造、地层空间变化上，高密度地震资料具有分辨率高，地震层位的空间变化反映清楚，能够反映地质细结构和沉积层内部空间变化等优点。但同时，由于其采集处理数据量的巨大，其采集成本不可避免地会相对较高。

目前无论是国内还是国际，陆上还是海上，都在广泛推进该项技术的广泛应用，CGG 公司采用 V1 单点可控震源进行高密度采集，在生产效率方面有很大提高，每个小时能记录 600 多个炮点记录。在作业效率相当的条件下，可以达到常规作业方式炮点密度的 4 倍(图 4-6)。其在中东进行的高密度宽方位数据采集，勘探密度比常规勘探高出 100 多倍。

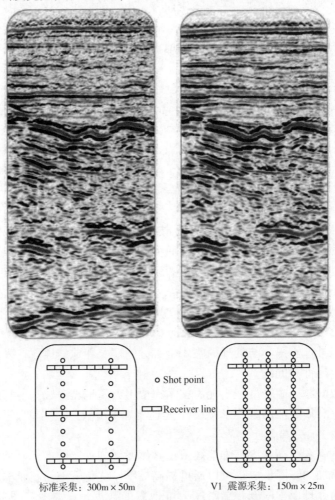

标准采集：300m×50m　　　　　V1 震源采集：150m×25m

图 4-6　"V1"可控震源与常规震源采集结果比较

在高密度 3D 地震采集方面，PGS 公司一直处于世界领先地位，其 HD3D 地震采集、处理技术在业内具有领先水平。PGS 公司不断打造多缆地震船，通过增加拖缆数量，增加横向密度。面元普遍使用小尺度的 6.25m×25m，有的甚至减小到 6.25m×12.50m 和 3.125m×12.50m 等。

WGG 公司新推出的 IsoMetrix 技术是一项集装备、数据采集、处理的综合配套技术，采用尼西-6 型点接收采集系统，在拖缆内放置三分量 MEMS 数字芯片，能够记录垂直分量的压力场，同时记录水平方向两个正交分量的波场梯度，用于横向的波场数据重建(图 4-7)。在数据处理过程中通过波场重建，交付 6.25m×6.25m 的数据网格，解决横向数据密度不足的问题。IsoMetrix 技术为实现海上高密度提供了一种新理念。

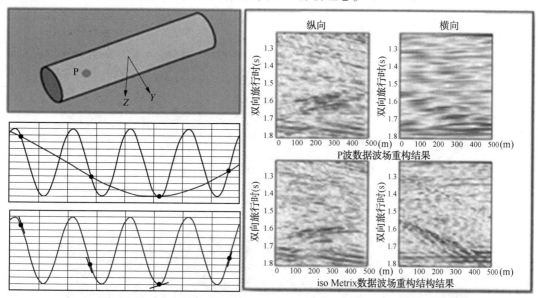

图 4-7　IsoMetrix 多分量数据采集

4) 宽方位采集技术

近年来，宽方位、全方位采集在海底勘探中得到了越来越多的应用。国外各大技术服务公司与石油公司花费了多年时间在墨西哥湾采集宽方位拖缆勘探数据。2004 年末到 2005 年初，BP 公司和 Veritas 公司率先在墨西哥湾进行了宽方位角拖缆地震勘探，壳牌公司于 2006 年初也获得了宽方位拖缆勘探数据，2006 年春、夏两季 BHP 公司及其合作伙伴在 Shengzi 油田首次获得了多船的全方位拖缆勘探数据。2008 年，WGG 公司推出了单船环绕激发全方位角采集(FAZ)新技术，该技术联合应用西方地球物理公司的 Q-海上技术，Q-Fin 定向装置精确控制拖缆的深度与横向位置，动态传播控制技术(DSC)增加了可控震源和自动化地震船、震源、拖缆操控装置以尽可能匹配预定位置。这种全方位数据采集方法获得比平行 WAZ 观测系统更大的方位角与偏移距范围，获得高覆盖的 WAZ 数据效果，并且降低了勘探成本。2010 年，WGG 公司又首次完成多船的全方位采集，通过加强当前宽方位与全方位地震采集技术，引领地震采集技术的进一步发展(图 4-8)。

WGG 公司采用 4 艘船，沿着环形路径进行双重环绕激发，在业内最先实现了多船全方位数据采集的商业化应用。由于采用了超长偏移距和全方位照明采集技术，加上真方位角 3D 多次波去除技术、各向异性 RTM 技术等最新的数据处理技术对此次勘探的数据进行处理，其最终成像结果改进了西部墨西哥湾复杂构造的地下照明，提高了信噪比。沿着环形路径进行双重环绕激发的多船全方位海上地震数据采集，以经济的成本有效获得了高保真地震成像，进一步提升了墨西哥湾复杂盐下构造的成像标准（图4-9）。环绕激发采集方法能够提高成像质量，解决盐下与玄武岩下等复杂地质体成像面临的难题。双重环绕激发的多船全方位勘探以多方位和WAZ勘探为基础，是一项新的、先进的采集方法，可以获得超长偏移距的海上地震数据。

目前多方位、宽方位、全方位勘探仍是海上勘探的热点技术。同时陆上宽方位采集也有了近一步发展。目前在阿曼南部进行的宽方位采集是世界最大的陆上密集宽方位数据。陆上宽方位采集也在中东地区得到越来越多的应用。尽管宽方位勘探的成本仍旧很高，但确实改进了成像质量，因此宽方位地震采集技术仍将是未来地震采集技术的发展重点。

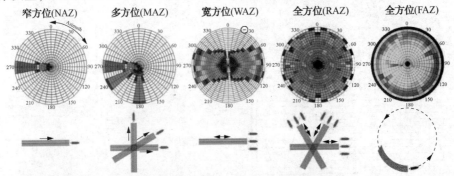

图4-8　宽方位/全方位采集系统示意图

图4-9　全方位勘探比宽方位勘探具有更好的成像结果

5）深海拖缆宽频地震采集技术

为了获得更加清晰的高分辨率地震图像资料，需要获得更宽的频谱信息。低频信息和高频信息对获得高分辨率图像同样重要，高保真低频数据具有更强的穿透力，能够清晰成像深部目标体，提供更稳定的反演结果。因此，同时获得低频和高频信息对于获得薄层和小型沉积圈闭的高分辨率图像尤其重要。目前，国际市场的进行宽频采集的方法主要有3种：以CGG公司BroadSeis技术为代表的变缆深采集，以WGG公司DisCover为代表的双层拖缆采集，以及PGS公司GeoStreamer双检波器采集技术。

常规拖缆采集技术是将拖缆布设到设计好的深度进行数据采集，拖缆深度是固定的常量。这种采集方法加强了一些频率，但也在一定程度上限制了频带宽度。变缆深拖缆采集技术的拖缆深度是一个变量，拖缆的深度由浅到深，随着偏移距的增大而增加，通常缆深变化范围在 5~50m 范围内，以优化地震信号的带宽(图 4-10)。变缆深采集的地震数据频谱范围可以从 2.5Hz 到 150Hz，比常规数据频谱宽很多。采用变缆深采集方法获得宽频信息，能够在不损害高频信号的前提下，大大加强海上地震数据的低频信息。再采用专有的方法进行数据处理，压制鬼波，从而使地震信号的带宽增大，增加了深度成像的穿透力，有助于从地震数据中提取岩石属性。

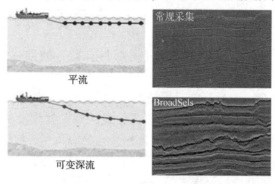

图 4-10 常规采集与变缆深宽频采集成像结果对比

WGG 公司的 DISCover 技术采用上、下层拖缆组合采集数据，浅层震源和检波器可以增加高频成分，衰减低频成分；深层震源和检波器能够增加低频信息。2004—2006 年在墨西哥湾分别进行了 2D 和 3D 上、下拖缆采集试验，2008 年在澳大利亚西北大陆架外进行了上、下拖缆数据采集，结果显示进一步提高低频信噪比。

PGS 的 GeoStreamer 拖缆采集系统，成为首个成功将压力和速度传感器整合在一起的拖缆，大大提高了地震分辨率和深部探测能力。采用双传感器，增加了低频信息，能够对深部目标成像，数据具有更高的信噪比，并且整个频谱带宽加宽，高频信号也更加清晰。

3. 地震数据处理解释技术

地震数据处理解释是地震勘探的主要组成部分。20 世纪 60 年代中期，随着数字计算机的出现，地震数据处理解释进入了计算机引领的数字时代。1970 年后，为了满足石油勘探难度增加对地震数据处理解释技术不断进步的要求，基于 kinchhoff(积分法)、波动方程(微分法)叠前偏移的第二代成像技术逐渐发展起来。进入 20 世纪 80 年代中期，地震数据处理解释行业新技术新理论呈现快速发展势头。逆时偏移技术、交互处理解释技术、储层预测与综合解释技术、常规技术的精细化、四维地震数据处理等成为行业热点。进入 21 世纪后，在计算机技术的推动下，第三代基于共聚焦点理论的三维叠前偏移地震成像技术逐步发展起来，大大提高了对复杂构造、地层的成像、解释和描述能力。

当前，地震数据转向以三维叠前数据为主，预处理、静校正、压噪、速度建模等常规处理技术已经广泛应用，并行计算处理技术、交互处理和解释性处理等技术获得较大突破，三维叠前深度偏移处理技术逐渐应用成熟，基于共聚焦点理论的叠前偏移成像技术逐渐发展起来，基于 GPU 的并行处理技术软件平台正在开发过程中，地震数据处理解释一体化服务日臻成熟。

1) 综合软件系统

20 世纪 70—80 年代末，由于计算机技术的落后，限制了地震处理软件和处理技术的发展，地震处理软件一直处于批处理阶段。进入 20 世纪 90 年代初，随着计算机技术的飞速发展，地震处理软件和处理技术发展到了交互处理阶段。20 世纪 90 年代末到 21 世纪初，处理解释一体化与三维可视化技术快速发展，以兰德马克和帕拉代姆公司为代表，开发了一批优秀的处理解释一体化与可视化软件系统，表 4-4 汇总了当前市场上主要的软件系统及一体化平台。

目前，数据处理与解释软件系统主要是朝着建设综合、一体化平台的方向发展。CGG 和 WGC 公司都在建设一体化平台，集采集、处理、解释各项技术于一体，提供勘探、开发、生产全程技术服务。如 CGG 公司的 Geovation 平台和 WGG 公司的 GeoSolution 平台。同时，地球物理软件系统也在支持多学科协同工作环境中发挥了重要作用，如兰德马克公司的 DecisionSpace 系统和斯伦贝谢公司的 Petrel 系统。

此外，CGG，WGC，PGS 和兰德马克公司都具有专有的数据处理解释及可视化软件系统。

WGG 的 OMEGA 处理系统是目前通用的几个主要地震资料处理系统之一，是数据处理与油藏地震技术的集成，它拥有 34 个实用程序，近 400 个处理模块，模块多，功能强，涵盖了地震资料处理的所有方面，形成一个综合的、完整的系列，包括算法、工具、工作流程等，能够进行勘探模拟、先进的成像、岩石属性反演和时移地震分析。新版的 OMEGA 系统中，除了通用的海上、陆上处理流程之外，还兼容了几项最先进的成像技术，包括逆时偏移技术、自适应束偏移技术以及高斯快速束偏移技术等。

表 4-4　当前市场上主要的软件系统对比

类　别	软件系统名称	开发公司
处理解释软件系统	Omega	WGC
	HRS-9	CGG
	HyperBeam	PGS
	holoSeis 可视化平台	PGS
	CubeManager	PGS
一体化软件平台	Geovation	CGG
	GeoSolution	WGC
	Q-技术	WGC
	GeoStreamer	PGS
	ISS	ION
多学科协同工作环境	DecisionSpace	哈里伯顿
	Petrel	斯伦贝谢

PGS 开发的数据处理解释软件居于世界领先水平，其在全世界的数据处理中心能够提供灵活的地震数据处理服务，在多次波压制、噪声压制、地震成像方面具有领先技术，其先进的 3D 波束速度建模和叠前深度偏移技术能够大大缩短处理时间并降低处理成本。CubeManager 处理系统具有高度的灵活性，该系统的数据处理工作既可以在单个节点工作站进行，也可以在大型集群处理机进行，能有效完成有限差分叠前深度偏移这一类最复杂的处理工作，缩短数据处理时间，提高处理效率。HyperBeam 平台能够提供交互速度模型建立、模型编辑、层析与深度成像等功能，能将模型建立的周期从数月减少到数分钟。采用 30 个计算

节点的构架，平台能够在 4min 的时间内完成 $300km^2$ 的全部数据体的运转。HyperBeam 平台可以对钻探远景进行快速评价和分析，提高了速度模型的质量与精确度，降低钻井风险。holoSeis 是 PGS 公司开发的一套虚拟现实系统，可以直接在桌面安装，能够提高地震数据的质量和价值，进行立体的可视化描述，其可视化能力几乎可以实现实时质量控制，具有非常高的操作效率，能够缩短项目周期时间，降低成本与风险。

2）叠前深度偏移成像技术

叠前深度偏移技术是近些年地震成像的主要技术，从目前的发展来看，克希霍夫方法是当今最广泛使用的叠前深度偏移技术。20 世纪 70 年代，Claerbout 首次把波动方程引入到地震波场偏移成像中，随后 Schneider 提出了基于波动方程积分解的克希霍夫积分法偏移。20 世纪 80 年代出现了全波动方程偏移、RTM 成像等算法，但由于当时计算机效率低，对速度模型要求苛刻等原因，未能得到广泛应用。90 年代计算机技术的发展将叠前偏移技术的发展推向一次新的发展高潮。1993 年，菲利普斯石油公司首先宣布使用叠前深度偏移技术在墨西哥湾盐下勘探获得成功，自此，克希霍夫积分法叠前深度偏移技术逐渐在生产中得到重视。进入 21 世纪，计算机集群技术得到快速发展，偏移算法不断完善，叠前深度偏移技术也逐渐实现了规模化应用，并发展了高斯束偏移、控制束偏移等多路径的偏移技术，并且基于波动方程的 RTM 技术也逐渐应用到生产实践中。表 4-5 对各种偏移方法的优劣势进行了对比。

表 4-5　各种偏移方法的优劣势比较

比较项目	克希霍夫	高斯束（GBM）	控制束（CBM）	单程波动方程偏移（WEM）	双程波动方程偏移（RTM）
多路径		√	√	√	√
复杂构造		√	√	√√	√√√
陡倾角（>90°）	√	√	√√		√√
提高信噪比			√√		
相关振幅谱	√√			√	√√
输出道集	偏移距	偏移距	偏移距	方位角	方位角
各向异性	VTI，TTI	VTI，TTI	VTI，TTI	VTI	VTI，TTI

克希霍夫偏移方法一般由两部分组成：一部分是旅行时计算，另一部分是克希霍夫积分处理。偏移的精度主要取决于旅行时的精度。旅行时计算建立在费玛原理的基础上，即地下两点间的一切可能路径中实际路径对应于最小旅行时间。它遵循倒转射线追踪机制，大多数情况下使用对应于体波而不是首波的射线，这样减少了偏移成像的畸变，且输出轨迹是灵活的。新方法主要改进了原方法中单波至、不保幅的缺点，现在是计算多波至旅行时，并且具有振幅与相位保持特性

高斯束偏移方法有别于常规的克希霍夫积分法深度偏移方法，它分多组射线束进行研究，采用高斯法振幅衰减与相位抛物线近似等。具体讲它是将震源和接受点波场局部分解成"束"，并利用精确的射线追踪将这些束返回地下。一个地面位置能发出几个束，不同的束对应不同的初始传播方向，每个束独立于其他束传播，且受单个射线管引导。射线管可以重叠，所以能量能在成像位置、震源位置及接收受点位置间以多个路径传播，因此高斯射线束

偏移可处理多路径。该种方法部分解决了常规克希霍夫积分法精度不高的问题。

逆时偏移技术是一种波动方程偏移技术，相对其他偏移方法而言，逆时偏移技术采用双程波动方程，可以成像回转波、多次波、散射波等各种体波，并获得更精确的振幅等动力学信息，实现保幅成像，还可以更好地对复杂速度场进行更细化、更精确的估计。逆时偏移技术成像方法不受介质速度变化的影响，能够对复杂区域进行较准确的成像。

2006 年，PGS 公司率先把逆时偏移技术推向了商业化应用，之后，CGG，ION，TGS 和西方地球物理公司等多家公司相继将 RTM 技术投入商业化应用。并且随着各向异性建模技术的发展，针对 VTI 和 TTI 各向异性介质的逆时偏移技术取得了重大应用进展，从图 4-11 中可以看出，TTI RTM 能够比各向同性或 VTI RTM 生成更一致的聚焦图像。逆时偏移技术的发展趋势是宽方位成像和各向异性成像。原则上逆时偏移技术是实现全波场偏移成像的最佳方法，可以发展为真振幅逆时偏移，但其应用受到计算机计算能力的限制，随着并行计算机及高性能集群技术的快速发展，以及进行高精度速度分析的初步实现，使得计算需求与速度场对逆时偏移技术的制约逐步减小。

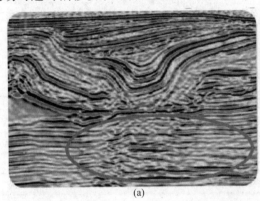 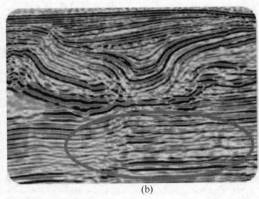

(a)   (b)

图 4-11   VTI RTM(a)与 TTI RTM(b)结果对比

TTI   RTM 生成更加连续的盐下成像

3）海上宽频数据处理技术

在处理过程中尽量保持宽频信息不衰减，保护低频和高频信息，是宽频地震技术的重要环节。在海上地震勘探中，由鬼波引起的频谱陷频一直制约着成像的分辨率。近年来如何消除鬼波陷频的技术引起业内的关注，但是至今没有技术能成功解决常规海上拖缆采集数据的鬼波陷频问题。

WiBand 宽频数据处理技术结合了专有的方法与流程，能够拓宽常规拖缆采集数据的频谱，消除常规海上拖缆采集数据的大部分鬼波及鬼波陷频问题，恢复整个频谱范围内的信息，改进成像质量，大大提高成像分辨率。并利用增加的低频信息可提供改进的构造和地层细节，使解释结果更加准确，有助于制定更加精确、可靠的勘探开发方案。

目前 WiBand 已经在全球多个盆地的 2D 和 3D 项目中进行了应用。图 4-12 为海上拖缆深度为 15m 时在一个盐丘区域上采集的数据，图 4-12(a)为常规方法处理后的成像结果，图 4-12(b)为使用 WiBand 技术处理后的成像结果，分辨率明显改进。

4）全三维解释技术

当今业界中 3D 可视化的应用已变得十分普遍，目前几乎所有 3D 解释系统和多数井眼

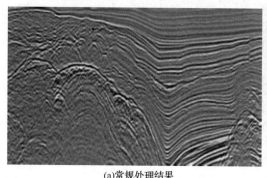
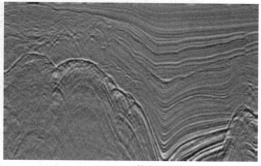

(a)常规处理结果 　　　　　　　　　　　　　(b)WiBand技术处理结果

图 4-12　常规处理与 WiBand 技术处理结果对比

轨迹设计系统都将 3D 可视化技术作为显示的基本手段。真体元解释技术利用 3D 可视化与解释技术，在 3D 体元中描述地震数据体中表现的全部地质特征。基于 3D 可视化与地震解释的真体元 3D 地震解释具有很多优势，提高了解释效率，使解释结果更详细、更准确，沉积系统和地层学的解释和成像明显得到改进。目前，地震解释技术朝着全三维、一体化方向发展。用于三维地震资料的体元可视化解释技术是满足未来勘探和开发需求的重要技术。

　　GPU 的出现为实现先进的地震体解释带来大量机会，以较高的操作效率刻画属性、推导详尽的勘探参数，实现快速计算。实时可视化与属性计算的集成将提供一个直观的系统，实现交互地震体解释。将来用 GPGPU 进行地震解释还要解决 CPU-GPU 存储上的瓶颈问题，这对许多大型数据的算法操作是个严峻的考验。此外还需要一些商业化解释软件系统的公司，如兰德马克、SMT 和 TerraSpark 等公司积极研发新的算法，解决 GPU 技术在地震解释环境中遇到的难题。

　　5）可视化技术

　　可视化技术是实现高精度精细地震解释的关键。随着微机性能的提高、成本的降低以及可视化解释软件的发展，三维可视化解释技术仍是地震解释流程中的研发重点。

　　2007 年 10 月，兰德马克公司在 SEG 年会上推出了一款新型四方形全屏高清晰度监视器（图 4-13），能够实现超精确的可视化与地球科学分析。兰德马克公司在 SEG 年会上介绍的这款新型监视器被称作"兰德马克 M5600"，具有 56in 的四方形全屏高清晰度屏幕，分辨率达 3840×2160，其大小是目前 30in 屏幕、最高分辨率监视器的 4 倍，像素、分辨率均是目前 30in、最高分辨率监视器的 2 倍。当这个新型监视器与任何一个兰德马克公司推荐的来自戴尔公司、HP 公司、Sun 公司和 Verari 公司的可视化服务器和与高性能工作站配对使用时，高端可视化能力能够承担并轻松展开各种形式的工作，包括个人工作区与团队工作室。以前这种性能只能从专业的可视化中心获得。

　　这个新型监视器也允许用户同时观测到多种数据源，只要有高分辨率数字格式，兰德马克 M5600 能够实现过去在图纸上进行的同样工作。

　　兰德马克公司的 M5600 对于其所提供的分辨率仅需花费设计系统很小的一部分，不需要任何特殊装置、接线或者专业调整，并且也不需要在暗室进行有效安装使用。还具有一个简易的插头和播放装置，能够在几分钟之内将任何工作区域的信息转接到室内协作现场。

　　在 2008 年 EAGE 年会上，兰德马克公司展示了 R5000 系列软件，在同步推出的 70 个应

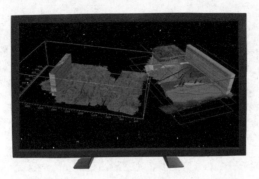

图 4-13　M5600 可视化界面

用软件中，该软件系列横跨了 E&P 领域的所有学科，是具有里程碑历史意义的软件系列。R5000 引进了一系列创新技术，将为客户了解储集层提供空前强大的功能（图 4-14）。突破了传统技术的局限，实现流程商业化，兰德马克公司认为其 R5000 软件系列是业内提高生产力和技术创新的真正媒介工具。

R5000 软件建立了一个新版本的 DecisionSpace 基础框架，为用户提供共享平台以生成用户化流程，更有效地实现商业目标；升级了兰德马克 OpenWorks 数据库；R5000 系列软件中的 GeoProbe R5000 新数据体解释软件也提供了几个专为成熟盆地油田和边际盆地勘探设计的新功能。另外，开发了成套软件工具（SDK）与程序，这也是兰德马克推出的 R5000 系列一个关键环节。

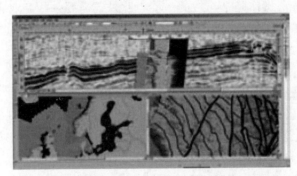

图 4-14　R5000 软件高科技性能及其强大的解释流程将提高解释能力

4. 一体化技术

随着石油勘探难度加大，石油公司越来越倾向于采用一体化技术对地震数据进行处理解释。有采集优势的公司更是实现了采集、处理、解释一体化的交互处理模式。国际市场采集处理解释一体化服务需求显著增长，从 2007 年的 12% 发展到了 2009 年的 20%。WGG，CGG 和 PGS 等综合服务公司在地震数据处理解释一体化行业保持领先地位，都具有专有的一体化技术。

1）Q-技术

Q-技术是 WGG 竞争物探服务市场的关键技术，也是其专利和标志性技术，是一项应用于海洋、陆地、海底、井下，支持数据采集与现场处理的地震勘探技术。Q-技术 2001 年推出，2004 年得到全面推广应用，目前已经实现商业化应用。Q-技术通过综合大量单一传感器记录的数字波形，改变了以往使用数字检波器或 A-D 转换器的情况，记录道数更多，可获得最优化地震波场采集与处理结果，具有优化采集设计和质量保障功能，以及准确的信号保护和智能化噪声消除能力。Q-技术能够提高地震成像质量，减少非生产性作业时间，提高 4D 地震作业精度和效率，提高开采效率，改善 HSE 管理效果。

2）BroadSeis 技术

CGG 公司 2010 年推出的 BroadSeis 方案集成了新采集装备与专有数据处理方法，能够生成更高质量的地下构造图像。采用 Sercel 公司的 Sentinel 电缆与 Nautilus 控制系统，应用固体拖缆深度可控的先进技术，采集低频和高频信息，增加频谱带宽（图 4-15）。BroadSeis 方案是一项集合了领先设备、独特采集技术和专有去噪与成像技术的高分辨率海上地震综合服务方案，能够生成异常精确与清晰、具有最佳信噪比与低频信息的理想子波，同时令陷频削减差异经过设计优化得到弥补，并根据水深、目标深度、期望输出频谱进行信号调谐，生成清晰的高分辨率图像，尤其是深度目标体周围的成像，是地震成像技术的又一次新进步。

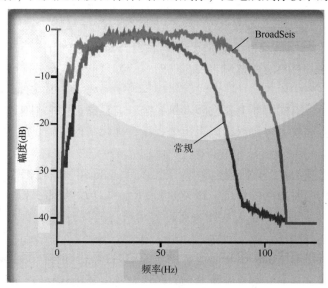

图 4-15　BroadSeis 技术拓宽了频谱带宽

3）GeoStreamer 技术

GeoStreamer 技术是 PGS 公司 2007 年推出的一项双传感器拖缆采集—处理—解释一体化技术，由于增加了低频信息，数据具有更高的信噪比，能够对深部目标成像，并且整个频谱带宽加宽，高频信号也更加清晰。

GeoStreamer 技术被看作是业内近 60 年来拖缆技术一项最重大的突破，自从 GeoStreamer 技术推出以来，PGS 拥有了第三代硬件产品，在噪声衰减方面有了重大改进，并利用这项新技术开发了几种不同的处理方法。GeoStreamer 技术正在向 4D 勘探方向发展，其独特的特征会为 4D 地震带来技术优势。GeoStreamer 技术被 PGS 公司指定为未来发展的重要业务与技术平台，将加大力度持续开发拖缆技术与数据处理方法。由于世界未来油气资源发现将不断增加难度，GeoStreamer 技术将在寻找这些有价值的资源上发挥重要作用，PGS 已经决定加快 GeoStreamer 技术的推广应用。

5. 油藏地球物理技术

在过去一个多世纪中，地球物理勘探技术在油田勘探和开发过程中发挥了极为重要的作用，其技术发展经历了构造油气藏勘探、非构造油气藏勘探和油藏地球物理3个阶段。主要技术也从地球物理勘探成像技术逐步发展为油藏描述、油藏模拟和油藏预测技术，并且从非地震、地震、井筒、油藏开发和地质理论等技术领域逐步转为油藏地球物理技术领域。

油藏地球物理技术是勘探地球物理技术向油田开发和生产领域的延伸。包括基于常规地震资料的精细地震资料处理，叠后与叠前地震属性和地震反演、油藏描述等技术。近年来，井中地震、高密度单点地震、多波多分量地震、时移地震、微地震等技术快速发展，大大提高了利用地面地震描述油气藏的能力和精度，给油气地球物理带来了新的发展机遇。

1）微地震监测技术

微震监测是指被动地倾听水力压裂、储层沉降以及水、蒸汽或二氧化碳注入或螯合而产生的微震活动，持续记录监测到的微震事件，并生成4D图像，更好地认识裂缝的几何形状、方位角、连通性、密度和长度的一项先进的物探技术。

微震监测在油气藏勘探开发方面的主要应用包括储层压裂监测、油藏动态监测等。采用微震技术实时监测压裂过程中井下裂缝的方位、高度、长度、体积和复杂度等信息，可及时指导压裂工程，适时调整压裂参数，修正压裂程序，优化增产措施，降低开发成本，提高油气产量。

微震监测技术早在1962年就已经提出，到20世纪80年代，逐渐发展成为一项新的物探技术，并开始应用到石油勘探领域。从1992年开始，微震监测技术在压裂诊断中大量使用，1997年开始逐渐商业化。随着非常规资源开发在全世界掀起的热潮，微震监测也成为人们瞩目的焦点。国外的多家技术公司都开展了微震监测服务，很多专有技术已经实现了商业化应用。在美国页岩气、页岩油等非常规油气资源成功商业化开发过程中，微震技术发挥了重要作用，是继水平钻井技术和多级压裂技术之后的又一主体技术。

目前CGG、斯伦贝谢等多家公司都纷纷推出了微地震技术服务（表4-6）。尤其一些专门从事微地震技术服务的公司在该技术领域取得了重大进展，在优化开发方案、提高采收率等方面起到了关键的作用。微地震监测技术目前已经成为地球物理界的热门技术之一，随着对微地震震源机制和反演、可视化的深入研究，微地震技术的应用范围将会不断扩大，具有广阔的发展前景。

2）时移(4D)地震勘探技术

4D地震是时延地震方法的一种应用。1982/1983年Arco公司在北得克萨斯州Holt储层进行的火驱采油应该算是最早的4D项目。到了20世纪90年代，许多石油公司已经进行了大量的时移地震采集，进入21世纪，随着勘探设备、采集处理技术的快速进步，4D勘探的可重复性明显改进，4D地震成为油藏监测的重要手段。目前，4D地震主要用于寻找剩余油，确定注水注气分布范围。从其应用地区来看，海上应用较多，主要集中在北海和墨西哥湾，陆上应用相对较少，主要是海上资料信噪比高，经济效益好。

表 4-6　国外公司微地震监测技术与服务汇总

公司性质	公司名称	技术与服务	简　　介	方式
综合技术服务公司	斯伦贝谢	StimMap LIVE	斯伦贝谢公司提供井中微地震监测技术服务,包括模拟、勘探设计、微地震探测与定位,不确定性分析,数据集成、可视化等。2009 年,斯伦贝谢公司推出 StimMAP Live 系统	井下
	威德福	FracMap	应用了先进的井下声波设备,客观直接地确定裂缝传播方位,并以动画形式实时显示裂缝逐渐形成的过程以及在地面进行抽汲操作时地下流体的反应	井下
	哈里伯顿(Pinnacle)	FracTrac	井下微地震监测,诊断压裂规模和方位,从而优化压裂措施,优化井位设计,以及开发方案。该技术能够实时监测压裂高度和长度、压裂方位、压裂不对称、压裂随时间的增长等参数	井下
	贝克休斯	IntelliFrac™	结合了贝克休斯的地层评价、套管井钢缆技术和 BJ 顶尖的泵送和增产技术;对于复杂情况下的压裂是至关重要的,尤其是页岩	井下
物探技术服务公司	CGG	埋藏阵列微地震监测方案	在地表和浅层进行埋藏来监测压裂增产,进行实时裂缝范围和方向监测,能够修正压裂程序,并优化增产效果	井下、地面
专业微地震技术服务公司	MSI	FracStar®	是一种基于地面的微地震监测方法,提供精确全面的监测结果,易于布设,无须监测井,可确定单个微地震事件的源机理,从而提供原有天然裂缝网络与次生裂缝间相互作用的重要信息	地面
		BuriedArray™	由多组分散排列的地震检波器组成,永久安装在地下 30~165m 的深度,对地表影响较小。并能够多井同时监测,能够精确监控大面积区域内的微地震活动,单井成本较低	地面
	ESG	微地震监测装备与技术服务	具有专有的微地震监测数据采集系统及数据处理软件,并具有专门的井下微地震采集排列方式。ESG 公司研发生产的 MMS 微地震监测系统已发展至第七代产品	井下
	Spectraseis	超敏感三分量井间排列	超敏感井间排列和全波动方程逆时偏移成像技术已成为公司的技术里程碑,前者能够接收高分辨率微地震数据,联合全波动方程逆时偏移成像可获得丰富的裂缝信息,识别裂缝方位、走向及连通性	井下

　　4D 地震监测流程(图 4-16)主要包括可行性研究、三维地震数据与井下数据及生产技术综合分析、数据处理与差值分析、地震反演与油藏描述、油藏模拟和确定剩余油分布等步骤,主要用途是参与油藏管理,在确定水/气/热前沿分布位置;指出开采措施实施效果和未波及区域;确定油藏参数变化,建立或修改油藏模型;确定剩余油分布区域,指导加密井布井等方面发挥作用。

　　目前,技术服务公司和油公司都具有先进的 4D 地震技术,以壳牌公司为例,他们提出一种四维地震采集的新方法,即 i4D 方法,该方法利用单船及海底节点装备进行油藏监测,成本低、效率高,整个监测周期可缩短到六个月,利用该方法在墨西哥湾进行水驱监测,提高了水驱效率,优化了水驱效果。

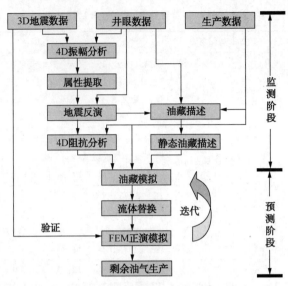

图 4-16　四维地震监测流程

3）井眼地震技术

作为不断提高地震勘探分辨率的重要手段之一，国外物探公司一直在大力发展井眼地震技术，并取得了显著成效。目前，井眼地震技术已经在传统的零井源距 VSP 数据采集和处理方法的基础上，相继开发出含井源距 VSP、变井源距 VSP、斜井 VSP 和三维 VSP 等系列数据采集和处理方法，同时不断改进井下地震信号接收系统和井下震源系统，相继推出 RVSP、斜井 RVSP、三维 RVSP、单井地震成像、二维与三维井间地震成像和水平井井间地震成像等新型井眼地震数据采集和处理方法，以及井下永久性埋置地震信号接收系统支持的实时数据采集方法，使井眼地震技术在辅助地面地震数据处理解释、连接测井资料、提供高分辨率储层/油层图像、改善油藏结构与参数解释、确定断层/地层变化、提供准确的储层估算—资产评估结果、掌握驱替前沿位置与部署侧钻井孔和落实加密井井位等方面发挥越来越重要的作用。

6. 新型电磁技术

海洋电磁采集技术包括海洋 MT（大地电磁）和海洋 CSEM（可控源电磁），技术特点如表 4-7 所示。两者虽然场源不同，但接收信号原理基本相似，因此接收系统可以兼容，能够同时施工。在接收系统布置好后即可开始 MT 资料采集，可控激发源准备好后，随时可以进行激发。在室内处理时要将可控震源激发时的信号从记录中分离出来进行处理，而剩余的无激发时采样信号按海洋 MT 资料处理。

表 4-7　MTEM 与 CSEM 技术特点对比

对比项目	MTEM 多次脉冲电磁测量法	CSEM 控源电磁测量法
技术特点	脉冲激发源	连续激发源
	海上电缆和节点采集	限于深水节点采集
应用领域	陆地和过渡带	限于深海
	海上（不限水深）	
技术来源	20 世纪 90 年代 EU 立项研究	深海地质构造测量
	2004 年 MTEM 公司	2001 年 Statoil 使用

续表

对比项目	MTEM 多次脉冲电磁测量法		CSEM 控源电磁测量法
首次应用	陆上：2006 年		海上：2001 年
	海上：2007 年		
核心专利	Global 2005+		Global 2001+
	包括 USA、UK、EU		包括 USA、UK、EU

　　海洋 CSEM 的发射偶极由两个电极组成，水平发射偶极由两个独立的电缆分别下置于海底，彼此相距 50~500m，垂直发射偶极则一个下置于海底，另一个置于水面，电极被置于在深水中具有中等浮力的拖缆上，拖缆被牵引在定深器的后面，下置端与海水直接接触。每个电极通过无线电与位于定深器的信号源联系，在定深器的尾部对输出到电极上的信号进行监测。目前的海洋 CSEM 主要采用频率域(F-CSEM)，时间域电磁法(T-CSEM)还在研究之中，但 T-CSEM 具有适应浅水和深水的优势。

　　海洋 MT 资料的采集和地面方法差别不大，但海洋 CSEM 的资料处理解释和地面方法有很大的差别，这是由于海洋 CSEM 激发源处于动态变化中，对于每个激发场源(A、B)的时间和位置在预处理中都要进行精密的计算，即先进行归一化处理、分样、滤波、平滑和叠加等，然后才能进行定性显示和分析，进而进行定量反演处理得到最终的结果。

　　目前，国际许多大石油公司和技术服务公司都积极投入了电磁技术的研发与应用，并陆续推出了各具特色的方法技术。以 ExxonMobil 公司为代表的海洋电磁应用研究异常活跃，仅 ExxonMobil 公司于 2001—2004 年在西非、南美和北美的不同盆地 100~3000m 水深范围内就开展了 34 个浅海电磁勘探项目，采集了 5410km 的拖缆数据。Berkeley 国家实验室的 Hoversten G. M. 等提出了综合利用海洋电磁与地震数据来估算储层空隙率、饱和度等参数的做法，得到了很好的效果；Kurang Mehta 等研究了倾斜储层、高阻盐体以及海底地形对探测精度和效果的影响。海洋油气填图(OHM)公司还研究了实际资料解释中各向异性的影响和作用，采用各向异性模型进行解释能取得更好的效果。

　　随着电磁测深技术的进步，对地震解释的辅助作用不断加强，市场需求将逐年扩大(图4-17)。新型电磁测深技术的主要作用帮助地震技术分析油藏流体特性，有助于降低勘探开发风险。

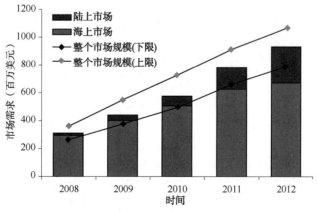

图 4-17　电磁技术市场需求预测

第二节 未来 20 年技术发展展望

一、物探行业面临的挑战与技术需求

1. 技术挑战

近年来，油气勘探开发(E&P)投资规模不断扩大，推动物探技术不断进步，服务领域覆盖油田勘探、开发和生产各个环节。随着石油勘探开发深入展开，物探技术面临的挑战不断增加，容易找油的时代已经一去不返。非常规资源如页岩油和页岩气逐渐成为重点勘探目标，并期待非常规油藏勘探能在全球扩展开来。

(1) 地表条件日趋艰难。

未来几年全球油气勘探开发面对的地理条件越来越复杂，常规规模化油气田的发现逐渐减少，而深水、两极及复杂油气藏产量的比例越来越高，油气勘探正逐渐从陆地向海上、深水、沙漠、极地等边远地区扩展。

(2) 地质目标日趋复杂。

随着油气勘探逐渐向深海、极地、沙漠等地区的扩展，地质目标也日趋复杂，主要表现在地下储层或油藏结构复杂化，油田发现规模小型化，储量品位劣质化，剩余油分布分散化等诸多方面。

(3) 环保要求日趋严格。

在地震勘探中进行绿色采集一直是业内的追求目标。2010 年 4 月 20 日墨西哥湾 Macondo 井泄油事件给美国带来了历史上最严重的生态灾难，勘探活动对生态环境的影响再此引起人们的关注。在勘探活动中减少对环境的影响，成为地震勘探面临的重大挑战之一。

2. 技术需求

尽管未来地震勘探面临的严峻挑战，但是全球能源消费的不断增长也给石油地震勘探带来重大机遇。这促使物探技术要不断创新，努力加强地震勘探技术的分辨能力，丰富地震作业方式，提高地震作业效率与资料的质量，完善地震勘探技术与其他学科技术的综合利用能力，扩大地震勘探技术的应用领域，从而不断提高钻井成功率，降低发现与生产成本，提高油藏采收率，扩大储量接替率，延长油田生产寿命。

现在和将来很长一段时间石油地震勘探面临宏观技术需求主要有以下几个方面(表4-8)：

表4-8 石油勘探面临的挑战与亟待解决的问题

石油公司的要求		挑 战	亟待解决的问题
总体要求	减少资本投入；加快投资回收速度；延长投资有效期限	地表条件日趋艰难	缩短作业时间，提高作业效率
			提高环境保护标准，降低环境影响；开发新型装备和高效采集技术；
			建立采集—处理—解释一体化新流程，提高运算速度和精度，加强综合解释能力
具体要求	提高地震作业效率，改善地震资料质量，增加解释准确性；提高钻井成功率，降低发现与生产成本；提高油田采收率，延长油藏生产寿命	地质目标日趋复杂	完善勘探—开发—生产全程服务
		环保要求日趋严格	勘探方面将重点解决深层目标、盐下目标、复杂地质目标等问题；开发方面将重点解决低品质油藏、复杂流体流动路径等问题；生产管理方面解决剩余油分布、提高采收率、延长油藏生产寿命等问题

（1）勘探方面将重点解决深层目标、盐下目标、复杂地质目标等问题；

（2）开发方面将重点解决低品质油藏、复杂流体流动路径等问题；

（3）生产管理方面解决剩余油分布、提高采收率、延长油藏生产寿命等问题。

二、未来 20 年主要地震勘探技术发展展望

目前，物探技术目前正在经历一个重要的发展时期，未来 10～20 年，物探技术在硬件和软件方面都将迎来快速发展。在硬件方面，海洋的钻探船、无线采集仪器、全数字检波器、电磁震源等都将快速发展；在软件方面，努力向软件一体化方向发展。随着计算机能力的大幅度提高，地球物理技术与强大的计算技术相结合，将会发生巨大的技术突破。尽管无法预测新技术推广应用的准确时间，但可确信到 2030 年地球物理勘探技术将会取得重大技术突破，地球物理行业将继续成为石油勘探开发行业的技术源泉。综合来看，未来 10～20 年，物探技术将在以下领域快速发展：

（1）地震装备朝着百万道、无缆化、便携化、智能化的方向发展。

无缆、全数字是地震采集系统发展的重要方向。随着三维地震勘探精度要求越来越高、接收道数越来越多，采样密度不断增加，传统的有线地震采集系统在进行宽方位、高密度、大道数数据采集中存在系统笨重、作业成本高等局限。无缆、节点地震数据采集系统能减轻系统重量，提高操作灵活性，能满足地震作业提高施工效率、降低作业成本要求，是当前地震采集的一个重要发展方向。

（2）采集技术朝着高密度、宽频、宽方位、大偏移距采集发展。

宽频、宽方位、单点高密度是今后陆上、海上采集的发展方向。未来海上和陆上地震勘探将都朝着高密度单点接收勘探方向发展，即更密集的震源点和单个全波(3C)检波点勘探方法将成为主流技术。新一代震源将产生宽频信号，增加低频和高频信息，并具有较高的保真度。超高密度的低成本采集和处理需要在方法和装备上实现技术创新。其次，无缆、节点采集技术将在超高密度采集中大规模取代常规电缆系统，以将勘探成本降低到同类水平，并使生产效率大大提高。

（3）数据处理与成像技术朝着弹性波、全波场成像发展。

过去几年，逆时偏移技术的研发，大大改善了成像结果，目前已经成为国际上最先进的成像技术。目前，国际大型地震数据处理中心的计算机集群达到 20 万 CPU 以上的规模，GPU 并行计算机在性能加速方面提高了数倍乃至数十倍。这对于依赖高性能计算机各向异性逆时偏移、声波和弹性波全波形反演等研发与应用提供了强有力的支撑。高性能计算技术推动软件系统向着多学科、一体化的方向发展，数据处理与成像技术朝着弹性波、全波场成像发展。波动方程研究，各向异性建模与快速成像、全波形反演是未来处理技术的发展重点。

计算机技术的巨大进步将推动成像技术的进一步发展，并延伸到弹性波(全波场)领域，大大改善油藏描述结果。过去几年，逆时偏移技术的研发，大大改善了成像结果，目前已经成为国际上最先进的成像技术。未来成像技术的发展方向是全波反演。

（4）解释技术将朝着综合多学科数据解释发展。

计算机图形处理技术 GPU 已逐渐应用到地震解释与可视化领域，开发新算法解决 GPU 技术在地震解释环境中遇到的难题，是今后解释领域的一个重要发展方向。利用先进的统计

技术解决不确定性问题，使多种数据综合解释方法的综合能力不断加强。地震数据与井眼数据、电磁数据等其他数据综合解释技术，在勘探开发领域的应用仍有良好的发展空间。

（5）油藏地球物理技术将朝着提供勘探开发生产全程技术服务发展。

随着地震技术在降低勘探风险方面的历史发展趋势，我们可以看到，油藏地震技术将会在今后取得重大发展，可以利用地震技术降低开发方面的风险，最终降低成本。在整个开发和生产期间，地球物理技术也可以用于降低安全和环境风险，例如，优化开发和提高采收率，减少井数量同时提高生产油藏的采收率；持续进行油藏和井眼监测，包括油气流动、蒸汽驱、和井筒漏失等；通过裂缝分析优化页岩气开发方案，最大限度地提高油气采收率，同时将地下水污染等环境污染降到最低。

此外，CSEM技术在深水勘探中进行了成功应用，减少了深水钻探的风险。但是CSEM技术仍处于发展初级阶段，还需要进行大量的技术测试，以建立技术规范。在今后几年，浅水和陆上将成为CSEM技术的重点勘探目标。同时，解决CSEM技术深层成像问题，将有效地扩大技术的应用范围。

第三节　认识与启示

在过去的20年时间里，石油地震勘探技术沿着精细化、实时化和综合应用方向发展，并且已经进入全波勘探时代，技术应用领域从传统的勘探延伸到开发与生产，在提高油藏采收率和延长油藏寿命方面发挥了重要作用。

国外地震勘探装备紧紧围绕低成本、高效率发展，采集技术围绕精细设计、高密度采样、宽频谱、数字化等内容展开，处理解释软件系统的进步体现在计算功能集群化、操作与应用功能可视化、一体化，形成勘探—开发—生产一体化系统。这些技术的进步促使地震勘探领域涌现出高密度、宽频地震采集、全方位采集、叠前深度偏移等先进技术，为常规油气勘探开发提供了支撑，同时也为非常规油气勘探开发带来希望。

对应国外地震勘探技术水平，我国的石油地震勘探技术与装备在部分领域具有独特优势，但整体水平与国外存在较大的差距。因此在"十二五"期间，研发工作应着重在以下几方面：

（1）加强物探装备研制。

满足高密度、宽方位勘探的全数字万道地震仪已逐步成为主流仪器，满足环保要求的高精度可控震源及高效采集技术将对提高生产效率、降低勘探成本发挥重要作用。根据全数字勘探技术需求，结合大型地震仪的研制开展数字检波器研究，研制性能稳定、宽频、通过性好的可控震源，实现地震数据采集系统的数字化、无缆化。

国内使用的地震仪器长期以来都依赖进口，Sercel公司和ION公司是最大的仪器供应商，形成市场垄断。因此开发大型地震采集装备与数字地震仪，满足国内高精度地球物理勘探的需求，并进一步拓展海外技术服务市场是刻不容缓的事情。

（2）完善物探软件的开发。

持续加强地震数据处理、解释及一体化软件性能提升与工程扩展，开发更为完善的叠前深度偏移功能并产业化，开发叠前反演软件，具备反演与属性一体化特色。保持地震采集软件系统的先进性，开发零偏、非零偏、Walkaway及三维VSP采集设计和拖缆、OBC采集设计功能；发展地震采集质量控制软件，发展深海拖缆综合导航定位技术，开发自主软件产品，并集成开发综合物化探处理解释软件。发展采集、处理、解释一体化软件系统，提高勘探成功率，发展油藏综合分析评价平台，更好地为油田开发服务。

（3）发展高密度、宽方位、全数字地震勘探技术。

在油气富集区，合理应用高密度、宽方位、全数字地震勘探技术，取全、取准基础资料，推广连片叠前偏移地震处理技术，为整体解剖含油气区提供高品质数据，为发现和落实整装油气目标提供技术保障。研究解决地震数据处理质量控制和相对保持处理的技术瓶颈问题和研究解决层序地层、沉积相和反演解释的技术瓶颈问题。

（4）加强深海勘探、深化浅海过渡带高精度地震勘探配套技术。

海洋勘探是世界各国勘探者共同关注的领域，加强海洋勘探是一种历史必然。因此我们必须加紧深海勘探配套技术研发，并深化浅海过渡带的高精度地震勘探配套技术，开展拖缆地震采集设计、质量控制、综合导航定位技术研制，并进行深海装备的储备技术研究，加速推进海洋电磁技术的研究与应用。

海上拖缆采集市场是全球地震勘探市场份额中最大的一部分，占总市场的40%以上，国际上大地球物理技术服务公司均将海洋地震采集作为自己的核心业务，多年来，CGGV、WGG和PGS等公司在深海勘探领域处于垄断地位，具有成熟完善的海上地震采集技术和处理技术，并且海上拖缆船也处于世界领先水平。而我国的海上勘探技术只是处于起步阶段，装备几乎全靠引进，因此发展海上地震勘探技术，加强海上地震勘探装备，装备自己的多缆地震船，对于我们加入到国际海上地震勘探市场竞争具有重要意义。

（5）加强地球物理技术在非常规资源勘探领域的应用。

非常规页岩气资源给全球的油气行业带来了重要的机遇，地震技术在非常规资源勘探开发中也逐渐发挥出重要作用。国外几家主要的物探技术服务公司都在非常规资源勘探开发领域取得重要进展，如CGGV建立综合物探技术方案用于非常规天然气勘探，ION公司也开展了多项页岩气、页岩油开发项目。我国的非常规油气资源勘探开发刚刚起步，应该加大用于非常规油气资源勘探开发的物探技术研发力度，加强微地震裂缝监测技术、多波勘探、地震资料的精细解释技术等油藏地球物理技术的应用，开发针对我国非常规资源勘探的地球物理技术与专业软件系统，为我国非常规资源勘探开发提供支持与保障。

（6）加强地震、电磁相结合的综合物探工作。

近年来，电磁勘探方法继续沿两个方向发展，其一是面向高精度、高分辨率三维勘探，其二是面向综合勘探发展。CSEM电磁已经成为地震的辅助技术。为了利用更多地球物理信息来解决复杂地区和资料困难地区的油气勘探开发问题，必须加强地震、电磁相结合的综合物探工作，尤其是不断完善以地震数据为主的重、磁、电、震联合反演系统，联合解决地下地质难题。

参 考 文 献

［1］Perry A Fischer. The"Azimuth Explosion"Continues in Marine Seismic［J］. World Oil, 2008(6)：93-94.

［2］David Hill, Mark Thompson, Marianne Houbiers. Coil-pattern Shooting Offers Step Change for Cost-effective FAZ Imaging［J］. World Oil, 2009, 9(230)：29-35.

［3］Eriksrud M. Towards the Optical Seismic Era in Reservoir Monitoring［J］. First Break, 2010, 6(28).

［4］Salva R Seeni, Scott Robinson, et al. Future-proof Seismic：High-density Full-azimuth［J］. First Break,

2010, 6(28).

[5] Jean-Georges Malcor. Long Term Role for Seismic in E&P[J]. First Break, 2011, 1(29): 29-30.

[6] Bob Peebler. Looking Ahead to 2020 in the World of Geophysics[J]. First Break, 2011, 1(29): 31-32.

[7] Bob Heath. Seismic of Tomorrow: Configurable Land Systems[J]. First Break, 2012, 30(6): 93-102.

[8] Denis Mougenot. Land Cableless Systems: Use and Misuse[J]. First Break, 2010, 28(2): 55-58.

[9] Robert Soubaras, Robert Dowle. Variable-depth Streamer-a Broadband Marine Solution[J]. First Break, 2010, 28(12): 89-96.

[10] Dechun Lin, Ronan Sablon, Yan Gao, et al. Challenges in Processing Variable-depth Streamer Data[C]. SEG, 2011.

[11] Hill D I, Brown G, et al. A Highly Efficient Coil Survey Design[C]. EAGE V009, 2009.

[12] Guido Baeten, Jay Hwang, Wim Walk. Towards Broader Bandwidth and Higher Channel Counts[C]. SEG, 2012.

[13] 刘振武, 撒利明, 等. 主要地球物理服务公司科技创新能力对标分析[J]. 石油地球物理勘探, 2011, 1(46): 155-162.

[14] 韩晓泉, 穆群英, 易碧金. 地震勘探仪器的现状及发展趋势[J]. 物探装备, 2008, 1(18): 1-6.

[15] 曹辉. 油藏地球物理技术的发展历程与现状[J]. 勘探地球物理进展, 2005, 1(28): 5-11.

[16] Ian Jack. 4D 地震时代已经到来[J]. 陈先红, 郭良川, 译. 石油物探译丛, 2001(4): 74-78.

[17]   , 等. 世界石油工业关键技术现状与发展趋势分析[M]. 北京: 石油工业出版社, 2006.

第五章　世界石油测井关键技术发展回顾与展望

进入 21 世纪以来，测井技术获到了较大的发展。随着科技水平的进步，测井信息采集方法与采集手段不断增强，测井专业为油气行业提供信息的深度和广度得到了大幅提高。以成像测井和随钻测井为代表的测井新技术在油气行业的应用趋向成熟，测井在油气勘探开发过程中发挥的作用日益显著。本报告对测井关键技术进行了回顾，分析了发展现状与发展前景；对 2020—2030 年未来石油测井关键前沿技术进行了展望。

第一节　测井技术发展 10 年回顾与重大关键技术

在过去 10 年中，世界测井技术中有较大技术进步的重大关键技术包括集成化组合测井系统、成像测井技术、核磁测井技术、地层流体与压力测试技术、套管井地层评价技术、随钻测井技术、测井地面系统与信号传输技术、测井解释评价与软件。

一、测井技术综合发展历程

1927 年 9 月，在法国东北部斯伦贝谢兄弟进行了世界上第一次电法测井作业，曲线清楚地指示出盖层下面的厚层含油砂岩，测井技术由此诞生并很快得到推广应用。此后的 77 年中，测井技术从简单的测量逐步演化成了集成化的测量系列，能完成一套高精度的、相互匹配的测量，测井已成为准确发现油气层和精细描述油气藏必不可少的手段，是石油产业链中不可缺少的一环。根据数据采集系统的特点，测井技术的发展大致可分为模拟测井、数字测井、数控测井、成像测井等阶段，目前正步入网络测井时代。

1. 模拟测井时代（1927—1968 年）

1927 年测井问世以后，人们将电、声、核、磁等各个领域内的理论和技术应用于测井，一项又一项测井技术相继诞生。1931 年意外地发现了自然电位；1946 年自然伽马测井诞生；1948 年发明了感应测井；1950 年地层密度测井诞生；1952 年发明了能将电流聚焦的七侧向测井和三侧向测井；同年，声波测井和中子伽马测井诞生；1956 年，闪烁测量技术被应用于核测井。截至 1964 年，用于地层评价的常规测井系列基本配齐。

2. 数字测井时代（1968—1977 年）

20 世纪 60 年代初，人们开始研制数字化测井地面仪器以及与之配套的下井仪器。1965 年，斯伦贝谢公司首次用"车载数字转换器"（包括模/数转换器、数字深度编码和磁带记录装置）记录数字化测井数据，数字测井时代由此诞生。为了提高测量的储层参数的准确性，井下仪器采用井眼补偿和深、浅两种探测深度，减少井眼环境影响。数字记录的测井资料便于计算机处理，测井解释由单井向多井发展。测井资料的应用由单井地层评价向油（气）藏静态描述发展，与储层的地质、地球物理资料结合，建立油气藏的地质模型，计算油气储量。

3. 数控测井时代(1977—1990 年)

计算机技术的高速发展，推动测井仪器的更新换代。1977 年，斯伦贝谢公司推出了 CSU 数控测井系统，在测井地面系统中装备了小型计算机工作站，可以实时记录并处理测井数据，代表了数控测井时代的开始。数控测井地面采集仪器是由车载计算机和外围设备组成的人机联作系统，完成对井下仪器测量数据的采集和实时记录的同时在井场进行数据快速处理。数据传送方式由单向编码传输发展为双向可控数据传输，传送速度大大提高。

在这一时期，人们继续把各种新技术用于测井，涌现出了一批测量储层新物理参数的仪器，如井下声波电视测井、电磁波传播测井等。通过多传感器设计，提高分辨率、增大探测深度，提高测量精度和准确度。测井资料可以更加精确地用于油气藏的描述。

4. 成像测井时代(1990 年以后)

20 世纪 90 年代初，三大石油技术服务公司(斯伦贝谢、贝克休斯、哈里伯顿)相继分别推出 MAXIS500，ECLIPS-5700 和 EXCELL-2000 成像测井地面采集系统，测量结果由传统的测井曲线变成二维或三维图象，使人们对地下情况的认识更加直观，测井技术出现了一次大的飞跃。

1986 年，第一种成像测井仪器(微电阻率扫描成像测井仪)问世，对裂缝识别和评价提供了全新的手段，引起了人们的兴趣和充分重视。1990 年后，经过 10 多年发展，成像测井在地面系统、井下仪器、数据传输和资料处理解释等方面都得到较大发展，测量的种类逐渐增多。成像测井井下仪器主要有 4 类：电成像、声成像、核磁成像和井下光学照相。同一类型仪器原理基本相同，主要区别在于电极、线圈或探头的数量与排列方式不同。

成像测井资料主要可用于确定倾角、探测裂缝、断层定位、孔洞定位、岩心归位验证、描述薄层/薄互层、地层各向异性和非均质性等，以及其他地质/工程应用。成像测井使油藏描述更加准确，特别是可以对薄层/薄互层、复杂岩性及裂缝等复杂结构的油气藏进行评价，提高复杂油气藏的勘探和开发效益。

1996 年，斯伦贝谢公司推出"快测平台"测井系统，在一只组合仪上集成了多个探测器(包括成像传感器)，而不是将几种孤立的探测器简单地拧在一起。其长度和重量都不到传统"三组合"仪的一半，这种短而轻的仪器在现场安装和使用起来比常规仪器快得多、安全得多，提高了测井效率和可靠性。成像快测平台解决了常规三组合测井(密度、中子、电阻率)难以解决的许多地质问题。

21 世纪，随着网络技术的快速发展，各大公司都在开发支持网络数据传输、处理及控制的测井系统，测井技术正步入网络时代。哈里伯顿公司开发了网络化的测井地面采集系统 INSITE，实现了远距离决策和合作。贝克休斯公司正在开发网络化测井地面系统 FOX。

二、关键技术发展 10 年回顾与重大关键技术

在过去 10 年中，世界测井技术中有较大技术进步的重大关键技术包括集成化组合测井系统、成像测井技术、核磁测井技术、地层流体与压力测试技术、套管井地层评价技术、随钻测井技术、测井地面系统与信号传输技术、测井解释评价与软件。

1. 集成化组合测井系统

1）发展历程

目前，测井技术服务主要以（深、中、浅）三电阻率测井和（声波、中子、密度）三孔隙度测井为主体的常规测井技术为主，常规测井占了裸眼井测井工作量的 80% 左右，是油气井测井的必测内容。为了提高测井作业速度、降低作业成本，20 世纪 90 年代后期，斯伦贝谢公司、哈里伯顿公司、贝克休斯公司对常规测井技术进行系统集成和发展，陆续推出了各种测井平台，使得常规测井仪器的发展经历了从单个独立仪器生产应用到多种仪器组合测井系统生产应用的飞跃，技术上从原来的单一技术应用向高集成、高可靠、高时效方向迈出了重要一步。

组合测井系统的推出被认为是电缆测井的一次革命性变革。与常规三组合测井仪器相比，仪器长度缩减了一半以上，测井速度提高一倍，可以更快速地提供更精确的测井结果；与成像测井仪器相比，其成本低得多，服务价格可以大大下降。组合测井系统具有紧凑、高效、可靠等特点，在测井市场上有很强的竞争力。尽管极大地缩减了仪器长度，但组合测井系统仍可记录三组合或四组合测井仪提供的所有测量——自然伽马、中子孔隙度、体积密度、光电系数、井眼尺寸、冲洗带电阻率和地层电阻率；其他辅助测量包括仪器轴向加速度和滤饼的厚度、密度和电阻率。在占用钻机时间、下入和取出测井仪器、仪器刻度及测井时间上，与三组合相比，组合测井系统可以节省一半的时间，更高的测速、更少的装配和刻度时间及快速的现场处理，极大地提高了测井效率。在世界各地各种环境中对组合测井系统的可靠性测试表明，其可靠性是三组合仪器的 3 倍。为了确保测井质量，在组合测井系统下井仪器中，融入了具有最新几何形状和结构的传感器以及现代化的电子、机械和软件设计，使其精度、稳定性和动态范围大大提高。

20 世纪 90 年代后期，以斯伦贝谢为代表的服务公司，在集成化组合测井系统研制方面取得了显著进展。1995 年斯伦贝谢率先推出快测平台（Platform Express）；此后，研制高可靠、高效率的集成化组合测井仪器已成为测井仪器发展的一个重要方向。贝克休斯公司于 2003 年推出了高效电缆地层评价服务——FOCUS 测井系统，哈里伯顿公司于 2006 年推出了新一代套管井和裸眼井测井服务平台——LogIQ 测井平台。

这些集成化组合测井系统的主要优势包括常规和成像的组合；主要测量参数与辅助测量参数的同时测量；探测器和测量线路的高度集成与共用；测井质量控制与井场实时快速解释。该系统存在的不足包括温度和压力指标偏低；径向探测深度比常规仪器浅。因此，该系统适应于井眼环境温度、压力不高，薄互层发育的地区。

通常，组合测井仪主要有两类：三组合仪（电阻率、密度和中子、辅助测量）和四组合仪（电阻率、声波、密度和中子、辅助测量）。

2）重大关键技术

（1）斯伦贝谢的快测平台 PEX（Platform Express）。

斯伦贝谢快测平台 PEX 组合总长 11.6m，重 313kg，最大外径 117mm，最高耐温 125℃，最大承压 70MPa。井下仪器为集成化仪器串，而非各自独立仪器的串接，即自然伽马—中子探头、高分辨率电阻率（密度/Pe+Rxo）、高分辨率方位侧向/阵列感应成像仪共用一套电子线路(表5-1、表5-2)。

表5-1 三大测井公司组合仪测量系列对比

仪器/测量	电阻率	密度	中子	声波	辅助测量
快测平台 Platform Express (三组合)	高分辨率阵列感应 (HAIT)/高分辨率方位测向(HALS)	三探测器岩性密度(TLD)	补偿中子		井径,泥浆电阻率,井温,加速度,伽马
Log IQ 系统 (四组合仪)	高分辨率感应 (HRAI)	能谱密度 (SDLT)	双源距中子 (DSNA)	井眼补偿阵列声波(BCAS)	井径,泥浆电阻率,井温,加速度,伽马
FOCUS 系统 (三或四组合)	高清晰度感应 (HDIL)	补偿Z密度	补偿中子	交叉多极子阵列声波 (XMAC)	井径,泥浆电阻率,井温,加速度,伽马

表5-2 三大测井公司组合仪技术指标对比

指标\仪器	Platform Express	IQ 四组合仪	FOCUS 四组合
耐温[℉(℃)]	250(120)	350(177)	260(127)
耐压[psi(MPa)]	10000(69)	20000(138)	10000(69)
最大直径(cm)	11.7	9.2	9.5
仪器长度(m)	11.6	20.7	15.24
仪器质量(kg)	311	623	281.2
适应井眼(in)		$4\frac{1}{4} \sim 24$	$4\frac{3}{4} \sim 12\frac{1}{4}$
最大测速(m/min)	18.3	18.3	18.3

(2)哈里伯顿的快测井平台Log IQ。

Log IQ 采用四组合井下仪器串,主要包括遥测伽马短节 GTET-Ⅰ、双源距中子测井仪 DSNT-Ⅰ、能谱密度测井仪 SDLT-Ⅰ、井眼补偿阵列声波测井仪(BCAS-Ⅰ)或高分辨率阵列感应测井仪 HRAI-Ⅰ。Log IQ 的主要特点是:长度与重量减小了1/3,井场作业更安全;采用快速的 FASTLINK 电缆传输系统,仪器总线采用10Mbit/s的以太网总线,上传速率达到800千位/秒,仪器功率增强,可以任意组合。

2. 成像测井技术

成像测井仪器是为适应复杂油气藏如裂缝、薄互层、各向异性等油气藏勘探、开发需要而发展起来的,其主要特点是井下仪器采用阵列化的传感器,仪器设计都在某种程度上考虑了地层的复杂性和非均质性,得到的测井资料信息比以往的曲线表现方式更丰富、更直观可靠、分辨率更高。

成像测井资料具有如下特点:

(1)大数据量、高分辨率、高精度,能提供大量的、丰富的地层岩石物理信息和数据;

(2)可视化,通过软件把井筒周围地层的岩石结构、矿物含量、地层孔隙、流体组分及其空间分布以二维或三维图像的形式展示出来;

(3)适用性广,适用于薄层、裂缝性地层、低孔低渗、复杂岩性等特殊类型油气藏;高含水油田开发;非均质和地层各向异性研究,可用于地质构造、沉积相分析等深层次的地质应用研究。

1) 发展历程

1986 年，斯伦贝谢公司推出了第一只微电阻率成像仪——地层微电阻率成像仪（FMS），开创了成像测井的新时代。最初的仪器包括 2 个成像极板和 2 个倾角极板，在 7⅞in 井中一次下井图像的井眼覆盖率只有 20%；1991 年推出 FMI 全井眼地层微成像仪，安装了 4 个成像极板和 4 个成像翼，一次下井的成像覆盖率达 40%。到了 20 世纪 90 年代，哈里伯顿和贝克休斯公司通过 6 臂设计，仪器成像覆盖率达 60%。1994 年哈里伯顿公司推出 EMI，之后又推出改进的微电阻率成像测井仪 XRMI；1995 年贝克休斯公司推出声电同时成像仪 STAR，除了微电测量外，还包含声波成像探头，随后又陆续改进推出了五代仪器。总体上可以将成像测井技术的发展化为两个阶段：

（1）二维成像阶段。20 世纪 90 年代国际上三大测井服务公司斯伦贝谢公司、贝克休斯公司和哈里伯顿公司均先后开发出了各自的成像测井系统（MAXIS500，ECLIPS5700，EXCELL2000），测井井下仪器阵列化，电缆传输高速化，形成了微电阻率扫描、阵列感应、井周超声扫描、偶极子阵列声波、阵列中子、核磁共振等井下仪器系列；地面处理图像化，为地层评价提供更直观的二维可视化信息。

（2）三维扫描成像阶段。三大测井公司开发出了测量动态范围更大、环境适应性范围更广泛、电缆传输速度更高和集成度更强的三维扫描成像测井系统。2006 年斯伦贝谢公司新一代成像测井系统 Scanner 家族正式投入油田服务，主要包括声波扫描仪（Sonic Scanner）、电阻率扫描仪（Rt Scanner）、磁共振扫描仪（MR Scanner）和流动扫描仪（Flow Scanner）；该测井系统通过不同方位、不同探测深度、不同阵列的三维扫描，大幅度提高信息采集量；通过多个探测深度的径向和正交扫描，提供井眼周围地层的真实三维图像，解决非均质性、各向异性地层评价困难。

2) 重大关键技术

（1）电成像测井技术。

在成像测井技术系列中，电成像测井技术应用最为广泛，应用效果最为明显。电成像系列主要包括两种类型测井仪器：一种是微电阻率成像测井仪器，采用贴井壁测量方式，提供 120 多个以上高分辨率微电阻率信息，主要反映井眼周向的电阻率特性，用于复杂岩性、裂缝孔洞识别、薄层划分和沉积构造与沉积相分析；另一种是阵列感应、阵列侧向成像测井仪器，提供纵向分辨率一致，5 种以上探测深度的阵列电阻率，主要反映地层电阻率的径向分布特性，用于更准确的识别油气层和确定含油饱和度。

① 油基钻井液微电阻率成像测井技术。

2001 年斯伦贝谢公司首次将油基钻井液电阻率成像仪（OBMI）推向市场，随后其他测井服务公司也陆续推出了各自的同类产品，贝克休斯公司的仪器为 Earth Imager，哈里伯顿公司的仪器为 OMRI™，威德福公司的仪器为 OMI（表 5-3）。

表 5-3 四大公司油基钻井液微电阻率成像测井仪技术性能对比表

技术指标	斯伦贝谢公司 OBMI 仪器	贝克休斯公司 Earth Imager 仪器	威德福公司 OMI 仪器	哈里伯顿公司 OMRI
极板数	4	6	6	6

续表

技术指标	斯伦贝谢公司 OBMI 仪器	贝克休斯公司 Earth Imager 仪器	威德福公司 OMI 仪器	哈里伯顿公司 OMRI
井眼覆盖率(%)	32 (在 8in 井眼)	65 (在 8in 井眼)	51 (在 8in 井眼)	51 (在 8in 井眼)
测井采样率(in)	0.2	0.1 (120 点/ft)	0.1 (120 点/ft)	0.1 (120 点/ft)
分辨率(in)	1.2 (垂向或径向)	0.12(3.0mm) (垂向)	0.2 (5.7mm)	1
电阻率测量范围(Ω·m)	0.2~10000	0.2~10000	0.2~10000	>10000
Rxo 测量精度(%)	20 (1~10000 欧[姆]米)	1.5 (1~2000 欧[姆]米)		
最大耐温[℉(℃)]	320(175)	350(175)	350(175)	350(175)
最大耐压(psi)	25000	20000	20000	20000
最大测井速度(ft/h)	3600	600	1800	1800
井眼尺寸(in)	6~16	6~21	6~15	6.5~24
探测深度[in(mm)]	3.5(88.9)	0.8(20)		大约 3

② 感应扫描电阻率成像测井技术。

为解决常规感应测井仪在测量电性各向异性薄互层储层时所遇到的问题，贝克休斯和斯伦贝谢公司分别在各自原有的阵列感应测井仪器的基础上，推出了多分量感应测井仪(也称为三轴感应测井仪)3DEX 和 Rt Scanner。

贝克休斯公司于 1999 年推出的三维探路者(3DEX)，是采用三对相互正交的发射—接收线圈对同时测量 H_{xx}，H_{yy}，H_{zz}，H_{xy} 和 H_{xz} 5 个磁场分量，可提供地层水平电导率、垂直电导率、电性各向异性与地层方位等信息。2004 年贝克休斯公司推出了 9 分量 3Dex Elite™ 商业服务。仪器仍由三对正交互相平衡的发射接收线圈对组成，在每一个测井深度，以 20~220kHz 范围内的 10 个不同频率测量磁场的全部 9 个分量。

2005 年斯伦贝谢公司推出了三轴感应测井仪(Rt Scanner)，仪器测量磁场的全部 9 个分量，可以扫描测井的多种探测深度，同时采集纵向和横向电阻率以及地层倾角和方位角的信息，形成地球物理的三维体信息，从而更加充分地表征地层的岩石特征和流体性质，为准确识别油气层、精细评价油气藏提供了更加全面、有效的信息。通过这些信息增强了储层的含烃和含水饱和度解释模型的精度，使计算的结果更符合地层实际情况；尤其是在薄层，各向异性或断层中的计算结果将更加准确。该仪器还能测量地层的倾角和方位角以进行构造解释。除了能够提供高质量的电阻率和地层构造信息之外，Rt Scanner 仪还能够提供标准的阵列感应成像测井剖面，用来校正现场的其他测量结果。Rt Scanner 在储层评价中的应用包括：a. 计算地层的真电阻率 Rt；b. 确定储层含水饱和度 S_w；c. 应用于低阻油层的解释；d. 可适用于薄层和地层各向异性分析；e. 可进行储层构造分析并划分储层；f. 通过不同的探测深度得到侵入剖面。

多分量感应测井现已成为成熟的地层评价服务，主要应用包括定性识别和定量分析薄层与低阻油气层、确定在复杂井眼环境下的地层倾角和方位。多分量感应仪器的方位分辨率也有利于裂缝储层的评价。

（2）声成像测井技术。

声波成像测井具有信息多、分辨率高、数据传输率高以及处理软件先进完整等特点，在固井质量评价、套管损伤检测以及岩性识别、裂缝评价、岩石力学特性分析、地球物理应用等诸多方面都有着独特优势。20世纪90年代各大测井公司研制出了声波成像测井仪，改善和提高了测井分辨率、准确性、信息量。声成像系列主要包括声波多极子全波列测井和井壁超声成像测井。

21世纪以来，声波测井技术呈现阵列化和集成化的特点。阵列化指接收器数目显著增加、发射频率连续可调、波形记录方式多样化、信号采集高速数字化等；集成化是指单极、偶极、四极源组合化、多种探测模式综合化、地质评价与工程应用一体化，目的是一次下井能取得多种类型的声波参数，从不同角度认识和评价复杂地层的各种属性变化，甚至可以提供三维立体空间图像，提高探测效率和成功率。偶极子声波测井技术在电缆测井中已经相当成熟，四极子声波测井技术主要用于随钻测井。

以斯伦贝谢公司的偶极子横波成像仪 DSI、贝克休斯公司的多极子阵列声波测井仪 XMAC-Ⅱ、哈里伯顿公司的全波形声波测井仪等为代表的阵列声波测井技术，采用多种声源模式（单极、交叉偶极、四极）有机组合，配合以接收器阵列的不同距离和多方位布置，具有更多的测量和采集方式，一次下井能获得更大的信息量（100多道波形数据），可适应不同井眼环境要求，对复杂非均质储层的精细评价和综合分析非常有用。偶极成像测井仪可用于确定地层岩性、孔隙度、泊松比、岩石强度、地层破裂压力、各向异性以及识别裂缝和气层，指示渗透层等。纵波和横波测井资料在地震解释中有广泛的应用。

在实际测井作业中常采用声电成像测井组合测井：声成像反映井壁宏观形态，探测较大裂缝；电成像反映地层内部结构，对细小裂缝较灵敏。二者相互弥补，为识别岩性、分析地层特征、评价储层、判断裂缝充填情况提供了重要手段。

3. 核磁测井技术

核磁共振测井是通过研究地层流体中的氢核与外加磁场的相互作用特性来描述储层的岩石物理及孔隙流体特性的一种测井技术。与其他测井方法不同，核磁共振测井能直接反映地层孔隙中的流体信息，还能同时探测孔隙度、渗透率、束缚水饱和度等地层参数，为分析储层自由流体和毛细管束缚流体以及评价岩性、低孔低渗和低电阻油气藏提供了一种独特新颖的地层评价方法，是测井解释和油气评价技术的重大突破。国外石油界一致认为，核磁共振测井技术是过去十几年中测井技术取得的最重大的进步。

核磁共振测井能够定量确定有效孔隙度、自由流体孔隙度、束缚水孔隙度、孔径分布以有效渗透率等参数。核磁测井的应用范围不断扩大，在油田注水开发过程中，可用于确定油层水淹强度、驱替效率、剩余油饱和度、产层性质、可采储量及采收率等；在复杂岩性碳酸盐岩、火成岩、低孔低渗低阻储层中，可寻找气层，区分油、气界面；为裂缝性储层中提供有用的信息。实践证明，核磁共振测井在复杂岩性储层、低孔隙度低渗透率储层、低电阻率低饱和度储层，以及识别天然气和稠油等应用方面有十分明显的效果，其渗透率信息已经成为测井评价增产措施经济效益的核心参数。

1）发展历程

20世纪40年代开始，氢核的核磁共振（Nuclear Magnetic Resonance，简称 NMR）信号被

用于表征矿物；60 年代，斯伦贝谢公司研制出第一支核磁共振测井仪下井测量，该仪器利用地磁场使质子重新排列，测量时要求在泥浆中掺入顺磁物质；1978 年 Los Alamos 国家实验室开展的 NMR 井筒测井研究项目，采用一个强的永久磁铁完成如现代 NMR 仪器使用的脉冲—NMR 自旋回波测量，由于仪器的信噪比低，不能达到商业化仪器的要求。1983 年成立的 Numar 公司和斯伦贝谢公司分别开展了核磁共振技术研究，于 20 世纪 90 年代推出了先进的商用电缆式 NMR 测井仪器。1995 年斯伦贝谢公司推出了组合核磁共振 CMR (Combinable Magnetic Resonance)测井仪；在完善电子线路的升级、更有效的数据采集以及增强前期信息的信号处理之后，又先后推出了 CMR-200 以及 CMR-Plus，MRX 和 NMR Scanner 等多代 NMR 测井仪，在核磁测井的商业服务领域取得了成功应用。1997 年哈里伯顿公司收购了 Numar 公司，之后相继开发了 MRIL-C，MRIL-Prime 和 MRIL-XL 等核磁共振仪器。贝克休斯公司在 2004 年推出了一种偏心测量核磁共振测井仪 MREx。

哈里伯顿公司和斯伦贝谢公司分别在 2000 年和 2002 年各自推出随钻核磁共振仪器。2005 年贝克休斯 INTEQ 公司推出了随钻 NMR 仪器——MagTrak。三大公司开发的随钻 NMR 测井仪已经投入商业服务。

2）重大关键技术

（1）斯伦贝谢公司的核磁共振仪器 CMR。

斯伦贝谢公司先后推出了 CMR，CMR-200，CMR-Plus 以及 MRX 等多代核磁共振测井仪，2006 年推出了核磁共振扫描测井仪 NMR Scanner。

CMR，CMR-200 以及 CMR-Plus 等多代核磁共振测井仪都是贴井壁测量的仪器。CMR-Plus 仪器采用了更长的预极化磁铁，可在连续测井条件下使仪器穿过地层氢核预极化，大大加快测井速度，最高可达 3600ft/h。由于采用了新的、多等待时间的脉冲序列，更新了电子线路，提高了测量结果的信噪比，束缚流体体积及总孔隙度的测量精度有明显改善。

2004 年推出磁共振专家(MRX)，采用偏心工作模式，以多个探测深度按多个频率进行测量，测量结果可以给出储层流体的剖面。采用多天线设计，一个多频主天线专门用于流体特征描述，两个高分辨率天线提供岩石质量和储层产能信息。测量数据可直接用于岩石物理分析和测井解释，识别轻烃，确定含油(水)饱和度、总孔隙度、有效孔隙度、总束缚水体积、原油和盐水横向弛豫时间分布以及经过油气校正的 Timur-Coates 渗透率。MRX 仪器可以下行测量，并采集不同环境下的数据，节省时间。仪器的探测深度为 1.5~4in，垂直分辨率为 7.6in，测井数据不受温度、泥浆类型、井眼斜度、尺寸、形状的影响。2006 年，斯伦贝谢推出了核磁扫描 MR Scanner(图 5-1)，作为其扫描仪器系列中的一个分支。MR Scanner 测井仪的主体结构和测量方式都与 MRX 相似，主要优点：测量结果不受储层破坏带的影响；可以通过径向剖面来识别流体及环境的影响；可以应用到井眼不规则或者薄的滤饼储层评价中；缩短了钻井时间。MR Scanner 仪器具有：①多种探测深度，最深到 4in，测量结果不受井眼大小及形状的影响；②纵向分辨率为 7.5in；③多个传感器可以独立或同时测量，最大测速可达 3600m/h；④具有良好的油气表征能力；可以得到不同探测深度下横向弛豫时间(T_2)、纵向弛豫时间(T_1)以及扩散分布。

（2）哈里伯顿公司的核磁共振测井仪 MRIL。

哈里伯顿公司自收购 NUMAR 公司后，于 20 世纪 90 年代陆续推出了一系列核磁共振仪器，包括 MRIL-C，MRIL-Prime 和 MRIL-XL 型。

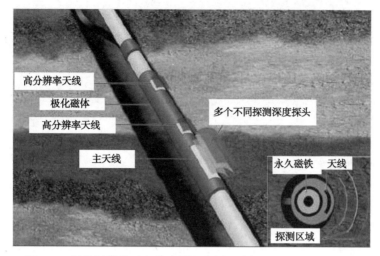

图 5-1　斯伦贝谢公司电缆式核磁共振测井仪 MR Scanner 示意图

2000 年推出的 MRIL-Prime 型核磁共振测井仪在全世界范围内提供商业服务。该仪器在天线的上方和下方各装有一个 1m 的预极化磁铁，可供仪器上提或下行时进行测量。MRIL-Prime 型仪居中测量、不容易受井壁条件的影响，测量的样品体积较大，信噪比高；有 9 个测量频率，测速较快；单趟可测量 5 组数据；使用梯度磁场，能够同时测量差分谱和移位谱两套数据；井周 360°探测，适用于各向异性储层；具有专用天然气探测的 T_1 模式；可识别天然气、轻质油、中等黏度的油和稠油。对每一测量壳层采用不同的脉冲序列，通过改变频率可以在各个壳间转换；多频率工作方式可以测量总孔隙度，而在每一壳层上使用不同的脉冲序列可进行多参数数据采集，对地层流体进行识别。与 MRIL-C 型仪器相比，MRIL-P 型仪提高了工作效率，增加了测量精度，在观测方式的灵活性和有效性等方面都有了极大改善。

2008 年推出的 MRIL-XL™ 型为哈里伯顿最新一代核磁共振仪，采用偏心的工作模式，其信号穿透地层的能力大大增强，测量不受钻井泥浆的影响，井眼范围增大为 7⅞~16in，测井数据质量与 MRIL-Prime 型相同。

（3）贝克休斯的核磁共振测井仪 MREx。

贝克休斯公司的核磁共振测井仪 MREx 采用贴井壁测量的方式，避免了井径和井内流体对测量结果的影响。MREx 仪器在磁铁、天线及脉冲序列的设计、测井数据采集、信噪比控制等方面有其显著特点。仪器有 12 个工作频率（450~880kHz）可供选择；探测深度 2.6~4.5in；MREx 探头外径 5in，可以适应 4.5~6in 的井眼，较短的仪器长度（17in）使之能够通过短曲率半径的造斜段；回波间隔更小（0.4μs），可提供精确的总孔隙度以及其他参数的测量。MREx 对采集控制进行模块化设计，简化了操作过程。

表 5-4 列出了三家公司的主要核磁共振仪器 MREx，CMR 和 MRIL-Prime 的技术指标。这些仪器各具优势：MRIL-Prime 探测深度最大；MREx 在提供信息、测速、质量、探测深度、耗能等方面具有优势；在流体类型判识与定量计算方面，MREx 与 MRIL-Prime 的观测模式及解释评价系统更具有优势，尤其是对轻烃及束缚流体定量计算方面；CMR 仪器在纵向分辨率及测井速度方面具有优势，更适合于薄层的识别。

表 5-4　三家公司主要核磁共振仪器对比

技术指标	MREx	MRIL-Prime	CMR Plus
测量原理	梯度场，脉冲方式	偶极梯度场，脉冲方式	梯度场，脉冲方式
测量方式	偏心	居中	偏心
静磁场梯度(mT)	18	16.8~17	50
提供信息	T_2分布，各种孔隙度，渗透率，含烃指示，含油饱和度，油的T_2、油的黏度	T_2分布，各种孔隙度，渗透率，含油饱和度，含烃指示，油的T_2、油的黏度	T_2分布，各种孔隙度，渗透率，含油饱和度
最大测速(ft/min)	30	15.5	60
探测深度(in)	2.6~4.5	8	1
纵向分辨率	点测模式：2ft	点测模式：2ft，标准	高分辨率模式： 1ft 点测模式
共振频率(MHz)	0.45~0.88	0.50~0.80	2
回波间隔(ms)	0.6	0.6	0.2
仪器外径(in)	5	4.875~6	6.7/5.3

4. 地层流体采样与压力测试技术

地层采样与压力测试技术是在油气钻探过程中直接获得地层压力、流体样品和其他信息的主要方法。电缆地层测试器可根据测井资料提供的测压层段，逐点快速测量一口井所有储层的原始地层压力，而且还可采集测点地层流体样品，一次下井可以进行无数次的测压和取样。因此，电缆地层测试器又称为储层描述仪，是目前获取地层有效渗透率和油气生产率最直接有效的测井方法。同一般的钻杆测试（中途测试）相比，它具有简便、快速、经济、可靠的优点，作为储层流体分析和压力测试的手段在油气勘探与开发中具有非常重要的作用。

1) 发展历程

现代电缆地层测试器(WFT)于20世纪90年代问世，目前国外三大测井公司的电缆地层测试器(WFT)已经发展到第三代，正朝实时分析方向发展。第一代的地层测试器提供单一功能的地层压力测量或流体取样；第二代的仪器增加了预测试功能，代表仪器是斯伦贝谢1974年推出的能进行多点重复式压力测量的重复式地层测试器(RFT)。1989年，斯伦贝谢推出了能根据不同测试目的和地层条件，选择适合模块进行组合下井的第三代模块式地层动态测试器 MDT。随后，哈里伯顿推出了油藏描述仪 RDT，贝克休斯推出了油藏特征仪 RCI。第三代模块式地层测试器的技术创新表现在：(1)通过井下流体识别技术，将受到钻井液伤害的地层流体用大功率泵排到井筒中，从而取得具有代表性的地层流体样品；(2)通过多次取样和压力瞬变测试，测量的地层压力更精确；(3)利用双封隔器模块，适应出砂地层或低渗透率地层的取样；(4)通过对井下取样速度和压力的控制，更准确地获得不同地层的渗透率。

虽然各公司的模块式电缆地层测试器在机械和电路设计上可能存在区别，但主要功能模块大体相同，包括电源模块、液压动力模块、双封隔器模块、单(双)探头探测器模块、井下流体分析模块、抽汲模块、流动控制模块和取样模块等。根据用户的需求和具体地层情况，现场组合各个功能模块，提供地层压力、压力梯度等测量数据，并采集多个地层流体样品。

2004 年斯伦贝谢推出的套管井动态测试器 CHDT 能够在套管井中测量多个压力并采集流体样品。套管井电缆地层测试器能够在一次起下作业中，完成射穿套管、测量储层压力、采集地层流体、封堵测试孔眼等一系列操作。与裸眼井仪器相比，用于套管井内的电缆地层测试器必须采用聚能射孔弹射孔取样测试，然后通过一个挤水泥装置再封堵住射孔孔眼。除此之外，两种仪器主要功能模块的结构和功能，包括地层压力测量、井下流体分析、地层流体取样等方法都相似。

自 2000 年以来，随钻地层测试器逐步投入商业应用。2003 年贝克休斯公司和哈里伯顿公司先后开发了随钻地层压力测试器 TesTrack 和 GeoTAP，2005 年斯伦贝谢公司推出 Stetho-Scope，使用电缆式探头和极板以及精确的石英压力传感器，在钻井作业暂停期间进行压力测试。2010 年 5 月，哈里伯顿公司成功地完成 GeoTap * IDS 随钻地层流体采样的现场测试。斯伦贝谢随钻地层流体采样测试实验目前也正在进行中。

地层测试器的发展重点在随钻地层测试器的研究和开发上。近几年，该技术发展很快，已经可以在钻井的同时测量多个层内的地层压力。这些测量在井眼破坏前完成，有助于及时优化钻井过程，其应用包括超长水平井数据采集，耗时少，不必钻杆传送电缆测井仪器；提前探测高压地层；根据压力数据进行地质导向，优化钻井工艺、提高钻井效率；根据压力梯度划分油气类型，确定流体界面；估算储层渗透率；测试井漏；优化下套管和完井过程。

在勘探阶段，地层测试资料主要用于发现油气层，通过对地层压力和取样流体的分析，可以求取液体性质、估算产能、确定油、气、水界面，所采样品可供实验室进行流体的密度、黏度、含腊、组分等静态参数分析，为钻探决策提供依据；对于勘探中期阶段，完井测试资料主要用于弄清油藏性质及油气水分布，指导储量计算，为编制油藏开发方案及地质研究提供依据；对于开发期阶段，了解地层压力变化信息可以监测储层连通及动用情况，为油气井增产措施、新井投产和完善区块注采提供可靠的地层动态信息。

2) 重大关键技术

(1) 斯伦贝谢的地层测试与采样。

斯伦贝谢公司、哈里伯顿公司和贝克休斯公司都开发了品种齐全的地层测试及采样产品和技术，包括应用于裸眼井、套管井、小井径、高温高压恶劣环境及随钻地层测试等各种类型的地层测试器。用第三代电缆地层测试器采集流体样品取代钻杆测试或生产测试已经逐渐被接受。在海上，特别是深水环境，这些产品和技术可以极大地降低作业成本。

自 1989 年第三代模块式地层动态测试器 MDT 问世以来，经过不断改进，MDT 具有地层压力测量、地层流体性质分析、地层流体取样及地层渗透率估算、流体动态实时监测等功能，基本配置包括：电源模块(MRPC)、液压动力模块(MRHY)、单探测器模块(MRPS)和取样瓶模块(MRSC)。另外根据需要可选择配置聚焦探测器模块、井下密度传感器、双封隔器模块(MRPA)、双探测器模块(MRDP)、流量控制模块(MRFC)、抽汲模块(MRPO)、井下流体分析模块(LFA)、流体组分分析模块(CFA)。

2004 年推出的套管井地层测 CHDT 仪器实现了与套管间的密封，利用一个灵活的钻柄钻穿套管、水泥，进入地层。当钻入目的层后，一个内置工具包同时监测压力、流体电阻率和钻入参数；提供了关于套管—水泥—地层界面的附加信息，允许实时质量控制。CHDT每个点可以钻6个孔，完成多个压力测试，采集多个样品，提高了作业效率。CHDT的用途包括：评价老井中被遗漏的油气；获取关键井评价的经济数据；降低风险，在困难的条件下替代裸眼井地层测试；在注水、蒸汽和CO_2期间监测压力；在储气井中识别储气层；在套管井中进行应力测试、评价泄漏；通过确切的孔眼生产和注入。

2006年Quicksilver Probe电缆采样技术投入商业应用，使得"零"污染井下流体采样成为可能，同时极大地降低了采样时间。Quicksilver Probe利用独特的聚焦采样方法，在采样的早期阶段将钻井液滤液隔离，探测器设计可以有效地将纯净的储层流体（进入探测器中部）与被污染的流体（进入探测器外围）分开。与常规采样方法相比，采样时间降低60%，污染程度降低10倍，首次实现了能够在井下采集用于现场或后续地面PVT分析所需纯度的流体样品。更快、更有代表性的采样降低了作业成本，可用于优化完井、生产和勘探以及地面设计。该仪器在低孔低渗等复杂储层的成功率还有待提高。

2005年推出的随钻地层压力测量系统Stetho Scope采用探头式压力测量仪器，可安全有效地随钻采集压力和流体流度信息。其压力探头位于扶正器叶片的延伸部分，与压力探头相对的定位活塞可确保探头与地层的接触。这种设计无须仪器定向，使得压力测量期间探头周围的流体流动降至最低。每次压力测量时间约为5min，可获得2个独立的压力和流体流度估算值，与其他实时测量结果一起通过压力脉冲传送到地面或存储在井下存储器中。其技术特点包括测量作业可靠灵活；可根据地层特性对预测试体积和降压速率进行优化设计；实时传送高质量数据。Stetho Scope可用于优化钻井，测量孔隙压力，确定压力梯度，识别流体界面，修改储层模型，地质导向，地层评价，储量预测和储层压力管理等。

（2）哈里伯顿的地层测试器与采样技术。

2000年哈里伯顿推出的油藏描述仪（Reservoir Description Tool，简称RDT）主要用于测量地层压力、估算渗透率。它采用了先进的微处理器控制技术，可提供低污染、有代表性的地层流体样品。通过比较不同单井中所测得的地层压力值，在整个油藏范围进行油藏动态研究。RDT主要包括7个模块：电源/遥测模块（PTS）、液压动力模块（HPS）、双探测器模块（DPS）、石英晶体压力计模块（QGS）、流量控制泵模块（FPS）、多样品模块（MCS）、取样瓶控制阀模块（CVS）。RDT仪可把不同模块进行组合，适应不同测试和采样要求。与斯伦贝谢公司和贝克休斯公司采用光学流体分析仪来监测和分析样品不同，哈里伯顿公司则采用数字式控制反馈系统与先进的核磁实验室模块，改进了压力测量并增加了地层流体取样的成功率和采样质量。

2003年推出了随钻地层压力测试器GeoTAP，可在钻井间歇测量原始地层压力。压力测试在5~10min内完成，时间长短取决于地层渗透率。通过使用一种封闭的水力学系统、电池电源、石英，外加一个冗余应力计，传感器将一个探头向外伸，在井壁处建立一个密封区，然后完成一系列压力下降/压力恢复过程，测量地层压力；测量数据储存在存储器并传送到地面数据装置，用于实时分析和应用。通过泵入或泵出完成储层压力测量，标准压力范围18000~25000psi。GeoTAP还能在钻井过程中任何井斜条件下测量井眼压力。

（3）贝克休斯公司的地层测试与采样技术。

贝克休斯公司的模块式电缆地层测试器——油藏特征仪（Reservoir Characterization Instrument，RCI）用来确定储层压力剖面和采集地层流体样品。相关产品还有：样品监测模块（SampleView IC）、单相取样瓶（SPT）和双封隔器模块（Straddle Packer）。油藏特征仪（RCI）用于电缆地层压力测试及地层流体取样，可确定油藏体积、地层产能、可动流体类型及流体组分。

2003 年贝克休斯公司推出了第一代随钻地层压力测试器 TesTrak，通过直接与地层接触来测量地层压力，并将压力数据实时传送到地面。采用智能型闭合环下控制系统能在 5min 或更短时间内完成一次测试。在钻井间隙，测试器利用一个滑板将井壁上一小块进行封堵，同时仪器电子线路和专用计算机进行一系列最优化测试，计算地层压力和流体流动性。一旦泥浆循环开始恢复，这些数据就经由泥浆脉冲遥测系统立即被传送到地面。TesTrak 能够在恶劣的压力和振动环境下准确测量地层压力及流速，总体成功率超过 80%。

2006 年贝克休斯公司推出第二代随钻地层压力测试系统。新系统不受地面的干扰，可以在 $5\frac{3}{4} \sim 17\frac{1}{2}$ in 的井眼中采集压力数据，解决了在致密地层、未固结砂岩等环境下达到并保持有效密封并采集高质量数据的难题。2011 年又成功研发随钻地层流体分析与采样仪器（FAS）。

5. 套管井地层评价

1）发展历程

套管井地层评价技术领域的发展历程详见下面的"重大关键技术"。

2）重大关键技术

由于近年来大油田的发现率明显减少，全球 70% 的油气产量都来自老油田。各大石油公司用于开发老油田的投资已占总投资的 2/3，提高采收率、降低开发成本成为各大石油公司的目标。测井技术在油藏动态监测方面取得了相当大的进展，主要体现在井内流体动态测量、套管井内的地层评价测井、井下永久传感器、固井质量与套管损坏检测等。

（1）动态监测。

为了更好地监测油藏开发动态，国外三大公司都开发出了自己的生产测井平台，在大斜度井和水平井中或者在井中多相流的条件下，测量井内流动状态，提供实时多相流动剖面及持率剖面，识别气、液进入点。这些公司的仪器主要是针对高流量的自喷井设计的。

斯伦贝谢公司 1998 年推出生产测井平台 PS Platform，在常规生产测井仪的基础上，增加了流动剖面成像仪、持气率传感器、可用于氧活化水流测井和相速度测井的脉冲中子测井仪。流体剖面成像仪可以测量到油气水在流动剖面上的分布情况，并作出流动图像。传感器类型有电导型、电容型、热导型、声阻抗型、光纤型等。氧活化水液压测井和相速度测井可测出井内水流流速以及水相或油相的相速度。在装有电潜泵的井内，可以应用 Y 型接头进行生产测井，也可以利用与电潜泵配接的仪器测量流量、压力、温度等参数，并对电潜泵工作情况进行监控。PS Platform 的最小组合是基本测量＋流量—井径成像，组合仪长 4.11m。

2006 年斯伦贝谢公司又开发出流动扫描仪 Flagship FlowScanner。哈里伯顿公司推出了多参数组合仪 PLT，贝克休斯公司开发出多电容测量仪 FCFM。

（2）套管井地层评价。

有一些情况需要在下套管后对地层进行评价，包括在测井风险大的地层（井眼稳定性差，仪器有可能遇卡而丢失)，最好下套管后再进行评价；有些油气井和油田，套管后的储层开采潜力很大，但却被遗漏掉了；有些成熟油田，要对一些地层使用新的测井系列重新进行评价；更重要的是，从套管井获得地层评价资料所需的成本远远小于仅为获取资料而钻一口新井的成本。

当今的所有测井服务几乎都可在套管井进行。理论上，所有的裸眼井测井系列及解释评价方法都可用于套管井。在套管井地层评价(储层参数)测井方面，国外公司研制了过套管电阻率、脉冲中子、偶极声波、套管井地层密度、套管井地层测试器等仪器，形成了套管井地层评价测井系列和软件，可估算孔隙度、体积密度、岩性、含水饱和度、剩余油饱和度、声波性质和渗透率，还可测量地层压力和采集地层流体样品。

斯伦贝谢公司推出的套后分析系统 ABC(Analysis Behind Casing)包括了过套管电阻率测井仪 CHFR-Plus、套管井地层测试器 CHDT、套管井中子孔隙度测井仪 CHFP、套管井地层密度测井仪 CHFD 以及偶极子声波成像测井仪 DSI。表 5-5 列出了斯伦贝谢公司主要的套管井测井仪器。

表 5-5　斯伦贝谢公司的套管井测井仪器及其用途

测井仪器	用　途
USI 仪和井径仪	套管状态
USI 和 CBT 仪	胶结状态
RST 和 RSTPro 仪 SpectroLith 能谱岩性处理	岩性
伽马、密度和中子测井仪	岩性
CHFD, CHFP, CNL 和 DSI 仪	孔隙度
RST 和 CHFR 仪	油含量
中子和声波仪	气含量
CHDT 仪	流体识别
CHDT 仪	压力

① 套管井电阻率测井。

套管井电阻率测井是在金属套管井中进行测井评价、监测油气藏动态和跟踪油藏流体饱和度的测井方法。过套管电阻率测井本质上属于侧向测井方法，测量套管外地层电阻率的变化，其最重要特点是探测深度大，适用于不同孔隙度和地层水矿化度的地层，在识别死油层、评价油层水淹情况方面有重要价值，对解决老井的重新评价以及开发过程中油藏监测和剩余油评价有着重要的意义和广阔的应用前景。

早在 20 世纪 30 年代，测井界就意识到了需要套管井电阻率测井来评价遗漏的油层并监测生产状况，但因钢套管具有极高的导电性，使得该项测井技术实现起来非常困难。经过 60 多年的努力，过套管电阻率测井仪器(在下有钢套管的井中测量地层的电阻率)终于问世。1992 年，ParaMagnetic 测井公司(PML)设计并实验了一种巧妙地测量从钢套管漏入地层的微小电流的方法并研制成功第一套过套管电阻率测井样机(TCRT)。1995 年，贝克休斯公司与美国天然气技术研究所共同开发商用仪器，并于 1997 年收购了 PML 公司及其技术，推出了过套管电阻率仪器。斯伦贝谢公司于 80 年代后期开始研究过套管电阻率测井技术，1996 年制造出实验仪器，1998 年推出了第二代实验仪器，2000 年在世界范围内商业化推广套管井地层电阻率电缆测井仪（CHFR）；2002年推出采用专用监视和控制系统的第二代测井仪（CHFR-Plus）；2004年推出了第三代套管井地层电阻率测井仪——小井眼地层电阻率测井仪（CHFR-Slim），能够在套管外径为2⅞~7in的井中进行测量，并能通过最小内径为2.25in的油管，测井时无须用修井机取出油管，可节省生产时间和作业成本，可以和公司其他过油管生产测井仪、生产服务平台（PS Platform）及储层饱和度核测井仪（RST-Pro）组合，实现在一次下井中对储层进行综合评价的目的。

实践应用表明，过套管电阻率测井不仅可以监测油气的生产情况（监测油气饱和度的变化、气—水界面、油—水界面），还可以寻找因各种原因被遗漏的或未被波及油气层，改善了油藏管理；借助于过套管电阻率测井资料，可以更好地做出二次完井与侧钻的决策，优化原油驱扫效率，提高采收率；与其他测井仪器，特别是套管井核测井仪器组合使用，还可以指示油气层的枯竭程度。过套管电阻率测井已经在油田广泛应用，并取得了明显的效益，使油公司在不大幅增加成本的情况下增加原油产量和储量。

② 套管井中子测井。

脉冲中子测井（碳/氧比测井）是油田开发期储层动态测井的重要手段。碳/氧比测井于20世纪60年代问世，从70年代开始获得商业应用。90年代，国外三大测井服务公司都推出了新一代饱和度测井仪器——储层饱和度测井仪（RSTPro）、储层监测测井仪（RMT-Elite）和储层动态测井仪（RPM），有高产额的中子发生器，更好的探测器特性，提供更精确的信息。近来碳/氧比测井技术的进步使该技术在油藏监测工程中提供的定量测量变得更加稳定，特别是在混合矿化度的环境下。通过加强仪器设计、特性和解释算法已使流体饱和度测量的精度和重复性得到提高。三大测井公司分别推出了新型脉冲中子储层动态测井仪器，这些仪器兼有碳/氧比测井、中子寿命测井的功能，测量精度大大提高。斯伦贝谢公司2002年推出元素俘获能谱测井仪ECS，可用于测定地层中一些元素的相对含量，转化为地层中氧化物及矿物的相对含量，进一步确定地层岩石骨架属性、储层特性及含油性，在渗透率估算、复杂岩性与煤层识别、沉积相带划分、油藏工程压裂设计等方面都有不错的应用效果。

（3）井间电磁成像测井。

井间电磁成像（EM）测井是在单井电磁测井基础上发展起来的测井方法，它将发射器置于一口井中，采用10~10000Hz的频率向地层发射电磁波，接收器置于另一口或多口邻近的井（或同一口井）中接收经地层传播过来的电磁波，通过对数据进行反演，得到反映井间油藏构造和油、气、水分布的二维乃至三维的电阻率（或电导率）分布，从而以较高的精度和分辨率实现对井间地层岩石的导电特性的直接测量和描述。井间电磁资料除了用于研究井间油藏的构造形态外，还可研究储层展布和裂缝的发育方向，描述油气富集区及井间的流体分布，监测油田开发动态，指示水驱、蒸汽驱或聚合物驱的波及前沿和方向、分析井间剩余油分布，从而在油田开发调整中大幅提高钻高效井的成功率。

近年来，井间电磁成像技术在仪器研制、消除金属套管影响及电磁成像方法等方面发展迅速。斯伦贝谢公司在这些方面申请了多项专利技术，其中部分专利技术已经获得多个国家的专利授权。2008年斯伦贝谢公司推出了新一代井间电磁成像与监测仪（DeepLook-EM）（图5-2），DeepLook-EM系统采用在一口井中装有大的磁场发射线圈（发射器TX），在另一口井中具有敏感的低噪声接收线圈（接收器RX）的方式进行感应测量；其发射线圈产生一个时间变化场，其频率范围为5~1000Hz；接收器同时测量初始电磁场和次生电磁场；地层真电阻率 Rt 由次生电磁场反演得到。该系统包括预测井计划、建模、模拟、数据处理和反演等，能够测量间距几百米甚至几千米的两口井或多口井之间的井间地层电阻率分布，对寻找漏失油层、监测地层流体的运移情况、解决水淹层问题、提高原油采收率有重要作用，并为井位布置及注水井位等开采决策提供重要依据。DeepLook-EM 已在美国、加拿大及其他地区广泛应用，提供"油藏"环境下的井间电阻率，在追踪注水、注蒸汽(稠油热采)等方面均见到较好效果。DeepLook-EM 获得 2010 年《E & P》杂志评选出的 10 项石油工程技术创新之一的"提高石油采收率奖"。

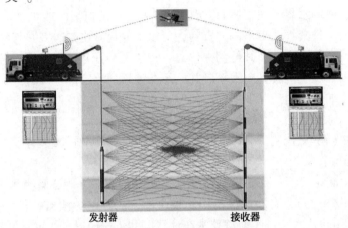

发射器　　　　　　　　接收器

图 5-2　井间电磁成像仪(DeepLook-EM)测井过程

（4）井下永久传感器。

井下永久传感器技术是将传感器长时间地放置在井中，不同井中的传感器组成传感器网络，在井下实时测量地层信息，实现在不影响正常生产的情况下在地面对一个地区实时监测地层的温度、压力、流量等参数的变化，为油藏管理、开发方案的制定提供实时的地层信息，为提高采收率提供决策依据。井下永久传感器还可用于井间电阻率成像及井间地震成像，监测地下流体(油气、蒸汽、水)的分布。

井下永久传感器的种类较多，有声波/流量传感器、声波/地震传感器阵列，多点压力传感器、分布温度传感器、电磁类传感器、流体成分分析器、光纤传感器等；主要可分为电子类传感器和光纤传感器，其中电子类传感器以斯伦贝斯公司的 WellWatcher 测量系统为代表，光纤传感器以 Sensa 公司的分布式温度测量系统 DTS 为代表。

电子式传感器具有测量精度高、信号采集系统相对成熟等优点，是目前广泛应用的井下永久传感器系统。但在井下高温高压条件下，电子设备容易发生故障，使用寿命有限，抗电磁干扰能力和适应井底环境能力差，难以实现真正的永久性监测，而光纤传感器具有体积小、井下不含电子设备、信号传输不受电磁辐射等优点，更适合于井下永久安置。为了推动光纤传感器技术在井下永久传感器中的应用，各大石油公司及技术服务公司通过购买或加强机构的合作，开发用于油气藏动态中的永久性光纤传感器。以光纤光栅技术为特征的永久性光纤传感器网络技术近几年来发展迅速，能够对井筒温度剖面进行连续测量，还可以对地层压力、流量、持水率等进行永久性监测，其中光纤布拉格光栅传感器 FBG 的发展最为迅速。光纤布拉格光栅传感器具有体积小、重量轻、耐腐蚀、抗电磁干扰、易集成、结构简单等优点，适合井下高温高压的恶劣测量环境。

6. 随钻测井技术(LWD)

1) 发展历程

随钻测井技术发展最早可追溯到 1930 年前后,1978 年 TELEO 公司首次推出了具有商业用途的随钻测井仪器。20 世纪 80 年代初期,工业界对随钻测井在准确性、可靠性和稳定性方面初步建立了标准。过去 20 多年里,在油公司的需要和钻井技术发展的推动下,各种随钻测井仪器相继研制成功(表 5-6),随钻测井井下探头组合的内容不断丰富,能进行电、声、核随钻测井的探头逐步增多,方向测量探头得到发展,综合利用 LWD 探头和方向探头测量信息的地质导向技术开始发展。

表 5-6　随钻测井技术发展

时　间	里程碑技术	时　间	里程碑技术
1929	第一项随钻测量专利	1993	电阻率、密度、中子三组合随钻测井
1930	电缆传输的随钻电阻率测井	1994	硬地层随钻声波测井
1969	第一代泥浆脉冲遥测系统	1995	随钻电阻率、密度成像测井
1970	第二代泥浆脉冲遥测系统	1998	软地层随钻声波测井
1978	泥浆遥测系统 Teleco 商业化	2001	随钻核磁共振成像测井仪
1984	随钻电磁波电阻率测井	2003	随钻地层压力测试器
1986	随钻中子孔隙度测井	2005	新一代随钻测井系统 Scope
1987	随钻密度测井		

现代随钻测井技术大致可分为三代。20 世纪 80 年代后期以前属于第一代,提供基本的方位测量和地层评价测量,在水平井和大斜度井用作"保险"测井数据,主要应用是在井眼附近进行地层和构造相关对比,确保能采集到在确定产能和经济性、减少钻井风险时所需要的测井数据。90 年代初至 90 年代中期属于第二代,方位测量、井眼成像、自动导向马达及正演模拟软件相继推出,通过地质导向精确地确定井眼轨迹;司钻能用实时方位测量,并结合井眼成像、地层倾角和密度数据发现目标位置;这些进展提高了多种类型的井,尤其是大斜度井、超长井和水平井的钻井的成功率。从 20 世纪 90 年代中后期到目前属于第三代,称为钻井测井(Logging for Drilling),主要用于钻井作业和地层评价;在钻井过程中,随钻测井数据可以用于早期探测高压层,将井眼精确地导向至目标地层,提供界定地质环境,确定压力梯度及流体界面,实时调整钻井液相对密度和有效循环密度以便有效地增加机械钻速,优化下套管位置,更加安全地钻入高压层段。随钻测井数据的应用,使得钻井作业更加快速、安全和有效,减少了钻井时间和成本。

2) 重大关键技术

随钻测井是利用钻铤内设置的测井仪器在钻进地层的同时实时测量地层岩石物理参数,并用数据遥测系统将测量结果实时输送至地面进行处理的一种测井技术。随钻测井主要应用于钻井工程优化和地层评价。利用随钻测得的钻井参数和地层参数可及时调整钻头轨迹,使之沿目的层方向钻进;由于随钻资料是在钻井液滤液侵入地层之前或侵入很浅时测得的,能更真实地反映原状地层的地质特征,提高地层评价精度。随钻测井在钻井的同时完成测井作业,减少了井场钻机占用时间和成本。在某些大斜度井或特殊地质环境(如膨胀黏土或高压地层)钻井时,电缆测井困难或风险加大以致不能进行作业时,随钻测井是唯一可用的测井技术。

随钻测井是测井、钻井、机械、电子等专业知识和技术的综合应用。经过几十年的发展，尤其是近20年的快速发展，常规随钻测井地层评价技术已经成熟，成为油田工程技术服务的主体技术之一，在海上钻井中几乎100%使用随钻测井。随钻测井能提供地层评价需要的所有测量，包括随钻电、声、核测井系列，随钻地层压力、随钻核磁共振测井以及随钻地震等，有些随钻探头的测量质量已经达到或超过同类电缆测井仪器的水平。斯伦贝谢、贝克休斯公司、哈里伯顿公司等都已开发出成套随钻测井装备。

（1）斯伦贝谢随钻测井技术。

斯伦贝谢公司自1988年首次推出随钻测井仪以来，通过不断并购专业公司提升其开发随钻装备的实力。1992年首次推出近钻头随钻电阻率仪器和声波井径仪，以后又陆续推出了补偿双电阻率测井仪（CDR）、电阻率随钻测井仪（RAB）、补偿密度中子测井仪（CDN）和方位密度中子测井仪（AND）、随钻声波仪（ISONIC）。斯伦贝谢公司的随钻测井仪器主要分为VISION系列和SCOPE系列。

2005年推出新一代Scope系列随钻服务系统，包括高速遥测（TeleScope）、多功能随钻测井（EcoScope）、随钻测压（StethoScope）、随钻方位性地层边界测量（PeriScope）系列仪器。Scope系统可以极大地改善钻井性能并优化井眼轨迹，增加油气产量，可使测井作业更安全、更快、更优化。其主要特点：数据传输率提高了3倍；采用环空压力数据优化钻井液相对密度和采用三轴震动数据优化机械钻速，增强了井眼稳定性；首次在随钻测井中用脉冲中子发生器取代了传统的AmBe源，增强了作业的安全性；各种组合钻具可快速组合集成在一短节，减少了平台时间和成本；减少了非生产时间；能及时发现钻具刺漏，监控井下钻具安全，有效避免事故发生。

EcoScope多功能随钻测井仪器将全套的地层评价、确定井身轨迹和钻井优化的测量组合在一根26ft长的钻铤内，提高了工作效率，降低了风险，增加了数据解释以及产储量计算的可靠性。EcoScope用脉冲中子发生器取代了传统的AmBe源，在钻铤中综合了"三组合测井仪器"——多频电阻率、方位岩性密度、补偿中子、井径、环空压力、方位自然伽马等，还能提供元素俘获能谱、中子伽马密度和俘获截面等信息。电阻率阵列可以提供20条曲线，有多种探测深度，能够得出侵入剖面和地层电阻率。所有的传感器均可在钻头附近测量，减少了侵入影响，结合深测量和高采样率，能对地层进行综合和准确的表征。对每种测量有3种质量控制，降低了解释和储量计算中的不确定性。钻井优化测量（包括随钻环空压力、井径和振动、综合的传感器设计、近钻头测量和多种成像）使EcoScope能确定井身位置，实时方位密度和自然伽马图像可供识别最佳井眼轨迹，高传输率的实时数据允许利用测量结果来调整井眼轨迹。

StethoScope随钻地层压力测量采用探头式压力测量仪器，可以安全有效地随钻采集压力和流体流度信息。每次压力测量时间约为5min，获得两个独立的压力和流体流度估算值；压力和流度数据可以与其他实时测量结果一起通过压力脉冲传送到地面或存储在井下存储器中。应用包括优化钻井、测量孔隙压力、确定压力梯度、识别流体界面；修改储层模型、地质导向、地层评价、储量预测和储层压力管理。

TeleScope随钻高速遥测确立了随钻实时信息传送的新标准，加强了信号检测并使数据传输率提高3倍，可实时传送25条测井曲线，增加了实时数据传输量；可提供综合的地层与井眼信息，优化储层表征和钻井作业，降低钻井风险，提高钻井效率。内部电路板置于坚固的底座中，能够经受住极端振动，井下部件可以在高温高压环境下工作。所有数据均可存储于井下存储器中。

PeriScope 以多个间距和多个频率进行定向电磁波测量，可使井眼在储层中精准定位，能探测距钻头 15ft 处流体界面和地层的变化，具有 360° 方向测量和成像能力，对流体和地层边界高度敏感。测量结果被实时传送到决策中心，进行实时构造解释。

（2）哈里伯顿随钻测井技术。

哈里伯顿公司通过收购以随钻测井技术为主的专业公司 Sperry-Sun，经过十几年的努力，其随钻测井技术已经处于领先地位。哈里伯顿已推出了普通随钻测井、成像测井和高温高压等随钻测井系列。随钻普通系列仪器包括伽马、电阻率系列、密度中子、声波、核磁共振、地层测试器、井径等仪器。成像系列包括方位岩性密度、钻头伽马、InSite 系列等，基本具备了电缆测井的功能。

2007 年推出了 InSite 系列随钻仪器，包括 InSite ADR（方位深电阻率）、InSite AFR（方位聚焦电阻率）、InSite IXO（高速数据传输）。InSite ADR 将深读数（达 18ft）导向传感器和传统的多频补偿电阻率传感器结合在一起，能够提供多探测深度的 2000 多个聚焦电阻率和钻头处电阻率，用于精准的井眼定位和更精确的岩石物理分析；深读数、定向和高分辨率电阻率图像可以在钻头钻出目的层之前提供警示信息，使井眼保持在油藏的最高产位置，为优化井位布置、产量最大化和延长油田寿命提供了理想的解决方案。

InSite ADR 传感器的特点：装置设计准许在 32 个不连续的方向和 14 个探测深度上采集数据，确定多个地层界面的距离和方向；18ft 探测深度，延长了反应时间，准许增加钻速，降低钻出油层的风险；一个仪器中结合了全补偿岩石电阻率测量和深读数地质导向测量，减小了底部钻具组合长度；方位读数用于推导水平、纵向电阻率和地层倾角。

InSite AFR 方位聚集电阻率仪器将电阻率成像和随钻侧向测井结合在一起，可提供钻头处电阻率、单向侧向测井电阻率、地层电阻率图像。其特点：图像分辨率高，可探测裂缝、薄层和倾角；在 3D 地质导向模型中可视化 AFR 数据，使井眼保持在产层中；在高导电钻井液和高阻地层中，用精确的电阻率值改善测井解释；通过钻头处电阻率测量指示流体类型和岩性变化，进行实时决策。

InSite IXO 高速传感器可在井下与地面 IntelliServ 网络双向传输数据，数据传输速率达到 57000 字节/s，比目前钻井液遥测速率快 10000 倍。高效的数据传输能及时在整个钻井过程中提供高分辨率的地质图像，为实时决策提供了可能。IXO 增加了钻井安全性和作业效率，在软地层中钻井时能及时获得有用信息，无须限制钻井速度。

InSite 仪器系列使用了先进的小型化技术，极大地减少了元件数量，同时明显提高了处理能力。比以前的系统相比，InSite 随钻测井系列可以更全面地了解地层，更好地进行地质导向服务。其较深的探测深度有助于及早了解岩性和地质构造变化，当存在地震测量无法探测到的小型交叉断层时，多深度测量能够描述不同的地层，并进行断层两侧的地层对比，提高了地质解释精度。可识别裂缝和井眼崩落，改善下套管、取心定位。InSite 仪器系列可提供的探测深度更大、分辨率更高、数据传输更快、可靠性更高。

2007 年哈里伯顿在偶极声波测井仪器基础上经过改进推出了随钻宽频多极声波测井仪。该仪器同时使用了单极、偶极和四极声源，能够在各种地层环境下采集高质量的声波数据，在较差的井眼环境下极大地提高了数据质量，并使横波速度测量范围扩大 50%。

（3）贝克休斯随钻测井技术。

自 2005 年起贝克休斯陆续推出新一代随钻测井系列，包括 OnTrak™（随钻电阻率）、AziTrak™（方位电阻率成像）、StarTrak™（高分辨率电阻率成像）、MagTrak™（核磁共振）、TesTrak™（地层压力）、SoundTrak™（声波）、LithoTrak™（岩性密度和中子）、ZoneTrak™（地层边界测量）等。

随钻电阻率仪 OnTrak 综合了随钻测量与随钻测井系统，可提供定向测量、方位、温度、方位伽马、传播电阻率、环空压力等。OnTrak 方位伽马可实时记录井下仪器周边 8 个方位上的伽马测井值，同时将上、下、左、右 4 个方位的伽马值传至地面，用于确定储层边界的位置和进行地质导向。基于方位伽马实时计算视地层倾角，通过数据成像拾取真地层倾角，实时进行构造分析从而指导水平井钻井施工。

电阻率成像仪 AziTrak 可得到深的方位电阻率值覆盖的电阻率成像，使图像解释的可靠性更高，有助于详细的地质解释。

随钻核磁共振仪 MagTrak 可以提供综合的核磁共振测量结果，包括地层孔隙度、束缚流体体积、自由流体体积、渗透率、油气检测以及 T_1 与 T_2 谱分布等，通过页岩分类识别潜在的井眼问题、改善射孔作业、识别遗漏的低阻油气层、在高风险井中获得高质量数据，为优化井位、安全钻井、提高最终采收率提供数据支持。

高分辨率随钻电流聚焦电成像仪 StarTrak，能提供全井周图像，可以在导电钻井液中工作。高分辨率随钻微电阻率成像仪，可显示倾角、溶洞、裂缝和不同钻井液的电阻率。

2006 年推出的随钻孔隙度仪 LithoTrak 提供更加广泛的测量，新一代方位密度成像测量以及方位岩性系数测量可以更综合地评价地层，实施地层导向和决策。同年推出的随钻声波测井仪 SoundTrak 通过改进设计和采用双频工作模式，可以在更大的范围内实时、准确地测量纵波慢度；提供 4 极测量直接采集横波数据。

7. 地面系统与信号传输技术

1）发展历程

测井地面系统即测井数据地面采集与解释平台，它主要由数据采集硬件平台、数据采集和控制软件平台、现场解释处理平台组成。21 世纪，以"数据共享、提供实时油藏解决方案"为主要特征的网络测井技术正在形成。世界上几个著名的油田服务公司正在努力实现新技术的转型，斯伦贝谢公司、贝克休斯公司、哈里伯顿公司等从 20 世纪 90 年代末即已开始概念设计。以哈里伯顿公司为例，以 Sperry-Sun 的 Insite 为核心的测井系统，通过互联网技术，依靠公用数据库结构，实现测井数据采集、处理、分析以及解释的远程控制和共享，实现油藏解决方案的实时化和动态化，如图 5-3 所示，网络化测井地面采集系统 INSITE 实现了现场采集数据和油井数据的及时传送和共享，帮助远距离决策和合作。贝克休斯公司开发了网络化测井地面系统 FOX。

目前的测井采集平台一般采用分布式结构，具备功能齐全的测井信号预处理模块，采用基于标准工业总线的统一数据采集接口，配备了标准化、实时可靠的采集处理解释一体化现场采集软件。测井地面系统在测井作业期间能实时完成井下测井过程控制、实时测井质量控制、测井数据管理控制、系统服务控制，集数据采集、多任务计算、处理、显示和绘图等为一体。目前测井地面系统的主导产品是：斯伦贝谢公司的 MAXIS500、贝克休斯公司的 ECLIPS-5700 和哈里伯顿公司的 EXCELL-2000 成像测井地面采集系统。

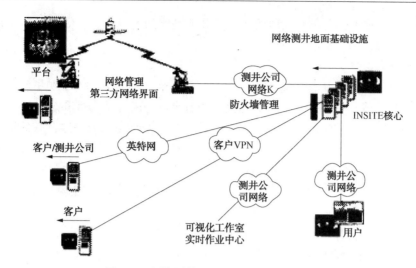

图 5-3　网络测井地面系统的结构示意图

三大公司的地面系统普遍采用大规模集成电路，大幅缩小了仪器体积；数据采集系统的可靠性和稳定性显著提高；采用统一数据传输格式和通信接口标准、高数据传输率的电缆传输系统，使数据采集吞吐量和传输速度显著提高；广泛应用了软件可视化、组件化技术和具有高可靠的实时采集管理软件，并集成快速直观解释处理软件，加快了测井资料获取和向用户提交。

2）重大关键技术

（1）斯伦贝谢公司。

斯伦贝谢公司的 MAXIS-500 型系统的地面系统配有 3 台联网的主机、2 台彩色图形终端和 1 台热敏彩色绘图仪以及其他配套外设，可实现多任务采集与成像处理；数字遥测系统可以 500kbit/s 的传输速率把井下数据送至地面，新一代便携式 MAXIS(MCM) 传输速率达到兆级水平；安装在用户办公室的工作站，可通过网络交换信息，采用完善的软件系统与数据库，有效分析资料数据，做出相应的决策。新一代测井系统拥有与其配套的阵列式成像化井下仪器。

（2）哈里伯顿公司。

2003 年哈里伯顿公司推出一种网络实时数据采集系统 LogIQ^{SM}-INSITE，它继承了 EXCELL2000 系统的多功能、多任务等优点，可完成裸眼井、套管井以及电缆射孔等各种电缆作业。该系统着眼于实时作业，采用最新的电子集成技术、模块式设计，进一步改进了采集软件。其系统和仪器更加紧凑，增强了可靠性，提高了仪器的测量精度和安全性，提升了作业效率及服务质量。该系统对井下采集的数据进行处理，然后以图形方式显示沿井眼深度的地层数据和井眼数据。LogIQ 采用微软的 Windows 操作系统，数据处理由基于 Intel 的微处理器完成。

LogIQ 测井系统支持的井下测井仪器包括 INSITE 系列井下仪器、DITS 系列常规和成像井下测井仪、套管井测井仪。

LogIQ 测井系统由地面网络和井下网络构成。地面网络中的测井计算机是整个地面系统的主控部分，可以与井下网络中的各个测井仪器直接进行通信。井下遥传 FASTLINK 系统采用以太网和 ADSL 技术，可以完成地面网络与井下网络间的点对点通信，地面与井下数据传输速率已经达到 $80×10^4$ bit/s。

（3）贝克休斯公司。

ECLIPS-5700 测井系统是贝克休斯公司在其前一代产品 CLS-3700 测井系统的基础上研制而成的。加强型计算机测井解释处理系统 ECLIPS 可完成各种常规和成像测井的数据采集和处理编辑工作，该系统将数据采集、多任务计算和成像绘图融为一体，有效地提高了测井质量和工作效率。系统利用 WTS 电缆传输系统建立井下仪器工作平台，地面系统具有多任务、多用户和菜单驱动等特点，实现测井质量的全面控制。ECLIPS 可提供大量的诊断措施，如电源和遥传系统的诊断程序以及用户可选择的诊断程序，通过图形显示和数据处理的实时显示，可不断地监视测井质量。

地面系统配有 3 台计算机和 2 个 19in 的彩色显示器来实现对系统软件的控制。ECLIPS-5700 系统以分布式处理多任务 UNIX 系统为基础，以图形用户接口（GUI）界面开发的，主要包括现场采集、数据输入输出、数据预处理、资料分析、数据通信、表象管理和应用工具 7 个部分。电缆遥测系统 WTS 最快传送速率为 $23×10^4$ bit，是当今世界速度较快的测井通信系统之一。ECLIPS-5700 测井系统支持的井下仪器包括常规仪器和成像仪器。

8. 测井解释评价技术及软件

1）发展历程

测井是为了取得储层的各种岩石物理参数，发现油气储层，并对油气储层进行全面评价。1942 年阿尔奇发表了著名的阿尔奇公式，把测量的岩石电阻率转换成了饱和度，测井解释理论获得重大突破。60 多年来，人们以阿尔奇公式为理论依据，建立了许多测井解释油气层的方法，在全世界得到了普遍应用。随着测井解释技术的进步，阿尔奇公式有了许多发展和创新，并且建立了若干派生的公式，用于确定各种储层岩石的饱和度，提高了测井解释油气层的符合率。

进入 21 世纪，伴随成像测井、核磁测井、元素能谱测井等测井方法的完善和处理解释能力的提高，测井资料在火成岩、低阻低渗复杂油气藏、稠油、非常规等复杂油气藏评价方面取得了突破。利用声波等测井资料得到的岩石力学参数在指导钻井作业和油藏开发方面发挥着重要作用。测井资料描述储层的参数类型种类更加丰富，描述程度更加精细。测井解释从单井走向多井，描述的参数从传统的孔、渗、饱、泥质含量增加到有效孔隙度、可动流体饱和度、纵横向饱和度、束缚水饱和度等。测井资料已不仅仅是识别油气水层的工具，而是对油气田勘探开发多个环节都能产生影响。

2）重大关键技术

（1）测井解释评价技术。

21 世纪，油气田勘探开发对象更多地向复杂和隐蔽油气藏转移。复杂油气藏是当今测井技术面临的主要难题。油气藏的复杂性主要表现为：岩性多样，包括复杂砂岩尤其是低阻低渗砂岩、多种类型碳酸盐岩、多种类型火山岩、变质岩等；孔隙空间多样，包括双重或多重孔隙结构储层、裂缝性储层、缝洞性储层；流体特征多样，包括多压力系统，甚至是一砂一藏，气、油、水纵向分异不清，裂缝强侵入、流体响应弱、基质和缝洞双重流体系统。

在实际解释中目标特点体现在："三低"（低渗透、低压、低产）；"两复杂"（复杂孔隙结构、复杂油水关系）；"一非"（非均质）。在实际解释中技术难点体现在："三低"（低信噪比、低对比度、低适应性）；"一非"（非线性）。由此带来有效储层识别、流体性质判识、储层参数定量解释和综合评价的困难。21世纪，测井方法和解释技术在解决这些困难上取得了较大的进展。

① 岩性岩相识别及其组分计算技术。

常用的岩性识别方法是选用一些对岩性反应敏感的测井量，采用交会图技术和数理统计方法来划分岩性与计算多矿物组分。由于火成岩等复杂油气藏岩性复杂，用常规测井资料难以区分识别，因而影响了对储层的评价。化学俘获元素能谱类仪器的出现为解决地层岩性识别与组分计算难题提供了很好的途径。从化学元素能谱测井资料中能提取出代表地层岩性的有效信息。应用贝叶斯分析等多元数学统计或神经网络、人工智能建模方法，在有较多取心的关键井，建立测井参数与已知岩性地层的岩性识别模型，划分出具有地质意义的测井相，再通过岩心对比建立测井相—岩心数据库，最后对未取心井进行连续逐层的测井相分析，并鉴别岩性成分，最终获得这些井剖面的岩性与矿物组分。岩性岩相技术在火成岩、页岩气、变质岩、碳酸盐岩评价应用方面发挥着重要作用。

② 裂缝及复杂储集空间定性与半定量评价技术。

复杂储集空间油气藏的岩性一般为火成岩、碳酸盐岩等为主，储集空间类型多样、形态复杂、非均质性强。由于裂缝是火成岩、变质岩、致密油气层等裂缝性油气藏中地层产能最重要和最直接的影响因素，裂缝性储层在油气勘探开发中所占比例日益增加，因此评价复杂储集空间以及地下裂缝的发育和分布规律就显得尤其重要。

储集空间定性评价主要是利用测井资料判断储集空间的类型，即基质孔隙、裂缝孔隙和溶洞孔隙，并且识别有效裂缝和有效溶洞。定量评价则是评价储集空间的形态、大小与有效性，即计算有效基质孔隙度、有效裂缝和有效溶洞的形态及组合特征。随着微电阻率扫描等电成像测井和偶极声波、阵列声波等声成像测井技术的不断完善，利用声电成像测井资料可以成功地确定岩石类型与结构；分辨天然裂缝与钻井诱导缝；评价裂缝的形态、张开度、类型和发育程度；结合其他岩心、动态测试等资料可定量识别裂缝的方向、渗滤性、充填情况和评价裂缝分布规律。采用最优化技术可求得准确的矿物含量与裂缝孔隙度，通过研究裂缝宽度、裂缝网络类型对裂缝渗透率的影响情况，估算裂缝渗透率，完成储集空间半定量评价，为裂缝地质模型提供建模参数。裂缝评价对碳酸盐、火成岩、非常规油气资源的开发有着重大作用。

③ 孔隙结构评价与流体性质识别技术。

储集岩孔隙和喉道的孔隙结构特征是砂岩储层结构的重要组成部分，也是决定储层质量优劣的主要因素，对油气储集与油田开发效果产生着重要影响，因此对储集岩的孔隙结构研究具有十分重要的理论与实际意义。根据在实验室完成的岩心分析测试结果可得到一些统计参数，利用这些统计参数可说明储层的孔隙结构，但岩心研究的成果很难与储层宏观参数建立关系，在没有岩心的情况下更是无法描述孔隙结构。地层测试技术可以直接对井下流体进行取样，准确判断流体性质。核磁共振技术具有信息丰富、测量精度高和对孔隙结构变化灵敏等特点，为测井解释研究孔隙结构提供了新途径。核磁共振 T_2 谱分布中包含了反映孔隙结构信息，通过定量解释可提供孔径分布信息，能区分出可动流体与束缚流体并判别流体性质，结合阵列感应、地层测试等测井资料，在纵向上可连续有效地识别出有效储层，完成有效孔隙度与渗透率、可动油气饱和度等储层岩石物理特征及地质特征的评价。核磁共振资料和地层测试资料等解释方法的应用极大地推动了页岩气、致密气、稠油油藏等的地层评价。

（2）测井软件。

目前测井处理解释软件以斯伦贝谢公司的 Geoframe、贝克休斯公司的 eXpress、哈里伯顿公司的 DPP/Petrosite PRO、帕拉代姆公司的 GeoLog 软件为代表。进入 21 世纪，随着科学技术的进步，测井资料处理软件经过不断升级换代，性能更加完善。新一代测井软件所具有的特点：测井处理解释和评价应用技术不断完善，各种测井和处理新方法不断涌现，解释软件系统比较配套和完善；广泛采用微电阻率扫描、核磁共振、阵列声波、化学元素能谱等新的解释方法评价测井资料与描述地层特性，对复杂储层特别是薄层/薄互层、复杂岩性及裂缝性等油气藏评价的解释能力和精度显著提高；测井与地质、物探、录井、试油等多学科密切结合，进行油藏研究、储层预测和油气层识别，储层评价精度大大提高；测井解释评价的层次不断提高，从油藏评价的目标出发，实现储层与油藏地质特性的整体评价，促进了测井评价目标的全面提升与多元化。

① 斯伦贝谢公司 GeoFrame 测井处理软件包。

Geoframe 是目前石油勘探开发领域应用最广泛的地学平台之一。Geoframe 集综合数据管理、测井资料处理解释、地震资料综合解释、沉积相与沉积环境分析、地质资料综合研究以及图件编制等功能为一体，不但可以实现地震—测井—地质—油藏一体化数据管理，还可以针对地质目标开展测井精细评价、地质研究、构造描述、储层预测、三维可视化研究及油气藏综合评价等工作。

GeoFrame 测井处理软件包综合了测井专业领域的前沿技术，包括复杂储层精细评价与多井评价、测井岩相分析、成像测井资料处理解释、非常规气层评价、储层分布预测、油藏剖面制作等。由于计算机软件技术的提升，测井评价技术已从传统的储层参数分析领域发展到现代油气藏综合评价阶段。

② 贝克休斯公司 eXpress 测井处理软件包。

eXpress（增强型 X-Window 油藏岩石物理测井评价软件系统）是在岩石物性分析程序平台上运行的测井分析软件。eXpress 是一个完整的商业性岩石物性数据分析和解释系统，由基本系统和高级分析模块组成；基本系统主要包括数据加载模块、测井交互显示和编辑模块、环境及预处理模块、复杂岩性分析模块、输出显示模块。高级应用模块部分包括：最优化模块、程序生成模块、声电成像分析模块、全波列分析模块、核磁共振测井分析模块、图像增强显示模块、地层压力瞬时分析模块、地质统计模块。

③ 哈里伯顿公司 DPP 测井处理软件包。

桌面岩石物理 DPP 是一个集成的软件包，它可用于转换、储存、分析和操作测井数据。DPP 运行的硬件为 SGI 工作站，操作系统为 UNIX。用户可通过桌面岩石学应用软件包管理和操作测井数据以用于进一步的评价和解释。DPP 提供了运行于 OSF/Motif 下统一的"桌面"环境，因此可提供在 X-Window 系统下一致的用户界面。所有的 DPP 应用都运行在共同的 CLS 数据库下，使用单一的消息系统来与其他的应用进行通信。DPP 主要功能模块包括：数据转换、存储、管理模块、声波全波处理模块、薄层处理模块、地层倾角处理模块、生产测井处理模块、成像测井处理模块。Excel 2000 支持 DPP 高级的数据处理应用。

④ 帕拉代姆公司 Geolog 软件。

Geolog 测井资料综合分析评价软件主要用于数字化测井曲线的综合解释，在功能和实现方式等方面有一些自己的特色。具有跨机型的软件应用能力，采用了独立于运行平台的语言进行开发,可以在 Unix 工作站和微机中运行;以图形化工区方式显示目标区块的地质及开发特征,方便用户建立处理区块的整体概念;底层数据模型具有可扩充性,用户可以根据需要定义数据存储模型,在此基础上实现软件功能与数据对象的通信;具有面向对象的测井曲线和其他图件的图形编辑系统,体现了"所见即所得"的面向对象软件设计原则,方便用户编辑成果图件;平台中的 Quickln,DeterMin 和 Multimin 储层评价系统,提供了具有创新意义的储层参数评价方法,为在地质情况复杂、测井资料相对较少及没有系统的参数解释标准条件下进行单井评价提供了优秀的软件工具;具有灵活的平台功能可扩展性和丰富的平台开发工具。Geolog 的目标对象为油田或油公司。软件中设计的测井储层参数评价方式和解释方法具有通用性。

近年来,各大测井公司非常注重将数据管理与信息技术相结合:以数据管理为基础,依托网络技术,将各种数据资源与各种处理解释及分析评价软件结合起来,汇总到一个电脑桌面上,并通过网络输送到各个工作部门,使资源达到充分共享,使专家的分析评价建议及主管部门的决策迅速反馈到现场,指导生产作业。主要技术包括大型数据库的建立与管理、解释评价软件的集成、高速网络的建立等。其中斯伦贝谢公司 GeoQuest 提出了包括数据共享、经验共享、知识共享等 3 个共享层次的"以模型为基础、高度共享的办公室"概念,其产品包括处理解释软件 GeoFrame、数据集成管理库 ProSource、油藏数据库 Finder、资料归档数据库 LogDB 等。哈里伯顿 Landmark 提出了"数据与应用一体化、应用和工作流程一体化、工作流程和操作过程一体化"的概念,其产品包括处理解释软件 DPP(工作站版)/Petrosite PRO(微机版)、集成数据平台 Epos、数据库系统 Corporate Data Store。

第二节　未来 20 年测井技术发展展望

一、测井技术发展面临的形势、挑战与技术需求

21 世纪初,测井行业面临的形势与挑战主要有以下几个方面:

1. 作业环境日趋恶劣,测井对象日益复杂

随着现有油田的不断枯竭,油气勘探开发活动正越来越多地转向地质情况更复杂、自然环境更恶劣的地区,未来的油气勘探开发将逐步向深层(6000～7000m)、深海(水深达3000m 以上的海域)、沙漠、高山和极地转移。隐蔽油气藏、岩性油气藏、高含水、低孔、低渗、低电阻率复杂油气藏、稠油、非常规油气藏等已成为勘探开发的主要对象。随着常规油气勘探开发难度的加大,对高性能测井装备的需求日趋迫切,同时油气藏勘探、评价、开发和生产等环节都对测井技术提出了更高的要求。油气行业需要不断开发出能表征地层更多地质信息的高精度、高可靠、高分辨率、深探测井下仪器以及有针对性、适应性强地配套测井技术,需要不断提高测井技术解决复杂性油气藏勘探开发中疑难问题的能力,要求测井作业能够在日益复杂的井眼条件下和更加恶劣的环境中顺利实施。

2. 钻井技术不断发展和降低成本的压力对测井及解释技术提出了新要求

石油公司希望通过测井作业,能够实时地采集数据,更快速地识别目的层,更准确地确定地层参数。为了满足实时测量的需求,随钻测井技术快速发展,新的测井仪器不断推出,基本可以实现电缆测井的所有测量项目,同时需要在保证采集信息正确的前提下,不断提高

数据的传输速度。随着大斜度井、多分支井、水平井技术的发展，以及小井眼、欠平衡钻井技术的使用，这些特殊井型和钻井环境都对测井及其资料处理解释技术提出了新的要求。为降低成本的压力，油公司要求测井作业最少地占用井场时间，提高测井效率。这些客观需求对测井技术提出了严峻的挑战，也推动测井技术不断发展。电子、机械、计算机、通信等技术的迅猛发展也为测井技术的发展提供了先决条件。

3. 针对高含水油田和非常规油气藏开发和动态监测，常规生产测井技术不能满足需求

面向 21 世纪，低成本勘探开发低品位油气资源将是石油科技的重大命题，油气藏的合理开发与管理更受重视。为了进一步提高油田采收率，降低生产成本，加强油藏动态管理，需要对油藏压力、温度、产能等实施动态监测。目前油田进入高含水期开发的数量不断增加，开发难度越来越大，套损和窜槽已严重影响注水效果和油田产量。常规生产测井技术已经不能满足要求，需要更精确的油藏评价手段和更丰富的油藏动态监测资料。其中，突出要解决的问题包括弄清油田开发期水淹条件下剩余油的分布、油藏动态监测、产能预测和固井质量、套管损坏检测。随着非常规气产量不断增加，对利用测井资料指导压裂设计与预测压裂效果的需求也在上升。为了能更好地及时地提供油藏动态信息，对套管后测井作业、地层测试服务、油田井下永久探测器技术提出了更高要求。

4. 测井市场竞争日益加剧，环保要求日渐严格

目前全球测井服务市场的竞争日趋激烈，测井技术垄断和市场垄断仍然突出，技术、质量、竞争是主导，而测井市场竞争更加依赖技术水平、服务质量、可靠性和价格。由于测井服务可贯穿油气勘探开发的整个过程，如何提升测井作业和信息的价值，提高测井专业在油气行业的地位，为油气生产的各个环节提供更多、更有价值的信息，地震、钻井、测井、油藏数据的综合应用、多学科资料集成也是测井资料处理解释需要面对的挑战。随着人们安全和环保意识日益增强，对使用放射源的限制和监管促进了测井行业研发用可控中子源代替传统中子源的测井技术。

二、未来 20 年关键测井技术发展展望

测井技术经过了 80 多年的发展，地下测量从简单的钻屑、岩心和流体测量与分析发展到包括先进的井下岩石和流体性质测量以及流体采样，从电缆测井向随钻测井发展。总体上说，测井井下仪器将向小型化、集成化、阵列化、多参数、高温高压、高精度、高分辨、深探测、随钻前视等方向发展。

测井技术近期的发展将主要集中于：改善随钻测井（LWD/MWD）及提高数据传输率；提高油藏和流体测量精度和分辨率（校正大斜度和各向异性）；非常规油气藏关键参数测量（煤层甲烷气吸附特征）等。从长远看，能够明显改善勘探与生产作业性能的新型测量方式的研发（獾式钻探器、纳米传感器等）备受关注。

随着非常规资源（特别是非常规气）受关注度的提高，适于非常规资源测量与实验的仪器会得到进一步的改进，并开发新的测量仪器和方法。目前的测井仪器还无法满足非常规油气藏评价的需要，需要更好的岩心测量方法，测量渗透率、孔隙度和含水饱和度；需要更好的方法预测吸附气体积；适应非常规油藏评价的油藏成像仪器；在钻井、完井和增产作业期间测量相关参数，更好了解地层、压裂处理和生产作业；随钻探测——将钻头导向最高产层段。

1. 测量方式多样化

在测井作业环境不断复杂的今天，为了能够保证数据采集、降低作业成本、提高效率，各大测井服务公司纷纷推出了各种测井平台。一些油公司和服务公司针对不同的需求，正在研究或已经推出了其他一些测井方式，如纳米传感器、过钻头测井以及獾式钻探器等。

1）多种传送方式快测平台

快测平台是提高测井效率，降低成本的有效工具。斯伦贝谢公司推出了电缆测井、生产测井、恶劣环境测井等多种快测平台，最近又推出了适用于小井眼（2.25in）测井的多种传送方式快测平台——Multi Express。

该平台具有更高的测井效率。首先，仪器串的长度短；其次，具有存储测井功能，在裸眼井中能够更加灵活地传送仪器（用电缆或连续管过钻杆传送仪器）。Multi Express 仪器串可以在各种井下环境使用，用于确定油气饱和度与可动油气、识别多孔渗透带、探测气体、确定岩性、井间地层对比、煤层气测井、气井测井、小井眼测井、过钻杆传送测井、连续管实时测井。

2）油藏纳米传感器

据美国能源部报道，2006年美国已发现石油储量的67%有待开采，预计其中的1/4可以用常规方法采出，但剩余油却难于发现与开采，探测与开采这些剩余油成为诸多油公司和服务公司努力的目标。为了开采剩余储量需要了解井间基质、裂缝和流体的性质以及与油气生产相关的一些变化，但现有的测井和物探技术在探测范围或分辨率上还无法满足这种需求。为了有效地探测和开采剩余油，一些大型油公司和服务公司开始了纳米传感器的研究。据报道，纳米传感器不仅能够探测甚至可以改变油藏特性，从而提高油气采收率。

纳米传感器在剩余油探测与开采中的潜在应用，使得一些有实力的公司开始积极投入到纳米传感器技术的研究。相信，纳米传感器将在油藏表征与剩余油探测方面发挥重大作用。

（1）研发机构。

目前，从事纳米传感器技术研究的机构主要有沙特阿美石油公司的勘探与石油工程中心——先进的研究中心（EXPEC ARC）和先进能源财团（AEC）。

AEC 是由世界上最成功的一些油公司和服务公司组成的，包括 BP 公司、贝克休斯公司、康菲公司、哈里伯顿公司、马拉松石油公司、西方油气公司、斯伦贝谢公司、壳牌公司和道达尔公司等（图5-4）。AEC 每年投资数百万美元，致力于用纳米技术勘探与生产油气，主要目标之一是开发可以注入到油气藏的微传感器与纳米传感器，采集有关油气藏及其所含流体的信息，以便更好地表征油藏，有效开发油气资源。

图5-4　AEC 财团成员

（2）纳米传感器作用。

20世纪，石油工业一直注重表征和了解油藏的宏观和微观特性，但随着对提高常规油气资源采收率以及开发非常规资源的关注，石油工业需要在更小的尺度上对油藏基质、裂缝、流体性质及其随生产过程发生变化进行深入研究，以提高油气采收率。纳米传感器可以测量多种地层和流体参数及其空间分布，能够满足这种需求。

纳米传感器测量的地层与流体参数有：压力，温度，相对渗透率，孔隙尺寸、孔喉和孔隙几何形状，应力状态，油、气、水及腐蚀性气体（CO_2，H_2S），油气类型，pH 值，黏度，油气水饱和度，润湿性。根据这些测量结果，可以得出：油、气、水的空间分布以及剩余油气的位置；地层形态、油藏分隔情况、天然裂缝分布、断块几何形态、人工裂缝几何形态等。

纳米传感器在油气勘探与开采中具有多种应用，包括辅助圈定油藏范围、绘制裂缝和断层图形、识别和确定高渗通道、寻找油田中被遗漏的油气、优化井位、设计和生成更现实的地质模型，还有可能用于将化学品送入油藏深处提高油气产量。

（3）研发现状及前景。

纳米机器人在油藏表征及剩余油探测中有巨大的应用潜力，因此受到了许多油公司和服务公司的关注，近年来取得较大进展。继 2008 年沙特阿美公司完成了油藏纳米机器人的可行性研究之后，2010 年 6 月首次在油藏条件下成功地完成了油藏纳米机器人的现场测试，这为充分开发油藏纳米机器人精确表征油藏及优化油藏管理战略和提高采收率的能力奠定了坚实的基础。

AEC 资助的莱斯大学已经制造了纳米机器人，并证实可以吸附在分子上，能够通过并分析土壤样品，下一步工作是将使纳米机器人通过钻井岩心。AEC 资助的另一所大学——得克萨斯大学完成的一些研究项目已初具规模。

两年前沙特阿美石油公司的勘探与石油工程中心——先进的研究中心（EXPEC ARC）提出了油藏纳米机器人（Resbots）的概念。目前，EXPEC ARC 已经研究了 Resbots 在地下成功"旅行"所必需的一些重要因素，包括尺寸、浓度、化学性质、与岩石表面的相互作用、在油藏孔隙中的运动速度。此外，还成功地完成了现场测试。在 2010 年 6 月的单井测试中，将 250bbl 稀释的纳米机器人溶液随注入水注入 Arab-D 地层。使用的纳米油藏机器人的平均尺寸为 10nm（约是人类发丝直径的 1/10000）。注入后井被关闭，然后投入生产。用荧光光谱对产出的样品进行分析，以评估纳米机器人的回收率。样品分析结果证实，纳米机器人具有非常高的回收率，其稳定性和液压流动性也很好。这些 Resbots 尚无探测能力，下一步研究的重点是增加探测能力。

AEC 对纳米传感器的研究起步较晚，其资助的莱斯大学已经制造出纳米机器人（nanoreporters），目前正在岩心中进行测试。过去 2 年，AEC 对征集（面向南美、北美和欧洲的研究机构和大学）的 150 多个项目进行了评估，最终选取了 34 个研究项目进行投资，2008 年启动了 21 个项目，近期将向另外 13 个项目提供研发资金。

这些研究项目主要集中在 4 个技术领域：造影剂——增强可以分散于压裂液或注入液中的分子或纳米粒子的电磁、声波或其他特性，以提高井眼、地面或井眼—地面成像方法的分辨率和探测能力；纳米材料传感器——分子与材料传感器，当储层物理或化学条件不连续或阈值水平发生变化时，显示出可探测的状态改变；微电子/纳米电子设备——测量油藏特性，存储或将数据传回井眼；纳米材料传输和流体流动的基础研究。

这些研究的目的是开发能够优先吸附在油水界面上的顺磁纳米粒子，并对其进行遥测。此外，还在开发实验室测量与现场测量相关的理论模型，如获成功，这种新的探测方法可以确定油藏的流体饱和度，探测深度远远大于核磁共振成像测井。微传感器与纳米传感器的探测范围很广，介于测井与地震之间，垂直分辨率要高于测井与岩心分析（图 5-5）。纳米技术和微观探测技术的发展与应用将使油藏监测、管理和提高采收率发生革命性的变化。

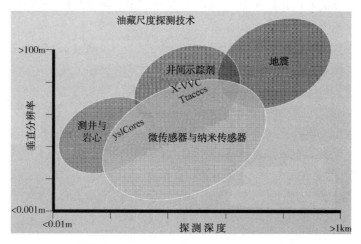

图 5-5　纳米传感器与测井和地震测量探测深度及分辨率的对比

据沙特阿美公司从事纳米机器人研究的科学家预测，未来将会研发出以下 3 种基本型机器人：被动型的(最简单)；主动型的(较先进)——可以探测地下环境(压力、pH 值、矿化度、饱和度等)；反应型的(最先进)——当纳米传感器在地下旅行时，可以对油藏进行干预以改变不利的油气开采条件，例如，在油藏最需要的地方，完成靶向化学品传送。

虽然目前的纳米传感器尚无探测能力，是需要解决的首要问题，但一些科学家认为纳米传感器的前景非常广阔，可以提供近乎无限的可能性，有助于延长油气开采和供应期限。

3) 獾式钻探器

獾式钻探器的概念于 1999 年提出，2002 年在挪威获得专利(2006 年获美国专利)，2004 年完成可行性研究，2005 年开始样机研发，2008 年样机陆上测试，2010 年 10 月完成第二次现场测试。Badger Explorer(BXPL)公司一直致力于研发这种新型钻探工具，BP、埃克森美孚和挪威国家石油公司提供资金支持。根据 BXPL 公司计划，2010 年开始步入商业应用阶段，但从目前的情况看，投入商业应用的时间已经推迟。

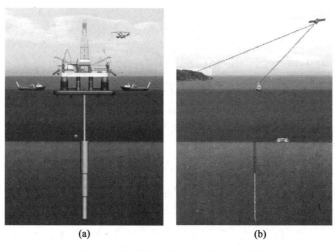

图 5-6　常规测井方法与獾式钻探器

獾式钻探器是一种极细的电动钻孔测量系统，用于将测井传感器送到储层并采集数据。该工具的主要测量参数有：地层的泥质体积、含水饱和度、孔隙度、岩石及所含流体的体积密度、孔隙压力、温度、岩石的声波速度。

系统由钻头、钻屑粉碎装置以及电缆滚筒(传送电力和测量数据)等部分构成。当钻头在地层中钻进时，钻屑被粉碎，进入泥浆并被送到工具的后部，压实后永久性封堵孔眼。多余的钻屑被压入地层，无须下套管。钻头到达目的层时，测井传感器采集地层数据并用电缆(预先缠绕在仪器内部)将数据传到地面。全部数据采集结束后，仪器被永久性留在地下。

系统的特点包括成本更低，据预测将降低60%~80%的勘探钻井成本；与电缆测井相比，测量是在储层岩石处于原始状态下进行的，不受钻井液滤液侵入的影响，测量结果更可靠；和LWD相比，数据的采样率更高、数量更多。

用长164ft的系统，包括68ft电缆滚筒，最大钻深可达9840ft，用时2~6个月，孔眼直径8in。

2. 井下仪器向阵列集成、高温耐压、安全环保方向发展

井下仪器的阵列化、集成化程度不断提高。仪器测量探头由单点测量转变为阵列测量的阵列化为储层评价的深入提供丰富信息；变分散仪器测量为高精度组合仪测量，各种仪器的集成化缩短了仪器长度，降低了测井的劳动强度和施工风险，提高了测井时效；以方位侧向、多分量感应和交叉偶极子声波测井为代表的储层各向异性测井不但实现了三维测井，也为突破薄储层测井评价的瓶颈技术指明了方向；大量新技术、新工艺和新材料的应用提高了井下仪器的可靠性和分辨率。同时不断开发更加安全、环保的测井仪。

1) 高温高压仪器

一般测井仪器只能承受175℃的温度和140MPa的压力，国外新一代高温高压电缆和随钻仪器的额定温度和压力分别为260℃和207MPa，能在11000m超深井中正常工作。

贝克休斯公司的Nautilus Ultra系列仪器、斯伦贝谢公司的Xtreme HPHT测井平台和哈里伯顿公司的HEAT系列仪器的耐温均达到了500℉(260℃)，耐压172~206MPa(25000~30000psi)。服务范围包括完整的地层评价、地层测试和采样。此外，还可进行井眼地震、生产测井等。

在2011年OTC会议上，哈里伯顿展示了耐温能力高达230℃的MWD和LWD，这是目前投入商业应用的耐温能力最高的MWD和LWD。

威德福公司研发的新型分布式温度传感器DST系统，利用纯硅芯(无添加物)的单模光纤，额定温度达到了300℃，适于在SAGD等恶劣环境下长期监测油井的温度剖面。与常规的单模光纤相比，纯芯单模光纤极大地降低了光损失率。单模光纤无模式色散，光损失率低，能够长距离携带大量信息，是理想的长距离和高带宽传输介质。新系统使用了获得专利的温度计算算法，考虑了氢进入光纤造成的少量光损失。

电子行业的快速发展使得集成电路的体积变得越来越小，速度越来越快，耐温耐压指标不断提高。绝缘体上的半导体(SOI)是有效扩展电子元件高温性能的工具，通常可以在250℃下工作，有些远远超过300℃。新的工业应用促使制造商不断改善电子元件的高温高压性能和可靠性，借助于电子元件技术的发展，测井仪器的耐温耐压指标将得到进一步提高。

2）核测井可控中子源

常规中子测井所采用的中子源有较大的幅射伤害和环境危害风险，为适应越来越严格的环保要求，开发采用环境更友好的、低能中子源的测井技术是大势所趋。目前，Pathfinder公司的 SDNSC 组合仪已采用低能锎中子源（Cf252），斯伦贝谢公司也在随钻测井仪中采用脉冲中子发生器取代了传统的中子源。

3. 随钻测井向深探测、前视、成像方向发展

随钻测井技术正越来越多地取代电缆测井而成为常规服务项目，服务领域从早期主要集中在海洋钻井平台服务逐步向陆地钻井服务中推进。

随着信息传输技术、信息处理技术的发展和材料领域技术的进步，随钻测井技术发展的速度会进一步加快，随钻仪器的可靠性、抗干扰性、精确性进一步增强，探测深度进一步加深，仪器体积进一步缩小，耐温耐压性能及抗震性进一步提高。随钻测井的测量数据传输速度亟待提高，钻井液脉冲传输、声波传输、电磁波传输技术的改进还有许多技术上的难点需要突破。在结构上提高可靠性和灵活性，将各种类型的测量仪做成短节，包括伽马测量仪、电阻率测量仪、中子、密度、声波等测量仪，从而根据地层评价需要，可方便地增减测井参数。

虽然随钻测井替代电缆测井的领域会不断扩大，但是对钻井器具的依附决定了短期内还不可能完全替代电缆测井技术。随钻测井将不断向小型化、阵列化、集成化、安全环保、高数据传输率等方向发展。

1）深探测随钻电磁测井仪器

在大斜度井与水平井的钻进过程中，准确预测钻头前方的地层界面是所有油田作业者的梦想，为此服务公司开发了可以同时进行井眼成像和构造倾角及油藏性质表征的测量方法。然而，这些测量的探测深度通常只有几厘米，只限于绘制最靠近的地质界面。随着随钻电磁测井仪器的问世，探测深度提高到 3~4m，斯伦贝谢公司目前正在现场测试的深探测随钻电磁测井仪器的探测深度达到 30m，能够探测长水平段上的多个地层。

新测量系统能够测量对应不同地质界面的多个电阻率，水平段上每个与井眼径向距离在 17~27m、水平距离超过 450m 的层段都能测到，这种探测能力可以确保地质导向的成功。在一口倾角为 87° 的井中，在距井眼轨迹垂深 5m 的距离上识别出了重要的地层界面，相当于在钻头钻过界面之前 75m 就预测到了该界面。使用新的深探测电磁随钻测井仪器还能够绘制砂岩尖灭图、注水油田水驱图和油藏连通性图，识别小地震断层。这类非均质性是影响流体流动及了解油藏的重要特性。

仪器在 3 口水平井中的测试显示，其径向探测深度为 30m，经反演后可以探测垂直距离 60m 的地层界面。新仪器比其他技术可以提供更多地质信息，结合不同探测深度的电磁测量，可以沿井眼绘制多种地质特征，用于油藏成像和监测。

2）钻柱雷达

美国能源部组织相关机构开发用于探测煤层界面及钻井导向的钻柱雷达（DSR）。该项研究工作由 NNSA 堪萨斯市工厂（KCP）、Stolar 公司和俄罗斯 Nizhny Novgorod 测量系统研究院的科学家合作完成。2006 年夏天，Stolar 完成了钻柱雷达的现场测试。此后，DSR 项目又得到了 140 万美元资金，用于相关技术开发。

钻柱雷达（DSR）是一种地球物理勘探系统（图 5-7），利用低频和中频无线电波在沉积

岩石或煤层中的传播并接收界面反射波，从而确定地质构造、表征裂缝、探测岩层界面、孔洞和洞穴、分析流动路径、生成导向信息等，是先进的钻井与油藏成像的必要工具。主要应用有：实时地质导向；地层高度、高程变化和边界岩石类型绘图；探测地质构造和油水比的变化；避免低效、耗时和高成本的侧钻；前视探测（钻头前方地层成像）。虽然 DSR 最初是为有效开采煤及煤层气而开发的，但该系统完全可以用于油气钻井中的地层界面探测与钻井导向，通过精确的水平钻井，有效确定遗漏的油气储量。煤层雷达的探测深度取决于煤层性质，表 5-7 列出了一些煤层中的探测距离。

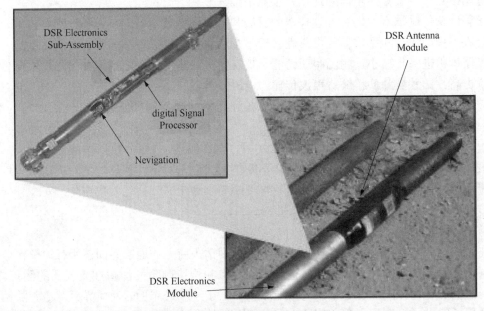

图 5-7　钻柱雷达地球物理勘探系统

表 5-7　煤层勘探雷达的探测距离（动态范围 100dB、频率 100 MHz）

位　　置	探测距离(ft)	位　　置	探测距离(ft)
美国 Pittsburgh Seam	72	美国俄亥俄州	33
美国弗吉尼亚州	66	英格兰	23
美国科罗拉多州	57		

4. 成像测井向三维测量方向发展

成像测井能够满足复杂岩性、地层各向异性以及砂泥岩薄互层地层评价的需要，在油气勘探与开发中发挥了重要作用。成像测井系列将更加配套完善，测量方法向多源、多接收器、多极、多谱、宽频方向发展；仪器结构向小型化、阵列化演变；纵向分辨率、探测深度及井壁覆盖率不断提高。

三维成像测井技术会得到进一步改进，种类不断增加。斯伦贝谢公司继 2004 年推出流动扫描仪以来，其扫描系列仪器已经增加到 7 种：Rt 三轴感应扫描仪、声波扫描仪、核磁扫描仪、介电扫描仪、流动扫描仪、隔离扫描仪、电磁套管扫描。其中，介电扫描和电磁套管扫描仪是最新推出的两种仪器。

1）介电扫描仪

介电测井方法自 20 世纪 80 年代引入以来，因其测量的局限性、中等精度和质量控制不足等因素，一直没有得到广泛应用。新一代介电测井仪器——介电扫描仪器克服了这些局限，能提供更多信息，用于精确的岩石物理评价。

介电扫描仪器在业内第一个应用多频介电频散技术来精确量化剩余油气体积、阿尔奇公式中的 m 和 n 指数以及储层的离子交换能力，以前只能通过实验室岩心分析得到这些参数。介电频散测量能够建立近井眼区域的准确径向剖面，提供用于复杂岩石物理解释的岩石特性和流体分布。综合传统的测井方法，介电测井能够为储层评价和管理提供更准确的油藏描述。

介电扫描仪器在各种油藏条件下的应用得到了非常好的效果，在委内瑞拉砂泥岩薄互层中，识别出 150ft 的油层；在 Kern River 油田的低矿化度地层，精确地估算出重油饱和度；在原生水矿化度多变的砂岩油藏，区分油水层等。

2）电磁套管扫描仪

套管和油管腐蚀每年给石油工业造成的损失达数十亿美元，这还不包括因腐蚀导致油气泄漏或窜流造成的产量损失。尽管早期腐蚀探测可以预防维护降低环境损害风险和地面事故（爆炸、火灾、泄漏等），但许多油气井是在十几或几十年之前完成的，腐蚀控制与监测并非当时的主要考虑因素。即便在当今的技术条件下也无法完全预防腐蚀，但通过适当的计划、监测与维护可以尽可能地控制与降低腐蚀。新的电磁套管扫描仪可以通过定位、识别与量化损坏与腐蚀来评价套管的完整性。测量时，无须取出完井油管，因此可以节省大量时间和费用。

该扫描仪组合了一个小直径芯轴和 18 个极板型传感器，小直径芯轴能够测量套管腐蚀、识别凹槽和裂纹，安装在仪器扶正器臂上的 18 传感器进行低频电磁厚度成像（评价剩余金属）和高频甄别成像测量。下井时扫描仪完成高速探测，识别需要详细探测的位置；仪器上提时进行诊断扫描，生成图像识别腐蚀性质和严重性。用时间延迟模式，可以预测套管腐蚀速率，确定套管腐蚀情况，确定腐蚀后套管内径的变化。扫描仪的直径为 $2\frac{1}{8}$in，易于通过油管评价油管鞋之下的套管，量化金属损失（以百分比或套管平均内径表示），探测套管外径范围 $2\frac{7}{8}$~$9\frac{5}{8}$in。在双套管柱情况下，连续记录平均套管内径和总金属厚度曲线。这种多功能仪器对流体不敏感，可以在液体或气体环境使用，可以由电缆、牵引器或连续管传送。

电磁套管扫描仪为流动保障提供了第一道防线，已经用于识别普通油管腐蚀、凹槽和裂纹的准确位置，检测腐蚀率，优化修井计划。

5. 油藏动态监测与套管检测技术向远探测和成像方向发展

油藏监测测井仪可以用于探测未波及油层，通过进行时延测井可以监测油藏流体或注入流体的流动状况，更有效地管理与开采油气。随着油田勘探开发的深入，需要对已下套管的生产井进行油藏的动态监测，从而提高采收率，稳定油气的产量，需要系列配套的油藏监测和套后测井评价技术。目前，油藏动态趋向成熟，会继续向大深度、井间测量方向发展，斯伦贝谢等公司不断推出新的过套管测井仪、新一代井间 EM 成像测井仪和地层测试技术。永久井下传感器将提供更多的流体流动信息，且分辨率更高，成为数字化油田的重要部分，使得油藏生产开发状态的监测工作由长周期定期测试向全面实时动态监测方向发展。低产液、水平井三维流动成像测井技术也是今后重点发展方向，主要解决复杂三相流分布问题。

1) 新型井眼瞬变电磁测量系统

常规采油及提高采收率过程，像水驱、蒸汽驱和化学驱，常常造成油藏流体组分的变化，现有的井间电磁测井技术虽然可以测量注入流体引起的井间电阻率变化，但其测量范围限于井间区域。最近，贝克休斯公司推出了一种新的井眼油藏监测技术——瞬变电磁（TEM）测量，据称比现有井间电磁测井技术更具优势。

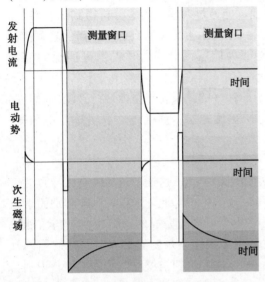

TEM 测量系统的最简单形式见图 5-8，由发射线圈和接收线圈组成。测量时，向发射线圈通足够长时间的恒定直流电（直到通电造成的瞬态效应消失），产生静态一次磁场。然后，突然关闭电流，在地层中产生电动势（emf）脉冲，脉冲的幅度和持续时间由发射电流/一次磁场的变化率决定。电动势在地层中产生涡流，涡流产生强度与电流成正比的次生磁场，地层电阻率使发射线圈向外扩散的涡流衰减。接收线圈测量在地层中扩散的涡流产生的次生磁场的衰减率，扩散过程是地层电导率的函数。测量开始时，涡流集中在发射线圈附近，测量信号主要指示该区域地层的电阻率，随着时间的推移，涡流逐步向地层深部扩散，测量的信号主要反映深部地层的电阻率。这样，不同部分的瞬变

图 5-8　TEM 测量系统的基本原理

信号能够指示不同区域地层的电阻率，这一点优于现有井间电磁技术采用的连续波测量方法。TEM 系统的另一优势是，接收器测量地层信号时，一次磁场已不存在，测量结果不受影响。TEM 系统只需在一口监测井中进行少量的点测，或者作为永久测量系统置于生产井中，可以提供油藏的 3D 图像，井眼附近的空间分辨率较高。相比之下，井间测量在两口井中进行，至少需要 100 个点以上的测量，测量结果是井间的 2D 区域。

用注水油藏的真实模型作为参考，给出了 3 轴瞬变发射器和接收器的模拟结果，显示这种测量的探测深度可达 1000ft，对注水前缘具有方位灵敏性。因不同的瞬变信号测量不同区域的地层，这对监测多层生产井中最后阶段的水侵特别有效。可以预计，该技术也可以作为井眼永久传感器系统置于井中。

2) 高分辨率实时套管应力成像仪

高地质应力或油藏压力可能使套管处于较大的应力之下，导致套管变形或被挤毁。早期检测套管形状的变化有助于及时采取修井措施，连续应力监测可以改善对油藏的了解，优化生产和储量开发。为了改善对各种地下应力造成的油管变形的监测，壳牌公司与贝克休斯公司开发了实时应力成像仪（RTCI），提供套管应力的连续、实时、高分辨率图像，用于监测套管变形。

RTCI（图 5-9）具有很高的空间分辨率（约 1cm）和精度（约 10 微应变），对所有引起管柱应变的因素敏感，包括轴向压缩、弯曲、椭圆化、温度和压力。目前的仪器可以探测每 100ft 不足 10°的套管变形，探测挤压与拉伸轴向应力范围从小于 0.1% 到 10%。通过监测这些变化，可以早期探测和量化地应力事件，更好地了解这些应力及其与油藏的关系，预防对单口井或更多井的损害，优化油气生产。

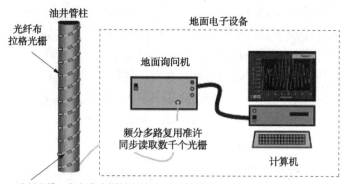

图 5-9　RTCI 的构成图

实践应用表明，RTCI 不仅能够监测油藏压实、上覆层膨胀和其他地质力学造成的套管变形，还可以监测更小的事件，如水泥候凝造成的套管直径 0.001in 的变化。目前为止，还没有其他方法能够在无须下入井中、不干扰生产的情况下，具有同等灵敏度、动态范围、空间分辨率和响应时间。

6. 地层流体测试与采样技术向实时流体分析、高纯度样品采集与高效作业方向发展

近年来，电缆地层流体测试与采样技术得到快速发展，体现在地下流体分析参数不断增多，通过流体分析数据能够获得流体组分、估算气油比、识别油藏流体类型和相态、估算样品污染程度。实时流体分析技术的进步及取样探头结构的改进，使得采集得到的流体纯度进一步提高，并大幅降低采样时间。随钻地层流体测试与采样技术的发展更加迅速，斯伦贝谢公司等大型公司纷纷推出随钻地层测试器与采样器。随钻流体采样器的问世，无须钻后电缆流体采样作业，节省钻机时间和成本，加速油藏表征进程。地层测试正朝着井下流体低污染直接取样和实时分析方向发展，随钻地层测试和套管井地层测试有可能替代传统测试方法。

1）井下流体分析

井下流体分析(DFA)已经成为表征油藏流体特性分布和确定层段连通性的重要方法。通过实时流体分析，可以判断采样流体的污染程度，有助于采集到更清洁的样品并降低采样时间。为了改善 DFA，斯伦贝谢公司等研发了新一代井下流体分析器。

新的井下流体分析器组合了多个传感器，包括两个光谱仪、荧光探测器、压力/温度测量计、电阻率探测器和密度/黏度探测器(图 5-10)。新仪器在现有滤光器阵列光谱仪的基础上增加了光栅光谱仪，在可见和近红外光谱范围测量地层流体的吸收光谱，这样使得仪器测量的烃类组分从 4 组碳扩展到 5 组碳(C_1，C_2，C_3—C_5，C_{6+}，CO_2)，从而改善了流体分析的精度和可靠性。从这些数据可以获取流体组分，并估算气油比。荧光探测器测量流线中流

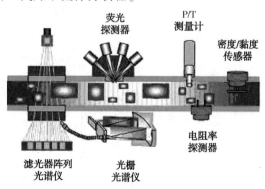

图 5-10　新一代井下流体分析器示意图

体的反射和荧光发射强度。发射强度数据可以指示气泡和液体析出，用来识别油藏流体类型和相态。油藏流体、滤液和钻井液(油基或水基)吸收谱的差异用于估算样品被污染程度。

新的密度/黏度探测器利用振动频率和质量系数测量密度和黏度。实验室测试表明，密度测量的绝对精度高于1%，黏度测量的相对精度高于10%。地层测试器中使用的常规电阻率和温度传感器也被组合到流体分析器中。仪器还包括pH值传感器。

贝克休斯公司最新推出的井下流体分析仪器——IFX仪器还含有声波速度的传感器组成（图5-11）。声波速度测量是流体污染监测的极好工具，测量是用高频传感器完成的，提供高分辨率测量结果，对流体性质的微小变化敏感，如地层水矿化度和压缩性；还可用于确保在水基钻井液环境采集低污染地层水，以及从油基钻井液中区分含气原油（live oil）。

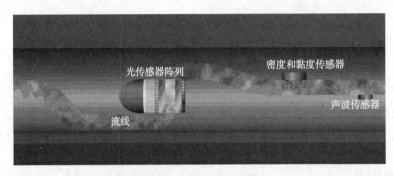

图5-11　IFX仪器示意图

2）随钻地层流体采样

随钻地层流体采样使地下油气流体采样发生了革命性的变化，首次能够用随钻测井仪器在钻井暂停期间采集地层流体样品。该技术非常适于高成本钻井环境下采集地层流体样品，准许在钻开地层的数小时内采集多个流体样品，降低井眼损害，得到更清洁的样品。有了该项技术，无须钻后电缆流体采样作业，节省钻机时间和成本，加速油藏表征进程。

随钻地层流体采样仪器通常由探头模块、抽汲模块、样品模块、动力模块等部分组成，其中抽汲模块中含有流体性质传感器。每个采样单元有5个容积为1L的样品室，每个仪器可以配置3个采样单元，共计15个样品室。采样仪器可以置于LWD仪器串内，与其他LWD仪器共享仪器内部通信工具，利用泥浆脉冲发生器实时向地面传送数据，用下行系统从地面向仪器传送指令。目前，采样仪器含有压力、温度计和密度传感器，用于实时分析地层流体污染情况，便于采集清洁样品。将来，还会增加黏度、电阻率和电容传感器，实时分析流体性质。

目前，国外一些大服务公司已经完成了随钻地层流体采样技术的现场测试，指出该项技术具有如下优势（与常规电缆采样相比）：（1）可以极大地降低作业成本，提高效益；（2）提高了快速表征流体变化以及指示油藏分隔情况的能力；（3）具有优化井眼位置以及在油藏寿命期内使产量最大化的潜力；（4）极大地促进更加复杂油藏的勘探与开发。

7. 非常规地层评价备受关注

为了满足非常规油气层评价的需求，近年来一些公司推出了适于非常规油气评价的测井、取心和岩心分析工具，包括Quick Core取心系统、NanoXCT扫描仪和光学电视（OPTV）技术等。新的岩心分析和成像测井技术对岩石结构和裂缝的分辨率达到了前所未有的水平，提供常规测井或成像方法无法得到的岩性和油藏的微观非均质性，特别适于页岩油气藏评价。

1）光学电视成像系统

随着常规油气资源的减少，页岩气等非常规油气资源不断得到重视。然而，这类油气藏的评价极具挑战性。近期问世的新型地层成像系统应用光学电视（OPTV）技术，可以在空气井中获得高分辨率的彩色地层图像，对岩石结构和裂缝的分辨率达到了前所未有的水平，提供常规测井或成像方法无法得到的岩性和微观非均质性，特别适于页岩油藏评价，对于世界上最大的天然气资源之一的 Marcellus 页岩，起到了变革者的作用。

OPTV 成像系统用于识别地质特征（裂缝、层理、矿化、纹理、孔洞、断裂等），确定其方向、走向和倾角。解释软件能够生成箭头（蝌蚪）图、杆状图、玫瑰图和立体图，用于构造和地层分析。对于完井作业，系统用于多级完井设计、确定最小/最大应力。与电或声测量的主要差别是 OPTV 可以直接解释岩石图像，获得常规测井或成像方法无法得到的岩性和微观非均质性。通过更准确地选择射孔段，可以改善页岩地层的水力压裂。在多级压裂的水平井中，用 OPTV 图像信息，可以在后续的压裂阶段避免地质灾害和错过需压裂的层段。

2）3-D NanoXCT 成像系统

石油工业越来越多地面临着复杂岩性地层（像油页岩）的勘探与开发，整个岩心的 3D 高分辨率成像技术势必成为岩心地质描述、岩石性质分析和油藏模拟的必要工具。

3-D NanoXCT 成像仪器用于研究岩石样品的基本特性，能够揭示前所未有的纳米级别的三维岩石孔隙结构，特别适于研究复杂的非常规油气田，了解岩石内部结构类型和特性，有助于更有效地开发巨大的非常规油气资源。3-D NanoXCT 成像仪器能够将 X 射线源聚焦到岩石样品内部极小的区域——20~60μm，最高分辨率为 50nm。通过使 X 射线穿过聚光透镜聚焦到岩石样品的特定区域，NanoXCT 可以进行多个岩石样品观测，将所有观测结合起来，生成岩石的虚拟三维图像。与目前使用的 MicroXCT 扫描仪器相比，NanoXCT 产生图像的分辨率要高出 2~3 个数量级。NanoXCT 仪器最大的特点是，可以检测致密岩石中的致密孔隙空间，了解流体流动和岩石力学过程，有助于地球学家以最佳的方式从特定的油气层中开采流体。此前，还没有任何仪器具有足够高分辨率来完成这样的测量。

3）适于页岩气层的取心技术

岩心分析有助于精确地确定气体体积、成分以及产能，对于非常规气藏的经济评价至关重要。过去，对于较厚的气层，电缆取心技术主要用于降低作业时间，快速将岩心送到地面以减少地层气体损失。然而，对于页岩，无论岩心输送速度多快，都会发生气体逃逸，降低了电缆取心的价值。页岩气层取心存在的另一个问题是，当取心桶从垂直悬挂位置转换成水平位置之前，岩心通常置于铝内桶，铝桶的柔性可能导致岩心产生裂缝。针对这些问题，Quest Coring 公司开发了快速取心（Quick Core）系统。

Quick Core 系统设计用于提高取心速度，确保岩心质量和收获率。Quick Core 系统将岩心置于带薄铝套的钢制内管中（图 5-12），不仅解决了铝桶的柔性使岩心产生裂缝的问题，还可避免流体侵入岩心，并减少气体释放量。Quick Core 系统可以取到更长、直径更大的岩心，填补了 27m 常规取心和 9m 电缆取心工具的空白；用电缆通过钻柱内孔回收取心系统，有

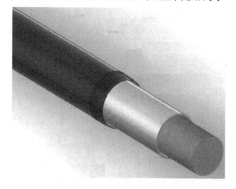

图 5-12　取心桶示意图

助于获取连续岩心、降低钻机占用时间、提高作业安全性(减少起下钻);借助于插件实现多个层段取心。该工具具有岩心堵塞报警功能,即当取心发生堵塞时,系统自动报警提醒井下可能出现问题,降低有价值岩心数据丢失的可能性。

自 2010 年 1 月,美国和加拿大的多家大型油气生产公司使用了 Quick Core 系统。最近美国一家大型作业公司用 Quick Core 系统有史以来第一次成功地在页岩气层获取 38m 岩心,与以前同样取心时间相比,取心长度增加 35%。此前,用该系统还成功地取得 27m(3.5in)岩心,创造了用大扭矩钻杆在 7⅞in 井中获取最长岩心的纪录。2010 年夏天,Quick Core 系统为该公司进行了多次取心,岩心收获率达到 99.25%。仪器主要用于页岩气取心,降低取心的时间和成本。

第三节 认识与启示

测井技术是一项以高新技术为支撑的、为石油勘探开发服务的技术。从测井技术的发展历程中,我们得到了一些认识和启示。

(1)测井技术的发展与石油勘探开发紧密联系在一起,勘探开发的需求成为测井技术发展的重要动力。

测井技术开发的初始动力是油公司寻找一些特定问题的解决方案。大斜度井、水平井和海上钻井活动的开展推动随钻测井技术发展;钻井油基钻井液或人工合成钻井液的大量采用催生了油基钻井液电阻率成像测井仪 OBMI;降低生产成本的需要促进了快测平台的推出;薄层评价的需要促使了测井仪器的分辨率逐步提高;油藏综合管理的需要加速了井间和远探测技术的发展;各向异性地层解释的需要导致了三分量感应和偶极子横波测井仪器的出现;火成岩、页岩等复杂矿物解释的需要促进了化学元素俘获能谱测井仪器的产生。

(2)测井技术发展史的主轴是通过不断扩展物理领域、扩大采集的物理量使采集和利用的原始数据量加速增长。

测井技术的发展就是不断扩展利用的物理领域、扩大采集的物理量。1927 年测井初创于电法测井;不久就加上井温的测量;1935 年放射性测井加入测井行列;1956 年 Wyllie 发表声波时差和岩石孔隙度的关系的研究结果,声波测井开始了萌芽;1988 年核磁共振测井仪器浮出水面,开始了商业化应用。现在,测井已利用了物理学领域中几乎所有的门类:电磁学、核物理、光学、声学、核磁共振等。同时,每一种物理门类中可利用的物理量也在增长:电法中由电阻率扩展到介电常数、导磁率;声波测井中由声速扩展到声衰减系数;核测井中由天然放射性强度扩展到中子减速能力、伽马吸收能力、热中子吸收能力等。

(3)测井技术总是在为适应各种钻井工程条件而发展变革。

测井是在钻孔中进行的,测井技术天生注定地必须与钻井技术相适应,适应各种钻井工程条件的发展变革的需要。例如,测井仪的直径必须适当小于所钻井眼口径;钻了降低成本的小井眼为开发小井眼测井仪提供了新商机;钻井液产生滤饼和侵入,促使人们发明了微电阻率测井;钻井使用油基钻井液,就催生了感应测井;为在失去了重力驱动能力的水平井中推动仪器下井,发明了挠性管驱动技术;钻井时对实时掌控作业状况的需要催生了随钻测井。反之,钻井不会反过来迁就测井。20 世纪 60 年代就有了核磁共振测井,就因为需要使用可磁化钻井液而被封堵了几十年，直到发明了不用改换钻井液的技术，核磁共振测井才得以突飞猛进。

（4）物理学、电子、自动化、计算机等领域的技术进步推动测井技术的发展。

基本电子技术尤其是计算机技术的快速发展是测井技术发展的重要推动力。数字信号传输和处理的发展使得现代阵列型成像测井仪器研制成功；计算机技术的影响更是巨大和深远的，计算机技术的发展使测井技术发生了标志性转变，从数字转变到数控；使用彩色图像和可视化技术可为阵列和成像测井仪所取得的大容量数据和复杂信息提供形象直观和快速识别的手段；彩色绘图仪和强有力的计算机工作站的普遍使用，使得彩色绘图及二维、三维可视化显示技术能常规性地用于数据显示和分析。

（5）相关领域的技术进步对测井技术的发展起借鉴作用，关键技术（瓶颈技术）的突破加速测井技术的发展。

计算机技术的发展推动测井处理技术的提高，不断开发各种适用和更为精确的算法，改进处理结果的显示面貌，变得更为直观。声波层析 X 射线成像理论的发展引起了近井和井间电缆测井技术的迅速发展。套管井地层电阻率测量自 20 世纪 30 年代起一直是测井分析家的一个梦想，他们为之奋斗了几十年，1992 年顺磁测井公司设计并实验了一种巧妙地测量从钢套管漏入地层的微小电流的方法，1998 年具有实用价值的过套管电阻率测井仪 CHFR 终于问世。

综上所述，测井各技术领域的当前重大关键技术、发展趋势与方向、未来 20 年技术展望见表 5-8。

表 5-8　测井各技术领域的当前关键技术、发展趋势与方向、未来 20 年技术展望

技术领域	当前重大关键技术	发展趋势与方向	未来 20 年技术展望
裸眼井电缆测井	成像测井、核磁测井	测量方式多样化；成像测井向三维测量方向发展；井下仪器向阵列集成、高温耐压、安全环保方向发展	多种传送方式快测平台；高温高压仪器；核测井可控中子源；介电扫描仪；电磁套管扫描仪
随钻测井	随钻测井技术	向深探测、前视、成像方向发展	深探测随钻电磁测井仪器；钻柱雷达
套管井测井	地层流体采样与压力测试、动态监测、套管井地层评价、井间电磁成像、井下永久传感器	油藏动态监测与套管检测技术向远探测和成像方向发展；地层流体测试与采样技术向实时流体分析、高纯度样品采集与高效作业方向发展	新型井眼瞬变电磁测量系统；高分辨率实时套管应力成像仪；井下流体分析；随钻地层流体采样
测井资料处理与解释解释	测井解释评价技术、测井软件	非常规地层评价备受关注	煤层气、页岩气、致密气等的处理解释技术

参 考 文 献

[1] 吴铭德. 石油科技发展启示录系列报道之七　国内外测井科技发展历程回顾、启示与对策建议[J]. 石油科技论坛，2004(4)：18-25.

[2]　　吴铭德，冯启宁. 测井关键技术展望[J]. 石油科技论坛，2005(1)：32-35.

［3］赵平，周利军，丁柱. 测井和地层评价新进展［J］. 国外油田工程，2010(10)：40-46.

［4］安涛，等. 地层评价与测井技术新进展［J］. 测井技术，2011(1)：1-7.

［5］Stephen Prensky. Recent Advances in Well-logging and Formation Evaluation［J］. World Oil, 2009(3)：54-57.

［6］Stephen Prensky. Recent Advances in LWD/MWD and Formation Evaluation［J］. World Oil, 2006(3)：61-63.

［7］秦绪英，宋波涛. 测井技术现状与展望［J］. 勘探地球物理进展，2002(1)：26-34.

［8］张元中，肖立志. 新世纪第一个五年测井技术的若干进展［J］. 地球物理学进展，2004(4)：828-836.

［9］王祖森. 声电成像测井仪器分析［J］. 石油仪器，2007(5)：32-34，100.

［10］王建华. 声波测井技术综述［J］. 工程地球物理学报，2006(5)：395-400.

［11］乔文孝，等. 声波测井技术研究进展［J］. 测井技术，2011(1)：14-19.

［12］李国欣，等. 中国石油天然气股份有限公司测井技术的定位、需求与发展［J］. 测井技术，2004(1)：1-6，90.

［13］刘建立，等. 国外随钻地层压力测量系统及其应用［J］. 石油钻采工艺，2010(1)：94-98.

［14］高翔，等. 电缆地层测试器的技术现状及发展趋势［J］. 西部探矿工程，2010(10)：109-111.

［15］肖立志，等. 核磁共振测井仪器的最新进展与未来发展方向［J］. 测井技术，2003(4)：265-269，355.

第六章　世界石油钻井关键技术发展回顾与展望

过去 10 年国际油价经历了两轮暴涨和暴跌，全球钻井工作量、钻井市场规模、钻机市场需求因此大起大落。国际油价自 2014 年 6 月暴跌以来，全球钻井业受到了沉重的打击，钻井工作量减半，中小钻井公司纷纷歇业或倒闭。尽管如此，技术创新仍在持续进行。对钻井关键技术过去 10 年的发展进行重点回顾，分析总结各大技术领域的发展特点与趋势，并对当前重大关键技术进行概述。在此基础上，对未来 20 年钻井技术进行前瞻性分析和预判，最后得出结论与建议。

第一节　钻井技术发展 10 年回顾与趋势分析

对钻井技术发展历程进行回顾，在此基础上归纳总结出钻井技术总的发展趋势。对钻井 9 大技术领域的关键技术进行发展历程回顾与趋势分析，并对各领域的重大关键技术进行概述。

一、钻井技术发展历程

1900 年旋转钻井开始取代顿钻，标志石油钻井揭开了近现代钻井的新篇章，进入了旋转钻井时代。100 多年来，旋转钻井技术不断取得进步，尤其是 20 世纪 80 年代以来发展很快（图 6-1）。

回顾过去，展望未来，可以将旋转钻井的发展历程划分为 4 个重要的发展阶段（图 6-2）：

1. 经验钻井阶段（1900—1950 年）

经验钻井阶段又分细分为概念时期和发展时期。

（1）概念阶段（1900—1920 年）。开始将旋转钻进与洗井结合在一起，并开始使用牙轮钻头和注水泥固井技术。

（2）发展阶段（1921—1950 年）。牙轮钻头、固井工艺及钻井液技术进一步发展，同时出现了大功率钻井设备。

2. 科学化钻井阶段（1951—1970 年）

在这一时期，引入了射流理论，开发出了"三合一"牙轮钻头，出现了喷射钻井技术，使机械钻速大幅度提高。在喷射钻井的基础上，把优化的参数从水力参数扩大到机械参数，出现了最优化钻井技术，把目标直接指向降低钻井直接成本。这两项技术的开发和应用，标志着传统的转盘钻井技术已趋于成熟。

国外在 20 世纪 60 年代中后期，相继开发出螺杆钻具和照相式单点、多点测斜仪，再加上井眼轨道设计方法和底部钻具组合受力与变形分析方法的发展，为 70 年代定向井、丛式井钻井技术的广泛应用打下了良好基础。

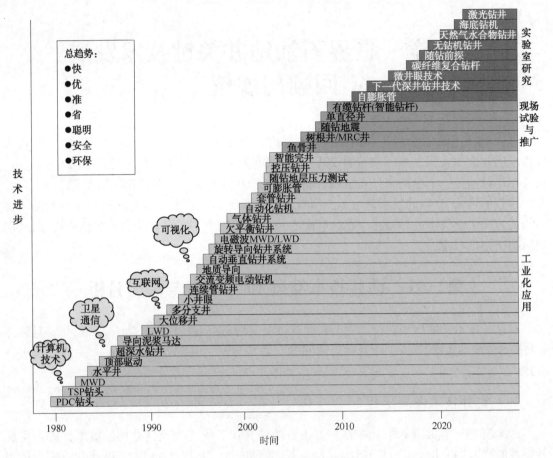

图 6-1　国外钻井技术发展历程

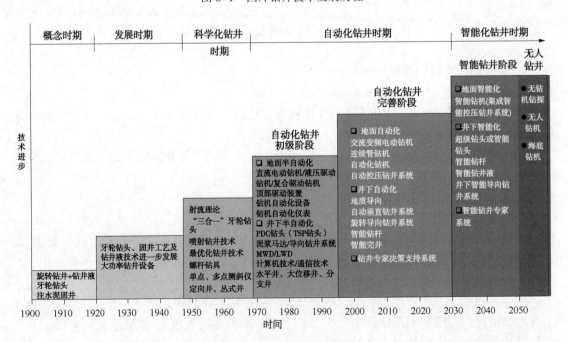

图 6-2　钻井技术发展阶段

3. 自动化钻井阶段(1971—2030 年)

在计算机技术、工业自动化技术、先进的机械制造技术、微电子技术、遥测及遥控技术等的推动下，钻井自动化水平不断提高。自动化钻井的发展可分为 3 个阶段，即自动化钻井初级阶段、自动化钻井完善阶段、智能化钻井阶段。

(1) 自动化钻井初级阶段(1971—1990 年)。20 世纪 70 年代，计算机技术的引入和无线随钻测量技术的开发是钻井技术发展的里程碑。计算机作为一种高效计算工具，推动了钻井数学建模与定量分析，加速了科学钻井的发展，计算机作为接收、处理、存储信息的工具，又成为钻井控制系统的广义控制器。无线随钻测量系统 MWD 的开发是遥测遥传技术引入钻井的结果，1979 年首先开发出无线随钻测斜仪，以后向工程和地质两类参数扩展。聚晶金刚石复合片钻头(PDC 钻头)的开发成功是硬质新材料和烧结新工艺引入钻井的结果，这种无轴承刮削式新型钻头较之牙轮钻头延长了使用寿命和提高了机械钻速。这些重大技术的出现，除了进一步提高了定向井和直井的钻井效率外，更重要的是为 20 世纪 80 年代开发水水平钻井技术创造了条件。

国外在 20 世纪 80 年代，导向泥浆马达(弯外壳螺杆钻具)替代了直螺杆钻具和弯接头，导向泥浆马达和无线随钻测斜系统的集成应用，再加上井眼轨道控制理论和井下摩阻计算方法的开发，成功地实现了水平井钻井的几何导向。在无线随钻测斜系统的基础上，1989 年开发成功无线随钻测井系统(LWD)。

(2) 自动化钻井完善阶段(1991—2030 年)。在地面自动化领域，在 20 世纪 90 年代研发成功了交流变频电驱动钻机和自动化钻机。21 世纪研发成功了自动控压钻井系统。

在井下自动化领域，在 20 世纪 90 年代初期，国外研发成功了自动垂直钻井系统。在此基础上，于 90 年代中期研发成功了旋转导向钻井系统。地质导向技术的推出使定向钻井从几何导向发展到了地质导向，有利于提高导向精度和效率。21 世纪推出的有缆钻杆实现了数据的高速、大容量、双向传输。

4. 智能化钻井阶段(2030 年以后)

智能化钻井是自动化钻井的高级阶段。未来石油钻井将向全自动、智能化方向发展，也就是将地面和地下作为一个有机整体实现地面和井下的大闭环控制，即全自动钻井和智能钻井。结合远程控制，将实现无人钻井。全自动钻井、智能钻井、无人钻井将融入油田数字及可视化中心，与之实时交互，实现数字钻井。

二、钻井技术总的发展趋势

纵观钻井技术的发展历程，可以得出国外钻井技术总的发展趋势是：

(1) 优。"优"指实现优质钻井，一是优化钻井设计方案，二是提高钻井工程质量(包括井身质量、固井质量、取心质量等)。

(2) 快。"快"指钻得快，非生产时间少，钻机移动快，以缩短钻井周期和建井周期。在钻井日费高企的情况下，提高钻井速度有助于降低钻井成本，对深井钻井、深水钻井以及开发低渗透油田和非常规天然气资源尤为重要。

(3) 准。"准"主要是指取全取准各种工程资料和地质资料并加以及时准确地分析，准确控制井眼轨迹，引导钻头准确地钻入储层并在储层中的最佳位置延伸，以提升探井成功率，提高开发井单井产量和油田采收率。

(4) 省。"省"指实现经济钻井，也就是进一步节省人、财、物、时间，最终节省钻井完井成本，降低吨油成本，实现效益最大化。

（5）聪明。"聪明"是指在计算机技术、通信技术、自动控制和智能控制技术的推动下，钻井工程不断朝着实时化、信息化、可视化、集成化、自动化、智能化方向发展，变得"更聪明"，有助于实现钻井的"优、快、准、省、安全、环保"。自动化钻机和旋转导向钻井系统是这一进程中两大里程碑式的技术突破。

（6）安全。"安全"指实现安全钻井，也就是进一步确保人员、设备和井的安全，减少或杜绝人员伤亡事故，防范治安风险。

（7）环保。"环保"指实现绿色钻井，也就是减少土地的占用，节能减排，保护植被、水体(地表、地下)、空气，减少噪声。

三、关键技术发展 10 年历程回顾与趋势分析

对 12 大领域的关键技术进行发展历程回顾与趋势分析，并对各领域的重大关键技术进行概述。

1. 钻井作业模式

1）发展历程

钻井工程管理涉及方方面面，包括质量管理、HSE 管理、人员激励、作业模式等。钻井作业模式事关钻井效率、钻井周期和钻井成本，已从最初的一台钻机在同一井场钻一口井发展到一台钻机在同一井场钻多口井，即丛式井(图 6-3)。为提高钻井效率，从 20 世纪 90 年代开始实施批量钻井。页岩气开发成本相对较高，降低钻完井成本对经济开发这种非常规资源至关重要，为此必须采取一些非常规做法，工厂化钻井作业模式(Factory Drilling)应运而生。

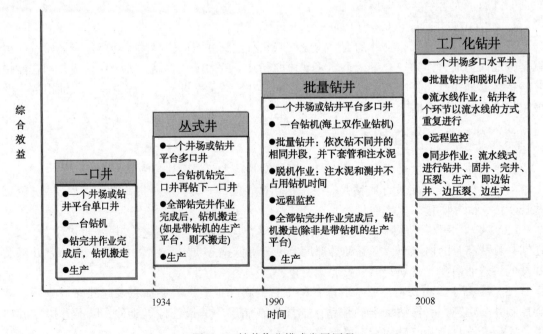

图 6-3　钻井作业模式发展历程

2) 发展特点与发展趋势

钻井作业模式总的发展趋势是：标准化；流程化；集成化；自动化；工厂化；绿色化；远程化(远程控制)；无人化。

3) 重大关键技术

工厂化钻井可提高钻机机率，减少非生产时间，缩短钻井周期，降低钻井成本，有力地推动了美国页岩气的规模开发，下面加以重点介绍。

(1) 技术概况。

工厂化钻井是指在同一地区以丛式井组的方式集中布置大量的相似井(主要是水平井)，按标准化的流程对这些井实施批量作业和流水线作业，实现边钻井、边压裂、边生产。这种新型作业模式主要包括美国西南能源公司、Chesapeake 能源公司等众多公司推行的丛式水平井批量钻井(Pad Drilling)，以及斯伦贝谢公司新近推出的工厂化钻井模式。斯伦贝谢公司推出的工厂化钻井模式将井台批量钻井同先进的井下技术装备集成应用，通过专家团队的远程监控实现优快钻井，也就是将新的作业模式同先进的井下技术和远程专家团队融为一体，实现效益最大化。

工厂化钻井的主要特点是：

① 在同一地区以丛式井组的方式集中布置大量的相似井。页岩的地质特征及页岩气的生产特点决定了需要集中钻大量的井(主要是水平井)。这些井以丛式井组的方式布井，即在同一井场布置多口井，少则几口井，多则二三十口井，甚至更多(图 6-4)。在同一地区，这些井的设计大同小异，钻完井技术相同或相似。

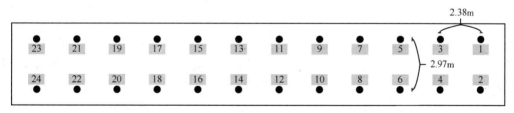

图 6-4　一个丛式水平井组(24 口井)

② 快速移动式钻机。在同一个井场布置多口井，要求钻机能够在井间实现快速移动，而且是满立根移动，因此在美国的页岩气钻井中应用最多的大中型电驱动钻机，尤其是定制的快速移动式交流变频电驱动钻机，其次是小型机械式钻机，主要用于钻表层井眼。

③ 批量钻井和脱机作业。工厂化钻井的作业流程主要有以下两种类型：

一种是用两台一大一小的钻机进行批量钻井，即先一台小钻机依次完成同一井场所有水平井的表层井段或垂直井段的钻井和固井作业，再用快速移动式电驱动钻机依次完成各井余下的井段的钻井和固井作业。

另一种是用一台钻机进行的批量钻井和脱机作业，即多口井依次一开和固井；依次二开和固井；依次三开和固井；依此类推，直到完成同井场所有井的钻井和固井作业。水泥候凝和测井不占用钻机时间。例如，美国大陆资源公司在 Bakken 页岩气产区一个 4 口井的井场实施这种作业流程(图 6-5)，各井依次进行了一开(表层井段)、二开(中间井段)和三开(水平井段)，钻机共移动 9 次，每次移动只需大约 2h，平均单井节省钻完井费用 10%。

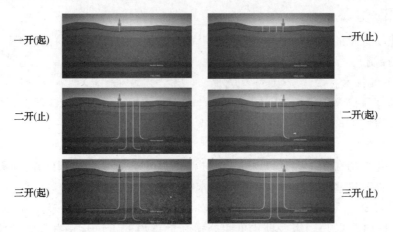

图 6-5　一个井场 4 口水平井三开的钻井固井流程图

在北美页岩气钻井中应用最多的是第一种作业流程。这两种新型作业流程决定了工厂化钻井的核心技术之一就是快速移动式钻机，往往是定制的交流变频电驱动钻机，通过轮轨系统或行走系统实现井架在井间的快速移位。

④ 钻井液重复利用。同一井场不同水平井的相同井段可用同一钻井液钻成，有利于钻井液的重复利用，可显著减少钻井液的用量和更换次数，可节省钻井液费用，同时有利于环保。

⑤ 流水线作业。通过协同配合，对这些水平井实施流水线式钻井、测井、完井、压裂和生产，在同一井场可以边钻井、边压裂、边生产，以缩短投资回报期。

⑥ 远程监控。随着计算机技术、通信技术和远程控制技术的发展，远程监控已成为大的油公司和技术服务公司提高效率和降低成本的重要手段之一。斯伦贝谢公司的一个远程监控团队（图 6-6），由 4 人组成，分别是 1 个工厂化钻井监督、1 个定向钻井工程师、1 个高级建井工程师和 1 个建井工程师，他们可同时对 3 台钻机的工厂化钻井作业进行远程监控，并提供高效的决策支持。

图 6-6　斯伦贝谢公司的工厂化钻井远程监控团队

⑦ 密切协作。工厂化钻井更加强调作业者、钻井承包商和技术服务公司的密切协作，实现各个作业环节的无缝衔接，以减少或避免因等候等不协调因素造成的非生产时间。

（2）应用现状。

工厂化钻井是钻井作业模式的一次重大突破，自 2008 年开始应用于北美的页岩气开发以来，其应用规模迅速扩大，已得到广泛应用，成为北美页岩气钻完井提速降本的有效途径之一，有力地推动了北美页岩气的规模开发和水平井钻井数量及进尺的快速增长。

（3）应用效果。

在美国页岩气开发中，通过实施工厂化钻井，以及集成应用高效实用的主体技术同个性化技术（个性化钻头、个性化钻井液等）和高新技术（地质导向、旋转导向钻井、自动控压钻井等），在效率、效益和环保方面成效显著。

① 通过协同配合，充分利用钻机和人员，减少非生产时间；

② 提高钻井效率，缩短钻井周期和建井周期，缩短投资回报期；

③ 降低钻完井成本，推动美国"页岩气革命"；

④ 明显有利于节能环保。

（4）应用前景。

工厂化钻井是天然气工厂或页岩气工厂（工厂化作业）的一个重要环节，工厂化作业是页岩气生产作业模式的一次重大突破，推动了美国"页岩气革命"，其应用已推广到开发美国其他非常规油气资源，比如致密油等。随着页岩气等非常规油气开发活动在全球逐渐升温，工厂化作业将在全球范围内得到推广应用，推动全球非常规油气的开发，并对常规油气资源的开发产生积极影响。工厂化作业的流程将不断创新，作业效率和生产效益将不断提升。

2. 钻机及配套设备

1）发展历程

国外钻机及其配套设备的发展历程如图 6-7 所示。机械钻机作业效率低，运输和安装不方便，逐渐被电驱动钻机所取代。交流变频电驱动钻机自 20 世纪 90 年代中期问世以来，应用规模迅速扩大，逐渐成为国际大型钻井承包商的主流钻机。国外在 90 年代后期推出了自动化钻机。在国外，自动化钻机早已成为提速提效的重要措施，也是确保安全钻井的重要途径，因而得到了广泛应用。

表 6-1 列出了国外钻机及配套设备的技术系列和成熟度。

表 6-1　国外钻机及配套设备

技术领域	工业化应用	现场试验与推广	实验室研究及概念设计
钻机	（1）机械驱动钻机； （2）直流电驱动钻机； （3）混合驱动钻机； （4）交流变频电驱动钻机； （5）车载钻机； （6）连续管钻机/混合型连续管钻机； （7）液压钻机； （8）自动化钻机； （9）沙漠钻机； （10）低温钻机； （11）工厂化钻井用钻机等	（1）多功能箱式钻塔； （2）齿轮齿条钻机； （3）亚北极钻机	（1）管柱连续运动钻机； （2）北极钻机； （3）微井眼钻机； （4）智能钻机（机器人钻井系统）； （5）海底钻机

续表

技术领域	工业化应用	现场试验与推广	实验室研究及概念设计
钻机配套设备	(1) 大功率柴油机、混合动力柴油机； (2) 顶部驱动系统/顶驱下套管设备； (3) 井口自动化操作设备； (4) 自动排管系统； (5) 自动猫道或管具自动传送装置； (6) 一体化司钻控制室； (7) 盘式刹车； (8) 固控系统； (9) 钻井液循环系统； (10) 井控系统； (11) 多参数测量仪或综合录井系统	(1) 闭环固控系统； (2) 连续循环系统	人工智能机器人

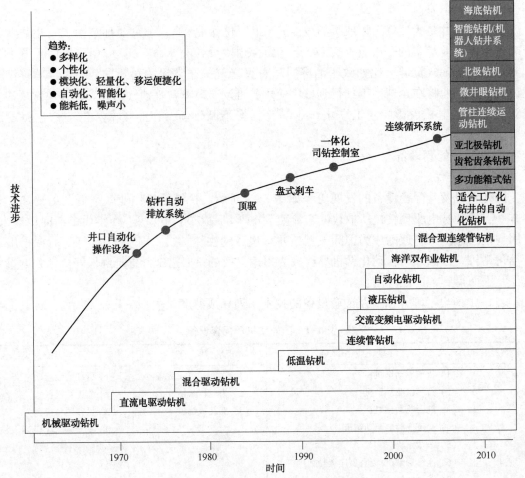

图 6-7　国外钻机及其配套设备发展历程

2) 发展特点与发展趋势

回顾过去，展望未来，可以总结出钻机技术过去 10 年的主要发展特点及未来的主要发展趋势是：

（1）多样化。钻机按驱动方式可分为机械钻机、直流电驱动钻机、混合驱动钻机、交流变频电驱动钻机、齿轮齿条钻机等。机械钻机越来越多地被电驱动钻机和交流变频电驱动钻机所取代。

（2）个性化。为提高钻井效率和安全性，国外一些大的陆地钻井承包商都有自己的陆地钻机设计。针对不同用途有不同的定制钻机，如斜直井钻机、沙漠钻机、低温钻机、套管钻机、工厂化钻井用钻机等。

（3）模块化、轻量化、移运便捷化。现代钻机普遍采用模块化和轻量化设计，运输和安装非常方便。拖挂钻机和车载钻机运移性非常好。

（4）自动化、智能化。自动化、智能化是钻机技术发展的一个重要方向，也是提高钻机作业效率和安全性的一个重要途径。目前，自动化陆地钻机多数为电驱动钻机，少数为液压钻机和齿轮齿条钻机。它们的共同特点是：自动化程度高；作业人员少，运移性好。井架高度取决于所用立柱的长度，有的用标准的三单杆立柱，有的用双单根立柱，有的只用单根且水平放置。

自动化钻机配备的自动化设备主要包括顶驱、自动化钻台设备（铁钻工等）、自动排管设备、配备自动送钻设备的一体化司钻控制室、自动猫道或管具自动传送装置等。

为了节省下套管时间，威德福公司新推出了一种可以自动下套管柱的设备，它接在顶驱装置的下方，可下两节套管柱或三节套管柱，从而节省大约一半的下套管作业的时间，减少下套管时的操作人员，提高作业安全性。

（5）能耗低，噪声小。应用电驱动钻机时，除了用柴油发动机现场发电以外，还可以在井场燃气发电（应用压缩天然气或液化天然气），或由电网供电，有利于节能减排，减少噪声，保护环境。

3）重大关键技术

过去10年钻机领域取得了许多重大进展，其中包括自动化钻机得到完善和推广应用。下面对陆地自动化钻机做一概述。

（1）技术概况。

为提高钻井效率和安全性，国外设备制造商推出了一些陆地自动化钻机。例如，美国国民油井华高公司（NOV）推出了多款自动化钻机，RAPID钻机就是其中一款（图6-8），它是一种交流变频电驱动钻机，属中深井钻机，钻深能力3657m（12000ft）。井架高度24m，可以处理单根钻杆（二类钻杆8.2~9.1m或三类钻杆11.6~13.7m）。配套的自动化设备主要有顶驱、铁钻工、全自动井口设备、全自动钻杆处理装置、一体化司钻控制室等。

美国Schramm公司新推出了一种适合工厂化钻井的自动化液压钻机——T500XD钻机（图6-9），其额定钻深能力4500m。该钻机的自动化程度很高，配套的自动化设备主要包括液压顶驱、动力上卸扣设备、动力卡瓦、动力转盘、一体化司钻控制室和自动管具处理设备等。液压顶驱

图6-8　国民油井
Varco公司RAPID钻机

可提供 80000lbf（356 kN）)的向下推力，便于准确控制钻压，使得控制钻压不再单单依靠底部钻具组合的重量。T500XD 钻机采用伸缩式井架，无二层台，操作时，不需要钻台工和井架工，每个班通常只需 3 个操作人员：一个司钻、一个副司钻、一个助手。司钻和副司钻在一体化司钻控制室操作（图 6-10）。钻杆不是以立柱的形式直立在井架上，而是利用自动管具处理设备（图 6-11）一根根地水平放置在管架上。该钻机配备液压步进系统（图 6-12），可实现井间快速移动，而且可朝任意方向移动，最大移动速度 9.1m/h。T500XD 钻机占地面积小，运输、安装方便，总共 8 个拖车，其中井架和动力机组各一个拖车。钻机采用自升式底座，安装井架不需要吊车。

图 6-9　T500XD 钻机

图 6-10　一体化司钻控制室

图 6-11　自动管具处理设备

图 6-12　液压步进系统

　　除设备制造商，国外一些大的陆地钻井承包商根据自身需要定制陆地自动化钻机。例如，作为美国数一数二的陆地钻井承包商，H&P 公司的 FlexRig 钻机已经发展到第五代，第一代和第二代为直流电驱动，第三代到第五代为交流变频电驱动。第五代 FlexRig 钻机（图 6-13）更适合丛式水平井批量钻井（工厂化钻井），额定钻深能力 6705m。2012 年底，H&P 公司在美国共有陆地钻机 273 台，其中大约一半用于开发页岩气、页岩油。这些钻机全部是电驱动钻机并配备顶驱，其中交流变频电驱动钻机占 87%。在这 273 台钻机中，有 253 台属公司自己设计的自动化钻机 FlexRig。

　　美国 Patterson-UTI 钻井公司拥有自己的自动化钻机品牌——APEX® 钻机，2012 年底有 APEX 钻机 113 台，其中 APEX 1500 型钻机 51 台（有 4 台配备步进系统），APEX 1000 型钻机 15 台（有 9 台配备步进系统）。APEX 钻机数占公司钻机总数的 36%。这些 APEX 钻机均为交流变频电驱动钻机，全部用于开发美国非常规油气。APEX 步进式钻机(图 6-14)是最新一代 APEX 钻机，是为工厂化钻井定制的自动化钻机。

(a)　　　　　　　　　　　　　　　(b)

图 6-13　FlexRig 钻机及其一体化司钻控制室

图 6-14　APEX 步进式钻机及其一体化司钻控制室

与常规钻机相比，自动化钻机具有明显的优势：①管子操作全自动；②大幅度减少钻井作业人员；③明显减轻司钻的劳动强度和减少人为失误；④运移性好，安装、拆卸方便；⑤陆地自动化钻机占地面积小；⑥显著提高作业效率和安全性。但是，自动化钻机的造价很高，钻机日费也很高。

自动化钻机的发展方向：

① 进一步提高数字化、信息化、自动化和智能化水平；

② 进一步提高自动化设备的可靠性和使用寿命；

③ 进一步改进钻机的运移性；

④ 发展远程操控能力；

⑤ 将地面自动化和井下自动化纳入一个大系统，实现大闭环控制，即钻井全过程的自动化控制。

(2) 应用现状。

陆地自动化钻机已在国外尤其是北美的陆地钻井中得到推广应用，自动化钻机尤其是适合工厂化钻井的自动化钻机有力地推动了美国的页岩气和致密油等非常规油气的规模开发。

(3) 应用前景。

钻机自动化是石油钻机发展的大趋势，随着技术的进步，钻机自动化水平将越来越高，应用规模越来越大，应用效果日益显著，进一步减少钻井作业人员和提高钻井作业的效率与安全性。

3. 钻头及破岩技术

1) 发展历程

石油钻井自问世以来，破岩方式一直是物理破岩，也就是机械破岩、水力破岩、机械破岩+水力破岩。单纯的机械破岩，如早期的顿钻已经淘汰。单纯的水力破岩，如水力径向钻井鲜有应用。自高压喷射钻井于20世纪60年代开始推广应用以来，机械破岩+水力辅助破岩这种联合破岩方式，即钻头+高压钻井液，就占绝对统治地位。数十年来，这种联合破岩方式虽在不断改进（图6-15），如使用加长喷嘴和提高泵压增大水马力等方法，但并无实质性的改变。为了进一步提高机械钻速，人们从未停止对新的破岩及辅助方法的探索。国外钻头及破岩领域的技术系列及成熟度见表6-2。

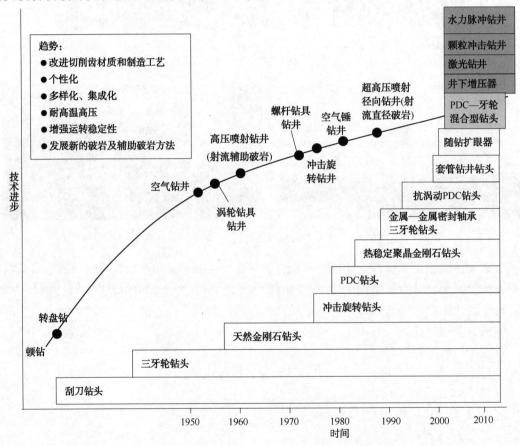

图6-15　国外钻头及破岩技术发展历程

2) 发展特点与发展趋势

过去10年钻头技术的发展特点主要是：全球钻头市场规模激增，PDC钻头的市场规模快速增加，进尺份额持续提升。

如图6-16所示，过去10余年，随着国际钻井数的不断增加，国际钻头市场规模不断扩大，从2000年的11.46亿美元增长到2012年的51.08亿美元。与此同时，国际钻头市场几乎被贝克休斯公司、斯伦贝谢公司、哈里伯顿公司和国民油井华高公司（NOV）所垄断，2012年这4家公司的市场份额总计达到85%。

表 6-2 国外钻头及破岩技术

工业化应用	现场试验与推广	实验室研究及概念设计
（1）刮刀钻头； （2）牙轮钻头； （3）天然金刚石钻头； （4）PDC 钻头，套管钻井用可钻式 PDC 钻头； （5）热稳定聚晶金刚石钻头； （6）取心钻头； （7）随钻扩眼器、管下扩眼器； （8）反循环钻头； （9）冲击旋转钻井； （10）空气锤钻井	（1）PDC—牙轮混合型钻头； （2）混合齿 PDC 钻头； （3）用 PDC 锥形齿定心的 PDC 钻头； （4）扭冲工具； （5）射频识别随钻扩眼器； （6）天然气水合物随钻取样器	（1）激光钻井，激光辅助钻井； （2）等离子体钻井； （3）钢粒冲击钻井； （4）管中管高压钻井系统； （5）井下增压器； （6）水力脉冲钻井； （7）空化钻井； （8）水热裂法； （9）热机械联合破岩法； （10）毫米波辐射破岩； （11）超临界 CO_2 钻井等

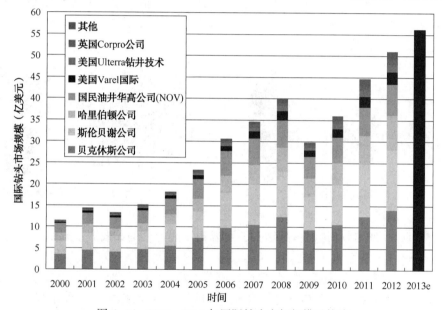

图 6-16 2000—2013 年国际钻头市场规模及构成

资料来源：美国 Spears & Associates 公司，Oilfield Market Report，2013 年 2 月

PDC 钻头越来越多地取代牙轮钻头，已成为世界上应用最多的石油钻头。近几年，在美国年度钻井总进尺中，大约 80% 的进尺是由 PDC 钻头完成的。

钻头及破岩技术总的发展目标是：地层适应性广，钻得快、寿命长、进尺多、成本低。总的发展趋势是：

（1）改进切削齿材质和制造工艺。

PDC 切削齿自 20 世纪 70 年代末问世以来，其材质、外形、制造工艺等方面的改进持续不断，目的是为了拓宽地层适应性，提高破岩效率，延长切削齿寿命。例如，2009 年斯伦贝谢公司旗下的 Smith 钻头公司推出了 ONYX PDC 切削齿，2011 年又推出了改进型，即 ONYX IIPDC 切削齿。

（2）个性化。

一是针对不同地层开发个性化钻头。例如，一些大的钻头制造商针对美国页岩地层开发了个性化 PDC 钻头，包括斯伦贝谢公司的 Spear PDC 钻头、贝克休斯公司的 Talon 3D PDC 钻头、哈里伯顿公司的 SteelForce PDC 钻头等。

二是针对不同用途开发个性化钻头。例如，为旋转导向钻井系统开发了可导向性好的 PDC 钻头，为旋冲钻井开发了旋冲钻头，为调查天然气水合物开发了天然气水合物随钻取样器等。

（3）多样化、集成化。

一是切削齿多样化和集成化。例如，贝克休斯公司新推出了一种集 PDC 切削齿和牙轮钻头硬质合金齿于一身的 PDC 钻头。NOV 公司开发出了一种混合使用 PDC 切削齿和孕镶金刚石材料的 PDC 钻头。斯伦贝谢公司新推出了一种可旋转 PDC 切削齿，相应地推出了装有固定 PDC 切削齿和多颗可旋转 PDC 切削齿的 PDC 钻头（图 6-17）。可旋转 PDC 切削齿有助于充分发挥 PDC 切削齿的潜能，以提高钻速和延长钻头使用寿命。

二是破岩方式多样化和集成化。例如，贝克休斯公司推出了一种牙轮钻头与 PDC 钻头二合一的钻头——Kymera™钻头（图 6-18），它集 PDC 钻头和牙轮钻头的优势于一身，可拓宽钻头的地层适应性，提高机械钻速。

图 6-17　可旋转 PDC 钻头　　　　　　图 6-18　Kymera™混合型钻头

（4）耐高温高压。

通过改进材质和密封材料，提高钻头的耐温耐压能力，例如发展金属密封牙轮钻头。

（5）增强运转稳定性。

斯伦贝谢公司新推出了一种锥形 PDC 切削齿（图 6-19），将一颗锥形 PDC 切削齿布置在 PDC 钻头工作面的中心，既破碎井底中央的岩石，又定心作用，有助于提高钻速和钻头工作稳定性。

（6）发展新的破岩及辅助破岩方法。

为解决钻头的卡滑问题，延长钻头的使用寿命和提高钻速，美国 Ulterra 公司研发了 TorkBuster 扭冲工具（图 6-20）。在实际应用中，该工具取得了很好的提速降本效果。

图 6-19　带一颗锥形 PDC 切削齿的　　　图 6-20　Ulterra 公司的 TorkBuster 扭冲工具
　　　　　8¾in SHARC 钻头

为了进一步提高钻速，国外从未间断对新的破岩及辅助破岩方法的探索，近几年探索的破岩及辅助破岩方法主要是：激光钻井，激光辅助钻井；等离子体钻井；钢粒冲击钻井；管中管高压钻井系统；井下增压器；水力脉冲钻井；空化钻井；水热裂法；热机械联合破岩法；毫米波辐射破岩；超临界 CO_2 钻井等。这些破岩方式各有各的优缺点。分析钻头及破岩技术的发展历程，我们相信，随着探索的不断深入和广泛，在未来 20 年内钻头及破岩技术有望再次取得重大突破，甚至出现一次革命。激光射孔已投入现场试验。激光钻井需要的能量更大，提速潜力很大，但也有不少缺点，比如有被恐怖分子用于恐怖活动的嫌疑，因此其研发前景不甚明朗。

3）重大关键技术

过去 10 年钻头技术不断取得进步，包括针对不同地区的需要设计个性化钻头、PDC—牙轮混合型钻头等。下面着重对 PDC—牙轮混合型钻头做一概述。

（1）技术概况。

在塑性地层（比如页岩）、硬地层、交互层等复杂地层中，单纯的 PDC 钻头或牙轮钻头钻井效果不尽人意。针对这种情况，贝克休斯公司于 2010 年推出了一种集 PDC 钻头和牙轮钻头于一身的混合型钻头——Kymera™ 混合型钻头（图 6-18）。其破岩方式既有 PDC 钻头的剪切破岩，也有牙轮钻头的冲击压碎破岩，钻头的轴向振动更小，方向控制性更好，适应地层范围更宽，尤其适合钻页岩地层和交互地层，钻速更快，进尺更多，寿命更长。Kymera™ 混合型钻头获 2011 年度 OTC 会议"聚焦新技术奖"。

（2）应用现状与效果。

Kymera™ 混合型钻头已投入商业应用，在页岩地层和交互地层取得了很好的应用效果：钻速快、进尺多、寿命长。例如，2013 年 6 月 Kymera 钻头在塔里木油田迪北 103 井试用取得成功：一只 Kymera 钻头从 2524m 钻至 2866m，完成进尺 342m，相当于邻井 6 只常规钻头的进尺，减少了 5 次起下钻。

（3）应用前景。

Kymera™ 混合型钻头是钻头发展历程中的又一个重大技术突破，具有里程碑意义，标志着钻头出现一种新的类型，即混合型，混合型钻头未来将得到更大的发展。但是，由于存在以下不足，其未来应用规模可能会受到一定影响：依然有活动部件，有发生掉牙轮的可能；如 PDC 切削齿和牙轮的适应性和耐用性匹配不当，则难以充分发挥二者的优势。

4. 钻井液技术

1）发展历程

（1）1914—1916 年，以清水作为旋转钻井的洗井介质，即开始使用"泥浆"。

（2）20 世纪 20—60 年代，以分散型水基钻井液为主要类型的阶段。细分散体系向粗分散体系的转变，同时出现了早期使用的油基钻井液。

（3）20 世纪 70—80 年代，以聚合物不分散钻井液为主要类型的阶段。聚合物钻井液的出现标志着钻井液工艺技术进入了科学发展阶段。在此期间，油基钻井液也有了进一步的发展。70 年代发展了低胶质油包水乳化钻井液，80 年代发展了低毒油包水乳化钻井液。在抗高温深井钻井液方面，研制出三磺处理剂（国内）、以 Resines 为代表的抗高温处理剂（国外），使深井钻井液技术取得了很大进展。

（4）20 世纪 90 年代以来，聚合物、聚磺钻井液得到进一步发展，并重点发展了 MMH

钻井液、合成基钻井液、聚合醇钻井液、甲酸盐钻井液、仿油基钻井液、硅酸盐钻井液等。

当前，钻井液主要有水基钻井液、油基钻井液、合成基钻井液以及气体钻井液四大类。为应对井下复杂情况，更好地保护储层和稳定井壁以及提速降本，钻井液体系及其外加剂不断创新(表6-3)。

表6-3 国外钻井液技术

工业化应用	现场试验与推广	实验室研究及概念设计
(1) 水基钻井液； (2) 油基钻井液； (3) 合成基钻井液； (4) 气体钻井液、充气钻井液； (5) 低密度钻井液； (6) 高密度钻井液； (7) 抗盐钻井液； (8) 堵漏材料； (9) 屏蔽暂堵剂等	(1) 个性化钻井液，比如适合页岩地层的强抵制性水基钻井液； (2) 纳米添加剂，纳米基钻井液； (3) 耐高温钻井液	(1) 耐超高温钻井液； (2) 智能钻井液

2) 发展特点与发展趋势

进入21世纪以来，随着全球钻井工作量的增加，全球钻井液完井液市场规模迅速扩大(图6-21)，从2000年的30.91亿美元增至2012年115.70美元，预计2013年将达到128.43亿美元。过去10年，钻井液技术的发展特点主要是：更加重视储层保护，发展抑制性更好的钻井液和环境友好型钻井液，并针对页岩等特定的地层发展个性化钻井液。

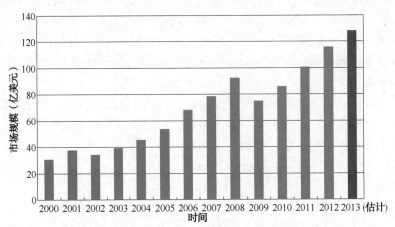

图6-21 2000—2013年全球钻井液完井液市场规模

资料来源：美国Spears & Associates公司，Oilfield Market Report，2013年2月

回顾过去10年的发展历程并展望未来，可以总结出钻井液技术的发展趋势主要是：

(1) 增强井下高温高压、高盐等复杂环境的适应性；

(2) 稳定井壁，提高钻井作业的安全性和效率；

(3) 保护储层，提高油气发现率和单井产量；

(4) 提高钻速，降低钻井成本；

(5) 保护环境，降低废弃物处置费用。

3）重大关键技术

个性化是一个非常重要的发展方向，下面简述哈里伯顿公司针对美国不同页岩气产区不同页岩地层推出的 SHALEDRIL™ 钻井液体系。

（1）技术概况。

过去 10 年，美国页岩气钻井工作量迅速增加。由于页岩的黏土有水化失稳的特点，传统的水基钻井液不适合页岩层，常规做法是使用油基钻井液或合成基钻井液，但二者各有千秋，油基钻井液不利于环境保护，合成基钻井液成本高。因此，为开发环境敏感地区的页页气，需要研发和使用既能有效地稳定页岩层，又有利于环境保护的水基钻井液。国外现已有多家公司推出了这种新型高性能水基钻井液，比如哈里伯顿公司的 SHALEDRIL™ 体系等。

哈里伯顿公司的 SHALEDRIL 系列水基钻井液（表 6-4）是 2009 年针对美国不同页岩气产区的页岩地层而定制的。比如，SHALEDRIL H 钻井液能够对付 Haynesville 页岩地层的高温和酸性气体，而 SHALEDRIL F 钻井液是为 Fayetteville 页岩设计的强抑制性钻井液。

表6-4　哈里伯顿公司的 SHALEDRIL 水基钻井液体系

适合页岩地层	Barnett	Eagle Ford	Fayetteville	Haynesville	Marcellus
SHALEDRIL 钻井液体系	SHALEDRIL B	SHALEDRIL E	SHALEDRIL F	SHALEDRIL H	SHALEDRIL M

（2）应用现状与效果。

SHALEDRIL™ 水基钻井液可替代钻页岩气层时常用的油基钻井液，且井壁稳定性好，可减少钻屑的处置费用，钻井液可重复使用，因而能降低钻井液综合成本。

（3）应用前景。

随着页岩气的开发热潮在全球的兴起，未来页岩气开发钻井工作量将大增，为降低钻井成本和更好地保护环境，势必将发展和推广应用 SHALEDRIL™ 之类的高性能水基钻井液。

5. 井下随钻测量技术

1）发展历程

国外井眼轨迹监测技术的发展历程如图 6-22 所示。从该图可以看出，钻井过程中的井下测量从早先的陀螺测斜仪发展到 20 世纪 60 年代中后期的磁性单点、多点照相测斜仪。使用这两类测斜仪时，需要停钻，因此测量不是实时的和连续的，势必增加钻机非生产时间，而且在测斜期间还有发生卡钻的风险。为解决这些问题，国外于 70 年代初期研制成功了有线随钻测斜仪。它的出现标志着井下测量进入了有线实时测量阶段，但因是有线测量而存在诸多问题，现已几近淘汰。为了解决电缆带来的一系列问题，国外于 80 年代初推出了无线随钻测量仪——泥浆脉冲式 MWD，它的问世标志着钻井井下测量进入了无线实时随钻测量的新阶段。MWD 是钻井井下测量技术的一场革命，是钻井技术发展历程中的一个重大里程碑，极大地推动了钻井技术的发展，目前 MWD 仍是钻井工程的一项核心技术，并在用液体类钻井液进行的钻井作业中得到广泛应用。

为了更及时准确地测井，国外在 20 世纪 80 年代末在泥浆脉冲式 MWD 的基础上推出了泥浆脉冲式 LWD，目前 LWD 在一定程度上取代了传统的电缆测井。

MWD 和 LWD 测量的往往是钻头后面大约 10m 处的钻井工程参数或地质参数，并不能反映钻井处的真实情况。为此，国外于 90 年代中期推出了地质导向仪，它由靠近钻头的电

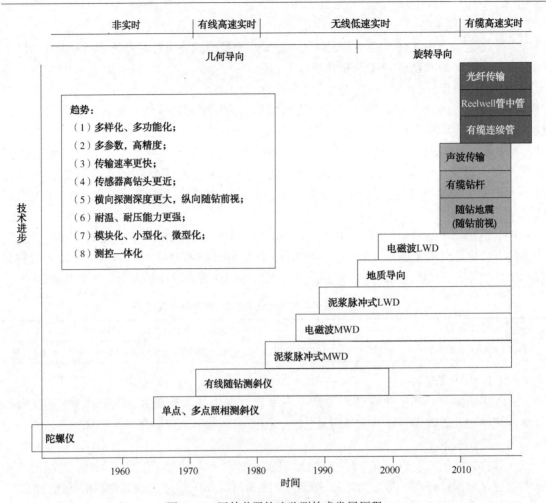

图 6-22　国外井眼轨迹监测技术发展历程

阻率、自然伽马、井斜、方位等传感器组成，所测得的信号短传至上方的 MWD 或 LWD，再由 MWD 或 LWD 上传至地面。地质导向仪使井眼轨迹的控制从单纯依靠工程参数的几何导向发展到了依靠近钻头地质参数的地质导向，有助于提高井眼轨迹的控制精度及效率，更好地引导钻头钻入储层并在储层出中的最佳位置延伸。因此，近钻头地质导向是钻井井下测量技术的又一重大进展，与旋转导向钻井技术一起极大地推动了多分支井、复杂结构井的应用与发展。近钻头地质导向仪既可用于导向泥浆马达，也可用于旋转导向钻井系统。

泥浆脉冲式 MWD 和 LWD 不适合用泡沫、气体、充气泥浆等含气相的流体作为循环介质的欠平衡钻井和气体钻井。于是，国外在 20 世纪 80 年代中期推出了商业化电磁波 MWD。直到 90 年代中期欠平衡钻井和气体钻井的重新兴起，电磁波 MWD 才得到了很大的发展和应用，90 年代中期国外又推出了电磁波 LWD。

随钻地震具有"随钻前视"功能，已于近几年投入商业应用，主要用于预测孔隙压力，预测目的层或灾害层深度，帮助选择最佳的下套管和取心深度，优化钻井液相对密度，识别盐层，使井眼轨迹保持最佳。

表 6-5 列出了国外井下随钻测量技术的技术系列和成熟度。

表6-5　国外井下随钻测量技术

工业化应用	现场试验与推广	实验室研究及概念设计
（1）陀螺仪； （2）单点、多点照相测斜仪； （3）MWD（泥浆脉冲式、电磁波式）； （4）LWD（泥浆脉冲式、电磁波式）； （5）近钻头地质导向仪； （6）随钻地层测试器； （7）随钻环空压力测量仪； （8）磁性导向仪，远距离穿针工具； （9）深探测传感器等	（1）高传输速率泥浆脉冲 MWD/LWD； （2）声波传输； （3）"软连接"有缆钻杆（智能钻杆）； （4）有缆复合材料连续管（智能连续管）； （5）随钻地震（随钻前视）； （6）耐高温高压的 MWD/LWD（耐温能力超过200℃）	（1）光纤传输； （2）Reelwell 管中管； （3）"硬连接"有缆钻杆； （4）耐超高温高压的 MWD/LWD（耐温能力超过250℃）

　　国外能够生产 MWD/LWD 的公司有十几家，多数在美国，其中技术实力强大的公司是斯伦贝谢公司、哈里伯顿公司、贝克休斯公司、威德福公司（表6-6），其次是英国的 GE 能源油田技术公司和 Sondex 钻井公司，美国的 APS 技术公司、Ryan 能源技术公司、Wolverine 钻井系统公司、DrilTech 公司、MWD 服务公司、Target MWD 公司以及俄罗斯地平线公司等。在国外，MWD 和 LWD 早已系列化、规格化，并且不断针对新的用途、井径和井况推出新的系列和规格。

表6-6　MWD、LWD 当前最高性能指标对比

当前最高性能指标	斯伦贝谢公司	贝克休斯公司	哈里伯顿公司
最小外径（in）	$1\frac{3}{4}$（SlimPulse）	$1\frac{3}{4}$（NaviTrak）	$3\frac{1}{2}$（Electromagnetic Telemetry System）
最短长度（m）	2.35（3.1/8″Advanced SLIM MWD System+Drilling Performance Sub）	4.88（GyroTrak（Gyro MWD）·w/ OnTrak）	2.80（Negative Pulse Telemetry System）
最大工作温度（℃）	175	175	230
最大工作压力（psi）	30000	30000	30000
最高测量精度（°）	井斜±0.1 方位±1 工具面±1	井斜±0.1 方位±1 工具面±1.4	井斜±0.1 方位±0.2 工具面±1
近钻头传感器距钻头的最短距离（m）	3.9（井斜） 1.79（伽马）	0.94（井斜）	0.91（井斜、伽马）

　　2）发展特点与发展趋势

　　纵观井眼轨迹监测技术的发展历程，可以得出过去10年的主要发展特点及未来的发展趋势是：

　　（1）多样化、多功能化。井下随钻测量技术除了 MWD、LWD 和地质导向仪外，还有远距离穿针工具、随钻陀螺仪、随钻磁性导向仪、随钻地层测试器、随钻地震、LWD 声波水泥胶结测井等。

　　（2）多参数，高精度。为实施随钻地层评价和随钻地质导向，需要测量的工程参数和地质参数越来越多，测量精度也越来越高。

　　（3）传输速率更快。当前主要的数据信道是泥浆脉冲和电磁波。斯伦贝谢公司最新推出的泥浆脉冲传输方式的数据传输速率达到36bit/s。为进一步提高数据传输速率，更好地满足随钻

地层评价和随钻实时地质导向的需要，国外一些公司致力于发展新的传输速率更快的数据信道，比如声波传输 MWD/LWD、"软连接"有缆钻杆（智能钻杆）、有缆复合材料连续管（智能连续管）、Reelwell 管中管等。发展井下实时、高速、大容量信道已是大势所趋（图6-23）。

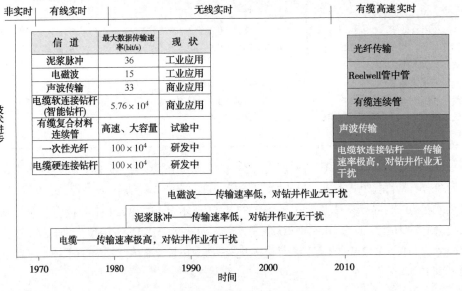

图 6-23　钻井井下实时信道发展历程

（4）传感器离钻头更近。为准确实施地质导向，需要测量近可能靠近钻头处的钻井工程参数和地质参数。哈里伯顿公司的近钻头地质导向仪的传感器距钻头的最近距离只有 0.91m。

（5）横向探测深度更大，纵向随钻前视。深探测 LWD 的横向探测深度越来越大。为了及时发现前方的"甜点"，更好地引导钻头钻达这些"甜点"，需要发展随钻前探技术。斯伦贝谢公司已将随钻地震用于地质导向，开展随钻地震导向服务。

（6）耐温、耐压能力更强。为适应井下高温高压钻井和地热井钻井的需要，井下测量仪器的耐温耐压能力不断增强。哈里伯顿公司的 UltraHT-230™ MWD/LWD 的耐温、耐压能力分别达到 230℃、207MPa。

（7）模块化、小型化、微型化。斯伦贝谢、贝克休斯的小井眼 LWD 的外径只有 1¾in。

（8）测控一体化。有些导向泥浆马达和旋转导向钻井系统集成了随钻测量系统。

3）重大关键技术

过去 10 年，井下随钻测量领域的重大技术进展包括改进和推广应用电磁波 MWD/LWD、研制成功耐温能力达 230℃的 MWD/LWD，推出声波传输技术和地震导向钻井，以及研制成功智能钻杆(有缆钻杆)等。智能钻杆是钻井井下数据传输技术的一次革命，下面加以重点介绍。

（1）技术概况。

美国 Novatec 工程公司 1997 年在美国能源部的资助下研究导向泥浆旋锤系统期间，就提出通过电磁感应原理实现电缆的"软连接"的概念，以实现信号在钻杆之间的传输。2000 年初全球主要的钻杆制造商——美国 Grant Predico 公司参与研究这种新的数据传输方式，并与 Novatec 工程公司成立了一家合资公司——Intelliserv 公司，以推广这项他们称为"智能钻杆"(intellipipe® 钻杆)的新技术。2001 年这项研究得到了美国能源部的资助。2004 年智能钻杆进入全尺寸现场试验。2005 年 9 月 Grant Predico 公司拥有 Intelliserv 公司 100% 的股份。2008

年4月美国国民油井 Varco 公司成功收购了 Grant Predico 公司，同时将 Intelliserv 公司收入囊中。

在有缆钻杆领域，哈里伯顿公司、斯伦贝谢公司、贝克休斯公司、威德福公司和壳牌公司均申请了专利，但目前投入商业性应用的只有 Intelliserv 公司的智能钻杆。

Intelliserv 公司的智能钻杆实质上是一种有缆钻杆，电缆之间通过电磁感应实现"软连接"：把电缆嵌入钻杆，钻杆工具接头两端的电缆各有一个感应环；钻杆紧扣以后，两感应环并不直接接触，而是通过电磁感应原理实现信号在钻杆间的高速传输。

智能钻杆遥测系统主要由智能钻杆、接口短节、信号放大器和顶驱短节组成。

① 智能钻杆。智能钻杆中的电缆装在外径很小的压力密封不锈钢管内，以保护电缆免受泥浆冲蚀；电缆和不锈钢管之间填充绝缘材料，以免漏电和防止不锈钢管被高压泥浆挤扁。装有电缆的不锈钢管一端进入钻杆外螺纹接头中的电缆孔，另一端进入钻杆内螺纹接头中的电缆孔，两接头之间的不锈钢管处在钻杆的泥浆通道中，因不锈钢管处于轻度张紧状态而紧贴于钻杆本体内壁，既不影响泥浆循环，又不影响工具通过钻杆。电缆两端各接一个感应环，分别装在钻杆外螺纹接头前端和内螺纹接头内台肩的环形槽中（图6-24），以便最大限度地汇集电磁能和减少信号衰减。钻杆两端的接头为内加厚的双肩接头，它们有足够的位置加工电缆孔和感应槽，而且接头的强度和疲劳寿命不受电缆孔和感应环槽的影响。

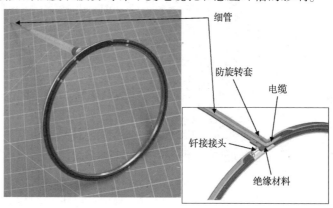
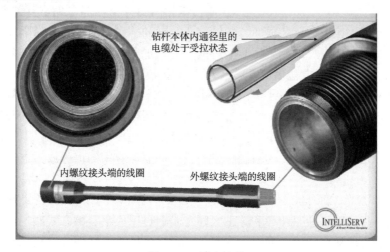

图 6-24　感应连接

两根钻杆完成紧扣以后，外螺纹接头端的感应环与内螺纹接头端的感应环并不直接接触，电缆之间实现感应"耦合"，信号通过电磁感应原理在钻杆间高速传递。紧扣时，并不要求相邻两根钻杆中的电缆对齐。因此，智能钻杆的操作与常规钻杆完全一样，智能钻杆对螺纹油也无任何特殊要求。

用同样的方法可以制成有缆的钻铤、无磁钻铤、加重钻杆、震击器、钻柱稳定器、浮箍等钻具。

② 井下接口短节。在智能钻杆遥测系统和井底实时测控系统（MWD、LWD、旋转导向钻井系统）之间需要安装一个井下接口短节，用于实现智能钻杆遥测系统和井底实时测控系统之间的信号双向高速传输。

哈里伯顿公司就其 MWD/LWD/旋转导向钻井系统设计了相应的井下接口短节，使其现有的 MWD/LWD/旋转导向钻井系统无须经过大的改动就能用于智能钻杆遥测系统。

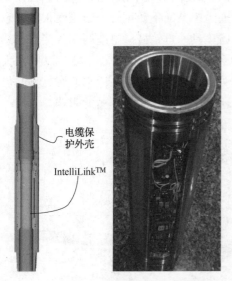

电缆保护外壳

IntelliLink™

图 6-25　信号放大器/
处理器 IntelliLink

③ 信号放大器/处理器 IntelliLink。信号通过电缆和感应环传输的过程中，其强度会有一定衰减。为维持信号强度，需要在钻柱上每隔 350~450m 安装一个信号放大器 IntelliLink（图 6-25），它同时也是一个信号处理器，长度为 0.91m。IntelliLink 装在一根特殊钻杆的外螺纹接头里面，这根钻杆的长度与标准钻杆相同，只是其外螺纹接头有大约 1m 长，充当 IntelliLink 的保护套，以免它在钻柱旋转过程中受到磨损。放大器短节有适合钻杆的和加重钻杆的，也有适用于钻铤的，适用于钻杆、加重钻杆的放大器短节的内径和外径与钻杆接头相同，适用于钻铤的放大器短节的内外径与钻铤相同，因此放大器短节不会增加泥浆压力损失，也不会影响工具通过钻杆。接有放大器短节的那根钻杆或钻铤的长度与普通钻杆或钻铤的长度相同，因此操作方法与普通钻杆或钻铤相同。只是在起下钻和接单根的过程中要注意保护钻杆外螺纹接头，以免损坏外螺纹接头端部的感应线圈。因为每隔 350~450m 要安装一个信号放大器，所以总的起下钻时间可能略有增加。

IntelliLink 由自带的锂电池供电。电池寿命可达 40~60 天。

在 IntelliLink 里还可安装传感器，以监测井筒各处的压力、温度、流量和钻柱振动等参数，使随钻监测不是仅限于井底，而是整个井筒，便于及时诊断井漏、井涌和钻柱状况等井下情况。

由于受电子元器件耐温能力的限制，目前投入商业性应用的信号放大器短节的耐温能力为 177℃。

④ 顶驱转环短节。顶驱转环短节安装在顶驱下方，相当于信号采集装置，其中的顶驱转环不随钻柱一起旋转。顶驱转环和芯轴之间也是通过感应耦合的方式实现信号传输的。顶驱转环短节用于将信号从钻柱电缆中拾取出来，通过电缆进入地面计算机系统，再通过卫星或互联网传输到其他地方。

（2）技术优势与不足。

与泥浆脉冲和电磁波传输方式相比，智能钻杆优势明显，主要表现在：

① 数据传输高速、海量、实时。数据传输速率高达 $5.76×10^4bit/s$，实现井下数据的高速传输，根本解决了泥浆脉冲和电磁波等传输方式传输速率很慢这一瓶颈问题，可将井下海量数据实时地传输到地面，实现对井下钻井过程无干扰的实时监测。

② 真正实现双向通信。通过向下传输功能和专门的井下接口短节，在不停钻的情况下就能遥控井下旋转导向钻井系统的导向参数，使旋转导向钻井系统的调控更加便捷，因此可以更频繁地遥控旋转导向钻井系统，从而提高井眼轨迹的控制精度和效率，改善井筒平滑度，提高井身质量，减少非生产时间，降低钻井综合成本。

③ 适用于包括欠平衡钻井、气体钻井在内的任何井况下的数据传输。

④ 实现全井筒实时监测，有利于及时预防井下复杂情况。

⑤ 在应用智能钻杆的同时，可将泥浆脉冲作为一种辅助的传输方式。万一钻柱传输中断，也不影响实时测量。

⑥ 由于具备高速传输和双向通信的功能，智能钻杆将极大地推动随钻测量、随钻测井、地质导向、随钻地层测试等随钻监控、评价、诊断、预测技术的进一步发展。

与其他任何一项新技术一样，智能钻杆也有其不足之处，主要是：

① 需要使用预装数据电缆的钻杆、加重钻杆、钻铤、随钻震击器等钻具，它们的成本很高。

② 每隔 350~450m 要安装一个信号放大器，一旦其中任何一个信号放大器失灵，就可能影响信号的双向传输。

③ 完成上扣后，钻杆接头两端的感应环之间有一定间隙，因此不能通过这种有缆钻杆能钻杆为井下信号放大器、MWD、LWD、地质导向仪、旋转导向钻井系统等井下仪器、工具供电。

（3）发展方向。

虽投入了商业应用，这项技术仍在改进和完善之中，今后的主要发展方向是：

① 进一步提高数据传输速率。目前的数据传输速率最高可达 $5.76×10^4bit/s$，下一步是将其提高到 $10×10^4bit/s$，以更好满足随钻成像测井和随钻地震等新一代随钻测井和地层评价的要求。

② 进一步提高耐温能力。由于受电子元器件的耐温能力所限，目前智能钻杆的耐温能力为 177℃，能满足绝大部分钻井作业的需要。下一步提高智能钻杆的耐温能力至 200℃ 以上，以适应井下的高温环境。

（4）应用现状及效果。

智能钻杆已在陆地和海上多口井的钻井作业中获得了成功的应用，证明智能钻杆是可靠耐用的，接头内的数据线孔和感应环槽对接头强度和寿命没有影响，实现了高速传输、实时监测、双向通信，有效地提高了井眼轨迹控制的精度与效率，使井筒更平滑。

智能钻杆应用前景非常乐观，因为智能钻杆已获得了哈里伯顿公司、贝克休斯公司、斯仑贝谢公司和威德福公司等国际一流的油田技术服务公司的认可，并相应地开发了各自的井下接口短节，为智能钻杆的推广应用创造的条件。

（5）应用前景。

NOV 公司的智能钻杆已得到了哈里伯顿公司、贝克休斯公司、斯伦贝谢公司和威德福公司等国际一流的油田技术服务公司的支持，都开发了与之相匹配的井下接口短节。这种智能钻杆已投入商业应用，提高了钻井效率，缩短了钻井周期，降低钻井成本。展望未来，随着复杂工艺井的不断增加，智能钻杆的应用前景乐观。

6. 井眼轨迹控制技术

1）发展历程

国外井眼轨迹控制技术的发展历程如图 6-26 所示。从该图可以看出，国外井眼轨迹控制技术经历了 3 个发展阶段，即常规定向钻井、导向钻井和旋转导向钻井。常规定向钻井的效率低、定向精度差。20 世纪 80 年代中期国外在随钻测量仪（MWD）和导向泥浆马达的基础上推出了导向钻井，它极大地推动了水平井和大位移井在 80 年代后期和 90 年代的应用。导向钻井的执行机构主要是导向泥浆马达（带偏心稳定器的泥浆马达，弯外壳泥浆马达、可调弯角泥浆马达），需要交替使用滑动钻进（钻柱不旋转）和旋转钻进（钻柱旋转）两种方式来控制井眼轨迹，因此存在一些明显的不足，比如：在滑动钻进时摩阻大，限制了井眼的延伸，井眼净化不良；井眼轨迹不平滑，井眼不规则或呈螺旋状，钻井效率不高。为了克服这些不足，国外一些公司于 90 年代中期在自动垂直钻井系统的基础上研制出了旋转导向钻井系统，并于 90 年代后期实现了商业化应用。为适应高效开发页岩气等非常规油气的需要，近两三年，斯伦贝谢公司和贝克休斯公司相继推出了高造斜率旋转导向钻井系统（简称高旋导），其最大造斜能力范围（15°~18°）/30m，可缩短造斜井段的长度，从而缩短靶前距，增加水平段长度，有利于提高油气产量。

表 6-7 列出了国外井眼轨迹控制技术的技术系列与成熟度。

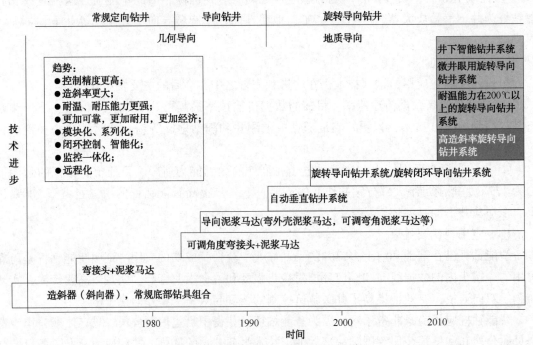

图 6-26　国外井眼轨迹控制技术发展历程

表 6-7　国外井眼轨迹控制技术

工业化应用	现场试验与推广	实验室研究及概念设计
（1）斜向器； （2）常规定向钻井底部钻具具组合； （3）可变角度弯接头+井下动力钻具； （4）可变径稳定器； （5）导向钻井系统； （6）自动垂直钻井系统； （7）旋转导向钻井系统	（1）高造斜率旋转导向钻井系统，小井眼高造斜率旋转导向钻井系统； （2）经济实用型旋转导向钻井系统	（1）耐温能力超过200℃的旋转导向钻井系统； （2）微井眼用旋转导向钻井系统； （3）井下智能导向系统

2）发展特点与发展趋势

进入21世纪以来，随着非常规天然气的大规模开发、水平井的推广应用和海洋钻井工作量的不断增加，旋转导向钻井系统发展很快，应用快速增加，正在越来越多地取代非旋转导向钻井。

回顾过去，展望未来，可以得出井眼轨迹控制技术的发展趋势主要是：

（1）控制精度更高。旋转导向钻井系统的设计井斜控制精度已达到±0.1°。

（2）造斜率更大。斯伦贝谢公司和贝克休斯公司相继推出了高造斜率旋转导向钻井系统，其最大造斜能力均达15°/30m。斯伦贝谢公司新推出的小井眼高造斜率旋转导向钻井系统，其最大造斜能力达18°/30m。

（3）耐温、耐压能力更强。国外现有的旋转导向钻井系统的最大耐温能力为175℃，未来有望突破200℃。

（4）更加可靠，更加耐用，更加经济。提高旋转导向钻井系统的可靠性和使用寿命对降低钻井成本至关重要。为降低成本，有的公司推出了经济实用型旋转导向钻井系统。

（5）模块化、系列化。斯伦贝谢公司、贝克休斯公司、哈里伯顿公司、威德福公司等均推出了系列化的旋转导向钻井系统。

（6）闭环控制、智能化。旋转导向钻井系统向闭环控制、智能化方向发展，未来有望出现井下智能导向钻井系统，它将是当今旋转导向钻井系统的升级换代产品。

（7）测控一体化。有些旋转导向钻井系统集成了随钻测量/地质导向系统。

（8）远程化。将井下数据实时传输到远程实时作业中心进行实时分析，是准确进行地质导向的一个重要趋势。斯伦贝谢公司、贝克休斯公司、哈里伯顿公司等均可开展远程随钻地质导向。斯伦贝谢公司还可在远程实时作业中心开展地震导向钻井。

3）重大关键技术

直井和各类定向井中控制井眼轨迹的核心关键技术分别是自动垂直钻井系统和旋转导向钻井系统，下面加以重点介绍。

（1）自动垂直钻井系统。

① 技术概况。自动垂直钻井系统与旋转导向钻井系统相似，也由地面系统和井下系统组成。地面系统包括信号采集系统、分析处理系统和指令系统组成；井下系统由导向工具、测量系统和控制系统组成。导向工具是井下系统的执行机构，引导钻头沿着垂直方向钻进；测量系统即MWD系统，实时监测井下的工程参数和井筒参数，并将监测到的信息实时地传输到地面和井下控制系统；控制系统通过自带的微电脑分析处理来自MWD系统的信息，将

实际井眼轨迹同预定的垂直井眼轨迹进行对比，一旦前者偏离后者，便指挥导向工具做出准确的动作，引导钻头重新回到垂直方向。

自动垂直钻井系统于20世纪90年代中期就开始了商业化应用，至今技术上已经成熟，并得到了推广的应用。

目前能够研制自动垂直钻井系统并提供相应技术服务的公司主要是斯伦贝谢公司、贝克休斯公司、哈里伯顿公司和德国的智能钻井公司，分别生产PowerV系列、VertiTrak系列、V-Pilot系列和ZBE系列的自动垂直钻井系统。它们的构成如图6-27所示。

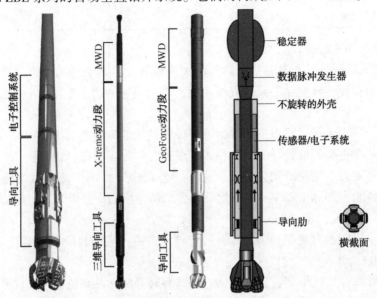

(a)PowerV系统 (b)VertiTrak系统 (c)V-Pilot系统 (d)ZBE系统

图6-27　自动垂直钻井系统的构成

② 发展方向。随着旋转导向钻井、地质导向和MWD/LWD等钻井前沿技术的发展，自动垂直钻井技术也会同步发展，以更好地满足高陡构造等井眼易斜地层的垂直钻井要求。因此，自动垂直钻井系统的发展方向与旋转导向钻井系统的发展方向是基本一致的，主要朝着以下几个方向发展：a. 适应高温高压环境的能力更强：最大耐温能力将从目前的175℃提高到200℃以上；b. 产品规格更多；c. 自动化和智能化程度更高；d. 更加可靠，更加耐用，更加经济。

③ 应用前景。自动垂直钻井系统是一项涉及钻井、机电仪表、自动化、电子测控、计算机等多学科的高科技系统工程，是直井钻井技术的一次质的飞跃，代表了当今直井钻井技术的最高水平。自动垂直钻井系统在陆上和海上都有应用，实现了直井的优快钻井。随着技术的不断进步，其成本将进一步下降，应用将不断增加，应用效果将更加显著。

（2）旋转导向钻井系统。

① 技术概况。旋转导向钻井系统（Rotary Steerable System，简称RSS）由地面系统和井下系统组成。地面系统包括信号采集系统、处理解释系统和指令系统；井下系统由随钻测量（测井）系统（"眼"）和电子自动控制系统（"脑"）和自动导向工具（执行机构）组成。旋转导向钻井系统的主要特点是：旋转导向、实时监测、双向通信、连续导向、实时可视化。高端

旋转导向钻井系统还具备地质导向、闭环控制和耐温能力强等特点，可以自动沿着预先输入的井眼轨迹钻进，也可以在不起钻的情况下沿着修正后的井眼轨迹钻进。

经过 10 多年的发展，国外旋转导向钻井系统在技术上已经成熟，产品已实现系列化和规格化（表 6-8），能够满足不同井型、井径和井况的钻井需要。目前国外提供旋转导向钻井服务的公司主要是斯伦贝谢公司、贝克休斯公司、哈里伯顿公司、威德福公司、德国智能钻井公司，以及美国的 Gyrodata 公司、APS 技术公司等。其中前三家公司的技术最先进、应用最广泛。

表 6-8　主要公司的 RSS 系列

公司名称	RSS 系列	公司名称	RSS 系列
斯伦贝谢公司	PowerDrive Xceed，PowerDrive X5，PowerDrive X6，PowerDrive Xbow，Power-Drive Archer	哈里伯顿公司	AutoTrak eXpress，Geo - Pilot XL System，Geo - Pilot XL EDL System，Geo-Pilot GXT System
		威德福公司	Revolution，MotarySteerable
贝克休斯公司	AutoTrak G3.0，AutoTrak X - treme，AutoTrak eXpress，AutoTrak Curve	美国 APS 技术公司	RSM
		美国 Gyrodata 公司	Well-Guide
		德国智能钻井公司	SCOUT 2000

资料来源：2012 Rotary Steerable Drilling Systems Directory。

旋转导向钻井系统的出现掀起了一场定向钻井技术的革命。它正得到日益广泛的应用，已成为当今钻井领域一项尖端和有效的重大关键技术，也是进入国际钻井高端服务市场的重要敲门砖之一。拥有其核心技术的国际大公司都在实行技术封锁，只提供技术服务，不出售技术和产品，而且服务价格极高。

② 发展方向。旋转导向钻井系统作为井眼轨迹控制技术的前沿和关键技术，其发展趋势与前面所述的井眼轨迹控制技术的发展趋势是一致的。一个值得注意的趋势是，旋转导向钻井系统越来越多地与与套管钻井、尾管钻井、欠平衡钻井、气体钻井、连续管钻井等先进技术集成应用。

③ 应用现状。

a. 应用范围不断扩大。RSS 自 20 世纪 90 年代后期投入工业化应用以来，应用范围不断扩大，现已成为海上和陆上各种类型的复杂结构井（水平井、大位移井、多分支井、三维多目标井、薄产层井）的重要钻井方法，极大地推动了油气资源的大规模开发。

b. 应用规模日益增加。旋转导向钻井系统自问世以来，逐步取代导向泥浆马达，应用规模不断扩大，市场份额已占国际定向钻井市场的 1/3（图 6-28）。

④ 应用效果。RSS 日益显著的应用效果促进了其应用范围和市场规模的不断扩大，归纳起来为"三提"，即提质、提速、提效。

a. 提高钻井质量，实现优质钻井。

ⅰ. 提高导向精度。RSS 大多集成近钻头传感器（有些还集成地质导向仪），能够连续、实时、准确地监测钻头的钻进方向和近钻头地质参数；多数拥有闭环控制功能，能够自动纠偏，因此能够提高三维导向精度，有助于引导钻头在储层尤其是薄储层中的最佳位置和路径钻进，"少走弯路"。

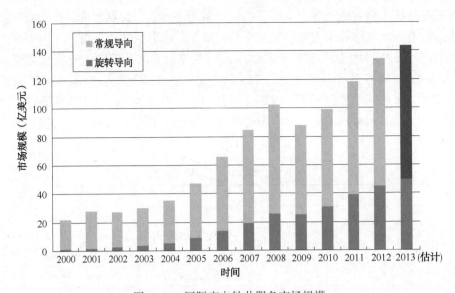

图 6-28　国际定向钻井服务市场规模

资料来源：美国 Spears and Associates 公司，Oilfield Market Report，2013 年 6 月

ⅱ. 提高井身质量。使用导向泥浆马达钻井时，为控制井眼轨迹，需要时不时地在旋转钻进和滑动钻进两种方式之间切换，势必造成井眼不规则或呈螺旋状；而使用 RSS 钻井时，无论是稳斜还是调整井眼方向，都是在旋转钻柱的情况下进行，因此有利于钻屑的上返，改善井眼清洁程度，钻成的井眼平滑、规则，井身质量高，有利于降低摩阻和扭矩，降低卡钻的风险，提升水平延伸能力(图 6-29)。

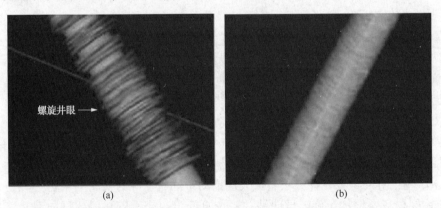

图 6-29　使用导向泥浆马达所钻的井眼(a)不规则、井径扩大或呈螺旋状；
使用旋转导向钻井系统所钻井眼(b)规则、平滑

b. 提高钻井速度，实现高效钻井。使用导向泥浆马达进行滑动钻进前，需要花时间进行工具面定向；而使用 RSS 时钻井过程是连续的，而且钻成的井眼平滑，有利于降低摩阻，更好地传递钻压，因此有助于提高机械钻速，减少非生产时间。

2008 年 5 月由 Transocean 公司用自升式钻井平台为 Maersk 石油卡塔尔公司在卡塔尔近海 Al-Shaheen 油田钻成了一口刷新多项世界纪录的大位移井：测深达 12289.5m，水平位移达 10902.7m。在钻进过程中使用了斯伦贝谢公司的 PowerDrive X5 和 PowerDrive Xceed 两种

RSS 钻井系统，而且只通过两次起下钻就完成了长度达 10804m 的 8½in 水平段的钻进。全井钻井作业仅用了短短 36 天时间。

　　c. 提高经济效益，实现经济钻井。尽管 RSS 本身的费用还很高，但 RSS 系统可以通过"少走弯路"和解决井眼问题，减少钻进过程中的非生产时间，从而缩短钻井周期，降低综合钻井成本。

　　在美国页岩气钻井中，旋转导向钻井技术与高效钻头、高效钻井液、自动控压钻井系统等先进技术配合，取得了显著的应用效果：提高了钻速，甚至实现了水平井二开"一趟钻"完钻；缩短了钻井周期；降低了水平井的综合钻井成本。

　　案例 1　应用斯伦贝谢公司的高造斜率旋转导向钻井系统大幅度提高机械钻速。

　　2011 年年中在美国俄克拉何马州 Woodford 页岩气产区，Cimarex 能源公司分别利用斯伦贝谢公司的 PowerDrive Archer 高造斜率旋转导向钻井系统和 PowerDrive X6 旋转导向钻井系统钻一口水平井的造斜井段和水平井段。8¾in 造斜井段的造斜率为 10°/30m，平均机械钻速为 4.57m/h，比该公司在这个气田用泥浆马达所取得的平均机械钻速快 56%。由于造斜井段平滑，1451.76m 长的水平井段用 PowerDrive X6 系统一次下井就顺利完成了，用时仅 2.18 天，平均机械钻速 27.75m/h。

　　案例 2　贝克休斯公司的高造斜率旋转导向钻井系统一次下井共钻进 2932m，缩短钻机时间 6.2 天。

　　2012 年初，在美国 Appalachian 盆地 Utica 页岩地层的一口水平井中（这口是一口三维水平井，造斜井段的设计造斜率为 8°/30m），应用贝克休斯公司的 6¾in AutoTrak Curve 系统和 8¾in PDC 钻头一次下井完成了 658m 长的造斜井段和 2274m 长的水平井井段的钻进，共钻进 2932m，所用的钻井液是贝克休斯公司的合成基钻井液。钻造斜段用了 3 天钻机时间，比原计划提前 3 天。在整个钻进期间采用旋转钻进，没有非生产时间，实际用时 9.8 天，平均机械钻速 22.86m/h，同邻井的平均用时相比，共缩短钻机时间 6.2 天。

　　案例 3　利用贝克休斯公司的高造斜率旋转导向钻井系统实现二开"直井段+造斜段+水平段"一趟钻。

　　2012 年初，在美国 Eagle Ford 页岩气产区的一口水平井中（这口是一口三维水平井，造斜井段的设计造斜率为 8°/30m），应用贝克休斯公司的 6¾in AutoTrak Curve 系统和 8¾in PDC 钻头一次下井钻开表层套管的套管鞋，从 801.9m 钻至总井深 4019.7m，共钻进 3217.8m，其中包括直井段、造斜井段和水平井段，实现了二开"直井段+造斜段+水平段"一趟钻完钻，减少了两次起下钻。共用时 5.95 天，平均机械钻速 27.43m/h，比邻井缩短 2.5 天，节省钻井费用大约 80000 美元。

　　案例 4　应用高造斜率旋转导向钻井系统和个性化技术将页岩气水平井平均钻井周期锐减 40%以上。

　　2012 年 Rice 能源公司在 Marcellus 页岩气产区的 16 口水平井中成功地应用了贝克休斯公司的 AutoTrak Curve 系统。这 16 口水平井均属三维复杂井，造斜段的设计造斜率为（8°~10°）/30m，目标窗口小，水平段长。此前的 13 口邻井需先用弯度较大的导向泥浆马达钻造斜段，再起钻换用弯度较小的导向泥浆马达钻水平段。改用 AutoTrak Curve 系统钻各井的造斜段和水平段，均实现了一趟钻。尽管"造斜段+水平段"的平均钻井进尺从 1813.8m 增加到了 2508.5m（图 6-30），但平均钻井用时从 15.8 天减至 7.6 天（图 6-31），锐减 51.9%，而

平均日进尺从 114.5m 增至 328.7m，提高 178%。加上直井段钻井用时，平均钻井周锐减
40%以上。

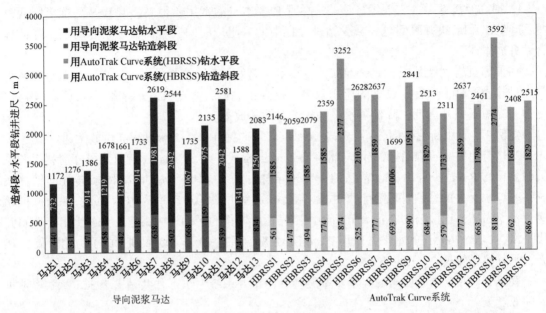

图 6-30 "造斜段+水平段"钻井进尺
资料来源：AADE-13-FTCE-20

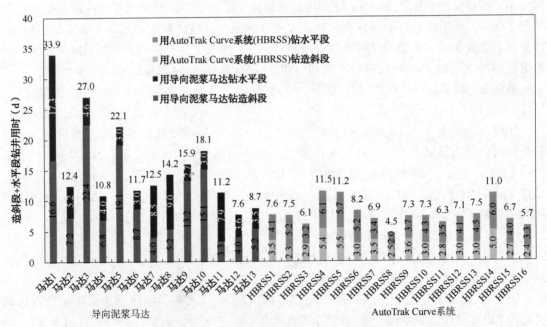

图 6-31 "造斜段+水平段"钻井用时对比
资料来源：AADE-13-FTCE-20

⑤ 应用前景。旋转导向钻井是定向钻井技术的一次革命，是当今最尖端的钻井技术和
非常有效的钻井利器，实现了定向钻井的井下自动化。未来在全球的非常规油气开发中，旋

转导向钻井的应用规模将持续增长。利用旋转导向钻井系统、高效钻头和高效钻井液等前沿技术实现水平井二开"一趟钻"完钻，正成为水平井钻井提速降本的新趋势和新利器，可简单井身结构，减少起下钻，提高钻井效率，缩短钻井周期，降低钻井成本。随着钻头、钻井液、旋转导向钻井等技术的不断发展，水平井"直井段+造斜段+水平段"一趟钻将成为水平井钻井未来的一个重要的发展方向。

7. 油井管材

对钻井和完井而言，油井管材主要包括钻井用的钻杆、钻铤，固井和完井用的套管、尾管、筛管，以及近几年新出现的可膨胀管和可膨胀筛管等。

1) 发展历程

在石油工业中，钢钻杆大规模应用已有 100 多年的历史了，目前钢钻杆仍然是应用最普遍的钻杆。但是，随着深井、水平井、大位移井、短曲率半径井和深水井等高难度井在钻井中所占的比重越来越大，钢钻杆固有的不足就更加凸显出来，比如：钢钻杆重量大，限制了钻机的钻深能力；在定向井和水平井中，钢钻杆的扭矩和摩阻大，限制了井的水平位移；钢钻杆的韧性差，在短曲率半径和超短曲率半径水平井中应用有一定难度。

为克服钢钻杆的这些不足，国外公司相继研制出了其他材质的钻杆，比如 20 世纪 50 年代后期推出的铝合金钻杆和 90 年代末推出的钛合金钻杆等(图 6-32)。

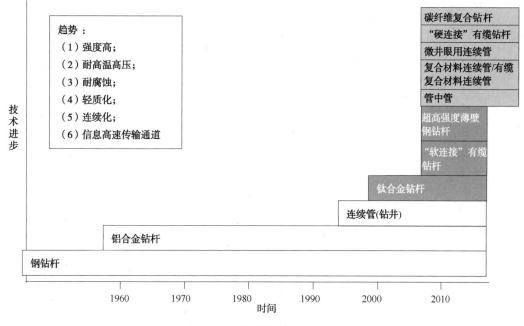

图 6-32　国外钻杆技术发展历程

铝合金钻杆具有重量轻、耐腐蚀、耐疲劳和无磁性等优点，主要应用于俄罗斯和原苏联地区。但是，铝合金钻杆同样存在一些不足之处，比如它的抗拉强度和屈服强度都不及钢钻杆，成本大约是钢钻杆的 2 倍；内径稍小，会增大钻柱内的压力损失；对温度的升高比较敏感，当井下温度超过 120℃时，其屈服强度会急剧下降。因此，铝合金钻杆在定向井、水平井和大位移井中得到了一些应用，但不适合超深井钻井。

钛合金钻杆同样具有重量轻、强度/重量比高、韧性好、耐腐蚀、耐疲劳等优点，但是它的成本是钢钻杆的7~10倍,如此高的成本极大地限制了它的应用,目前仅限在超短半径水平井中有少量的应用。

为提高起下钻效率,国外从20世纪90年代中期开始商业化应用连续管钻井。目前在美国和加拿大,连续管钻井已占有一定的市场份额。

可膨胀管和可膨胀筛管已投入工业应用。"软连接"有缆钻杆可实现数据的高速、大容量传输。

近几年,国外研发的油井管材主要是耐超高温管材、管中管(比如 Reelwell 管中管)、复合材料连续管/有缆复合材料连续管、连续套管、微井眼钻井用连续管、"硬连接"有缆钻杆、碳纤维复合钻杆、旋转膨胀管等。

表6-9列出了国外油井管材的技术系列和成熟度。

表6-9 国外油井管材

工业化应用	现场试验与推广	实验室研究及概念设计
(1) 常规钢质管材(钻杆、加重钻杆、钻铤、套管、尾管等);	(1) "软连接"有缆钻杆(智能钻杆);	(1) 耐超高温管材;
(2) 铝合金钻杆;	(2) 轻质高强度钻杆(钛合金钻杆、超高强度薄壁钢钻杆等);	(2) 管中管(比如 Reelwell 管中管);
(3) 高钢级特殊螺纹管材;	(3) 射频识别钻杆	(3) 复合材料连续管/有缆复合材料连续管;
(4) 抗腐蚀管材;		(4) 连续套管;
(5) 耐高温管材;		(5) 微井眼钻井用连续管;
(6) 波纹管;		(6) "硬连接"有缆钻杆;
(7) 可膨胀管、可膨胀筛管;		(7) 碳纤维复合钻杆;
(8) 可膨胀尾管悬挂器;		(8) 旋转膨胀管等
(9) 连续管等		

2) 发展特点与发展趋势

井下管材的发展趋势是:强度高;耐高温高压;耐腐蚀;轻质化;连续化;信息高速传输通道。

3) 重大关键技术

可膨胀管无疑是近10年油井管材领域的重大关键技术之一,下面加以扼要介绍。

(1) 技术概况。

可膨胀管就是用特殊材料制成的金属圆管,其原始状态具有较好的延展性,入井后,靠液体压力推进,通过井下管件,在膨胀锥体或轴推进的过程中经过冷拔一样的塑胜变形达到扩大管径的目的,使其内径和外径均得到膨胀,内外径膨胀率可达到15%~30%,具体视可膨胀管尺寸而定。通过选择或调整可膨胀套管的材料,控制膨胀率等技术手段,可在完成胀管过程后获得与特定钢级套管相当的机械性能指标,从而代替套管使用,以满足石油工程要求。

可膨胀管技术是20世纪90年代发展起来的一项新技术。早在1990年初,荷兰皇家Shell公司就开始了对膨胀管技术的可行性研究。经过20年的发展,可膨胀管技术不断完善。膨胀管分为实体膨胀管和割缝膨胀管。实体膨胀管主要用于封隔复杂井段,防止地层垮塌、减小井眼尺寸、减少套管层次,还用于套管补贴、建井、多分支井和单直径井的建井。割缝膨胀管主要用于封隔复杂层段、代替常规割缝衬管和防砂。由于膨胀筛管紧贴井壁,可防止井壁垮塌，提高防砂效果，结合膨胀套管、管外封隔器使完井方式更加灵活。目前国外能够可膨胀管产品和服务的公司主要是亿万奇公司、威得福公司、贝克石油工具公司、哈里伯顿公司、READ 油井服务公司、TIW 公司等。

实体膨胀管技术主要包括如下关键技术：①材料的选择：低屈强比、低形变强化指数、高延伸率；②膨胀螺纹的设计及制造；③涂层的研制；④膨胀工具的研制；⑤膨胀管固井技术研究。

（2）应用现状。

随着技术的日趋成熟，膨胀管正在由过去的应急方案，向油气钻完井的主流技术迈进。目前可膨胀管在正陆上和海上钻完井中得到推广应用，主要用于处理井下复杂情况的裸眼系统、套管补贴系统、用于尾管悬挂或其他锚定机构的锚定悬挂系统。

（3）应用效果。

可膨胀管可减少钻完井非生产时间，提高钻完井效率，降低钻完井成本。

（4）应用前景。

可膨胀管未来在钻完井和修井中应用前景广阔，应用范围和规模将不断扩大，一个重要的方向就是用于建单直径井。

8. 井型

1）发展历程

自 20 世纪 80 年代中期以来，水平井的应用快速增长。特别是自 2004 年以来，因开发页岩气，美国的水平井钻井数呈暴发式增长。目前在美国的页岩气和致密油开发中，新钻的井绝大部分是水平井。水平井已成为国外开发非常规油气的主流井型。为了提高油气产量和采收率，国外发展和应用了大位移井、多分支井、三维多目标井、鱼骨井、树根井等多种井型（图 6-33）。

国外井型的技术系列和成熟度见表 6-10。

表 6-10 井型技术系列

工业化应用	现场试验与推广	实验室研究及概念设计
（1）直井、定向井、丛式井； （2）水平井； （3）丛式水平井； （4）大位移井； （5）小井眼； （6）三维多目标井； （7）分支井/多分支井； （8）发煤层气； （9）开发油砂、稠油的 SAGD 井等	（1）丛式大位移水平井组； （2）单直径井； （3）超大位移井； （4）树根井/MRC 井	微井眼

2）发展特点与发展趋势

回顾过去 10 年的发展历程并展望未来，可以总结出过去 10 年井型的发展特点及未来的发展方向主要是：

井型的发展趋势主要是：

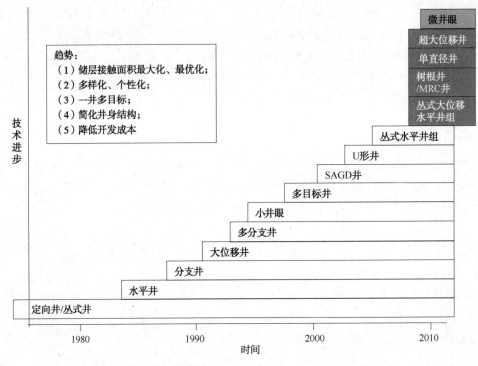

图 6-33　国外井型发展历程

（1）储层接触面积最大化、最优化。为提高单井产量和油气采收率，更好地保护环境，需要在储层的最佳位置最大限度地增加储层接触面积，一是尽可能增加单个井眼在储层中的井段长度，二是钻多分支井，三是钻丛式井。发展丛式大位移水平井组是未来的一个重要趋势。

（2）多样化、个性化。井型呈多样化趋势，同时针对不同的非常规油气资源发展特色井型，例如开发煤层气的 U 形井，开发油砂、稠油的 SAGD 井等。

（3）一井多目标。同一口三维井穿过多个目标有利于提高单井产量，降低开发成本。

（4）简化井身结构。简化井身结构有利于提高建井效率，缩短建井周期，降低建井成本。例如，在美国的页岩气开发中，一般下 3~4 层套管，如用高造斜率旋转导向钻井系统，有望将简化为三开甚至两开。

（5）降低开发成本。为经济有效地开发美国大量的剩余油储量，美国能源部组织微井眼技术的研发。微井眼钻井技术是连续管钻井技术的发展，即利用小型化混合型连续管钻机钻直径为 3½in 或更小的井眼。美国能源部资助的有关微井眼钻井的研究项目主要包括：小型化混合型连续管钻机，零排放型泥浆循环及处理系统，新型高转速泥浆马达，微井眼智能导向泥浆马达，微井眼 MWD/LWD，微井眼井下牵引器等。

3）重大关键技术

过去 10 年，水平井极大地推动了全球非常规油气资源的开发，尤其是美国页岩气的大规模开发，因此过去 10 年和今后相当长一段时期最重要的井型当水平井莫属。下面着重对美国水平井钻井做一概述。

（1）技术概况。

水平井自 20 世纪 80 年代开始工业化应用，至今已经近 30 年了，技术早已成熟。水平井钻井的核心技术包括：钻井设计、钻井液与储层保护、随钻测量/随钻测井/地质导向、旋转导向钻井系统、固井与完井等。全球掌握水平井钻井技术的公司越来越多，但掌握尖端核心技术和引领技术发展方向的仍然是斯伦贝谢公司、贝克休斯公司、哈里伯顿公司和威德福公司。

水平井钻井技术未来的发展方向主要是：进一步提高钻速，缩短钻井周期，降低钻井成本；进一步增加储层接触面积和改进储层保护，提高单井产量和油气采收率。

（2）应用现状。

随着页岩气、致密油等非常规油气的规模开发，美国水平井钻井工作量快速增长，从2010年起超过直井钻井工作量。与此同时，水平井钻井技术经济指标持续向好，有力地促进了美国页岩气、致密油等非常规油气的规模开发。

① 水平井钻井数增长迅速。美国水平井钻井数从2000年的1144口快速增至2012年的17721口，占年度钻井总数的比例从2000年的3.68%升至2012年36.65%，也就是说2012年美国新钻井数1/3以上是水平井（图6-34）。预计2013年美国水平井钻井数将逼近20000口。

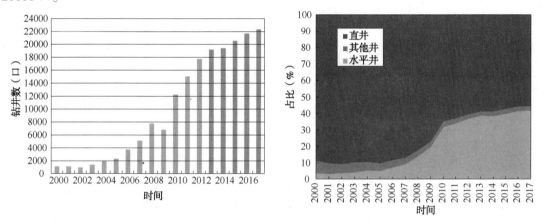

注："其他井"指定向井、侧钻井、海上井

图6-34　美国历年水平井钻井数及其占比

资料来源：Spears and Associates公司，Drilling and Production Outlook，2013年6月

从2004年起，美国水平井钻井数呈爆发式增长，主要原因是从该年起美国开始大规模应用水平井开发页岩气。近几年，美国新钻的水平井大部分用于开发页岩气，与此同时开发致密油的水平井也越来越多。个别公司和部分地区新钻的页岩气井几乎全是水平井。例如，2010年美国西南能源公司在Fayetteville页岩气产区共钻井658口，其中水平井655口，占99.54%。预计未来随着非常规油气的规模开发，美国水平井钻井数及其占比将持续稳步增加。

② 水平井钻井进尺超过直井钻井进尺。美国水平井钻井进尺从2000年的237.74×10⁴m快速增至2012年的6979.92×10⁴m，占比从2000年的5.23%升至2012年60.33%，也就是说2012年美国钻井总进尺中有6成进尺是水平井钻井进尺（图6-35）。从2004年起，美国水平井钻井总进尺呈爆发式增长，主要原因同样是从2004年起美国开始大规模应用水平井开发页岩气。近几年，开发致密油的水平井钻井进尺越来越多。从2010年起，美国水平井钻井进尺超过直井钻井进尺，首次取代直井成为美国钻井工作量最大的井型。展望未来，随着非常规油气的规模开发，美国水平井钻井进尺将稳步增加，预计到2018年水平井钻井进尺占比将高达70%。

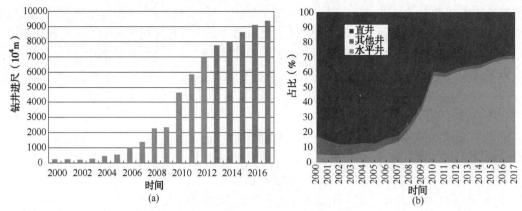

图 6-35　美国历年水平井钻井进尺

资料来源：Spears and Associates 公司，Drilling and Production Outlook，2013 年 6 月

③ 水平井平均井深快速增加。美国水平井钻井进尺及其占比的增幅明显大于水平井钻井数及其占比增幅，说明同期美国水平井的平均井深快速增加。2012 年，美国水平井的平均井深从 2000 年的 2078.18m 增至 3938.78m（图 6-36），约为当年美国各类井平均井深的 1.65 倍。预计 2013 年美国水平井平均井深将突破 4000m。水平井平均井深之所以快速增加，主要原因是为提高单井产量，同期水平段长度不断增加，尤其是页岩气水平井的水平段长度越来越大。例如，在 Haynesville 页岩气产区（页岩埋深 3200~4115m），水平井的平均井深超过 5000m，说明美国部分页岩气产区水平井的钻井难度很大。

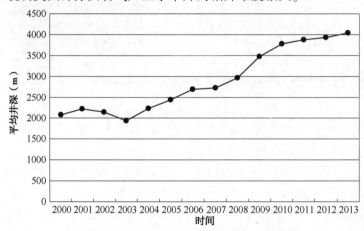

图 6-36　2000—2013 年美国水平井平均井深

资料来源：Spears and Associates 公司，Drilling and Production Outlook，2013 年 6 月

④ 60% 的在用旋转钻机用于钻水平井。美国用于钻水平井的在用旋转钻机数从 2000 年的 55 台增至 2012 年的 1151 台，占比从 2000 年的 6% 增至 2012 年的 60%（图 6-37），也就是说 2012 年美国有 6 成的在用旋转钻机用于钻水平井，其中多数用于开发页岩气。近几年，用于开发致密油的在用旋转钻机也越来越多。

（3）应用效果。

随着钻完井技术的不断进步、工厂化作业模式的推广应用和作业经验的不断学习与积累，美国水平井特别是页岩气水平井的平均钻机月速、平均钻井周期和建井周期、单位进尺钻井成本等技术经济指标持续向好。

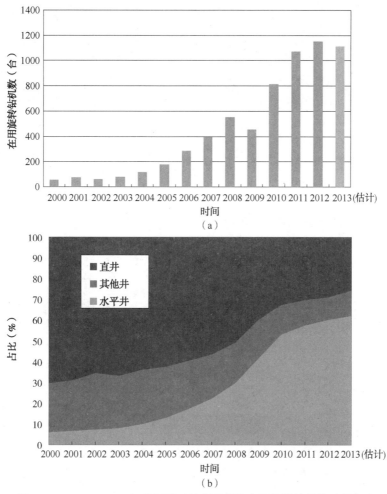

图6-37　2000—2013年美国用于钻水平井的在用旋转钻机数及其占比

资料来源：Spears and Associates 公司，Drilling and Production Outlook，2013 年 6 月

　　例如，美国西南能源公司从 2004 年开始在 Fayetteville 页岩区作业，2005 开始钻水平井，2010 年年水平井钻井数增至 655 口，此后水平井钻井数因天然气价格走低而有所减少，2012 年进一步回落至 491 口，2013 年计划钻水平井 390 井（图6-38）。随着技术的进步，平均水平段长度不断增加，从 2006 年的 701m 增至 2012 年 1473m，而"造斜段+水平段"平均钻井用时不增反降，从 2006 年的 18 天缩减至 2012 年的 6.7 天。2013 年一季度新投产水平井 102 口，它们的"造斜段+水平段"平均钻井用时减至 5.4 天，加上直井段的钻井用时，平均钻井周期已减至大约 7.9 天（平均井深约 2800m）。在新投产的 102 口水平井中，有 53 口井的"造斜段+水平段"钻井用时不超过 5 天，有 25 口井的"造斜段+水平段"钻井用时只有 2.5 天，全井钻井周期大约 5 天（平均井深约 2800m，平均水平段长度约 1500m）。该公司在 Fayetteville 页岩气产区的水平井井身结构从原来的三开简化成二开。

　　如图6-38 所示，尽管水平段长度和压裂段数不断增长，但平均单井钻完井成本不升反降，从 2008 年的 300 万美元/口降至 2012 年的 250 万美元/口，说明单位进尺钻完井成本不断下降。

　　加拿大 Encana 公司在美国 Piceance 盆地的页岩气水平井的平均钻井周期从 2006 年的 18

天缩短至 2010 年第一季度的 10 天，平均单井钻井成本从 2006 年的大约 220 万美元下降到 2010 年一季度的大约 170 万美元。

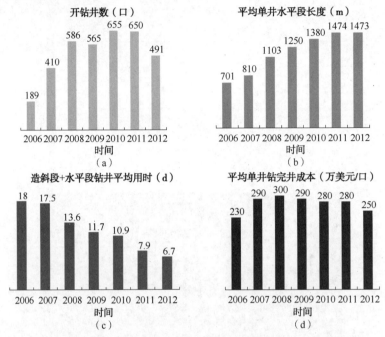

图 6-38　美国西南能源公司在 Fayetteville 页岩气产区水平井钻井情况

资料来源：美国西南能源公司历年年报

随着技术的进步，在美国页岩气水平井钻井中，"造斜段+水平段"一趟钻已经习以为常，"直井段+造斜段+水平段"一趟钻已成为现实。例如，2013 年初在 Eagle Ford 一口大约 4527m 深的页岩气水平井中，利用斯伦贝谢公司 6¾in 高造斜率旋转导向钻井系统（PowerDrive Archer）和 8½in Spear SDi513 钢体 PDC 钻头一次下井完成进尺 3277.8m，实现了二开"直井段+造斜段+水平段"一趟钻，平均机械钻速 16.76m/h，钻井用时 8 天，比邻井节省 4 天时间。展望未来，水平井"直井段+造斜段+水平段"一趟钻将成为未来水平井钻井的一个重要发展方向。

（4）应用前景。

在美国，随着页岩气、致密油等非常规油气资源的规模开发，未来水平井的应用规模将稳步增长，技术经济指标将持续向好。在世界范围内，随着非常规油气开发热的兴起，未来水平井的应用规模将再现新一轮的快速增长，有力推动全球常规和非常规油气的高效开发。

9. 钻井新工艺、新方法

1）发展历程

国外钻井新工艺、新方法的发展历程如图 6-39 所示。为了提高钻速，国外分别于 20 世纪 70 年代后期和 80 年代初期实现了冲击旋转钻井和空气锤钻井技术在石油钻井中的工业化应用；为了更好地保护油气层，提高钻速和降低钻井成本，国外从 20 世纪 90 年代中期开始大规模应用欠平衡钻井和气体钻井；为了提速降本，国外从 20 世纪 90 年代中期开始大规模应用连续管钻井，并从 90 年代后期开始大规模应用套管钻井；为了减少井下复杂情况和非生产时间，实现安全、高效钻井，近几年国外推广应用控压钻井和自动控压钻井。

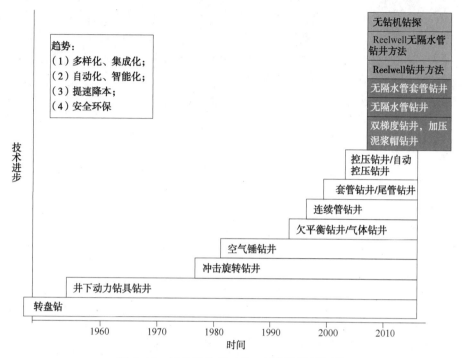

图 6-39　国外钻井新工艺、新方法发展历程

国外钻井新工艺、新方法的技术系列和成熟度见表 6-11。

表 6-11　国外钻井新工艺、新方法

工业化应用	现场推广	实验室研究
（1）转盘钻； （2）井下动力钻具钻井； （3）冲击旋转钻井； （4）空气锤钻井； （5）欠平衡钻井/气体钻井； （6）连续管钻井； （7）套管钻井/尾管钻井； （8）控压钻井/自动控压钻井	（1）双梯度钻井，加压泥浆帽钻井； （2）无隔水管钻井； （3）无隔水管套管钻井	（1）Reelwell 钻井方法； （2）Reelwell 无隔水管钻井方法； （3）无钻机钻探（獾式钻探器）

2）发展特点与发展趋势

回顾过去 10 年的发展历程并展望未来，可以总结出钻井新工艺、新方法过去 10 年的主要发展特点及未来的主要发展趋势是：

（1）多样化、集成化。随着技术的进步，钻井新工艺、新方法不断涌现，高新技术的集成应用是创新钻井方法、钻井工艺的有效途径。例如，套管钻井（或尾管钻井）与旋转导向钻井相结合，产生了旋转导向套管钻井（旋转导向尾管钻井）。套管钻井与无隔水管钻井液回收技术的集成应用，形成无隔水管套管钻井，可进一步降低钻井成本。

（2）自动化、智能化。旋转导向钻井和自动控压钻井可明显提高钻井自动化水平，前者可提高井眼轨迹的控制精度与效率，后者可有效解决窄密度窗口等问题，减少井下复杂情况及其引起的非生产时间。

（3）提速降本。套管钻井、尾管钻井技术已得到推广应用，可减少井下复杂情况，缩短钻井周期，降低钻井成本。

挪威 Reelwell 公司的无隔水管钻井技术采用管中管钻柱，岩屑经钻杆内管返排至地面，从而实现无隔水管钻井。因不用隔水管，可减少浮式钻井装置的承重，省去隔水管相关操作，即使应用未配备双作业钻机的第三代或第四代半潜式钻井平台，也能在 3000m 的超深水区高效钻井，从而明显降低深水钻井成本。

（4）安全环保。控压钻井和自动控压钻井可提高作业安全性。

3）重大关键技术

重大关键技术包括气体钻井/欠平衡钻井、套管钻井和连续管钻井等。下面扼要介绍控压钻井技术。

（1）技术概况。

钻井过程就是利用钻井流体压力（静态压力、动态压力等）来应对地层压力（孔隙压力、破裂压力、坍塌压力等），从而实现钻井过程中的某种平衡（近平衡、欠平衡、过平衡等）。而钻井过程中遇到的"塌、漏、涌、喷、卡"等问题，大部分跟井下的压力系统失衡有关。据统计，与压力系统失衡相关的井下问题是钻井中导致非生产时间的罪魁祸首。因此，对井底压力的控制就成为解决一系列钻井问题的关键。井底压力=钻井液静液柱压力+环空压力损耗+井口回压。常规钻井时，井口敞开，无法施加井口回压，改变钻井液液柱压力成为调节井底压力的最主要手段，这种方式通常需要添加钻井液材料或者改变钻井液体系，并且需要一定的循环时间，因而钻井液成本高，时效性差。改变泵排量调节循环摩阻压力也能达到调节井底压力的作用，这种方法时效性较好，但受设备能力和携屑效率的限制，调节能力有限，并且在接单根或者起下钻等循环中断的情况下，将完全失去控制能力。为此，国外在 20 世纪 90 年代中期在欠平衡钻井和气体钻井技术的基础上发展了控压钻井技术（Managed Pressure Drilling，简称 MPD）。

国际钻井承包商协会对 MPD 作了如下定义：MPD 是一种经过改进的钻井程序，可以精确地控制井筒环空压力剖面，其目的是确定井底压力，从而控制环空液压剖面。

过去 10 年，控压钻井技术发展很快，近几年国际大型油田技术服务公司相继推出了能够实现闭环控制的控压系统，比如威德福公司的微流量控制系统、哈里伯顿公司的自动节流控压钻井系统、斯伦贝谢公司的动态环空压力控制系统（DAPC）。

图 6-40　威德福公司的微流量节流管汇

微流量控制技术是一种精细控压钻井技术，最早由 Secure 钻井公司开发，于 2005—2006 年初在路易斯安娜大学井控中心通过测试，2006 年开始投入使用，2009 年被威德福公司收购。威德福公司的"微流量控制系统"主要由 3 大部分组成：旋转控制头、微流量节流管汇（图 6-40）和数据采集与控制系统，通过自动随钻监测环空压力剖面，地面自动调整回压及压力补偿，实现了对环空压力的闭环监测与控制，从而大大减少钻井液漏失和钻井非生产时间。该系统具有如下特点：①装备简单，仅需在原有钻机上加装旋转控制头、微流量测量仪、传感器、节流管汇等部件，能应用于陆地钻井和海上钻井。②操作灵活、简单，安全可靠，无风险。该系统为闭环控制系统，能实现远程操控，能充分保证操作人员的安全。③能实现地层压力的实时监测，然后通过计算机处理后做出迅速反应，真正实现安全钻进。④监测控制精度高。

哈里伯顿公司的自动节流控压钻井系统是一种自动调节回压、动态控制常规下入过程中的井底压力稳定性，以及控制由于泵流量变化、钻杆转速或移动引起的意外波动的系统。

斯伦贝谢公司的动态环空压力控制（DAPC）系统是实现精细控压的全自动闭环系统，通过施加一个可控环空井口压力来保持恒定的井底压力，根据压力波动对井底压力进行实时控制，连续自动维持设计的井底压力值，扩大孔隙压力/破裂压力梯度窗口。DAPC系统由节流管汇、回压泵和一体化压力控制系统组成。节流管汇包括一个高性能起动钻井节流阀、上游节流阀、下游节流阀、止回阀和高压管线接口。在节流管汇之上安装有止回阀，其作用是防止井筒流体回流至回压泵。回压泵是一种三缸泵，与节流管汇连接，如系统检测到井筒流量不足以维持所要求施加的回压时（例如接单根和起下钻过程中），则会自动开启回压泵。一体化压力控制主要用于控制节流管汇、回压泵和液压操作，监控作业过程以及传输数据。

控压钻井技术仍在不断地发展和完善中，今后的发展方向主要是：①多样化；②自动化、智能化；③集成化应用，比如控压钻井与旋转导向钻井、连续管钻井、套管钻井、尾管钻井等技术集成应用；④全过程控压钻井，包括控压固井、控压射孔、控压完井等；⑤简约、可靠、经济。

（2）应用现状。

控压钻井技术正在全球的陆上和海上钻井中得到推广应用，不仅适用于普通井，在一些高难度井中更是显示出了无可比拟的技术优势，如高温高压井、含酸性有毒气体的碳酸盐岩裂缝性地层、窄密度窗口井，以及以前采用常规方法所无法钻达设计井深的井等。

（3）应用效果。

控压钻井可减少井下复杂情况，减轻储层伤害，减少非生产时间，提高钻井效率，缩短钻井周期，降低钻井成本，提高钻井作业安全性。

例如，Forest石油公司从2010年4年月开始在Haynesville页岩气产区的4口水平井中应用威德福公司的微流量控制系统。产层属高温高压地层，温度达176.7℃。4口水平井的造斜点深约3680m，总井深约5200m，水平段长度1190m。在完成7in技术套管的固井之后，开始用油基钻井液钻下部井段（造斜井段+水平井段），同时启用威德福公司的微流量控制系统。与先前不用控压钻井系统所钻的6口水平井相比，应用了微流量控制系统的4口水平井因非生产时间和起下钻次数的减少，下部井段平均钻井时间从先前的33.0天减少到16.5天，缩减50%；平均钻井周期从先前的62天缩短到40天；因油基钻井液密度的降低和钻井周期的缩短，平均单井钻井液费用从40.5万美元减少到30.4万美元，降幅为25%；平均单井钻井成本从527万美元降至391万美元，降低25.8%；延长了导向泥浆马达和钻头的使用寿命，减少了起下钻次数。微流量控制系统能够将地层流体的流入量维持在极低的水平，并更好地处置表层气体，从而提高了钻井安全性，降低了潜在的环境风险。

（4）应用前景。

自动控压钻井系统是控压钻井技术的重大突破，也是钻井技术一次新的革命，应用不断增加，应用效果日益显著，已成为窄密度窗口问题的杀手锏，可减少井下复杂情况及由此引起的非生产时间，缩短钻井周期，提高钻井安全性。未来有望成为大中型自动化钻机的标配设备。

10. 高温高压钻井

根据斯伦贝谢公司对高温高压井的分类体系（图6-41），高温高压（HPHT）井是以普通橡胶密封性能来界定的，指井底温度高于150℃、井底压力高于70MPa的井。超高温高压（UHPHT）井以电子元件作业极限为界定标准，定义为井底温度高于205℃、井底压力高于

140MPa 的井。极高温高压(XHPHT)井是最为极限的环境,定义为井底温度高于 260℃、井底压力高于 240MPa 的井。240MPa 的高压在钻井作业中一般不大可能出现。然而,对于地热井和热采井来说,最高井底温度已经超过 260℃。

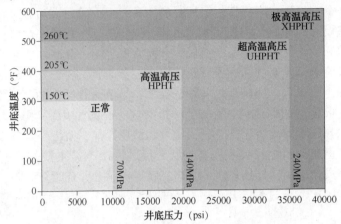

图 6-41 斯伦贝谢公司高温高压井分类体系

随着油气勘探开发难度的逐渐增大,深井、复杂结构井、高温高压井、海上及恶劣环境下油气井的钻井问题明显增多。其中高温高压(HPHT)油气藏勘探开发面临的钻井问题包括了油井的设计、工艺、工具、设备、井控、安全等一系列问题。因此,研究和解决高温高压相关问题是进一步推进勘探开发步伐的一个关键问题。

1) 发展历程

20 世纪 70 年代,墨西哥湾最早开展高温高压钻井作业,80 年代开始在北海作业,直至 1988 年 9 月 Ocean Odissey 平台发生井喷事故,整个平台废弃,英国能源部下令禁止北海地区所有的高温高压钻井作业。之后,英国石油研究院与海洋作业协会联合统一高温高压井钻井和测试规范,并确定了 HPHT 井的分级,1992 年后 HPHT 井钻井作业得以重新启动。

2) 发展特点与发展趋势

随着技术的进步,高温高压钻井表现出以下的发展特点:

(1) 近年来,钻头、井下工具、井下动力钻具、钻井液、水泥浆等技术都在不断改进和提升,以迎接高温高压难题,而这些技术必须整体、协调发展,才能使整体技术水平站上一个新的台阶。

(2) 密封完整性技术是提升井下工具耐温耐压水平的首要关键技术。在橡胶密封的改进以及金属密封方面,近年来都出现了重要的进展。未来随着更多的新型橡胶材料的推出和金属密封技术的完善,将使井下工具完整性水平进一步提升。

(3) 电子元器件耐温耐压能力关于 MWD 等井下仪器在高温高压下是否能够正常工作,硅绝缘、变频冷却技术的研发,陶瓷多芯片组件的应用,以及耐高温传感器的推出使井下仪器的耐温耐压能力站上新的高度。

(4) 在环保要求越来越严格的今天,水基耐高温钻井液、合成基耐高温钻井液成为近年的研发新趋向。

3) 重大关键技术

(1) 钻头密封技术。

深井、超深井、地热井等恶劣环境对钻头的使用寿命有很大的影响。高温会使牙轮钻头轴承中的橡胶密封材料加速老化，造成密封失效。密封失效可导致恶劣的安全和环境事故，同时产生不必要的维修成本并导致事故复杂增多、成本上升、产量下降。牙轮钻头密封系统的失效，可导致钻井液及夹杂在钻井液中的岩屑抽汲进入轴承腔，造成钻头轴承损坏，缩短钻头寿命。新材料密封橡胶和金属密封方式是解决牙轮钻头在高温下的密封失效问题的主要手段。

史密斯钻头公司的 Kaldera 钻头是新材料密封的代表。该钻头的密封圈采用纤维增强碳氟化合物制成，提高了高温稳定性和抗疲劳能力，采用合成润滑油及其他添加剂提高高温条件下的性能，从而为轴承密封系统提供充足的润滑性。在意大利一口地层温度高达 270℃ 的地热井应用，单次入井工作时间达 77h，比其他钻头增加 37%，且轴承及密封系统完好，创造了该地区的新纪录。休斯克里斯坦森公司的 MXL 钻头与 Vanguard 系列钻头是使用金属密封提高抗温能力的代表，主要使用 Z 金属密封圈代替原有的橡胶密封圈，安装在 SEM Ⅱ 轴承组上，其密封性能提高了 20%。MXL 钻头在墨西哥湾应用，单只钻头完成过去 2~3 只标准钢齿钻头的进尺。Vanguard 系列钻头适于地热钻井，最高耐温能力达到 260℃。

（2）井下仪器和导向工具。

MWD、LWD、旋转导向系统等井下仪器的耐高温水平由多种因素共同决定（井下传感器、电子元器件、密封技术等），任何一个环节出问题，整个系统的耐高温高压水平就上不去。

在传感器方面，一般的井下测量要求传感器直接暴露在井筒环境中，为此这些传感器通常被安装在探头中，探头内充满液压油，配有平衡活塞，用于平衡内外压力，以保持结构上的完整性。目前，探头的作业压力通常达到 207MPa（30000psi）。除了高压以外，高温也是造成传感器失效的重要原因。随着技术研发的推进，传感器的耐温能力也在不断获得提升。2008 年道达尔公司与哈里伯顿公司联合研发系列超高温高压传感器，目前已开发出耐温 175℃、耐压 175MPa（15000psi）的 Prometheus 系列传感器。至今为止，哈里伯顿的 Extreme 系列 MWD 和 LWD 传感器已达到 175℃ 的耐温水平，Ultra 系列的 MWD 和 LWD 传感器已能够耐受最高 230℃ 高温、30000psi 的高压。

井下工具的核心是芯片，而高精密的电子芯片对井下高温高压尤其敏感。目前，提高芯片耐高温能力的途径主要包括：降低芯片功耗、高效率的散热技术、绝热保护技术、改进芯片封装技术，具体技术包括以下 5 种：

① 散热板技术。这种技术的研发者主要是哈里伯顿公司，该技术主要是利用散热板技术消除高温对井下工具的影响。散热板由铝合金、黄铜或青铜做成板状，类似于个人电脑所用的散热金属板，可将大量金属元件工作中产生的热量及时导出。

② 陶瓷多芯片组件。多芯片组件（MCM）是一种新型电子封装技术，过去主要在军事、航天和大型计算机领域使用。在井下工具中应用具有尺寸小、高速、高性能、高可靠性等优点。但是，普通塑料基板不能承受井下高温。斯伦贝谢是这一研究领域的先驱，率先将陶瓷材料的 MCM 组件用于制造地层压力测试器（图 6-42）。该压力计在印度洋的一口高温气井中，其井下压力计在 210℃/200MPa 的极端环境下连续工作 15 天。

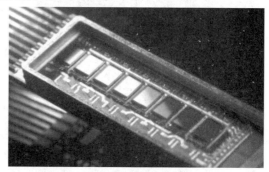

图 6-42　斯伦贝谢公司将陶瓷 MCM
用于制造地层压力测试器

③ 硅绝缘技术。绝缘漆(共性覆膜)是一种特殊配方的涂料,用于保护线路板免受环境影响。其中有机硅绝缘漆是一种弹塑性涂层材料,可以很好地释放压力,也能够耐受200℃的高温。美国能源部的 DeepTrek 计划就资助了一个利用硅绝缘技术提高芯片耐温耐压能力的项目。目前已开发出4种小巧的电子芯片,作为井下传感器或智能工具的标配部件,可以承受最高300℃的高温。

④ 隔离技术。这是比较常用的一种方法。杜瓦瓶是一个特殊的容器,内部真空或充入低密度气体,以隔离筒外高温高压对电子元件的伤害。这种技术已经在电缆测井获得应用。哈里伯顿公司正在努力将这种技术推广到井下工具的隔热应用中。

⑤ 变频冷却技术。这是哈里伯顿公司正在研发的一项技术,利用井下涡轮传送一种特殊可膨胀液体来降低环境温度。如果研发成功,可大大延长电子元件的使用寿命。

在井下作业过程中,必须保证井下工具的密封完整性,以抵御外部高温高压的影响。通常采用"O"形环作为密封元件。"O"形环由氟橡胶制成。高温下氟橡胶容易老化并失去弹性。斯伦贝谢公司研制了一种由 Chemraz 弹性材料制造的"O"形环,但成本要远远高于氟橡胶。除橡胶材料外,金属密封也是工具密封的一个选择。贝克休斯公司的 Z 密封技术膨胀率可达到160%,并可重复使用。Z 密封可用于温度为200℃、压力为70MPa的高温高压环境,可完全代替定向钻井、封隔器、桥塞、尾管悬挂器等井下设备中的橡胶密封。Caledyne公司开发的金属—金属密封技术(MTM 技术)使用挠性金属代替合成橡胶,与油管或金属管柱接触,形成紧密、持久的密封。在高温高压和腐蚀性流体条件下可承受300℃的高温和100MPa的压力。为了达到需要的韧性,金属密封件上涂有硅化物涂层,能够在340℃高温下保持稳定。MTM 密封除可承受更高的温度和压力,还能够耐碎片冲击,可为各种井下工具提供高效、安全和低成本的密封。目前已开发出多种规格的 MTM 密封件,并进行了多次现场安装,多数情况下密封件能够达到管柱的同等寿命。

图 6-43 GeoForce 导向马达

(3) 井下动力钻具。

高温高压环境下,螺杆钻具失效的主要原因是马达定子橡胶的高温老化,因此提高螺杆钻具耐高温能力的关键在于定子橡胶材料的选择。斯伦贝谢公司的 HN234 橡胶可以适应最高175℃的井底温度。通过对橡胶材料的改进,哈里伯顿公司推出 SperryDrill XL/XLS 和 GeoForce 系列泥浆马达(图6-43),可在190℃的温度下作业。为满足地热钻井需求,美国能源部支持贝克休斯公司研发一种可以耐温300℃的导向泥浆马达,主要也是针对定子材料进行改进。

涡轮钻具的材料和结构特点决定了它比螺杆钻具具有更高的耐温能力。涡轮钻具转速高,扭矩大,压降小,无横向振动,对油基钻井液不敏感,适合在高密度钻井液中工作,全金属的涡轮无橡胶原件,耐高温,适合在深井、超深井、高温环境和复杂地质条件下钻进。美国 Manrer 公司开发的低速大扭矩耐高温涡轮钻具能够在高达260℃的高温下钻进,能以80~100r/min的低转速驱动12in牙轮钻头旋转,并施加5440~10880N·m的高扭矩。哈里伯顿公司推出的 Turbopower 涡轮能够耐受300℃的高温。

（4）钻井液。

油基钻井液具有抗高温、抗盐钙、润滑性好和对油气层伤害小等多种优点。目前，油基钻井液是高温高压井的重要选择。非磺化聚合物和（或）非亲有机物质黏土的油基钻井液，目前最高耐温耐压达到310℃和203MPa，钻井液密度为2.35g/cm³。

环保性能是油基钻井液的短板。在深水等环境敏感地区，水基钻井液的应用也很多。近年来抗高温水基钻井液的研究重点集中在甲酸盐钻井液上。甲酸盐钻井液具有密度可调、高温稳定性好、抑制性强、抗污染能力强、低毒且易降解、油层保护效果好等特点，在高温高压井中可有效替代传统高密度盐水钻井液。20世纪80年代初期，壳牌公司开始研究甲酸盐钻井液，部分井采用较低密度的甲酸盐钻井液，取得了较好的钻井效果。90年代中末期，随着人们对甲酸盐钻井液认识的不断深化，甲酸盐钻井液回收再利用技术的开发成功，使得其得到推广应用。挪威国家石油公司自2001年以来在北海57口HPHT井（其中包括13口大斜度高温高压井）中成功地使用了铯甲酸盐水钻井液。在压力高达80.7MPa、温度高达155℃的气层中（存在大段页岩互层），未发生任何井控事故，固控作业非常成功，钻井液循环使用良好。另外用这种钻井液打的井产量高，表皮系数较小。在所有的作业过程中，当量循环密度低是一个显着的特征。

合成基钻井液热稳定性好，是抗高温钻井液研发的新趋向。2013年，M-I SWACO公司最新推出的RHADIAN抗高温合成基钻井液，能够有效降低钻井液在高温条件下的性能老化，防止井壁垮塌，同时减小滤饼厚度，最高耐温能力达到260℃。该钻井液添加了专门研制的ECOTROL HT合成聚合物、MUL XT乳化剂以及ONETROL HT滤饼控制剂，可以保证钻井液在长时间静止后性能依然稳定。该钻井液体系在泰国的一口高温探井中应用，最高井底温度达234℃，未发生一次漏失，电缆测井期间停泵90h，钻井液仍保持良好的流变性能，保障了施工的安全进行。

（5）水泥浆及固井工艺。

传统波特兰水泥在高温高压井固井中主要面临的问题是水泥石强度随温度升高而下降。当温度高于110℃时，水泥强度降低，在230℃高温时，抗压强度降低50%左右，温度越高，强度下降越严重。因此，对于高温高压井的固井来说，主要是如何提高水泥胶结强度。主要包括两种方法：一是通过化学添加剂提高水泥胶结强度，代表为斯伦贝谢的FlexSTONE水泥浆体系。通过使用一种弹性添加剂，增强了固化水泥弹性变形的能力。还含有一种膨胀助剂，防止微渗漏的发生。弹性添加剂与膨胀助剂之间还有一种相互促进的作用，由于固化水泥后具有更好的弹性，因此膨胀后的水泥环与套管形成更加紧密的密封，最终使套管与水泥环之间的胶结质量提高。另外是通过改变微观机构提高水泥抗高温高压能力。代表为斯伦贝谢的DuraSTONE水泥浆体系。主要是利用粒级分布和微钢带两项专利技术来确保在极恶劣环境下的井眼完整性（图6-44）。粒级分布技术用于降低水泥环的渗透率并提高抗压强度，微钢带技术在此基础上对水泥环进行再加固。

图6-44　使用不同尺寸、不同机械特性的工程微颗粒增强水泥浆体系的性能

11. 海洋钻井技术

石油界按海洋的深浅将海域划分为浅海（水深不足 500m）、深水（水深超过 500m）和超深水（水深超过 1500m）。国外海洋钻井经历了从滩浅海到深水，再到超深水的三个阶段，技术已经成熟，推动着海洋油气资源的勘探开发。

1）发展历程

海洋钻井技术装置的发展历程如图 6-45 所示。目前用于滩浅海钻井的主要是自升式钻井平台、导管架钻井平台、坐底式钻井平台、钻井驳船；用于深水、超深水钻井的主要是浮式钻井装置，即半潜式钻井平台和钻井船，二者已发展到了第六代。目前处于现场试验与推广阶段的海洋钻井技术装备主要是圆柱形半潜式钻井平台、无隔水管钻井和深吃水钻井装置等，尚处实验室研发阶段的海洋钻井技术装置主要有极地钻井装置、额定作业水深超过 4000m 的钻井装置、海底钻机等。

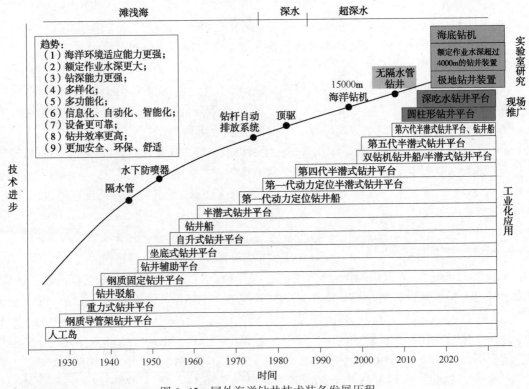

图 6-45　国外海洋钻井技术装备发展历程

表 6-12 列出了国外海洋钻井装备的技术系列和成熟度。

表 6-12　国外海洋钻井装备

海洋钻井	工业化应用	现场试验与推广	实验室研究
钻井平台	（1）导管架钻井平台； （2）坐底式钻井平台； （3）自升式钻井平台； （4）钻井驳船； （5）钻井辅助平台； （6）半潜式钻井平台； （7）钻井船	（1）圆柱形半潜式钻井平台； （2）深吃水半潜式钻井； （3）亚北极钻井船	（1）极地钻井装置； （2）额定作业水深超过 4000m 的浮式钻井装置

续表

海洋钻井	工业化应用	现场试验与推广	实验室研究
配套设备	（1）海洋钻机，包括双作业钻机； （2）钻机自动化设备； （3）隔水管； （4）升沉补偿器； （5）水下防喷器	（1）多功能箱式钻塔； （2）可剪断钻杆接头和套管的闸板防喷器； （3）海底井口盖帽装置； （4）复合材料隔水管	（1）海底智能防喷器； （2）海底钻机

2）发展特点与发展趋势

回顾过去10年的发展历程并展望未来，可以总结出过去10年海洋钻井技术装备的主要发展特点及未来的主要发展趋势是：

（1）海洋环境适应能力更强。随着海洋钻井不断向深水和超深水转移，海洋钻井装置不断升级换代，半潜式钻井平台已发展到第六代，适合在全球主要深水油气勘探开发区作业。例如，英国Stena钻井公司的Stena DrillMAX ICE IV号钻井船（图6-46），既适应全球的超深水作业，又适应北极那样的恶劣和寒冷气候，其耐温能力为-30℃。中国海油"981"深水半潜式钻井平台可以抵御200年一遇的台风。

（a）　　　　　　　　　　　　　　　　（b）

图6-46　Stena DrillMAX ICE IV号钻井船

（2）作业水深更大。世界海洋钻井作业水深纪录不断刷新（图6-47）。2003年11月Transocean公司在美国墨西哥湾创造的世界纪录为3051m，这也是人类首次突破3000m的钻井作业水深；Transocean公司2011年4月在印度海域创造了新的世界纪录3107m；2013年该公司在印度海域又两次刷新世界纪录，依次是3165m和3174m。

截至2013年4月，全球现有的和在建的半潜式钻井平台的最大额定作业水深达3810m；现有的和在建的钻井船的最大额定作业水深达3657m。

（3）钻深能力更强。截至2013年4月，全球现有的和在建的半潜式钻井平台的最大额定钻深能力分别达15200m和12192m；现有的和在建的钻井船的最大额定钻深能力均为12192m。

（4）多样化。为更好地适应深水环境，深水浮式钻井装置的结构设计呈多样化趋势。例如，挪威Sevan钻井公司有4座圆筒形半潜式钻井平台（图6-48），它们均属第六代半潜式钻井平台，额定作业水深为3000m（可升级至3657m），额定钻深能力为12000m。

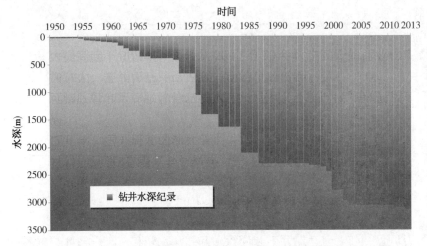

图 6-47　全球海洋钻井作业水深纪录不断刷新

图 6-48　Sevan Driller 号圆柱形半潜式钻井平台

（5）多功能化。海洋钻井装置一般都具备钻井、完井和修井功能。为更好地满足海洋油气勘探开发的需要，海洋钻井装置的发展呈多功能化趋势。例如，挪威 Maersk 钻井公司拥有一座具有油气生产功能的半潜式钻井平台——Maersk Inspirer 号自升式钻采平台（图 6-49），该平台建成于 2004 年，其额定作业水深 150m，额定钻深能力 9144m，油气生产能力分别为 9000m³/d 和 150×10⁴m³/d，水处理能力为 10400m³/d。

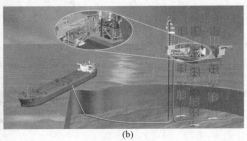

（a）　　　　　　　　　　　　　（b）

图 6-49　挪威 Maersk 钻井公司的 Maersk Inspirer 号自升式钻采平台

Sevan 钻井公司的圆筒形半潜式钻井平台还具备原油储存功能。

2009 年 1 月新加坡 Keppel 公司为 Murphy 石油公司建造建成了世界上第一艘具有钻井功能的浮式生产储油卸油装置——Azurite 号 FDPSO（图 6-50），服役于刚果共和国水深 1400m 的 Azurite 油田。

海洋工程船舶的发展同样呈多功能化趋势。荷兰 Allseas 公司的 Pieter Schelte 号巨型多用途工作船是一种双体船（图 6-51），长 382m，宽 117m，可供 571 人居住，采用动力定位，可用于平台运输、平台安装、海上装置拆除和海上铺管。船艏可用于运输重达 48000t 的上部结构，船艉可用于运输重达 25000t 的导管架，其铺管张紧力高达 2000t。2010 年 6 月 Allseas 公司将该工作船的建造合同授予韩国大宇造船海洋公司（总造价将超过 13 亿美元），预计 2013 年底交付，2014 年初开始服役。

（6）信息化、自动化、智能化。随着计算机技术、自动化技术和智能技术的发展与应用，海洋钻井的信息化、自动化、智能化水平不断提高（图 6-52）。

图 6-50　服役于刚果共和国 Azurite 油田的 Azurite 号 FDPSO

图 6-51　Pieter Schelte 号巨型多用途工作船

图 6-52　司钻操作室

（7）设备更可靠。海洋钻井的钻机日费很高，对钻井设备的可靠性提出了更高的要求，以减少非生产时间和缩短钻井周期。2010 年 4 月 BP 墨西哥湾原油泄漏事故的原因之一就是水下防喷器失效，此事故使各方更加重视钻井设备的可靠性。

（8）钻井效率更高。由于海洋钻井的钻机日费很高，提高钻井效率对降低钻井成本意义非常重大。NOV 公司、挪威 Aker 解决方案公司和荷兰 Huisman 设备公司均推出了双作业钻机，主辅作业可同步进行，可大幅度提高钻井效率，缩短钻井周期。

（9）更加安全、环保、舒适。海洋钻井风险较大，加之环保要求日益严格，参与各方越来越重视安全和环保，尤其是 2010 年 4 月 BP 墨西哥湾泄油事故之后，对安全、环保提出了更高的要求。随着设备的不断更新换代和自动化水平的提高，作业人员在钻井平台上工作和休息越来越舒适。

　3）重大关键技术

　　海洋钻井的重大关键技术无疑是深水钻井，深水钻井的关键是浮式钻井装置，主要包括钻井船和半潜式钻井船，部分浮式油气生产装置配备钻机，具有钻井和修井功能。经过数十年的发展，国外深水钻井技术已经成熟，但仍在发展完善中，比如发展双作业钻机、无隔水管钻井。下面着重介绍深水钻井。

　　深水浮式钻井装置已发展到第六代。在 20 世纪 60 年代中后期建成的半潜式钻井平台属于第一代，早已退役了。第一代和第二代半潜式钻井平台适用于浅水，采用锚泊定位；第三代可用于450~1500m的深海钻井，仍采用锚泊定位；第四代主要适用于1000~2000m的深海，以锚泊定位为主；近几年建成的属第五代，适用于超深海，以动力定位为主；第六代仍在建造中，适用于水深为2550~3600m的极恶劣海洋环境，采用动力定位（表6-13）。

表6-13 不同技术水平的半潜式钻井平台的主要特点

技术水平	主要的建成时间	主要的额定作业水深范围（m）	钻深能力（ft）	定位方式	备注
第一代	20世纪60年代中后期	90~180		锚泊定位	
第二代	20世纪70年代	180~600	以25000ft和20000ft为主	锚泊定位	
第三代	1980—1985	450~1500	以25000ft为主	锚泊定位	
第四代	1985—1990，1998—2001	1000~2000	以25000ft和30000ft为主	以锚泊定位为主	
第五代	2000—2005	1800~3600	（主要范围）25000~37500	以动力定位为主	能适应更加恶劣的海洋环境，部分配置了双作业钻机
第六代	2007—	2550~3600[以10000ft（3048m）为主]	≥30000	动力定位	能适应极其恶劣的海洋环境，几乎全部配置了双作业钻机

资料来源：www.rigzone.com。

钻井船从浅水发展到深水，也经历了第一代到第六代的历程（表6-14）。

表6-14 不同技术水平的钻井船的主要特点

技术水平	主要的建成时间	定位方式	其他
第一代	20世纪70年代前	锚泊定位或DP1	可变载荷3000tf
第二代	20世纪70年代	锚泊或DP1/DP2	可变载荷5000~8000tf
第三代	1980—1985	锚泊或DP2/DP3	可变载荷5000~12000tf
第四代	1985—1999	DP2/DP3	可变载荷8000~15000tf
第五代	2000—2005	DP3	可变载荷10000~23000tf
第六代	2006—	DP3动力定位	额定作业水深超过3000m，配置双作业钻机

12. 钻井信息化

1）发展历程

随着自动控制技术、信息技术和人工智能技术的不断飞跃，石油钻井长期以来向着自动化、智能化方向快速发展。自动化、智能化早已成为钻井提速提效的重要措施，也是确保安全钻井的重要途径。钻井自动化、智能化离不开信息化，钻井工程软件包（含专家系统）是钻井信息化的关键，相当于整个钻井自动化系统的"大脑"（表6-15）。为了充分发挥多学科专家团队的作用，大的油公司和服务公司在全球建立了若干个远程实时作业中心，通过远程实时分析并结合专家知识实施不间断的远程监控，优化钻井决策，指导现场作业，从而提高决策效率和质量，减少非生产时间，降低作业风险，减少专家长途奔波，降低综合成本。

表 **6-15**　国外钻井信息化技术

技术领域	工业化应用	现场试验与推广	实验室研究及概念设计
钻井信息化	(1) 钻井工程软件包； (2) 井下事故及复杂预防与处理专家系统； (3) 远程实时作业中心	(1) 随钻地层压力预测； (2) 下一代自动化钻井软件包	远程实时控制中心

2）发展特点与发展趋势

钻井信息化未来的发展趋势就是：精确可靠；多功能，集成化；智能化；网络化；三维可视化；远程化；使用方便。

3）重大关键技术

远程实时作业中心是钻井自动化和信息化过程中一项标志性技术，下面加以重点介绍。

（1）技术概况。

基于钻井工程软件包建立远程实时作业中心。将井下实时信息、地面实时信息通过卫星或互联网实时传送到远程实时作业中心，结合多学科专家团队的知识和经验进行钻前方案设计、钻中决策支持和钻后评估。在钻中决策支持方面，通过远程实时分析，实时优化调整作业方案，比如实时优化地质导向。预判即将发生的井下复杂情况或钻井事故，及时采取措施防患于未然，降低作业风险，减少非生产时间，缩短钻井周期。对已发生的井下复杂情况或钻井事故进行及时、正确的处理。这样可减少专家长途奔波，提高决策效率和质量，减少现场作业人员，提高作业安全性。最终目的是降低综合成本，实现效益最大化。

（2）应用现状。

国际油公司和技术服务公司在全球建立了多个远程实时作业中心。例如，壳牌在全球有6个远程实时作业中心。斯伦贝谢公司在全球共建了近 20 个远程实时作业中心，每天 24h 监控着分布在全球的大约 1000 个井场的钻井作业。在墨西哥的一个远程实时作业中心，每个工厂化钻井远程监控团队（图 6-53）由 4 人组成：1 个钻井监督、1 个定向钻井工程师、1 个高级建井工程师和 1 个建井工程师，他们可同时对 3 台钻机的工厂化钻井作业进行远程监控，并提供高效的决策支持。贝克休斯公司和哈里伯顿公司都在全球建立了多个远程实时作

图 6-53　斯伦贝谢公司工厂化钻井远程监控团队

业中心。

（3）应用效果。

远程实时作业中心是钻井信息化的一个重要组成部分，正发挥越来越大的作用，包括开展远程实时地质导向。

案例 1 贝克休斯公司在其远程作业中心开展实时数据分析，指导地质导向，不但可以提高决策效率和质量，还可减少现场人员（图6-54），提高作业安全性。

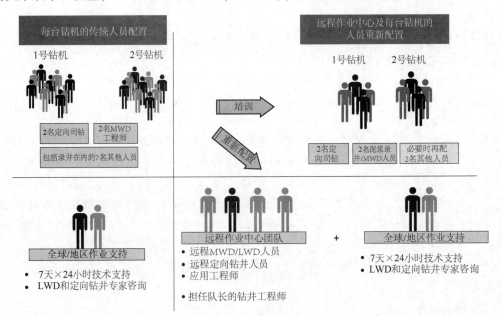

图 6-54 贝克休斯公司利用远程实时作业中心减少现场人员

案例 2 哈里伯顿公司在远程实时作业中心通过随钻实时地质建模技术优化地质导向（图6-55），引导钻头在薄储层中精确钻进（储层厚度 1.52~2.44m）。

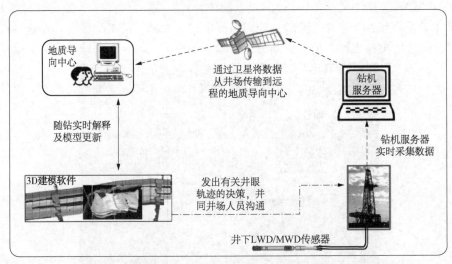

图 6-55 哈里伯顿公司通过远程实时作业中心优化地质导向

案例 3 斯伦贝谢公司在远程实时作业中心开展地震导向钻井（Seismic Guided Drilling）。

将地震资料同随钻测井资料相结合，及时修正三维地质模型，预判钻头前方的地质不确定性和钻井风险，从而及时调整井身结构、钻井参数和钻井液密度、钻井目标和井眼轨迹，引导钻头准确地钻达目标(图 6-56)。

（4）应用前景。

远程实时作业中心是钻井信息化的一个重要组成部分，正发挥越来越重要的作用，应用范围越来越广。壳牌、斯伦贝谢、威德福、NOV 等公司正在开发更加智能的下一代自动化钻井软件包，将更好地支持自动化钻井，进一步推动钻井智能化。

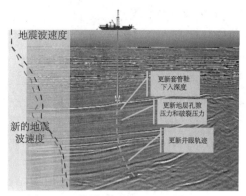

图 6-56　斯伦贝谢公司通过远程实时
作业中心开展地震导向钻井

第二节　未来 20 年钻井技术发展展望

对钻井 9 大技术领域未来 20 年的技术发展进行展望，并对重大前沿技术及超前储备技术进行概述。

一、钻井行业面临的挑战与总的技术需求

1. 行业挑战

钻井是一个高投入、高风险、技术密集的行业，面临的主要挑战是：

1）资源品质劣质化

全球常规油气的资源数相对较少，开发起来相对容易；而非常规油气的资源数要大得多，开发难度很大，技术要求很高。随着勘探开发的不断深入，待发现的油气资源呈劣质化趋势，勘探开发对象日益复杂，越来越多的是"三低"油气藏(低渗、低压、低丰度)和非常规天然气。美国"页岩气革命"改变了美国能源供应格局，推动美国致密油的规模开发，同时掀起全球页岩气、致密油的开发热潮。天然气水合物的开发在持续探索中。随着现有常规油气产量的递减，非常规油气资源正在成为日益重要的接替资源(图 6-57 和图 6-58)。

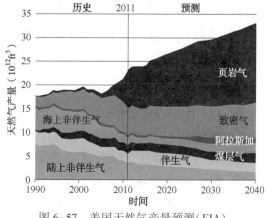

图 6-57　美国天然气产量预测(EIA)

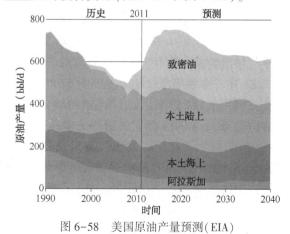

图 6-58　美国原油产量预测(EIA)

2）地质条件复杂化

钻井作业越来越多面对以下复杂的地质条件：

（1）储层深；

（2）岩性复杂；

（3）高陡构造；

（4）高温高压地层；

（5）地层压力异常分布；

（6）含 H_2S 和 CO_2 等有害气体。

这些复杂的地质条件无疑要加大钻井的难度和风险，可能导致喷、涌、漏、塌、卡、斜、硬、毒等复杂情况，严重影响钻井效率和钻井周期，对钻井技术和安全生产提出了更高的要求。2010 年 4 月 BP 墨西哥湾泄油事件给钻井安全生产敲响了警钟，要求在钻井全过程中增强安全意识，采取全方位的安全措施确保安全生产。

3）自然环境恶劣化

钻井作业区域往往在偏远地区，越来越多地面对恶劣的自然环境，比如：

（1）复杂地形，比如沙漠、丘陵、高山、黄土塬等；

（2）极端气候，比如沙漠气候、极寒气候(北极)；

（3）海洋环境，包括滩浅海、深水和超深水。

偏远地区和恶劣的自然环境对钻机设备和后勤保障提高了更高的要求。海洋环境还会带来更多的问题，比如风、浪、流引起钻井平台和水下设施的稳定性问题；海底低温引起水合物的形成，阻塞管汇；深水引起安全密度窗口变窄的问题，等等。

4）市场竞争白热化

钻井市场主要包括钻井工程承包、技术服务(含装备制造)两大市场。

（1）资源国本国的钻井承包商实力不断增强，一些油田技术服务公司也加入钻井工程承包市场，使得国际钻井工程承包市场的竞争更加激烈。

（2）国际大型油田技术服务公司不断拓宽服务领域，他们之间的竞争日趋激烈。

（3）面对国际大型油田技术服务的扩张，中小型油田技术服务公司生存与发展更加艰难。

（4）钻井成本总体呈上升趋势。钻井支出占勘探开发总支出的比重为 50%~60%，因而控制钻井成本对减少勘探开发支出意义重大。但是，随着钢材、水泥、燃料、化学品等消耗材料价格的上涨以及人工成本的上升，加之钻探难度的不断加大，钻井成本总体呈上升趋势。为了经济有效地开发包括非常规油气在内的各类油气资源，也是为了在竞争中立于不败之地，钻井行业面临巨大的提速提效压力。

（5）在个别国家，钻井作业还面临安保风险。

5）钻井工程绿色化

钻井作业对环境的潜在影响主要包括：井场建设对植被和土壤的破坏；发动机废气排放；钻机噪声；钻井液对表层水的污染；废泥浆及钻屑的排放、油品遗撒对土壤及海洋的污染；生活垃圾，等等。在环保要求日益严格的今天，最大限度地降低钻井作业对环境的潜在影响具有非常重大的意义，为此需要加强 HSE 管理，不断开发和利用环境友好型钻井技术装备，努力实现废弃物的零排放。

在低碳经济时代，为降低钻井综合成本，更好地保护环境，需要在钻井作业中采用新技术、新工艺最大限度地节能。

2. 技术需求

针对面临的挑战，钻井行业总的技术需求是：

（1）经济高效地勘探开发各类油气资源。更好地保护油气层和创新井型，最大限度地增加井筒与储层的有效接触面积，经济高效地勘探开发各类油气资源，尤其是深层、"三低"（低渗透率、低孔隙度、低饱和度）油气藏和非常规油气资源，进一步提高探井成功率，提高单井产量和油田采收率，降低吨油成本。

（2）安全可靠地应对复杂地质条件。面对复杂的地质条件，需要随钻监测和动态预警，改进钻井工艺，改进钻井液体系，改进井控工作，实施控压钻井，完善井下复杂情况处理措施等，努力做到安全、优质、高效、经济钻井，即努力提高钻井质量，提高钻速，降低成本，提高作业安全性。

（3）适应恶劣自然环境。对于偏远地区和恶劣的自然环境，需要不断优化钻机设计和提高钻机运移性，研制和改进适应不同自然环境的钻机，升级海洋钻井平台，增强环境适应能力和后勤保障能力等。

（4）增强市场竞争力。面对日趋激烈的国际市场竞争，钻井行业需要增强技术创新能力，不断推出新技术、新工艺、新装备，努力提速提效，增强核心竞争力。

（5）节能环保。为实现绿色钻井，需要优化钻机设计，减少井场占地；优化井身结构，减少燃料消耗和钻井废弃物数量；使用环境友好型钻井液和完井液，减少对环境和地表水的污染；努力实现废弃物的零排放。

归根结底，钻井行业的核心技术需求就是提速提效、安全环保。

钻井行业面临的挑战与总的技术需求汇总于图6-59。

二、未来20年关键钻井技术发展展望

1. 钻机自动化水平和作业效率更高，深水钻井装置将越来越多地采用双作业钻机

为满足高效开发油气资源特别是非常规油气资源的需要，未来陆地钻机的重要发展方向之一是进一步提高钻机的运移性，发展各式各样的快速移动式钻机；为提高钻井效率，降低钻井成本和风险，未来钻机的两个重要发展方向是提高钻机自动化水平和作业效率，将出现全自动钻机（智能钻机），海洋钻井将发展和推广应用双作业钻机。下面着重介绍双作业钻机、管柱连续运动钻机。

1）双作业钻机

深水钻井需要采用深水浮式钻井装置——深水半潜式钻井平台和深水钻井船。深水浮式钻井装置日费高昂，为降低深水钻井成本，唯有大幅度提高钻井效率。而双作业钻机具有显著提高钻井效率的特点，因而在深水浮式钻井装置上得到了广泛应用。

（1）技术概况。

目前双作业钻机主要有3种类型：一个半井架钻机、双井架钻机和多功能箱式钻塔。它们都配备了全套的钻机自动化设备（包括顶驱、自动化井口设备、自动化排管设备、一体化司钻控制室等），均属自动化钻机。

行业挑战	技术需求
资源品质劣质化 （1）"三低"油气藏； （2）重油、超重油、油砂； （3）致密油 （4）油页岩； （5）非常规天然气(致密气、页岩气、煤层气、天然气水合物)	**高效勘探开发各类油气资源** （1）更好地保护储层； （2）创新井型，最大限度地增加储层接触面积； （3）提高探井成功率； （4）提高采收率； （5）提高钻速，降本增效
地质条件复杂化 （1）深层、超深层； （2）复杂岩性； （3）高陡构造； （4）高温高压地层； （5）地层压力异常分布； （6）含H_2S和CO_2等有害气体，可能导致喷、涌、漏、塌、卡、斜、硬、毒等复杂情况	**安全可靠地应对复杂地质条件** （1）随钻监测，动态预警； （2）改进钻井工艺； （3）改进钻井液体系； （4）实施控压钻井； （5）改进井控技术； （6）完善井下复杂情况处理措施，实现安全、优质、快速、经济钻井
自然环境恶劣化 （1）复杂地形，比如沙漠、丘陵、高山、黄土塬等； （2）极端气候，比如沙漠气候、极寒气候(极地)； （3）海洋环境，比如滩浅海、深水和超深水	**适应恶劣自然环境** （1）优化钻机设计，提高钻机运移性； （2）研制和改进适应不同自然环境的钻机； （3）升级海洋钻井平台； （4）增强后勤保障能力
市场竞争白热化 （1）资源国钻井承包商不断壮大； （2）技术服务公司加入钻井工程承包市场； （3）国际大型油田技术服务公司不断拓宽服务领域； （4）中小型技术服务公司生存发展更加艰难； （5）钻井成本总体呈上升趋势，提速提效的压力很大； （6）在个别国家作业还面临安保风险	**增强市场竞争力** （1）增强创新能力，不断推出新技术、新工艺、新装备，增强核心竞争力； （2）通过合作研发、并购等多种途径发展壮大公司实力和抗风险能力； （3）千方百计提速提效
钻井工程绿色化 （1）井场建设对植被和土壤的破坏； （2）发动机废气排放； （3）钻机噪声污染； （4）钻井液对表层水的污染； （5）废泥浆及钻屑的排放、油品遗撒对土壤及海洋的污染； （6）生活垃圾，等等	**节能环保** （1）优化钻机设计，减少井场占地； （2）优化井身结构，减少燃料消耗和钻井废弃物数量； （3）使用环境友好型钻井液和完井液，减少对环境和地表水的污染； （4）努力实现废弃物的零排放

图 6-59　钻井行业面临的挑战与总的技术需求

① 一个半井架钻机。一个半井架是在单井架的
基础上将井架内部向一边扩展半个井架的空间，即
主井架内设有一个辅井架，两井架一高一低，辅助
作业不占用钻机时间，因而又称为离线钻机。中海
油"981"深水半潜式钻井平台配备的就是挪威 Aker
Solutions 公司的一个半井架钻机(图6-60)。

② 双井架钻机。Transocean 公司拥有双井架钻
机的专利。双井架钻机并不是指在平台甲板上安装
两台独立的井架，而是一种联体井架，一个井架用

图6-60　中海油"981"深水半潜式钻井平台

作主井架，另一井架用作辅井架，各有一套提升系统、顶部驱动装置、管子处理系统；能够
在进行正常钻进的同时，并行完成组装、拆卸钻柱，下放隔水管柱，下放与回收水下器具等
脱机作业。按驱动方式，双井架钻机分为液压驱动和电驱动两种。双作业钻机市场几乎被国
民油井华高公司(NOV)和挪威 Aker Solutions 公司所垄断。他们设计制造的双井架钻机分别
如图6-61和图6-62所示。

图6-61　配备 NOV 双井架钻机的钻井船

图6-62　配备 Dual RamRig 双井架钻机
(液压驱动)的半潜式钻井平台

③ 多功能箱式钻塔。荷兰 Huisman 设备公司为深水浮式钻井装置设计了一种结构独特
的双作业钻机——多功能箱式钻塔，其井架为箱形梁结构，内装两台主动式升沉补偿型绞
车。为确保安全，还为绞车配备了被动式升沉补偿系统。井架的提升力达1090tf。井架两侧
各有一个旋转式钻杆排放架，钻杆立柱高度增至41m。该钻机的额定钻深能力达12192m。
采用这种井架可减小深水浮式钻井装置的尺寸，显著提高钻井作业效率。Noble 钻井公司已
建造了4艘配备这种多功能箱式钻塔的深水钻井船(图6-63)，其中2艘的额定作业水深高
达3657m，另2艘的额定作业水深为3048m。Huisman 设备公司还设计了配备多功能箱式钻
塔的深水半潜式钻井平台，如图6-64所示。

(2) 应用现状。

与普通单作业钻机相比，双作业钻机可明显提高钻井效率，双井架钻机优于一个半井架
钻机。双作业钻机已在深水浮式钻井装置上得到广泛应用。据统计，近几年新建成的深水浮
式钻井装置配备的钻机几乎都是双作业钻机；当前在建的深水浮式钻井装置配备的钻机全部
是双作业钻机。由此可见，双作业钻机已经成为深水钻井利器。

（3）发展前景。

随着深水钻井的持续升温，当前和未来相当长一个时期对深水浮式钻井装置的需求旺盛，加之老式钻井装置陆续退役，需要陆续建造新的深水浮式钻井装置。截至 2013 年 6 月中旬，全球在建深水半潜式钻井平台 22 座、钻井船 70 艘。展望未来，双作业钻机将成为深水浮式钻井装置的标配钻机。在技术上，双作业钻机将得到进一步发展，为了规避与 Transocean 公司的专利权纠纷，其结构将更加多样化，额定作业水深和钻深能力、自动化程度和作业效率将进一步提升，有力地推动未来深水油气勘探开发。

图 6-63　HuisDrill 12000 型钻井船　　　　图 6-64　JBF14000 型半潜式钻井平台

（额定作业水深 14000ft，合 4267.2m）

2）管柱连续运动钻机

当井深超过 4500 米时，平均每次起下钻前前后后要花一两天时间。如能提高起下钻速度，则可缩短钻井周期。为此，挪威 WeST 钻井产品公司设计了一种管柱连续运动钻机（Continuous Motion Rig，简称 CMR 钻机）。

（1）技术概况。

CMR 钻机结构独特，由双井架构成，配备机器人（图 6-65），自动化程度很高，可实现连续起下钻、连续下套管、连续钻进和连续循环。挪威 WeST 钻井产品公司已推出了多款 CMR 钻机设计。例如，适合处理 3 单根立柱的 CMR 钻机设计（图 6-66），图 6-66（a）适用

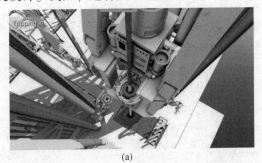

(a)　　　　　　　　　　　　　　(b)

图 6-65　配备机器人的 CMR 钻机

于深水钻井，图6-66(b)适合陆地钻井，二者的最大提升能力为 2×750tf，最大钻深能力12000m，井架高度55m，额定起下钻速度3600m/h；适合处理双单根立柱的 CMR 钻机设计（图6-67），其最大提升能力为 2×200tf，井架高度40m，额定起下钻速度2700m/h；适合处理单根钻杆的 CMR 钻机设计（图6-68），其最大提升能力为 2×125tf，井架高度33m，定额起下钻速度1800m/h。

(a)

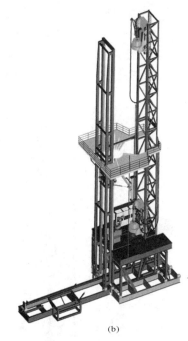
(b)

图 6-66　适合处理 3 单根立柱的 CMR 钻机设计

（额定起下钻速度3600m/h）

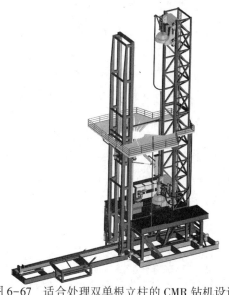

图 6-67　适合处理双单根立柱的 CMR 钻机设计　　图 6-68　适合处理单根的 CMR 钻机设计

（额定起下钻速度2700m/h）　　　　　　　　　（定额起下钻速度1800m/h）

（2）技术优势与不足。

CMR 钻机的主要优势是：

① 提高作业效率。连续起下钻。在起下钻过程中钻杆做连续、快速和匀速的轴向运动，在运动中完成上卸扣，而不像常规钻机那样需要停下来进行上卸扣。额定起下钻速度 3600m/h、2700m/h 和 1800m/h，而常规钻机的起下钻速度只有 600~900m/h。

连续下套管。套管在连续下入过程中完成连接。额定下套管速度 900m/h。

连续循环。在起下钻和钻进过程中，钻井液的循环不间断（图 6-69），有利于实施控压钻井，提高作业安全性。

连续钻进。在钻进过程中，不用为接单根而停钻和停泵，可以边钻进边接单根，从而提高作业效率。

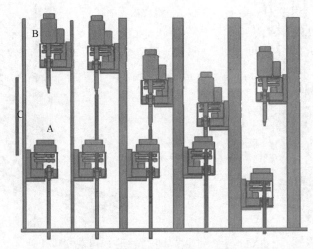

图 6-69　连续循环与连续钻进过程示意图

② 提高作业安全性。

a. 实现钻井作业过程的全自动，无须钻台工和井架工，避免人员受伤；

b. 连续起下钻可减少或避免压差卡钻，以及激动和抽汲作用引起的井筒压力波动，有利于维持井壁稳定；

c. 连续循环有利于降低起下钻、接单根和下套管期间可能发生的井下复杂情况；

d. 连续钻进同样可避免接单根期间可能发生的井下复杂情况。

③ 降低钻井成本。

因作业效率的提高，钻井周期有望缩短 15% 以上。钻井周期的缩短和作业安全性的提高所带来的效益，完全可以抵销钻机日费的增加，并有望降低钻井成本。

CMR 钻机的不足之处主要是：井架的高度和重量有所增加；钻机相对复杂，预期成本高，钻机日费高，维修保养费用高。

（3）发展前景。

该公司计划未来两三年制造 CMR 钻机样机，并进行现场验证。一旦验证成功并投入商业应用（公司计划 2015 年以后投入商业应用），CMR 钻机无疑将成为新一代钻机，代表钻机技术的一次重大突破，将钻机自动化和智能化水平提升到一个新高度，有望大幅度缩短钻井周期，并在陆上和海上钻井中得到推广应用。

2. PDC 钻头的钻井进尺占全球钻井总进尺的份额有望增至 90% 以上，破岩技术有望取得重大突破，甚至出现一次革命，激光钻井的研发前景不甚明朗

当前，在美国和中国这两大钻井市场，PDC 钻头的钻井进尺分别占两国年度钻井总进尺的 80% 以上。未来 PDC 钻头将进一步取代牙轮钻头。据 Varel 国际公司预测[11]，今后 5~10 年 PDC 钻头的钻井进尺占全球年度钻井总进尺的份额将增至 80% 以上；如果金刚石材料和切削齿结构的发展能够使 PDC 钻头进一步渗透到牙轮钻头的剩余核心应用领域，10 年后这一份额有望增至 90% 以上。

未来的超级钻头在高效辅助破岩方法的支持下，破岩效率更高。未来的智能钻头，不仅破岩效率高，还携带传感器，能够实时监测钻井工程参数、钻头工况，实时测量钻进中的地层。哈里伯顿公司正在开发一种带地质导向仪的钻头，可以随时防止钻头在薄储层或特殊复杂地层里面通天或穿底。

为提高钻速，国外从未停止对新的直接破岩及辅助破岩方法的探索。美国能源部通过各个时期的研发计划长期支持探索新的破岩方法。近几年，国外探索的一些新的破岩方法包括：激光钻井、激光辅助破岩、等离子体钻井、钢粒冲击钻井、管中管高压钻井系统、扭冲工具、井下增压器、水力脉冲钻井、空化钻井、水热裂法、热机械联合破岩法、毫米波辐射破岩、超临界 CO_2 钻井等。扭冲工具、井下增压器、水力脉冲钻井等辅助破岩技术已投入现场应用，提速效果显著。随着探索的不断深入和广泛，相信未来 20 年破岩技术有望取得重大突破，甚至出现一次革命，只是现在还看不出未来的技术突破或技术革命究竟是什么。下面着重介绍激光钻井。

（1）技术概况。

"钻头+旋转钻井"这种机械破岩方法自 1900 年开始工业化应用以来，虽然不断取得进展，但并没有根本性的变化，而且随着钻井难度越来越大，钻井成本总体上呈上升趋势。要想大幅度降低钻井成本，需要开发一种全新的更加有效的破岩方法。

早在 20 世纪 60 年代和 70 年代，国外就提出了将激光技术用于油气井钻井的设想。但是，由于当时的激光技术水平有限，研究认为，在技术上，用激光钻井需要的能量太大，实现不了；在经济上，激光钻井太昂贵，不合算。正是这一结论在此后二三十年时间里妨碍了激光钻井的研究，尽管这期间激光技术取得了飞速的发展，特别冷战期间美国星球大战计划开发的激光武器，其能量足以击落导弹，摧毁地面目标，甚至损毁人造卫星。冷战结束以后，美国国会于 1994 年颁布了冷战军事技术转为民用的法案，为研究利用"星球大战计划"中开发的激光武器进行石油钻井的可行性打开了大门。于是，从 1997 年至 2007 年，美国能源部和气体技术研究所组织和资助了激光钻井的基础实验研究。

激光钻井就是利用高能激光照射岩石，以期达到破岩目的一种全新的钻井方法。高能激光器放置在地面，激光能量通过光纤传输到井底，直接照射井底岩石（图 6-70 至图 6-72）。

1997—2007 年美国能源部和天然气技术研究所

图 6-70 用功率为 5kW 的镱光纤激光器研究高能激光—岩石相互作用的实验

图 6-71 用高能激光器在石灰岩岩样中产生的 30cm 深的孔

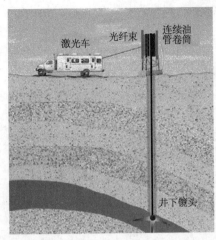

图 6-72 激光钻井示意图

（GTI）资助了多个激光钻井研究项目。在早期的定性研究中使用了 3 种类型的武器级高能激光器：①化学氧碘激光武器（COIL），比如能量为 1.6MW，波长为 3.4m；②中波红外高级激光武器（MIRACL），比如美国天然气技术研究所在实验中所用的功率为 5kW、波长为 1.34m 的镱光纤激光器；③ CO_2 激光武器。在实验中使用的砂岩、石灰岩、页岩、花岗岩和盐岩等多种类型的岩石样品以及混凝土。

研究的主要目标是研究激光钻井和激光射孔在技术上的可行性，主要研究内容包括：

① 激光钻井所需的激光能量。

② 在 3 种环境下（大气环境、模拟的井下压力、流体中）研究高能激光—岩石二者的相互作用、高能激光—岩石—流体三者的相互作用。

③ 定量评价激光钻井所能得到的好处。

④ 也用浸透水、盐水、原油和天然气的岩样进行了试验，以更准确模拟井下钻井环境。还讨论了蒸汽干扰、气体氛围、围限岩石应力和激光器以连续的和断续的方式运作等的影响。

⑤ 在激光钻井装备方面，要研制各种装置，已知有井下激光钻机、激光辅助钻头、激光射孔器以及定向钻侧激光钻井装置。

通过这些实验研究得出了如下重要结论：

① 激光钻井实际所需的激光能量要比理论计算值低得多，与机械破岩方法所需的能量相当，现有的高能激光器所产生的激光能量足以穿透各种类型的岩石。

② 高能激光的破岩机理是破碎、熔化和蒸发岩石。

③ 最有可能适合石油钻井的是高能光纤激光，因为其破岩能力更强，电能转化效率更高，激光泵浦的寿命更长，经济性更好，并且激光能量可通过光纤传输到井下，光纤激光器体积小、重量轻，更适合在边远地区应用。

④ 激光钻井的速度可能比常规旋转钻井快 10 倍甚至更快。

⑤ 高能激光熔化岩石后，在井壁形成一层陶瓷样保护层，其周围的岩石因受热膨胀而出现一些微裂缝，有助于提高渗透率。

（2）技术优势与不足。

与常规钻井相比，激光钻井具有如下潜在优势：

① 激光钻机重量轻，用一辆拖车就可运到井场；

② 激光钻井的井场很小，也许只有普通井场的 1/10 甚至更小；

③ 激光能够穿透各种类型的岩石，而且效率高，可降低成本；

④ 激光钻井不需要常规钻头和常规钻柱，可以节省大量的起下钻时间；激光钻井钻成的井眼小，激光将岩石熔化，在井壁形成一种陶瓷样的保护层，无须下套管和固井，因此可大幅度降低钻井成本；

⑤ 激光钻井是一种清洁钻井，激光击碎、熔化和蒸发岩石，钻井中无钻屑上返到地面，对环境的影响甚微；

⑥ 钻井过程具有可导向性，易于控制井眼轨迹。

激光钻井主要以下不足：

① 影响实时地层评价；

② 井筒形状不规则；

③ 部分岩石以蒸汽的形式向上运移，并逐渐冷凝，再下沉，难以避免重复"破岩"；

④ 一旦成功，有被恐怖分子用于恐怖活动的嫌疑。

（3）发展前景。

激光钻井经过10年的研究，取得了许多研究成果。激光射孔已投入现场试验。激光钻井需要的能量更大，提速潜力很大，但也有不少缺点，比如有被恐怖分子用于恐怖活动的嫌疑，因此其研发前景不甚明朗。

3. 钻井液个性化、纳米化、多功能化和智能化

随着纳米技术的发展，未来钻井液将越来越多地采用纳米添加剂；为高效开发深层油气资源和非常规油气资源，将越来越多地采用个性化钻井液体系；钻井液的功能越来越多，未来有望研发出智能钻井液。未来的智能钻井液将基于纳米添加剂，拥有更广的地层适应性，具备自主稳定井壁、自主堵漏等多种自主功能，更好地保护储层和维持井筒完整性。

4. 井下随钻测量技术将继续取得重大突破，智能钻杆等实时、高速、大容量传输技术将助推随钻全面地层评价、随钻"甜点"监测和随钻前探技术的发展，随钻测量仪器的耐温能力有望提高到300℃

目前，地质导向仪离钻头的距离在0.91m以上，只能测量刚钻井眼的工程参数和地质参数，并不能探测钻头前方的真实地质情况。为了及时发现前方的"甜点"，更好地引导钻头钻达这些"甜点"，需要发展随钻地震等随钻前探技术。

当前的井下数据传输方式（泥浆脉冲、电磁波和声波）的数据传输速率较低，远远不能满足随钻全面地层评价和随钻前探的需要，因此发展井下实时、高速、大容量信道是大势所趋。NOV公司的"软连接"有缆钻杆已投入商业应用，国外在研或试验中的井下实时、高速、大容量信道有美国Fiberspar公司的有缆复合材料连续管（智能连续管，见图6-73）和挪威Reelwell公司的管中管。前者内置电力线和信号线，可向井下供电，实现数据的高速、双向传输（图6-74）。这种连续采用的是复合材料，因而耐腐蚀、重量轻、运输方便、成本低。展望未来，全自动的混合型连续管钻机、智能连续管、井下电动钻具及自动导向系统的集成应用，将大大提升连续管钻井的自动化水平，有望实现智能连续管钻井，这是实现未来智能化钻井的另一个途径。挪威Reelwell公司的管中管（图6-74）的内管外壁经过绝

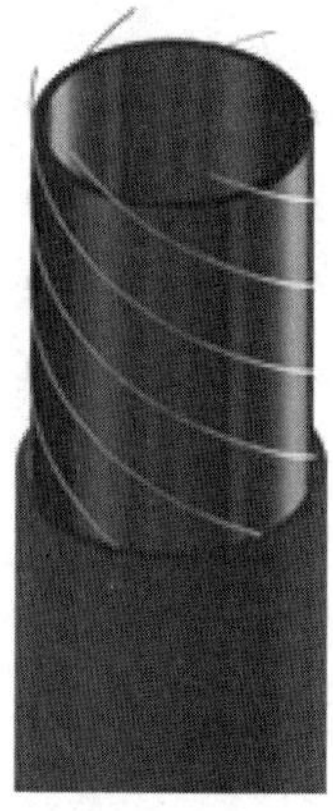

图6-73 美国Fiberspar公司的有缆复合材料连续管（智能连续管）

缘处理，使得管中管相当于同轴电缆，可以向井下供电，还能实现数据的高速、大容量双向传输，数据传输速率高达 $6.4×10^4 bit/s$。展望未来，井下实时、高速、大容量信道的技术突破将助推随钻全面地层评价、随钻"甜点"监测和随钻前探技术的发展。

(a)

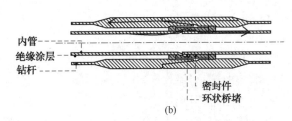
(b)

图 6-74　挪威 Reelwell 公司的管中管

当前 MWD/LWD 的最大耐温能力已达 230℃，未来 20 年为满足高温高压井和地热井的钻探需要，井下仪器、工具的耐温能力有望提高到 300℃，根本突破井下温度压力对它们的制约。

5. 在自动控制、人工智能、随钻前探、井下数据高速传输等技术的推动下，将出现井下智能钻井系统，实现井下自动化，自动引导钻头向"甜点"钻进

旋转导向钻井系统是井下钻井过程自动化发展历程中的一个重要里程碑，未来 20 年将在自动控制、人工智能、随钻前探、井下数据高速传输等技术的推动下发展升级为井下智能钻井系统，实现井下自动化，自动引导钻头向"甜点"钻进。

井下智能钻井系统将集成未来先进的井下随钻测量及前探系统、智能导向系统、高速及双向通传输系统以及地面数据中心及决策支持系统，其主要特点包括：

（1）随钻测井功能更强，并有随钻前探能力；

（2）随钻取样及实时分析；

（3）通过智能钻杆实现数据的高速、双向传输；

（4）旋转闭环导向；

（5）智能三维导向：具备所有定向钻进功能，自动引导钻头向"甜点"钻进。

6. 油井管材将在轻质化和连续化方面取得重大突破

未来 20 年，随着新材料的开发与应用，油井管材将在轻质化和连续化方面取得重大突破，比如研制复合材料连续管、碳纤维复合钻杆和折叠式连续管（连续套管）等。下面简要介绍碳纤维复合钻杆和连续套管。

1）碳纤维复合钻杆

（1）技术概况。

为适应现代工业生产的需要，材料工艺发展很快，钻杆除了广泛应用的钢质钻杆以外，还有已投入商业应用的铝合金钻杆和钛合金钻杆等，显然钻杆的发展存在轻型化趋势。为进一步减轻钻杆重量和提高钻杆柔韧性，美国加州的先进复合材料及技术公司（ACPT）早在1999 年就提出研制碳纤维复合钻杆（composite drill pipe），以期获得一种重量轻、韧性好和适合旋转钻井的新型钻杆。这项研究从 1999 年开始得到了美国能源部的资助。后来，Maurer 技术公司（全球第二大海上钻井承包商——美国 Noble 公司的子公司）加入研发。

碳纤维复合钻杆就是由碳纤维—环氧树脂制成，两端有钢接头的钻杆（图6-75至图6-78）。其制造方法是将碳纤维和环氧树脂绕在一根钢质心轴和钢质外螺纹接头及钢质内螺纹接头上。待碳纤维和环氧树脂固化后，去除钢质心轴（心轴可以重复利用）。由于碳纤维不如钢耐磨，因此需要对碳纤维管的表面进行打磨，并涂上极耐磨的涂层。在实际应用中，碳纤维复合钻杆如只受到轻度磨损，可在井场加以修复；如受到中度磨损，则需送回工厂进行修复；如受到严重的磨损，只有报废了。

图6-75　6in碳纤维复合钻杆

图6-76　钻了一周以后，碳纤维复合钻杆没有受到磨损或只受到轻微的磨损

图6-77　碳纤维复合钻杆具有很好的韧性

图6-78　重量很轻的碳纤维复合钻杆

碳纤维复合钻杆最大的技术难点是如何实现碳纤维复合钻杆本体和钢接头的可靠粘结。

目前碳纤维复合钻杆的抗拉强度、抗压强度和抗扭强度等机械性能与钢钻杆相当，目前其最大耐温能力为176.7℃，可满足大部分地层的钻井作业要求。

由于碳纤维材料无磁性，不导电，因此在制造过程中可将电缆预埋在碳纤维材料中，制成有缆碳纤维复合钻杆，两接头之间的电缆通过"硬连接"实现井下数据的高速传输、双向通信和向井下供电。2008年3月开始试验这种有缆碳纤维复合钻杆。

（2）技术优势与不足。

与传统的钢钻杆相比，碳纤维复合钻杆的主要优势在于：

① 重量轻，强度/重量比高。碳纤维复合钻杆的重量不到同直径的钢钻杆的一半。重量轻，强度/重量比高，有利于降低钻柱的扭矩和摩阻，从而钻得更深（增大现有钻机的钻深能力），获得更大的水平位移。

② 耐腐蚀能力超强。设计合理的碳纤维复合材料实质上是不会受到腐蚀的。

③ 韧性好，耐疲劳能力强，使其特别适合钻短半径和超短半径水平井。

④ 碳纤维材料无磁性，不导电，容易制成有缆碳纤维复合钻杆。

与传统的钢钻杆相比，碳纤维复合钻杆主要存在以下不足：

① 成本高。目前，碳纤维复合钻杆的成本是钢钻杆的大约3倍。

② 尽管表面涂有耐磨层，但碳纤维复合钻杆的耐磨能力不及钢钻杆。

③ 管壁厚，压力损失大。为了获得必要的结构强度(抗扭强度、抗拉强度和压力完整性)，碳纤维复合钻杆的壁厚要比常规钢钻杆的壁厚大1倍左右。如外径相同，则会牺牲内径，势必增大钻杆内的压力损失；如内径不变，则需要加大外径，势必增加环空当量循环密度。

④ 耐温能力不及钢钻杆。

（3）发展前景。

碳纤维复合钻杆和有缆碳纤维复合钻杆具有重量轻、韧性好、耐腐蚀等优点，后者是美国能源部设想的未来"智能钻井系统"的一个重要组成部分。碳纤维复合钻杆的研究还需做大量的工作，包括：进一步改进产品性能；降低成本，通过改进工艺和材料，将碳纤维复合钻杆的成本降下来，最终使其具有成本竞争优势；改进和完善有缆碳纤维复合钻杆；进一步增强耐温能力。碳纤维复合钻杆特别适合钻短曲率半径和超短曲率半径水平井，重钻井，并有望在大位移井、深井和超深井钻井以及深水钻井中得到应用。

2）折叠式连续管

常规套管需要用多辆卡车运送到井场，再一根根地连接、下井，存在的主要问题是运输和下套管效率低。套管如能像连续管那样运输和下井，定能显著提高运输和下套管效率，为此荷兰Huisman设备公司正在研制连续套管，德国Marinovation公司正在研制折叠式连续管。下面着重介绍折叠式连续管。

（1）技术概况。

在国际钻井承包商协会下设的工程协会的资助下，德国Marinovation公司正在研制一种折叠式连续管(图6-79至图6-82)。它具有以下特点：①钢质管，管中管，制成"W"形状，两管由两隔板连接和支撑。外管壁薄，内管壁稍厚。②像普通连续管那样盘绕在滚筒上，像普通连续管那样运输。它可以用作套管、尾管，固井作业步骤如图6-82所示。

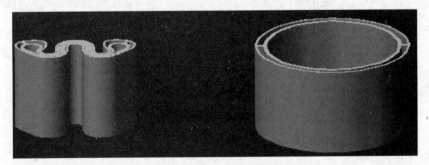

图6-79　折叠式连续管膨胀前后对比

（2）技术优缺点。

优点：

① 非圆形，呈折叠式，同一个滚筒上可以盘绕更多的管子(图6-83)，运输更方便，减少车次；

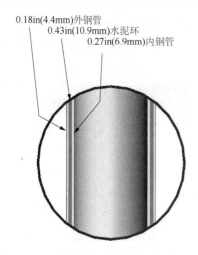

0.18in(4.4mm)外钢管
0.43in(10.9mm)水泥环
0.27in(6.9mm)内钢管

图 6-80　外径 10½in 的折叠式连续管
的内外管尺寸

图 6-81　测试中的折叠式连续管

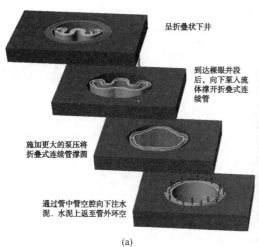

呈折叠状下井

到达裸眼井段
后，向下泵入流
体撑开折叠式连
续管

施加更大的泵压将
折叠式连续管撑圆

通过管中管空腔向下注水
泥，水泥上返至管外环空

(a)

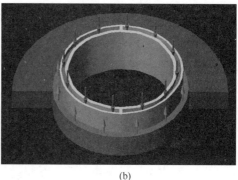

(b)

图 6-82　固井作业步骤

图 6-83　盘绕在滚筒上的折叠式连续管

② 无接头，可以大幅度提高下套管速度，减少下套管期间井下复杂情况的发生；

③ 折叠后，宽度小于外径，可充当可膨胀管使用，而且膨胀过程非常简单——液压膨胀；

④ 提供 4 层保护(两层水泥环，两层管子)，抗挤毁强度增大 100% 以上。

面临的主要挑战或技术难点：

① 下井后如何确保不同井段的管子都能一致撑圆，否则水泥就不能在两个环空内均匀充填；

② 无扶正器，如何确保管子在井筒内居中，否则影响固井质量。

（3）发展前景。

此项目尚处实验研究阶段，有望大幅度提高固井效率，特别适合建单直径井，同时可用作深水油气管道。

7. 井型将向多样化和储层接触面积最大化方向发展，以提速降本、提高单井产量和油田采收率

为增加储层接触面积和油田控制面积，提高单井产量和油气采收率，将重点发展超大位移井、MRC 井和 ERC 井等。为进一步提速降本，将重点发展单直径井、微井眼等。

1) 超大位移井

（1）技术概况。

迄今，全球已钻了很多大位移井(图 6-84)，多数是为开发近海油田而钻的，有不少大位移井钻在岸上，进行海油陆采。

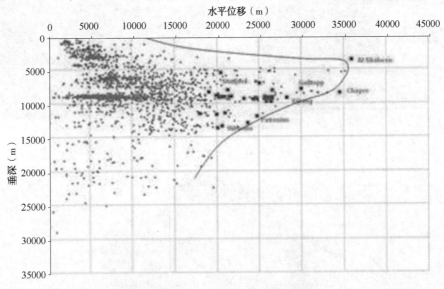

图 6-84　大位移井垂深与水平位移分布

2008 年 5 月由 Transocean 公司用自升式钻井平台为 Maersk 石油卡塔尔公司在卡塔尔近海 Al-Shaheen 油田钻成了一口创造当年多项世界纪录的大位移井——BD-04A 井：测深世界纪录 12289.54m，水平位移世界纪录 10902.70m(表 6-16)。在钻进过程中使用了斯伦贝谢公司的 PowerDrive X5 和 PowerDrive Xceed 两种旋转导向钻井系统，而且只通过两次起下钻就完成了长度达 10804.86m 的 8½in 水平段的钻进。全井钻井作业仅用了短短 36 天时间。

表 6-16　创多项世界纪录的超大位移水平井基本信息

概　　　况		备　　　注
井号	BD-04A	一口超大位移水平井：既是一口超长水平井，又是一口超大位移井
地点	卡塔尔近海 Al-Shaheen 油田	
作业者	Maersk 石油卡塔尔公司	
钻井承包商	Transocean 公司	
定向钻井技术服务公司	斯伦贝谢公司	
开钻时间	2008 年 4 月	
钻至完占井深的时间	2008 年 5 月	
指　　　标	数　　　值	备　　　注
钻井周期(d)	36	创同类井新的世界纪录
测量井深(m)	12289.54	创同类井新的世界纪录
水平位移(m)	10902.70	创新的世界纪录
水平段长(m)	10804.86	创新的世界纪录，整个水平井段钻于 6m 厚的储层中
储层中水平段长度(m)	10804.86	创新的世界纪录
位移垂深比	10.485	创新的世界纪录
钻机月速[m/(台·月)]	10383.49	创新的世界纪录

　　2003 年 7 月至 2008 年 3 月美国 Parker 钻井公司为 Exxon Neftegas 公司在俄罗斯远东的萨哈林–1 项目钻成了 17 口大位移井(图 6-85)，井场设在靠近北极圈的萨哈林岛海岸上，用于开发近海油气。有 6 口井刷新了当时的大位移井测深世界纪录，其中最大的测深纪录是11680m。2011 年 1 月 Exxon Neftegas 公司宣布俄罗斯远东的萨哈林–1 项目的一口超大位移井(Odoptu OP–11 井)创造了大位移井新的测深世界纪录 12345m 和新的水平位移世界纪录11475m。该井的钻井承包商也是美国 Parker 钻井公司，井场同样设在萨哈林岛海岸上。为实现快速钻井和优质钻井，使用了埃克森美孚公司的优快钻井工艺，仅用 60 天时间就完成了这口创纪录井的钻井作业。

(a)　　　　　　　　　　　　　　　　(b)

图 6-85　萨哈林–1 项目 17 口大位移井

BP 公司计划 2013 年在美国阿拉斯加波弗特海一个以前建成的人工岛上钻数口超大位移井开发海上 Liberty 油田，这些井的设计井深约 16000m，垂深约 3200m，水平位移约 12800m（图 6-86）。

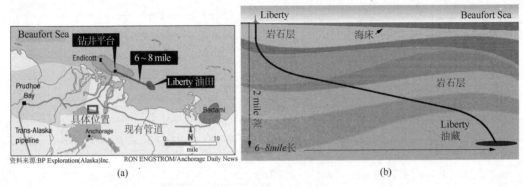

图 6-86 BP 公司计划钻超大位移井开发海上 Liberty 油田

（2）发展前景。

钻超大位移井（包括超大位移水平井）可减少海上钻井平台用量，扩大井的控制面积，实现近海油气的集中开采或海油陆采，有利于降低油气开发成本，未来将在近海、北极油气田开发中得到越来越多的应用。随着技术的不断进步，测深和水平位移有望不断刷新世界纪录，测深甚至达到 20000m。

2）单直径井

（1）技术概况。

常规井的井身结构呈锥形，也就是为对付井下复杂地层，需要下多层套管或尾管并固井。井越深，复杂层段越多，所需的上部井眼直径就越大，套管/尾管的层数就越多。这势必会大量消耗钻井液、套管和水泥，延长建井周期，增加建井费用。为克服锥形井存在的这些弊端，Enventure 全球技术公司（哈里伯顿公司和壳牌公司的合资公司）在可膨胀管技术的基础上于 20 世纪 90 年代后期提出了单直径井（monobore）概念。

单直径井技术利用可膨胀管的技术特性，用可膨胀管代替套管，在井眼内下入多级同一尺寸的膨胀管并固井。钻探达到设计深度后，再下入比膨胀管直径小的套管柱到井底，然后固井，从表层套管鞋到目的层形成了单一井径的井眼，实现全井单一直径钻井（图 6-87）。2002 年 7 月 Enventure 公司在美国得克萨斯州南部完成了一口先导性概念井试验，2007 年单直径井技术实现了首次商业化应用。迄今，应用过单直径井的油公司有 BP 公司、壳牌公司、埃克森美孚公司和 Statoil 公司等。

单直径井的核心技术是可膨胀管及其配套工具，因此目前能够提供单直径井技术服务的公司也就是能够提供可膨胀管的公司，如 Enventure 全球技术公司、威德福公司、贝克休斯公司、斯伦贝谢公司等。

（2）技术优势与不足。

与常规井相比，单直径井具有如下主要优势：

① 减小上部井眼和套管的直径，简化井身结构；

② 减少钻井液、套管和水泥用量及固井作业工作量；

③ 减少非生产时间，缩短建井周期；

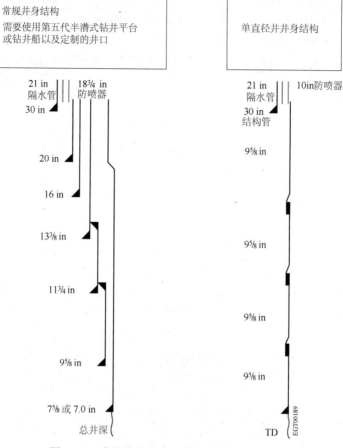

图 6-87　常规井与单直径井井身结构对比

④ 降低建井成本；

⑤ 减少钻井废弃物，有利于保护环境；

⑥ 增大完井井筒直径，提高单井产量。

研究表明，在同等条件下，与常规钻井技术相比，利用单直径钻井技术完成设计井深为 4000m 的油气井可降低 44% 的钻井液用量、42% 的固井水泥用量、42% 的套管用量和 59% 的钻屑生成量，可节省 33%~48% 的建井费用。在对单直径井和大位移井钻井技术相结合的建模研究中发现，单直径井有潜力将大位移井的水平位移增加 25%~100%，减少钻井成本 30%~50%，充分显示了该技术在延长水平位移、减少油井数量、增加单井产量、提高成本效率、提升开发效益等方面的优势。

与常规井相比，单直径井主要存在以下不足：

① 如果为降低成本而设计了直径较小的单直径井方案，万一钻遇复杂情况，应急管柱的选择余地可能有限；

② 为了获得与常规井相同的使用寿命，单直径井生产管柱的规格和成本可能不得不高于常规井的生产管柱。

（3）发展前景。

单直径井是在可膨胀管基础上发展起来的一项新的建井技术，是建井技术的一个重大突破和新的里程碑，也是膨胀管技术的一个重要的发展方向。目前在国外，单直径井技术处于推广应用阶段，仍在发展中。可膨胀管技术的不断发展和油公司对单直径井的不断认同，单直径井将作为缩减建井周期和降低建井成本的一个新的重要途径而得到工业化应用。近几年，美国能源部一直在组织研究微井眼技术，其中包括单直径的微井眼（microhole）技术。

3）微井眼钻井技术

（1）技术概况。

据美国能源部称，美国陆上有大量的剩余油储量利用现有的钻采技术无法实现经济开发，其中一多半埋深在1500m以内。因此，经济有效地开发这部分浅层剩余油储量，对保障美国能源安全具有非常重要的意义。但要做到经济有效的开发，必须研究和采用全新的技术。为此，美国能源部从2004年开始大力资助微井眼技术的研究。

美国能源部下设的Los Alamos国家实验室（LANL）早在20世纪90年代中期就提出了微井眼概念，并与美国Maurer技术公司一起致力于微井眼技术的早期可行性研究。微井眼技术是一项系统工程，涵盖钻井、测井、生产等专业领域。微井眼钻井不同于以往的小井眼（slim hole）钻井技术。小井眼钻井使用常规旋转钻机和连接式钻杆，是常规钻井的小型版，这是两者的主要差异。微小井眼钻井技术是连续管钻井技术的发展，即利用小型化混合型连续管钻机钻直径为3½in或更小的井眼。美国能源部资助的有关钻井的研究项目主要包括：

① 地面设备。

图6-88　待小型化改造的混合型连续管钻机

a. 微井眼连续管钻机。研发者主要是斯伦贝谢公司。目的是研制一种能够钻直径为3½in、测深为1829m、水平位移为305m的微井眼的混合型连续管钻机，也就是既可以进行旋转钻井，又可以进行连续管钻井，而且作业高效、安全、经济、环保。微井眼连续管钻机将由斯伦贝谢公司的一款现有的混合型连续管钻机（图6-88）经小型化改造而成。

b. 零排放型泥浆循环及处理系统。研发者主要是Bandera石油勘探公司和Impact技术公司。目的是研制一种一体化、多功能、零排放的钻井液循环及处理系统，它将钻井泵、振动筛、钻井液清洁器和钻井液罐等集成在一起，具有钻井液混配、循环、净化和储存功能，采取车载式、拖车式或橇装式，重量轻，占地面积小，运输很方便，而且是零排放，非常环保。它既适用于水基钻井液和油基钻井液，又适用于欠平衡钻井。

② 井下钻具和仪器。

a. 新型高转速泥浆马达。研发者是APS技术公司。目的是研制一种适合用超小尺寸连续管钻微井眼的新型高转速泥浆马达，其最高设计转速达10000r/min。

b. 串联反向旋转泥浆马达钻具组合。研发者是美国气体技术研究所和Dennis工具公司。由于微井眼钻井用的连续管直径很小，抗扭矩能力有限，因此钻井中必须尽量降低底部钻具组合给连续管施加的反作用扭矩。美国气体技术研究所和Dennis工具公司联合研制的串联反向旋转泥浆马达钻具组合为：2¾in左旋PDC领眼钻头+ 2⅛in左旋泥浆马达+分流器+带

稳定器的 $3\frac{1}{2}$in 右旋扩眼器+ $2\frac{7}{8}$in 右旋泥浆马达(图 6-89)。这套钻具组合能够在低钻压下获得高钻速，而且反作用扭矩极小。

　　c. 集成电磁传播电阻率测井仪的微井眼智能导向泥浆马达。研发者是贝克休斯公司。目的是研制集成电磁传播电阻率测井仪的微井眼智能导向泥浆马达(图 6-90)。这种导向泥浆马达的外径只有 $2\frac{3}{8}$in，适用于 $3\frac{1}{2}$in 或更小的井眼；所集成的电磁传播电阻率测井仪采用的电磁频率为 40×10^{4}Hz 和 2MHz，用于随钻地层评价和地质导向。

　　d. 微井眼泥浆脉冲式 MWD 用的双向通信及发电模块。研发者是贝克休斯公司。目的是研制一种外径只有 $2\frac{3}{8}$in 的双向通信及发电模块(BCPM)及相应的地面控制系统(图 6-91)。这个双向通信及发电模块是微井眼 MWD 和连续管钻井的底部钻具组合的一个组成部分，其中的涡轮交流发电机给 MWD 的其他组件供电，泥浆脉冲发生器将随钻测量信号实时地传输到地面。地面控制系统通过泥浆脉冲信号向底部钻具组合发出控制指令。

图 6-89　$2\frac{3}{8}$in 左旋 PDC 领眼钻头，
分流器，带稳定器的 $3\frac{1}{2}$in 右旋扩眼器

图 6-90　集成电磁传播电阻率测井仪的
微井眼智能导向泥浆马达

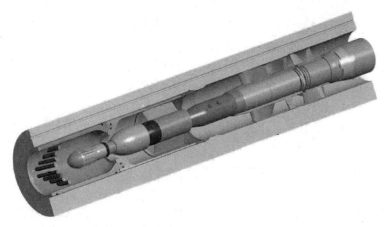

图 6-91　微井眼泥浆脉冲式 MWD 用的双向通信及发电模块

　　e. 微井眼井下牵引器。研发者是西方油井工具公司。连续管尤其是微井眼连续管容易弯曲，难以给钻头施加足够的钻压。西方油井工具公司研制的微井眼井下牵引器(图 6-92)能够向前推动钻头，同时牵引连续管向前。

　　f. 适合建单直径微井眼的自膨胀管。美国的 Confluent 过滤系统公司、AMET 公司和西南研究所联合研制的旋转膨胀管(自膨胀管)也适合建单直径微井眼。

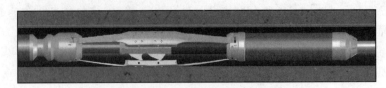

图 6-92　微井眼井下牵引器

（2）技术优势与不足。

由于采用轻型车载连续管混合钻机，微井眼钻井与常规旋转钻井相比具有如下主要优势：

① 降低钻机及其配套设备的制造费用；

② 提高钻机搬迁效率；

③ 减少井场占地面积(可减少 2/3)；

④ 减少钻井液、套管和水泥的消耗以及动力消耗；

⑤ 减少钻屑和废泥浆量；

⑥ 减少钻井作业人员；

⑦ 提高钻井效率；

⑧ 降低钻井完井成本(预期可降低勘探钻井成本 1/3 以上，降低开发钻井成本 1/2 以上)、综合开发成本和勘探开发风险；

⑨ 连续管内设置电缆，实现数据的双向高速传输，有利于实现钻井的自动化和智能化；

⑩ 减少钻井对环境的影响。

微小井眼钻井技术的基本特点是井眼尺寸、钻柱尺寸和环空尺寸都很小，且连续管不旋转，这就决定了微小井眼钻井技术存在以下主要缺点：

① 井眼尺寸小，现有的井下工具不再适用，较小的横向尺寸，加大了井下工具的开发难度，这是发展微小井眼钻井技术最大的障碍。另外，受井眼空间限制，不能下入多层套管(一般最多 2 层)，因此微小井眼不适合地下压力复杂的地层，而且，发生井下复杂事故时，处理存在困难。其他的影响还包括钻头选择受限、掉块卡钻、仅适用于浅井和产能较低井等。

② 环空尺寸小，环空压耗大，产生较大的井底压力，易发生压差卡钻，也可能压漏地层。另一个突出问题是井控，对于常规井来说是正常的溢流范围，但对微小井眼井可能会发生井喷。

③ 用连续管钻微小井眼时，连续管尺寸小，抗压强度低，钻压施加困难，导致机械钻速低。特别是在斜井和水平井，较小的压力就可使连续管发生屈曲，紧贴井壁，导致摩阻过大发生自锁，难以继续钻进，限制了水平进尺。另外，连续管尺寸小，抗拉强度低，遇卡上提时易拉断连续管。

④ 连续管不旋转，携屑困难，引起岩屑堆积，导致卡钻。而且连续管的初始弯曲使部分连续管处于静止状态，表现为静摩擦，增大摩阻。

⑤ 当前研究和试验的微井眼钻井技术适合的最大井深只有大约 1500m。

（3）发展前景。

微井眼技术是一项系统工程，需要研制全新的小型化地面设备(连续管钻机及相应的小型化钻井液循环处理系统等)超小尺寸的井下钻具和仪器，比如井下动力钻具(包括导向泥浆马达)地质导向仪、MWD 和 LWD 等。该技术已进入现场先导性试验阶段，未来有望成为经济有效地开发美国本土大量的浅层剩余油的一种重要方法，为进一步提高这些浅层剩余油的产量和采收率做出贡献，发展前景广阔。在初期，微井眼钻井技术将主要用于在储层埋深不足 1500m 的油气田钻探井和开发井、多分支井、重钻井、加密井和观测井；往后随着技术的不断改进，其应用井深将突破 1500m，有可能达到 3000m。

8. 钻井智能化是大势所趋，钻井无人化终将成为现实

随着技术的进步，钻井自动化水平越来越高，未来有望实现全自动钻井，即智能化钻井。智能化钻井是自动化钻井的高级阶段，拥有强大的自主学习和记忆、自主判断、自主决策、自主操作等自主功能。钻井智能化主要由地面智能化、井下智能化和智能钻井专家系统构成。智能钻井专家系统将地面智能化和井下智能化组成一个有机整体，实现大闭环控制，统一指挥，协调行动。智能化钻井将大幅度减少现场作业人员，显著提高钻井效率和安全性，是钻井技术发展的大趋势之一。

随着钻井自动化、智能化水平的不断提升，以及机器人技术、信息技术、远程控制等技术的发展，无人化钻井终将成为现实，无现场作业人员，钻井专家只需身处公司总部或地区中心的远程实时控制中心就可对钻井全过程进行远程监控，从而消除钻井作业给作业人员带来的安全隐患，避免像 BP 墨西哥湾钻井平台爆炸起火那样的重大人员伤亡事故。无人化钻井将首先应用于恶劣的工作环境，比如深水、超深水、北极、沙漠等。目前国外在研或设想的无人化钻井系统主要包括：獾式钻探器、机器人钻井系统、海底钻机。下面简要介绍獾式钻探器和机器人钻井系统。

1）獾式钻探器

（1）技术概况。

人类从 1900 年开始应用旋转钻井技术打井以来，至今已有 100 多年的历史了。在这期间，旋转钻井技术虽不断取得进步，自动化程度越来越高，但钻井方式并无根本性的改变。目前用常规钻机进行的旋转钻井作业存在诸多弊端：

① 必须使用陆地钻机或海上钻井平台，其搬迁和运输极不方便；

② 陆地钻机和海上钻井平台的日费极高；

③ 钻机运转时噪声大，而且有废气排放；

④ 需要使用钻杆和套管，劳动强度大；

⑤ 作业人员多；

⑥ 后勤保障工作量大；

⑦ 需要使用钻井液，废钻井液和钻屑等废弃物有可能造成环境污染；

⑧ 钻井费用极高，勘探风险很大。

要想大幅度降低钻井成本，必须抛弃现行的钻井方式，另辟蹊径，开发一种完全不同的钻井方式。挪威的獾式钻探器（Badger Explorer）公司正在研制和试验的獾式钻探器——无钻机的井下自动钻探器正是这种崭新的钻井方式。

挪威 Rogaland 研究所早在 1999 年就提出了无钻机钻探概念，并于 2002 年取得了挪威专利。为将这种概念变为现实，Rogaland 研究所于 2003 年成立了獾式钻探器公司。该公司于 2005 年 5 月 1 日正式启动獾式钻探器样机研制计划。该计划得到了挪威研究委员会、Statoil 公司、壳牌公司和埃克森美孚公司的资助。獾式钻探器是一种无钻机的井下自动钻探器，类似于"有线导弹""有线鱼雷"或"井下钻井机器人"（图 6-93）。

(a)　　　　　　　　　　　(b)

图 6-93　獾式钻探器——无钻机的井下自动钻探器

獾式钻探器主要由以下几部分组成：

① 钻头。特制的 8½in PDC 钻头，如图 6-94 所示。

② 防钻头失速及钻压控制装置。獾式钻探器靠自重给钻头施加钻压，用该装置控制钻压和防止钻头失速。

③ 井下电动钻具和减速器。井下电动钻具用于驱动钻头旋转，减速器用于调节转速。所需电力由地面或海底通过电缆供应。

④ 导向工具。用于控制井眼轨迹。

⑤ 有线随钻测井系统。獾式钻探器携带着大量的传感器，它们构成有线随钻测井系统，能连续实时测量大量的钻井工程和地质参数，包括井斜、方位、工具面、工具温度，地层的孔隙压力、破裂压力、温度、孔隙度、渗透率、饱和度和流体流量等。勘探目的完全是通过有线随钻测井系统实现的。该系统所需的电力也由地面或海底通过电缆供应。由于通过电缆传输数据，因而数据传输速率比传统的 MWD/LWD 快若干倍，还能实现双向通信。

⑥ 电缆存放及施放装置。用于存放数据电缆和电力电缆，随钻施放这些电缆。

⑦ 岩屑输送及压缩系统。其主要功能是将岩屑输送到獾式钻探器顶部进行岩屑—液体分离，将岩屑压缩并挤入上方的井筒和地层裂缝及孔洞，及时充填井筒和封固井壁，防止井喷、井漏和井塌。岩屑经液压压缩后的体积肯定仍大于最初的体积，因此必然有一部分岩屑要被挤入井筒周围的地层裂缝或孔洞中（图 6-95）。

獾式钻探器的功率为 10kW，长度约 25m，设计钻深能力超过 3000m。

整个系统还包括地面信号接收及传送系统，用于接收井下传感器传输上来的实时信号，并通过卫星传送到总部数据处理中心，同时还能向井下系统发送指令。

獾式钻探器的操作非常简单。若在海上，可通过一艘补给船将其吊在海里，借助水下机器人放到海底的开钻位置。接通电源后，靠其自身重量开始自动钻进（图 6-96）。獾式钻探器是一次性的，一旦开钻，就不起钻，因为上方井筒被压实后的岩屑所充填。钻达目标后，獾式钻探器留在井底，继续监测地层。它主要由现已成熟的构件组成。据称，因钻头工况得到明显改善，獾式钻探器的设计寿命长达 2~6 个月。

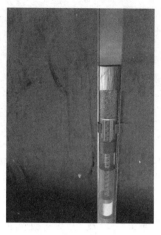
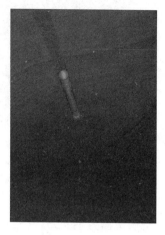

图 6-94　特制的 PDC 钻头　　　　图 6-95　岩屑输送　　　　图 6-96　钻进中的
　　　　和电动钻具　　　　　　　　及压缩系统　　　　　　　　　獾式钻探器

獾式钻探器的技术难点是：

① 不用泥浆，如何清洗和冷却钻头，如何避免岩屑的重复破碎，如何提高钻速；

② 无法起钻更换钻头和电动钻具，如何确保它们长时间正常运转；

③ 在井下电动钻具驱动钻头旋转的同时，如何防止电缆缠绕；

④ 在用岩屑充填井筒的过程中如何有效地保护电缆；

⑤ 如何有效地将富余的岩屑挤入地层中。

（2）技术优势与不足。

潜在优势：

① 不用陆地钻机或海上钻井平台。如有电力供应，在陆地不需要井场，在海上开钻前有一艘普通的补给船就足够了，开钻后补给船撤走，不再需要现场操作人员，也不需要后勤保障，还能避开海洋环境对钻井作业的影响。开钻后，可进行远程全自动钻探和监控。

② 不用钻杆，不需要起下钻，也就不需要现场钻井人员。

③ 不用钻井液，井筒内无外来流体，在岩屑充填井筒之前，地层不会受到伤害，可以及时测得真实的地质信息。

④ 不用钻井液，岩屑不是返至地面，而是用于充填井筒或被挤入地层裂缝及孔洞，因而无废弃物排放，对环境无污染，也无井喷的风险，也不用担心井漏。

⑤ 不用套管和水泥固井，井筒由压实的岩屑充填和封固，不用担心井壁失稳。

⑥ 通过电缆实现双向通信，数据传输量大、质量高、速率快，更有利于及时发现油气，提高探井成功率。

⑦ 显著降低勘探钻井费用和勘探风险。据称，勘探钻井成本只有常规方法的 1/10。

⑧ 钻达目标后，留在井底，继续监测地层。

潜在不足：

① 不用钻井液也许是獾式钻探器的致命缺陷，导致钻屑难以及时清除，重复破碎在所难免，破岩效率低，钻速很慢，钻头和井下电动钻具得不到冷却，难以保证长寿命。

② 无法起钻更换钻头和电动钻具，井下系统一旦中途失效，则无法钻达目标。当前在有钻井液冷却的情况下，钻头和井下电动钻具一次下井完成两三千米是小概率事件。在无钻

井液冷却的情况下，概率更小。

③ 岩石破碎后，体积增大，要将其全部压入上方井筒并确保不下坠，难度很大。在大力挤压岩屑的过程中如何确保电缆完好无损也是个难题。

④ 由于所钻的井筒被岩屑充填，只能用于油气勘探或永久监测，不能转为开发井。

（3）前景展望。

獴式钻探器的研发工作尚在进行中，且进展不大，目前尚处样机开发和试验阶段。样机的功率约 10kW，长度约 25m，设计钻深能力 3000m。未来一旦研发成功，无疑将是勘探钻井的一次革命，但因存在诸多不足，研发成功的难度超乎想象。

2）机器人钻井系统

（1）技术概况。

挪威机器人钻井系统公司（其前身是研发海底钻机的海底钻机公司）正在研发无人化钻机——机器人钻井系统（图 6-97）。合作者包括美国国家航空航天局（NASA），它将贡献"好奇"号火星漫步者研制和远程控制方面的技术专长。该项目得到了挪威国家石油公司、挪威国家研究委员会和挪威创新署公司的长期支持，目标是所有钻井作业均可远程控制，实现无人化钻井。机器人钻井系统的核心是人工智能机器人（图 6-98），它们具有自主学习、记忆和判断、自主决策、自主操作等功能，不仅能自主完成简单重复性操作，还能完成复杂操作。通过远程控制实现无人化钻井。

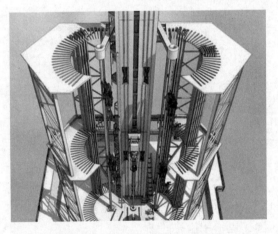

图 6-97　研发中的机器人钻井系统

图 6-98　研发中的人工智能机器人

（2）技术优势与不足。

机器人钻井系统的主要优势是：

① 全自动。地面操作实现全自动。

② 智能化。整个系统具有很高的智能化水平，以及自主操作和自主决策等自主能力。

③ 无人化。现场无作业人员，多学科专家团队在远程实时控制中心进行远程控制。

④ 安全环保。现场无作业人员，显著提高了作业的安全性。整个钻井系统设计紧凑，占地面积小。

机器人钻井系统的不足主要是：机器人钻井系统非常复杂，可靠性是个潜在的问题；维护保养也是个问题；制造费用和使用费用一定很高。

（3）发展前景。

机器人钻井系统尚处实验室研究阶段。因研发难度很大，我们认为未来10年内研发成功的概率很小。未来一旦研发成功，将首先应用于深水超深水、北极、沙漠等恶劣环境，并给钻井带来一次深刻的革命。即使研发不成功，也将在一定程度上推动钻井向自动化和智能化方向的发展。

9. 海洋钻井作业水深纪录不断刷新，深水、超深水钻井是未来的发展重点，北极钻井技术装备得到大发展

1）世界深水、超深水钻井活动持续活跃

近几年全球有大量的深水浮式钻井装置陆续投入了使用，同时也有一些老式浮式钻井装置退役，致使当前深水浮式钻井装置的供应仍然偏紧。未来两三年全球还将有70多艘钻井船和20多座半潜式钻井平台陆续交付使用，当前供应偏紧的局面将逐步得到缓解。展望未来，深水和超深水仍将是世界海洋油气勘探开发的热点和投资重点，随着深水和超深水不断取得重大油气发现，起来越多的国家和公司将加入深水、超深水油气勘探开发行列，世界深水、超深水钻井活动持续活跃。

2）世界海洋钻井作业水深纪录将不断刷新，未来20年有望突破5000m

如前所述，随着技术装备的不断更新换代，深水浮式钻井装置的额定作业水深不断增加。荷兰Huisman设备公司设计的JBF 14000型半潜式钻井平台，配备公司设计的双作业箱式钻机，额定作业水深达4267m（14000ft）（图6-64）。

当前的世界海洋钻井作业水深纪录是3174m。在海洋油气勘探开发需求的驱动下，未来20年世界海洋钻井作业水深纪录将不断刷新，预计有望突破5000m，届时海洋钻井将基本解除水深的制约，明显拓宽钻探水域。

3）深水、超深水钻井技术装备不断创新，甚至出现革命，浮式钻井装置更加多样化、自动化和智能化，海底钻机难以变成现实

深水油气勘探开发是公认的高科技行业，长期以来一直是石油工业技术的重要摇篮，推动着世界石油工业的技术进步。为更好地勘探开发深水、超深水油气资源，未来20年深水、超深水钻井技术装备将不断创新，甚至出现革命。在浮式钻井装置的多样化、多功能化、自动化和智能化、作业水深、作业方式等领域有望取得重大进展。下面着重介绍研发中的可望根本改变深水钻井作业方式的Reelwell无隔水管钻井和海底钻机。

（1）Reelwell无隔水管钻井。

挪威Reelwell公司在Reelwell钻井方法的基础上新推出了Reelwell无隔水管钻井方法，它彻底抛离隔水管，将引发深水钻井革命。

① 技术概况。

挪威Reelwell公司研究Reelwell钻井方法多年了，在此基础上在2013年OTC会议上推出了Reelwell无隔水管钻井方法（图6-99），它与Reelwell钻井方法无本质区别，主要由公司专有的管中管、顶驱旋转接头、井下双浮阀、地面流量控制装置组成，具有如下主要特点。

a. 管中管，反循环，无隔水管。这种管中管既充当钻柱，又充当隔水管。钻井液通过顶驱和顶驱旋转接头向下泵入管中管的环形空间，从钻头喷嘴喷出，带着岩屑向上流入底部钻具组合与井壁之间的环形空间。因防喷器上方装有旋转控制头，将管中管与井壁之间的环形空间封死，上返的钻井液连同岩屑只得通过双浮阀进入管中管的内管（图6-100），上返至

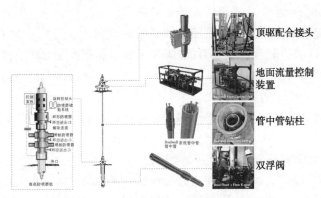

图 6-99　Reelwell 无隔水管钻井

地面。地面流量控制装置用于控制流入和流出井筒的钻井液。该方法无需使用 AGR 钻井服务公司的无隔水管钻井液回收系统，就可实现无隔水管钻井，从而大大简化钻井作业，而且可用于深水、超深水钻井。因不用隔水管而减少了浮式钻井装置的承重，即使应用第三代或第四代半潜式钻井平台也能在 3000m 的深水区钻井。

b. 数据可实现高速、大容量双向传输。管中管的内管外壁经过绝缘处理，充当同轴电缆，可以向井下供电，还能实现数据的高速、大容量和双向传输，数据传输速率高达 $6.4 \times 10^4 \mathrm{bit/s}$（图 6-101）。

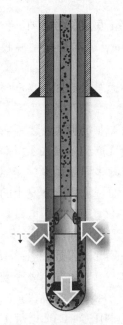

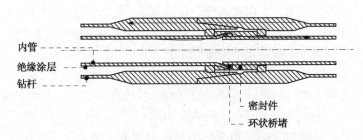

内管
绝缘涂层
钻杆
密封件
环状桥堵

图 6-100　双浮阀　　　　　　　图 6-101　经过绝缘处理的管中管充当同轴电缆

c. 控压钻井。井筒环空充满清洁流体，与管中管内的钻井液具有不同的密度，可实现双梯度钻井，而且可通过地面流量控制装置实现控压钻井，更好地解决窄密度窗口问题，减少非生产时间，提高作业安全性。

② 技术优势与不足。

该方法的主要优势是：

a. 不用隔水管，可减少浮式钻井装置的承重，省去隔水管相关操作，即使应用未配备双作业钻机的第三代或第四代半潜式钻井平台或钻井船，也能在 3000m 的超深水区高效钻井，从而明显降低深水钻井成本。

b. 钻井液在管内循环，可以大大减少钻井液用量，并始终保持井筒清洁，有利于减少井下复杂情况，更好地保护储层。

c. 实施全过程控压钻井，提高作业安全性。

d. 通过管中管向井下供电，解决井下仪器和工具的用电问题。

e. 数据传输速率高，双向通信更畅通。

Reelwell 无隔水管钻井方法同样存在一些不足，主要包括：管中管比常规钻杆重，刚性也比常规钻杆大（钻杆外径 6⅝in，内管外径 3½in、内径 3in），不利于定向钻井，也影响钻机的钻深能力；内管的绝缘层和密封件的可靠性和耐久性是个潜在的问题；钻井液在管内反循环，要增加流动阻力。

③ 前景展望。

Reelwell 无隔水管钻井方法的研究得到了壳牌公司、道达尔公司、挪威国家石油公司、巴西国家石油公司、德国莱茵集团、挪威创新署和挪威国家研究委员会的支持。该技术获 2013 年 OTC 会议"聚焦新技术奖"，技术本身还有待通过大量的现场试验进行验证，一旦验证成功并投入商业应用，无疑将给深水钻井带来一次革命，大幅度降低深水钻井成本。

（2）海底钻机。

① 技术概况。

由于深水钻井环境十分恶劣（风、浪、流、冰等），深水钻井需要大型浮式钻井装置——半潜式钻井平台和钻井船。它们的造价极高，目前平均造价在 5 亿美元以上，钻机日费最高的已超过 70 万美元。高昂的钻机日费大幅度推高了深水钻井成本。倘若不用大型浮式钻井装置就能钻井，必将节省大量的钻井成本，还能避开恶劣的海洋环境对钻井作业的干扰。为此，国外有人提出了海底钻机的设想，并有多家公司参与研究，提出了多种方案。壳牌公司曾于 1997—1999 年组织开展过海底钻井的初步可行性研究和概念设计，提出了一种海底自升式钻井平台的设想。英国 Maris 国际公司于 2003 年 4 月完成了海底钻机的初步可行性研究，也提出了一个海底钻机的设想。2001—2007 年壳牌公司、BP 公司和英国贸工部资助英国 Pipistrelle 公司开展了海底钻井的前期研究，主要研究了海底钻机的技术可行性，并提出了初步设计方案。2006 年美国海底钻机公司提出了一种海底钻井舱设计方案。挪威机器人钻井系统公司计划在其机器人钻井系统的基础上开发海底钻机（图 6-102）。

挪威海底钻机公司研制中的海底钻机的主要特点是：

a. 无须钻工。

b. 压力补偿式密闭装置（零排放）。

c. 全自动化（钻井、完井和修井）。

d. 遥控。司钻只需在小型浮式辅助船上进行遥控。浮式辅助船还用于运送海底钻机模块、钻杆和套管等，提供电力，配制和补充钻井液，以及注水泥。

e. 不用海上钻井平台或钻井船，也不用隔水管和升沉补偿装备，容许浮式辅助船有很大的漂移范围。

f. 海底钻机的运转一般不受海况、水深和天气的限制，无须动力定位。但在极端恶劣

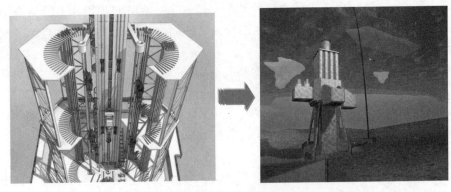

图 6-102　以机器人钻井系统为核心的海底钻机

的海况和风速下，需要撤走浮式辅助船，中断钻井作业。

g. 海底钻机的建造费用明显低于半潜式钻井平台和钻井船。

② 技术优势与不足。

海底钻机的主要优势是：

a. 无须大型浮式钻井装置及相应的后勤服务，有望降低钻井成本；

b. 可避开深水区、超深水区、北极等恶劣的海洋对钻井作业的干扰；

c. 大幅度减少海洋钻井作业对作业人员的安全隐患，提高作业安全性。

海底钻机的主要不足是整个系统必定非常复杂，可靠性难以保证。

③ 前景展望。

为实施国际大洋钻探计划，国外已推出无人的小型海底取样钻机。比如，美国 Gregg 海洋公司新推出的一种机器人海底取样钻机（图 6-103），其最大作业水深 3000m，可钻取 150m 深的岩心，预示未来随着技术的进步，用海底钻机进行深水石油钻井将成为可能。

(a)　　　　　　　　　　　　　　　　(b)

图 6-103　美国 Gregg 海洋公司新推出的一种机器人海底取样钻机及其配备的机器人

海底钻机还处于概念设计阶段，其研发难度越超乎想象，离工程样机还有很长的路要走，我们认为海底钻机研究项目在未来 20 年内获得成功的概率不大，但是相信这项研究能够在一定程度上推动深水、超深水和北极钻井技术以及钻机自动化技术的进步。

4）北极钻井装置将得到大发展

据美国地质调查局 2008 年的资源评估报告，北极圈待发现的技术可采资源量为 4122×10^8boe，其中：石油 900×10^8bbl、天然气 47×10^{12}m³、天然气液 440×10^8bbl。这些待发现的技术可采资源量占全球待发现的技术可采资源量的大约 22%，其中：石油约占 13%，天然气约占 30%，天然气液约占 20%；大约 84% 位于海上区域。油气资源如此丰富，北极毫无疑问将成为未来的勘探开发热点和油气资源战略接替区，同时为石油装备和工程技术行业带来大量的市场机会，已引起相关国家、公司和组织的高度关注。例如，2011 年 1 月俄罗斯国营石油巨头 Rosneft 和英国石油公司（BP）宣布，双方将合作开发位于俄罗斯北极大陆架、总面积达 12.5×10^4km² 的巨大海域，该地区拥有世界上最庞大的未开采油气资源，估计石油蕴藏量达 51×10^8t，天然气藏量达 3×10^{12}m³。为推动极地油气勘探开发和技术进步，国际海洋技术会议（OTC）从 2010 年起每年组织召开极地技术会议（ATC）。

北极极端恶劣的气候环境给油气勘探开发提出了严峻的挑战，需要钻大位移井或超大位移井进行海油陆采，或需要应用专门设计的北极钻井装置，未来 20 年北极钻井装置将得到大发展。现已有多家公司推出了北极钻井装置，例如韩国三星重工集团为英国 Stena 钻井公司设计建造了一艘既适应全球的超深水作业，又适应北极恶劣气候的 Stena DrillMAX ICE IV 号钻井船（图 6-46），该钻井船的耐温能力为 -30℃，额定作业水深 3048m，钻深能力 10668m，已于 2012 年交付。荷兰 Huisman 设备公司设计了一种适合近北极区（冬季结冰很厚，夏季风大浪高）的半潜式钻井平台，即 JBF 北极型半潜式钻井平台（图 6-104），其作业水深 60~1500m，采用锚泊定位，其独特的结构设计使其能够在冬季承受极大的冰载荷（冰厚度可达 1.5~2m），在夏季能够像普通半潜式钻井平台一样抵御狂风大浪，达到在近北极区全年全天候作业的目的。该钻井平台可在两种吃水下作业：在无冰水域，像普通半潜式钻井平台一样作业或拖航；在覆冰水域，通过压舱（甲板部分进水）增加吃水，以保护隔水管免受冰的破坏。

(a)　　　　　　　　　　　(b)　　　　　　　　　　　(c)

图 6-104　JBF 北极型钻井平台

10. 钻井信息化水平不断提升，有力支撑自动化钻井，并推动钻井的智能化和无人化

随着云计算、人工智能、远程控制等技术的发展，钻井信息化水平将不断提升，未来的智能钻井专家系统将地面智能化和井下智能化组成一个有机整体，实现大闭环控制，统一指挥，协调行动。以智能钻井专家系统为核心的远程实时控制中心将具有更强大的功能、更高的智能化水平、更强的自主学习和自主决策能力，并具有一定的远程控制能力，有力推动钻井向智能化和无人化方向发展。

第三节 结论与建议

一、结论

通过以上分析，可以得出如下结论：

（1）世界油气钻井工作量总体呈增长态势，技术经济指标总体趋好。

世界油气资源特别是非常规油气资源资源极其丰富，未来世界油气需求持续增加，油气钻井工作量总体呈增长态势，钻井行业前景光明，技术经济指标总体趋好。

（2）钻井技术总的发展趋势及未来重点发展的领域。

目前钻井处于自动化钻井完善阶段。预计2030年前后有望实现全自动钻井，钻井将进入智能钻井阶段。为适应深水、北极等恶劣环境下的钻探需要，钻井将向无人化方向发展，预计2050年前后有望实现无人化钻井。

回顾过去，展望未来，钻井技术总的发展趋势是：快、优、准、省、聪明、安全、环保。

油气钻井是一个高投入、高风险、技术密集的行业，面临的主要挑战是地质条件复杂、地面环境恶劣、市场竞争激烈、安全环保形势严峻。为高效经济地开发油气资源，特别是非常规、深层超深层、深水超深水、北极油气资源，钻井未来重点发展的核心领域是：①提速降本；②自动化、智能化；③储层接触面积最大化；④高温高压；⑤深水、超深水；⑥北极钻井；⑦安全环保。

（3）提速提效是钻井的永恒主题，潜力大，途径多。

提速提效是钻井的永恒主题，随着技术的进步，提速提效不断取得成效，但潜力依然很大，尤其是深井、水平井、大位移井和深水钻井。提速提效的途径很多，包括工厂化作业模式，地面、井下技术装备等方方面面。

（4）工厂化钻井推动美国页岩气、致密油的规模开发。

美国页岩气、致密油的规模开发，主要归功于水平井钻井和分段压裂。水平井钻井提速提效措施主要包括：

① 管理创新。广泛实施工厂化钻井，其核心技术是定制钻机，多为自动化程度较高的井间快速移动式电驱动钻机，包括交流变频电驱动钻机。

② 技术创新与集成应用。也就是高效实用的主体技术+高新技术+个性化技术。迄今为止，在美国页岩气开发中应用最广泛的钻井技术依然是高效实用的主体技术。为持续提速降本，近几年高新技术和个性化技术的应用逐渐增加。

③ 经验学习。一是借鉴他人的成功经验，站在更高的起点，发挥后发优势，少走弯路，少交学费，提高效率和效益；二是在干中学，不断总结经验、教训，做到熟能生巧。

（5）不断改进钻头，不懈探索新的破岩及辅助破岩方法。

钻头是破岩和提速提效的首要工具。因此，国外钻头公司从未间断过对钻头的改进，包括发展个性化钻头。与此同时，国外从未停止对新的破岩及辅助破岩方法的探索。

（6）钻井自动化、智能化是大趋势，正迎来大发展，无人化终将成为现实。

随着自动控制技术、信息技术和人工智能技术的不断飞跃，钻井长期以来朝着自动化、智能化方向发展，自动化、智能化一直是钻井提速提效的重要措施，也是确保安全钻井的重要途径，是钻井技术发展的大趋势，正迎来大发展，无人化钻井终将成为现实。

（7）远程实时作业中心正发挥越来越大的作用。

钻井自动化、智能化离不开信息化，远程实时作业中心是钻井信息化的一个重要组成部分，作用越来越大，包括远程实时地质导向等。

（8）水平井二开"直井段+造斜段+水平段"一趟钻将成为一个重要的发展趋势。

随着技术的进步，在美国页岩气开发中，越来越多的水平井实现了"造斜段+水平段"一趟钻，利用高造斜率旋转导向钻井系统成功地实现了水平井二开"直井段+造斜段+水平段"一趟钻，有利于简化井身结构，减少起下钻，缩短钻井周期，降低钻井成本。展望未来，水平井二开"直井段+造斜段+水平段"一趟钻将成为水平井钻井的一个重要发展方向。

（9）发展井下高速、大容量信道是大势所趋。

为更好地开展随钻地层评价和地质导向，需要大幅度提高井下数据传输速率。为此，国外发展了高传输速率的泥浆脉冲传输，有缆钻杆、有缆复合材料连续管、Reelwell 管中管可根本实现井下数据高速、大容量传输。

（10）安全环保越来越受重视。

BP 墨西哥湾泄油事件造成了严重的海洋生态灾难，给钻井安全和环境保护敲响了警钟。因此，政府、行业和油公司提高了作业安全标准，制定了更加严格的作业规范。针对墨西哥湾漏油事件中暴露出的问题，多家公司推出相应的解决方案。

（11）国外大的石油公司和服务公司高度重视钻井技术创新与超前储备。

国外大的石油公司和服务公司不断推出新的技术装备，主要归功于他们高度重视技术创新，尤其是原始创新，同时注重长远发展，超前储备技术。国家石油公司和国际石油公司既是钻井核心技术的使用者，又是部分钻井核心技术的拥有者和创新者，还是技术创新的组织者或推动者。例如，壳牌公司在全球建立了多个远程作业中心，正在为开发下一代自动化钻井软件系统 CADADrill，正与中国石油天然气集团公司合作研制工厂化钻井自动化钻井系统。

综上所述，钻井各技术领域的当前重大关键技术、发展趋势与方向、未来 20 年技术展望见表 6-17。

表 6-17　钻井各技术领域的当前重大关键技术、发展趋势与方向、未来 20 年技术展望

技术领域	当前重大关键技术	发展趋势与方向	未来 20 年技术展望
钻机及配套设备	（1）电驱动钻机/交流变频电驱动钻机； （2）液压钻机； （3）双作业钻机； （4）自动化钻机	（1）多样化； （2）个性化； （3）模块化、轻量化、移运便捷化； （4）自动化、智能化； （5）能耗低，噪声小	钻机自动化水平和作业效率更高，深水钻井装置将越来越多地采用双作业钻机
钻头及破岩技术	（1）PDC 钻头； （2）牙轮钻头； （3）高压喷射钻井	（1）改进切削齿材质和制造工艺； （2）个性化； （3）多样化、集成化； （4）耐高温高压； （5）增强运转稳定性； （6）发展新的破岩及辅助破岩方法	PDC 钻头的钻井进尺占全球钻井总进尺的份额有望增至 90% 以上，破岩技术有望取得重大突破，甚至出现一次革命，激光钻井的研发前景不甚明朗

续表

技术领域	当前重大关键技术	发展趋势与方向	未来 20 年技术展望
钻井液	(1) 水基钻井液； (2) 油基钻井液； (3) 合成基钻井液； (4) 气体类钻井液	(1) 增强井下高温高压、高盐等复杂环境的适应性； (2) 稳定井壁，提高钻井作业的安全性和效率； (3) 保护储层，提高油气发现率和单井产量； (4) 提高钻速，降低钻井成本； (5) 保护环境，降低废弃物处置费用	钻井液个性化、纳米化、多功能化、智能化
井下随钻测量技术	(1) MWD； (2) LWD； (3) 近钻头地质导向	(1) 多样化、多功能化； (2) 多参数，高精度； (3) 传输速率更快； (4) 传感器离钻头更近； (5) 横向探测深度更大，纵向随钻前视； (6) 耐温、耐压能力更强； (7) 模块化、小型化、微型化； (8) 测控一体化	井下随钻测量技术将继续取得重大突破，智能钻杆等实时、高速、大容量传输技术将助推随钻全面地层评价、随钻"甜点"监测和随钻前探技术的发展，随钻测量仪器的耐温能力有望提高到 300℃
井眼轨迹控制技术	(1) 旋转导向钻井系统； (2) 自动垂直钻井系统	(1) 控制精度更高； (2) 造斜率更大； (3) 耐温、耐压能力更强； (4) 更加可靠，更加耐用，更加经济； (5) 模块化、系列化； (6) 闭环控制、智能化； (7) 监控一体化； (8) 远程化	在自动控制、人工智能、随钻前探、井下数据高速传输等技术的推动下，将出现井下智能钻井系统，实现井下自动化，自动引导钻头向"甜点"钻进
油井管材	(1) 钢质管材 (2) 可膨胀管 (3) 连续管	(1) 强度高； (2) 耐高温高压； (3) 耐腐蚀； (4) 轻质化； (5) 连续化； (6) 信息高速传输通道	油井管材将在轻质化和连续化方面取得重大突破
井型	(1) 水平井； (2) 多分支井； (3) 大位移井； (4) 深井、超深井	(1) 储层接触面积最大化、最优化； (2) 多样化、个性化； (3) 一井多目标； (4) 简化井身结构； (5) 降低开发成本	井型将向多样化和储层接触面积最大化方向发展，以提速降本、提高单井产量和油田采收率
钻井新工艺、新方法	(1) 气体钻井/欠平衡钻井； (2) 控压钻井； (3) 套管钻井； (4) 连续管钻井	(1) 多样化、集成化； (2) 自动化、智能化； (3) 提速降本； (4) 安全环保	钻井智能化是大势所趋，钻井无人化终将成为现实

续表

技术领域	当前重大关键技术	发展趋势与方向	未来20年技术展望
高温高压钻井	耐高温高压的井下工具、仪器、材料	(1) 耐高温高压； (2) 耐腐蚀	井下工具、仪器、材料的整体耐温能力有望提高到300℃
海洋钻井	(1) 深水钻井； (2) 超深水钻井； (3) 自升式钻井平台； (4) 第六代潜式钻井平台； (5) 第六代钻井船	(1) 海洋环境适应能力更强； (2) 作业水深更大； (3) 钻深能力更强； (4) 多样化； (5) 多功能化； (6) 信息化、自动化、智能化； (7) 设备更可靠； (8) 钻井效率更高	海洋钻井作业水深纪录不断刷新，深水、超深水钻井是未来的发展重点，北极钻井技术装备得到大发展
钻井信息化	(1) 钻井工程软件包； (2) 远程实时作业中心	(1) 精确可靠； (2) 多功能，集成化； (3) 智能化，网络化； (4) 三维可视化； (5) 远程化； (6) 使用方便	钻井信息化水平不断提升，有力支撑自动化钻井，并推动钻井的智能化和无人化

二、建议

国内三大石油公司高度重视技术研发，纷纷加大科研投入，打造了一批又批钻井利器，使钻井技术总体水平上了一个大台阶，但与国际一流水平相比还有较大的差距，主要表现在：(1)钻井自动化、智能化水平低，钻机作业人员多；(2)缺乏拥有自主知识产权的高端技术装备和软件，部分高端技术装备和软件依赖进口；(3)远程决策支持能力较弱；(4)开发非常规油气、深层、深水等新兴油气资源的钻井技术水平较低；(5)钻井效率低，钻井周期长；(6)超前储备和基础研究相对薄弱，原始创新、长远构思明显不足。

综合判断，我国石油钻井技术总体水平与国际一流水平的差距在缩小，不少主体技术处于国际先进水平，前沿技术总体居国际中等水平，超前储备明显不足。为更好地适应高效开发非常规油气、深层、深水等新兴油气资源的城乡需要，提升我国油气钻井的国际竞争力，建议国内各大石油公司：

(1) 高度重视钻头技术发展，为提速提效提供直接利器。

钻头虽小，但意义重大，直接关系到钻井速度、钻井周期和钻井成本，甚至影响钻井安全。贝克休斯公司、斯伦贝谢公司、哈里伯顿公司和国民油井华高公司(NOV)高度重视钻头业务和技术创新，不断推出钻头新品，几乎垄断了国际钻头市场。我国石油钻头技术与国际一流水平相比还有一定差距，不能很好地满足提速提效的需要，部分高端钻头仍然依赖进口，因此建议国内各大石油公司高度重视钻头技术发展，长期持续支持钻头研发，为提速提效提供直接利器。

(2) 将钻井自动化提上议事日程加以重点发展，加快提升钻井自动化水平。

钻井自动化、智能化事关钻井效率、安全和国际竞争力，应充分认识发展钻井自动化、智能化的战略意义，将其作为未来10年甚至20年钻井提速提效的重要抓手，加快提升钻井自动化和智能化水平。一是继续升级改造现有钻机；二是用电驱动钻机淘汰落后陈旧的机械钻机；三是提高钻机自动化设备在现有钻机上的配套率和配置率，逐步缩减井队人员编制；四是发展新型自动化钻机。

（3）提升信息化水平，打造多个远程作业中心。

加快开发拥有自主知识产权的钻井工程软件包和专家系统，打造若干个拥有自主知识产权并具有国际先进水平的远程实时监控中心或远程实时作业中心，并加以充分利用。

（4）组建若干支自动化钻井标杆队伍。

建议陆续用自动化钻机(包括工厂化钻井自动化钻机)淘汰落后陈旧的机械钻机，并配备精细控压钻井系统，组建若干支自动化钻井标杆队伍，以点带面，逐步提升整体自动化水平。

（5）在非常规油气开发中推行工厂化钻井，尽早制定和落实钻机采购及人员培训计划。

国内各大石油公司已在成功地实施丛式井钻井和批量钻井，为在页岩气开发中实施工厂化钻井打下了坚实基础。在人口相对稠密的地区，为减少井场和道路占地，降低征地成本和减少征地纠纷，也是为了适应页岩气开发的需要，建丛式水平井组是必然的选择，因此建议各大石油公司在页岩气开发中推行工厂化钻井。工厂化钻井的核心装备之一是工厂化钻井自动化钻机——井间快速移动式自动化钻机(主要是电驱动、交流变频电驱动)，而国内缺乏这类钻机，建议尽早制定和落实钻机采购及人员培训计划。

（6）重点攻关 10 余项技术，打造 30 多个新利器。

综合分析技术的创新性、重要性、可行性、研发能力、研发风险，并结合国内技术现状与未来技术需求，推荐重点攻关 10 余项技术，打造 30 多个新利器(表 6-18)。

表 6-18　重点攻关技术推荐

重点攻关的技术	打造利器
高效破岩	(1) 更高效钻头(混合型钻头、混合齿 PDC 钻头等)； (2) 高效个性化 PDC 钻头，比如适合页岩地层的个性化钻头 PDC； (3) 可导向性钻头； (4) 超高温高压钻头； (5) 扭冲工具
自动化钻井	(1) 陆地自动化钻机及其自动化设备； (2) 工厂化钻井自动化钻机； (3) 管柱连续运动钻机
随钻测量与地质导向	(1) 高传输速率泥浆脉冲 MWD/LWD； (2) 超高温高压 MWD/LWD； (3) 随钻地震导向
旋转导向钻井	旋转导向钻井系统
钻井信息化	(1) 自动化钻井软件包； (2) 随钻地层压力预测； (3) 井下事故预防与处理专家系统； (4) 实时三维可视化中心； (5) 远程实时作业中心； (6) 钻井模拟器(培训模拟器)

续表

重点攻关的技术	打造利器
钻井液及储层保护	（1）优质个性化钻井液，比如适合页岩地层的可取代油基钻井液的强抵制性水基钻井液； （2）多功能纳米基钻井液
井下管材	（1）轻质高强度钻杆，比如铝合金钻杆、钛合金钻杆等； （2）"软连接"有缆钻杆
连续管钻井	（1）自动化混合型连续管钻机； （2）有缆复合材料连续管； （3）井下电动马达及电动导向系统
深井钻井	（1）耐高温高压自动垂直钻井系统（175℃）； （2）超高温钻井液（耐温能力超过 200℃）
深水钻井	（1）海洋双作业钻机及其自动化设备； （2）水下防喷器； （3）无隔水管钻井； （4）双梯度钻井
天然气水合物钻井	天然气水合物取心工具
北极钻井	北极自动化钻机及其配套设备

（7）超前储备 10 余项新技术。

综合分析技术的创新性、重要性、可行性、研发能力、研发风险，并结合国内各石油公司技术现状与未来技术需求，推荐国内各石油公司超前储备 10 余项新技术（表 6-19）。

表 6-19　超前储备技术推荐

技术领域	超前储备
高效破岩	（1）新的高效破岩及辅助破岩方法； （2）智能钻头（仪表化钻头）
智能钻机	（1）全自动钻机（智能钻机）； （2）智能控压钻井系统
旋转导向钻井	（1）耐高温高压旋转导向钻井系统； （2）高造斜率旋转导向钻井系统； （3）智能导向钻井系统
钻井信息化	（1）智能钻井专家系统； （2）远程实时控制中心
钻井液	（1）极高温钻井液； （2）智能钻井液
井下管材	（1）连续套管； （2）智能管中管（可输送电力和高速传输数据）
深井钻井	极高温高压井下工具、仪器、材料（耐温能力超过 250℃）
深水钻井，北极钻井	无人化钻井（机器人钻井系统、无钻机钻探、海底钻机）

参 考 文 献

[1] 美国 SPEARS & ASSOCIATES 公司 . Drilling and Production Outlook［R］. 2013.

[2] NPC. Hard Truths［R］. 2007.

[3] 高德利 . 钻井科技发展的历史回顾、现状分析与建议［J］. 石油科技论坛，2004(2)：29-39.

[4] 鄢捷年 . 钻井液技术发展态势［OL］. http：wenku. baidu. com/view/ce0e0e7301f69e3143329409. html，2013.

[5] 汪海阁，王云建 . 国内攻关的热门钻井技术(三)——膨胀管技术及单一井眼技术［J］. 石油与装备，2010(5)：55-57.

[6] 尹志勇，徐启健 . 精确控压钻井：钻井方式的革命［J］. 石油与装备，2011(3)：70-71.

[7] 英国 Douglas-Westwood 公司 . The World Offshore Drilling Spend Forecast 2009—2013［R］. 2009.

[8] 国际能源机构 . 世界能源展望 2009［R］. 2009.

[9] 岳吉祥，綦耀光，等 . 深水半潜式钻井平台钻机选型［J］. 石油勘探与开发，2009(6)：776-783.

[10] 方华灿 . 深水平台用的石油装备的新发展［J］. 中国海洋平台，2010(1)：1-7.

[11] Federico Bellin, Alfazazi Dourfaye, William King, Mike Thigpen. The Current State of PDC Bit Technology［J］. World Oil, 2010.

第七章 世界炼油关键技术
发展回顾与展望

进入21世纪以来，世界的经济形势发生了巨大变化，外部环境的变化推动炼油工业不断进步以适应原料和产品变化带来的新挑战。本章在对21世纪10年来炼油工业关键技术发展进行了全面回顾，深入总结了炼油工业关键技术发展呈现的新特点、新趋势和大方向，分析了炼油工业关键前沿技术的发展现状与发展前景；对2020—2030年影响未来石油工业发展的炼油关键技术进行了前瞻性的预测和展望。

第一节 炼油技术发展10年回顾与趋势分析

进入21世纪以来，一方面，随着经济的发展，石油消费逐年增加，原料质量变差，另一方面，迫于地球环境保护的压力，对油品质量要求不断提高。外部形势的变换，使得炼油技术也变得更为灵活，以适应原料和产品带来的挑战。

一、炼油技术综合发展历程

世界石油石化工业的大规模形成和发展是在20世纪。1910年以前，石油加工工艺仅是常压蒸馏，产品也只是照明用的煤油。随着汽车工业的发展，1910—1920年的10年间，汽油成了主要的石油产品，促进了裂化工艺的发展。后来，石油加工工艺从热加工拓展到催化加工，进而发展到深度加工，形成了一个结构复杂、规模庞大的石油加工工艺技术体系。如图7-1所示，世界炼油工艺技术的发展可以分为4个阶段：

（1）出现阶段（1861—1911年）。1861年，世界上第一座炼厂建成于美国宾夕法尼亚州，当时是将一个直径约7ft的铸铁罐密封，安装在烧木柴的火炉炉膛中，从顶部释放出的蒸气通过1圈浸在流水中的管子冷凝获得产品，通常1次操作可持续3天，煤油是唯一的产品。

（2）发生阶段（1911—1950年）。随着汽车工业的快速发展，对汽油的需求迅速增加，导致了旨在提高汽油产量的裂化工艺技术的发明，并得以迅速发展。1914年出现热裂化工艺，1930年标准石油公司发明了延迟焦化工艺，1942年Exxon公司建立了世界上第一套FCC工艺装置，1948年催化剂喷雾干燥技术的开发促进了流化床技术的发展。当时，主要的炼油国家是美国和德国，日本也有较小的炼油能力，炼油工艺主要采用连续管式蒸馏、连续热裂化、延迟焦化、FCC、临氢重整、铂重整等一次和二次加工手段，主要产品是汽油。

（3）发展阶段（1950—1990年）。主要炼油国家从美、欧、日等发达国家和地区扩展到广大的发展中国家。在此阶段，炼油技术有了很大发展。尤其是20世纪60—70年代，炼油技术实现了跳跃式发展，出现了双金属和多金属重整催化剂和连续重整工艺、分子筛FCC

催化剂和提升管 FCC 工艺，炼油工业的发展进入新阶段。

（4）成熟阶段(1990—)。炼油技术没有新的重大突破，炼油工业主要是炼厂规模和炼油装置的大型化，并向提高原油的加工深度、增加加工各种原油的灵活性、改善石油产品收率和质量等方向发展。

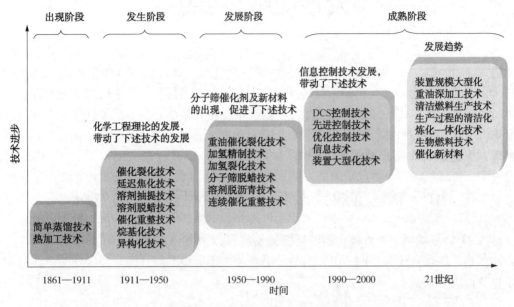

图 7-1　世界炼油技术发展历程

二、炼油技术总体的发展趋势

石油是一种不可再生能源，随着石油资源的减少，原料的性质越来越差。原料性质的改变和石油产品的广泛应用又带来了环境保护的压力。这些因素对炼油技术的发展造成了深远的影响。这点从 2000—2011 年炼油技术的专利分布也看出（图 7-2）。

从技术分类上看，分子筛催化剂的专利数量位居第一位。分子筛催化剂是炼油工业中用量最大的催化剂，主要用于催化裂化和加氢等主要加工过程。随着原料的重质化，催化裂化和加氢工艺的地位更为重要。分子筛催化剂技术的进步，将突破重油加工的瓶颈。由于加氢工艺的广泛应用，氢气已经成为炼厂加工成本的制约因素，这点从制氢技术的专利数量排名第二也可得以印证；此外，利用油砂、油页岩和煤等非常规石油资源制油的专利数量也较多，这反映了人们对未来常规石油资源变少的预期，已经加大对可替代资源的利用研究。随着未来石油资源的枯竭，这方面的研究将会越来越热。预计未来炼油技术依然是朝着炼油装置的大型化，提高原油的加工深度、发展重油加工、改善石油产品收率和质量等方向发展。

三、关键技术发展 10 年历程回顾与趋势分析

20 世纪 90 年代以后，炼油技术进入了成熟期。尽管炼油工业面临的挑战越来越大，但所有技术进步依然围绕着常规的炼油装置展开，催化裂化、常减压蒸馏、加氢裂化、加氢精制、催化重整仍然是炼厂内的重要组成部分，不同领域的关键技术也是由这些装置技术的改进组成。因此，本文在分析炼油关键技术的进展时，仍以炼厂装置技术的进步为主要对象。

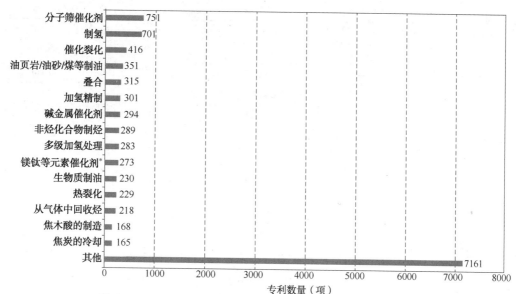

*包含镁、硼、铝、碳、硅、钛、锆或铪的元素，其氧化物或氢氧化物的催化剂

图 7-2　2000—2011 炼油技术专利分布图

1. 常减压蒸馏技术

作为炼油厂原油加工的第一道工序，作为炼厂龙头装置，其技术的改进和完善对下游装置起着至关重要的作用。能耗的高低决定着装置的先进与否，作为炼厂装置中能耗高居第二的常减压装置，能耗的降低不仅反映了该装置的先进程度，更为重要的是直接可以为炼厂赢得更高的经济效益。常减压蒸馏对炼油加工方案优化和经济效益的基础地位不会受到动摇。

1) 发展历程

近 10 年来在环境保护和激烈竞争的压力下，美国、日本、加拿大以及西欧等发达国家及地区关闭了许多炼油厂。2000 年美国有 154 座炼油厂，常减压装置加工能力为 $82705 \times 10^4 t/a$；到 2010 年，美国关闭 24 座炼油厂（表 7-1）。虽然这种趋势依然在继续，但是美国常减压装置的总加工能力并没有降低反而增加了，这表明在关闭一部分中小型炼厂的同时，竞争力较好的一些大型炼油厂得到了扩建，炼厂平均规模有所增长，由 2000 年 $537 \times 10^4 t/a$ 增至 2010 年 $683 \times 10^4 t/a$。世界 25 大炼厂（表 7-2）合计炼油能力约占全球 722 家炼厂总炼油能力的 13.1%，美国目前 10 大公司拥有美国 80% 的炼油能力，这种趋势还会延续，预计到 2015 年美国大型炼厂更为集中，总数将要减少到 6 家以下。

表 7-1　近 10 年世界主要国家炼油厂数目和加工能力变化情况

国　家	2000 年初		2010 年初	
	炼厂数	加工能力（$10^4 t/a$）	炼厂数	加工能力（$10^4 t/a$）
美国	154	82705	130	88817
东欧及原苏联地区	92	53556	89	51718
日本	35	24988	30	23118
中国	95	21734	54	34030
韩国	6	12700	6	13508

国　家	2000 年初		2010 年初	
	炼厂数	加工能力(10^4t/a)	炼厂数	加工能力(10^4t/a)
意大利	17	11703	17	11686
德国	17	11376	15	12053
印度	17	9288	18	14178
加拿大	22	9558	18	10196
法国	14	9509	13	9918
巴西	13	8916	13	9541
英国	11	8923	11	9331
沙特阿拉伯	8	8550	7	10400
新加坡	4	6275	3	6785

常减压蒸馏装置数目不断减少、装置能力不断扩大，这种趋势在日本、加拿大、西欧等国都有相同表现。这些国家炼油加工能力都在 20 世纪 90 年代中期降到了最低点，此后又逐渐上升，常减压装置数目一直呈减少趋势，但是平均规模不断增加。例如日本炼厂常减压蒸馏平均规模就由 2000 年 $714×10^4$t/a 增加至 2010 年 $771×10^4$t/a。

和美、欧、日等发达国家和地区的情况有所不同，亚太地区的炼油能力近年来有了迅速增加。尤以中国和印度最为突出。2010 年中国的炼油能力和炼厂平均规模分别为 $34000×10^4$t/a 和 $630×10^4$t/a，比 2000 年分别提高了 175% 和 57%；印度这两项指标分别提高了 44% 和 53%。

表 7-2　2010 年初世界加工能力 $2000×10^4$t/a 以上规模的炼厂

排名	所属公司	炼油厂地点	加工能力(10^4t/a)
1	委内瑞拉帕拉瓜纳炼制中心	委内瑞拉胡迪瓦纳	4700
2	韩国 SK 公司	韩国蔚山	4085
3	LG-加德士公司	韩国丽川	3650
4	印度信诚石油公司	印度贾姆纳格尔	3300
5	埃克森美孚公司	新加坡亚逸查湾裕廊岛	3025
6	印度信诚石油公司	印度贾姆纳格尔	2900
7	埃克森美孚公司	美国得克萨斯州贝敦	2880
8	韩国 S-Oil 公司	韩国昂山	2825
9	沙特阿美石油公司	沙特阿拉伯努拉角	2750
10	台塑石化股份有限公司	中国台湾省麦寮	2700
11	埃克森美孚公司	美国路易斯安娜州巴吞鲁日	2520
12	Hovensa 公司	维尔京群岛圣克罗伊岛	2500
13	科威特国家石油公司	科威特艾哈迈迪港	2330
14	壳牌东方石油公司	新加坡武公岛	2310
15	BP 公司	美国得克萨斯州得克萨斯城	2256

排名	所属公司	炼油厂地点	加工能力(10^4t/a)
16	美国雪戈拉石油公司	美国路易斯安那州查尔斯湖	2200
17	美国马拉松石油公司	美国路易斯安那州加利韦尔	2180
18	壳牌荷兰炼制公司	荷兰佩尔尼斯	2020
19	中国石化股份公司	中国镇海	2015
20	沙特阿美石油公司	沙特阿拉伯比格	2000
21	沙特阿美石油公司	沙特阿拉伯延布	2000

注：加工能力均按 1bbl/d 折合 50t/a 换算。

从世界范围看，石油加工能力过剩已是存在已久的问题，短时间内难以根本解决。所以，未来总体上原油加工能力不会有大的增长。

2）发展特点与发展趋势

蒸馏是最常用的分离技术，蒸馏需要消耗大量的能量，通常占装置操作费用的50%以上。现代蒸馏技术的主要原理长期以来没有变化，全世界众多科研人员对蒸馏技术作了大量研究，但在工业蒸馏方面并没有取得重大进展，研究工作主要集中在局部改进。

3）重大关键技术

（1）强化原油蒸馏技术。

强化原油常压蒸馏及减压蒸馏过程在国外已经工业化。强化蒸馏即为加剂强化蒸馏，其基础思想是把石油看作胶体分散系统，通过向原料油中加入添加物（活化剂）来改变系统的状态，强化原油加工过程，提高拔出率。强化蒸馏添加剂是技术核心，工业应用的添加剂应有以下要求：在原料中具有良好的分散性；沸点应不低于原料油的初馏点；无须对工业装置进行大的改动即可进行添加剂的添加；廉价易得，用量少；无毒害污染，不腐蚀设备等。

目前国内外对强化蒸馏添加剂的研究现状主要有两类：一类是单一的富含芳香烃的添加剂，这类添加剂通常为炼油厂或化工厂的副产物，如裂解焦油、催化裂化回炼油、催化重柴油、糠醛精制抽出油、重整抽余油处理物等。另一类是复合活性添加剂，一般为各种表面活性物质，大多数为含氧化合物，如高级脂肪醇、合成脂肪酸等。目前国外研究已从使用单一的富含芳香烃的添加剂发展到使用复合添加剂。

在原油中加入某种具有表面活性和分散性的高芳香性物质，便可使轻质油收率增长1%~4%，减压馏分油增长率可高达15%（占原料）。在西西伯利亚原油中加入最佳量抽出油，2%庚烷溶液中分散颗粒的平均统计尺寸从147nm降至130nm，减压馏分油收率在可比条件下增长7%（质量分数）。进行过的具体试验如下：

在原油中加入裂解焦油。在哈萨克斯坦曼格拉克原油中加入1%裂解焦油使其活化，使汽油、柴油馏分和减压馏分油分别提高2.2%，2.1%和2.2%。将此原油与哈萨克斯坦马尔登什克原油按最佳比例3∶2混合，所得汽油、柴油馏分和减压馏分油分别增长2.9%，3.8%和3.2%。

在常压时加入合成表面活性剂，减压时加入催化重瓦斯油。在某一炼厂加工的西西伯利亚原油中加入合成（高级脂肪醇 C_{12}—C_{14} 和 C_{16}—C_{20}）表面活性物质，均使轻质馏分油收率有所增加，后者比前者加入量少，但后者汽油馏分收率提高 5%（质量分数）。常压渣油中加入催化裂化重瓦斯油取得较好效果。在原油中加入润滑油馏分、润滑油精制抽出油、催化重瓦斯油、芳香烃浓缩物（C_{10} 以上馏分）等。在原油中加入上述组分，亦可取得增产轻质油的效果。

国内复合活性添加剂研究尚处于试验阶段，单一的富含芳香烃的添加剂在工业上已有应用。由于强化蒸馏技术适用于芳香基、环烷基、中间基和石蜡基原油，因此对我国的大庆、胜利原油等同样适用。近年来，我国许多单位都进行了这方面的研究，并取得了一定的成绩。茂名石化公司采用减四线糠醛抽出油作活化剂强化减压蒸馏过程的研究结果表明，对大庆重油加入活化剂 1.85%，减压蜡油增加 5%；对于胜利原油，加入活化剂 2.0%，减压蜡油增加 7.4%。燕山石化公司炼油厂采用糠醛抽出油强化大庆重油减压蒸馏过程的研究表明，在大庆原油中加入 2.0%~3.0% 的活化剂，可使 500℃ 前总拔出率提高 3.0%~5.0%（净增加 1~2 个百分点）。另据报道，由齐鲁石化公司研究院与华东理工大学合作，强化蒸馏研究取得突破性进展，工业应用试验通过了中国石化集团公司技术鉴定。

总之，通过强化蒸馏技术提高馏分油收率，无须增加设备投资，工艺操作条件也基本不变，活化剂可从炼油副产品中就地取材，廉价易得，经济效益显著，对设备、产品及环保均无不良影响。该技术具有工业化的应用价值，值得在国内炼厂常减压装置中进行试验和推广，是一项适合我国国情的重油加工技术。

（2）深度切割减压蒸馏。

Mobil 公司深度切割减压蒸馏（DCVD）主要目的是提高减压瓦斯油产率和瓦斯油的精确分离。其基本原理是在减压液体渣油夹带的同时在减压闪蒸达到最低的压力和最高的温度。

1998 年 Mobil 公司就已在 4 座润滑油型炼油厂采用 DCVD 以提高润滑油馏分产率和质量，在 9 座炼油厂采用该技术生产更清洁的裂化油料。在一座溶剂法乳化液型炼油厂中，DCVD 将渣油切割点提高了 40℃，VGO 产率提高了 2.5%，VGO 馏分的重叠度减少了 30℃。采用该技术，Mobil 公司生产出优质船用发动机油、工业循环油和齿轮油。在另一座润滑油—加氢裂化炼油厂中，DCVD 将减压塔能力提高 20%，从而提高了 HVGO 产率。

（3）渐次蒸馏。

ELF 公司和 TECHNIP 公司共同开发了渐次蒸馏技术（Progressive distillation），其原理是将常规原油蒸馏同时分离汽、煤、柴油各种馏分，改为将上述馏分按顺序进行逐步分离。利用 3 个塔连续预闪蒸，第一次为干式闪蒸，分馏出 80~90℃ 的轻汽油。塔底油去第二闪蒸塔，此塔为湿式操作，生产出实沸点为 90~120℃ 的中石脑油。塔底油换热后送至主常压塔，生产出重石脑油、煤油、轻重常压瓦斯油等。常压塔底重油加热后进入减压塔，分出轻、重瓦斯油和 585℃ 深切割减压渣油。这种工艺流程的特点是仅用一台加热炉，设计均采用传统设备，能耗低于常规装置。其最大优点是节能和装置脱瓶颈。

德国 Mider 公司建在德国东部 Leuna 的 $1073×10^4$t/a 炼油厂采用了该技术，并于 1997 年底开工投产。这是一套环保型先进炼厂，一个操作良好的普通常压蒸馏装置，其能耗约为 2%（按燃料油当量），而渐次蒸馏装置则仅为 1.35% 左右（燃料、电、蒸气均包括在内）。

对 $1150×10^4$t/a 的常减压装置，加工阿拉伯轻油和重油时，一次能耗总量分别为 1.25t 燃料/100t 原油和 1.15t 燃料/100t 原油。在不增加加热炉条件下，装置能力可提高 20%~30%。

（4）里纳斯蒸馏技术。

普通薄膜蒸馏虽然具有许多引人注目的优点——结构简单、流阻很小、分离良好，但在所有的蒸馏方法中，薄膜蒸馏的理论塔板高度最小（约 5mm），蒸气流速只能在 1m/s 左右，且在高蒸气速度的情况下，薄膜是不均匀的，传热传质也不稳定，结果损害了分离效果，使得薄膜蒸馏的优点难以实现，因而薄膜蒸馏的应用十分有限。

俄罗斯里纳斯蒸馏技术（Linas—Tekhno 公司的新薄膜蒸馏技术）解决了普通薄膜蒸馏的主要难题，里纳斯公司将其称为 21 世纪的蒸馏技术，认为是真正的蒸馏技术突破，并且认为里纳斯技术将会改变炼油和化学工业的面貌，小巧的里纳斯蒸馏塔将在若干年后取代庞大的传统蒸馏塔。里纳斯蒸馏技术的工业应用具有以下特点：

① 蒸馏塔内设置稳定的蒸馏膜，塔内蒸气流速高达 1.5~2m/s；蒸馏塔内的传质和传热过程可以与分离化合物的物理性质相互适应；

② 回流过程在蒸馏塔内进行；塔内所有蒸发出来的馏分经冷凝后在蒸馏罐内直接得到最终产物；

③ 与传统的塔盘塔和填料塔相比，蒸馏塔高度可降低 3~10 倍，塔内分离物质的容量可减少 50~100 倍，从而可大幅降低建设和设备费用；总能耗降低 10%；操作、清洗和维修费用比一般蒸馏塔低 50%；制造、运输和装配费用大大降低；

④ 精馏过程的停留时间仅为 2~60s；

⑤ 可以分离热不稳定化合物；

⑥ 工艺放大简单；抗震好；可靠性高，不需要复杂的自动化控制系统。

首次工业应用是在俄罗斯安加尔斯克化工厂，蒸馏塔高度只有 1.4m，已连续运转 3 年，未出现任何蒸馏问题。里纳斯技术公司应用该蒸馏技术又建造了一座工业化炼油厂，称为 SMR-10，规模为 1×10^4t/a，位于俄罗斯米阿斯（Miass）。实际上这是一座微型炼油厂，对里纳斯技术公司来说，主要目的是在工业化运转中演示和证实里纳斯技术的各种优势。SMR-10 炼油厂没有传统的塔盘塔和填料塔，只用一座里纳斯蒸馏塔，已经成功运转 8 个月，生产出合格的汽油、柴油和渣油。采用里纳斯技术的 SMR-10 炼油厂和普通炼油厂的技术参数对比见表 7-3。

表 7-3　里纳斯蒸馏塔与普通蒸馏塔的参数对比

类　　型	SMR-10	普通
加工能力（t/a）	10000	7000
进料	原油	原油
有用产品收率（%）（质量分数）	>99.9	>99.9
压力（MPa）	0.11	0.17
塔高（m）	1.5	10
塔直径（mm）	500	520
加热炉消耗（kg/h）	13~24	12.6~22
耗电（kW）	8	27
操作方式	连续	连续

（5）全填料干式减压蒸馏。

该工艺流程是国外 20 世纪 70 年代逐渐发展起来的，其特点是在塔和炉内不注入水蒸气，通过塔顶采用的三级抽空冷凝冷却系统，使减压塔的进料段和减压炉出口获得较高的真空度，在较低的操作温度下完成相同的减压拔出率。减压塔内件采用了处理能力高、压力降小、传质传热效率高的新型、高效金属填料及相应的液体分布器，有利于提高减压馏分油的收率并降低装置消耗。对于生产润滑油组分的减压塔，采用干式减压蒸馏，由于减压炉出口炉温的降低能使润滑油组分的质量得到改善。

（6）高真空薄膜蒸馏技术。

英国 Uffington、瑞士 Buss、法国 Buss-SMS 公司合作，采用高真空薄膜蒸馏深拔增产作为 FCC 进料的重减压瓦斯油。结果证明，高真空薄膜蒸馏可多回收 50%~60%重质馏分油，其沸程为 550~570℃，且金属和沥青质含量低。3 种原油试验表明，所产重质馏分油适宜作催化裂化原料、润滑油原料或生产石蜡的原料。这一技术已在石油化工中得以验证。

该薄膜蒸馏的界区内投资为 55~85 美元/t，现已建成 14×10⁴t/a 加工装置。投资回收期取决于炼厂类型和所加工的原油种类，一般为 2~5 年。

（7）减压塔分段抽真空新工艺。

减压深拔的关键取决于减压塔进料段蒸发层尽量高的操作温度和低残压（或高真空）。高的操作温度受油种裂解性能限制外，主要靠减压炉转油线温降来达到蒸发层尽量高的操作温度的目的，而蒸发层的高真空则靠单段减压塔工艺无法实现。只有采取分段深拔，才能满足减压深拔的目的。

减压塔工艺结构大体可分为并列式和同轴式两种，并列式适用于老装置单段减压塔的技改工程，增设一个小直径的下段减压塔即可。同轴式适用于新装置设计或单段减压塔需更新的工程项目。

常底油经减压炉加热进入减压塔上段，在传统的减压塔蒸发层操作温度（370~380℃）和真空度（残压 3.33~5.33kPa）下将裂解不凝气等抽空排出减压系统，同时分馏出常底油中的大部分减压蜡油组分。减压上段塔底残油进入下段减压塔，由于上段塔残油温度为 380℃左右，远高于不凝气体各组分的临界温度，所以不凝气在下段塔进料中的溶解量可忽略不计。此外，进入下段塔的油料流量大，停留时段短，因此，其裂解气量就很少。其次，下段塔空间体积远较单段式减压塔要小得多，体积比约为 15%，所以，其漏入的空气量就很有限了。基于上述 3 个原因，下段塔抽真空系统的负荷就变得很小，为下段塔顶实现高真空创造了良好条件。二段减压技术工艺是新颖、可靠的，经济效益也是非常明显的。

2. 催化裂化技术

催化裂化在炼油过程中占有举足轻重的地位，是重油转化的主要途径之一，成为炼油企业获取经济效益的重要手段。尽管催化裂化在技术上已相对较成熟，但近年来，在炼油效益低迷和环保日益严格的双重压力下，通过国内外炼油科技人员的不断努力，催化裂化仍取得了许多重大进展。在未来相当长一段时间内，催化裂化仍将继续发展，在炼油领域发挥其关键作用。

1）发展历程

自 1942 年 Exxon 公司第一套流化催化裂化（FCC）投产以来，催化裂化技术已有 60 余年的发展历程（图 7-3）。国外催化裂化技术的开发经历了从简到繁、再从繁到简的过程（表 7-4）。进入 1990 年以后，几大公司的催化裂化技术发展已经相对成熟，并没有大的突破，有些新进展如毫秒催化裂化、短接触时间、下流式反应器，但还没有形成主流技术。近年来，催化裂化技术基本围绕设备和催化剂进行改进。如设备的喷嘴、提升管出口快分、汽提器等取得了很大的技术进展，以保证更为重质和劣质油的催化裂化。新型催化裂化催化剂的使用使得单位原料的汽油产率和转化率升高，回炼比降低，为催化裂化的发展赋予了新的活力。

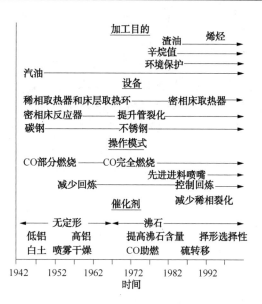

图 7-3　流化催化裂化技术发展历程

表 7-4　国外主要专利商催化裂化技术发展历程

专利商	类　型	首套投产时间
UOP	叠置式	
	高低并列式	1947
	高效再生式	1952
	逆流两段再生式	1974
	改进型	1980
	从主流构型中派生出新构型的 PetroFCC、LOCC 多产烯烃技术	1990 年以后
KBR	正流 A 型	1951
	B 型	1953
	C 型	1960
	F 型	1976
	改进型	1979
	HOC 型	1961
	从主流构型中派生出新构型的 Maxofin、Superflex 多产烯烃技术	1990 年以后
ExxonMobil	同高并列 IV 型	1952
	管式反应器型	1958
	灵活裂化型	1974
Shell	高低并列式	
	渣油 FCCU	1974
S&W	RFCC	1981
	改进型	1990 年以后

2）发展特点与发展趋势

催化原料油的特性（主要掺渣率的选择）、操作方式（单程/回炼）、产品数量方案（如多产柴油、多产烯烃）和产品性质方案（如汽油降烯烃、提高辛烷值）等均是考虑确定催化裂化装置合适的生产方案的主要问题。目前，催化裂化的主要发展趋势主要有以下几个方面：

（1）加工重质原油、根据产品方案调整工艺。

近年来催化裂化技术的进步大多针对提升管反应器进料和末端装备进行改进，终止剂、提升管出口快分以及下行提升管等技术追求的目标是合理缩短催化裂化反应时间，各种分区反应和双提升管（生产低碳烯烃）技术的目标是为不同性质的反应物提供理想的反应环境。

由于原油价格的持续波动，加工重质原油的炼厂在长期运行中通常能获得较高利润。目前，优化装置操作仍是最常用的方法，其中产品循环和多个反应段较最优势；改进原料油喷嘴、提升管终端和催化剂分离设备、汽提器和再生器是改造老装置的好方案。随着产品方案的要求增加，也要求提升管反应器具有较大的灵活性。在增产柴油方面，开发了不同原料组分的选择性裂化技术；多产低碳烯烃工艺虽然各具特色，但其共性是：采用提升管终止系统，限制后提升管停留时间，从而减少高温操作下的过度裂化，同时改善进料与催化剂的接触并减少反应时间，调整裂解深度等。在车用清洁燃料的生产方面，多集中于提高汽油辛烷值、降低汽油烯烃和硫含量。目前已经实现工业化的降汽油烃工艺流程包括单设汽油改质反应器技术、常规催化裂化汽油回炼技术、增加汽油改质反应时间等。总的说来，开发能使重油催化裂化在清洁燃料生产方面发挥主导作用的新工艺以及炼油化工一体化新工艺将是近期催化裂化技术开发的热点。而随着对全球变暖的进一步关注，对催化裂化装置二氧化碳减排技术的开发也提出了挑战。

催化裂化装置的核心是反应—再生系统，近年来开发的毫秒催化裂化、下行床反应器以及两段提升管在一定程度上打破了常规流程，大大强化和改善了催化裂化反应过程，但还未打破传统催化裂化构型，Forum 的同轴套装 NEXCC 工艺对传统催化裂化构型有所突破，这些工艺目前虽然还不能成为催化裂化主流技术，但赋予了催化裂化工艺新的生命力。

（2）利用催化剂改质油品、降低排放。

与调整催化裂化工艺相比，应用催化裂化催化剂改质油品、提高目的产品收率和装置运转效率、降低排放是一种投资少、见效快的方法，能进一步与工艺配合以达到最佳化。通常，可通过改变配方来达到塔底油裂化、焦炭选择性、多功能（既有渣油裂化又有焦炭选择性）和产品选择性（丙烯、汽油、柴油）的功能。

由于全球约有 60%的催化剂用于加工渣油，提高基质的介孔隙率是渣油裂化催化剂的一个重要指标，但用这种基质材料制造的沸石催化剂的高度可接近性，可能发生过度裂化而导致生成较多的焦炭。尽管如此，一些催化剂开发商仍在寻求低生焦和改善塔底油裂化之间的平衡。此外，抗重金属、塔底油选择性裂化更好的催化剂也是今后发展的重点。

此外，炼厂目前趋于寻求效率高、简单的全复盖型渣油催化裂化催化剂，即能多产丙烯或可提高轻循环油率的渣油催化裂化催化剂。例如，这类多功能催化剂通常会通过添加 P_2O_5、阴离子白土或无定型硅铝磷酸盐等方法来多产柴油，由于欧洲汽油机向柴油机的转变程度不断加大，BASF 已经开始考虑采用新工艺来扩大多产柴油催化剂的生产。

具有特定功能的助剂有较大的灵活性，如提高汽油辛烷值、降低汽油含硫量、降低氧化硫（SO_x）、氧化氮（NO_x）和一氧化碳排放量、多产丙烯和（或）液化气、改进塔底油裂化性能、金属补集（钒、镍、铁、钙、钠）等，目前全球催化裂化助剂市场总值约有 2 亿美元，催化剂助剂也是未来的发展方向。

（3）通过 FCC 装置改造提高炼厂利润。

在燃料需求增长缓慢、资金紧张和利润下降的压力下，许多炼厂通过改造现有装置而不是新建装置来提高转化能力，同时由于约有 75% 的 FCC 装置已经运转至少 20 年，炼厂面临着如何通过改造来保持 FCC 装置的可靠性和效益性。多数炼厂为提高处理能力和产品灵活性不断改造老装置，但由于现有装置的限制和束缚、装置类型的多样性、装置本身特性和技术的不断改进，改造后装置能力有可能远超出原设计指标，因此改造要应对超过一般新建装置工艺的复杂性。

通常，由于装置规模和改造内容不同，相应投资的可在几十万元到上亿元之间。大的改造项目包括更换再生器和机组等内容，用全厂"有无对比"法进行经济分析，投资回收期在 5~10 年，用"增量法"计算单装置经济效益，投资回收期基本在 3 年以下。一些小的改造项目，包括更换喷嘴、快分、旋分、汽提段改造等，投资少、收益高，投资回收期可在 3 个月到 1 年。洛阳工程公司（LPEC）曾对某 $250×10^4$ t/a 炼厂加工方案进行研究，如果对这家炼厂原有 2 套催化裂化装置中的 1 套进行技术改造，处理量从 $50×10^4$ t/a 提高到 $80×10^4$ t/a，原料掺渣比例从 20% 提高到 50%，可以加工全部重油，不再外售价格低的燃料油；同时，报废另外 1 套能耗高、技术落后的 $30×10^4$ t/a 催化裂化装置，加工每吨原油税后利润可从改造前的 22 元提高到 45 元。可见，催化裂化装置改造是炼厂中重要的利润来源。

而通过改造 FCC 装置，可以显著地提高产率和操作效益，如 UOP 公司每年都有 15~20 个 FCC 改造项目，如在反应器—提升管、立管、滑阀和原料喷嘴方面的改进。反应器—提升管和原料喷嘴更换的维修改造费用为（150~200）万美元，而一次大的检修改造费用约相当于一个新建炼厂费用的 20%，可能超过 1 亿美元（取决于加工能力）。因此，UOP 非常注重通过改造 FCC 装置来提高目的产物收率和操作效益。

表 7-5 为 UOP 公司 FCC 装置的 3 个改造实例，其中 1 个是为生产更多石油化工原料进行的装置改造，另外 2 个是提高渣油处理能力进行的改造。通过这 3 例改造可以看出，将新技术应用到改造装置中，要充分认识工艺和经济目标，全面考虑改造中的每一个细节，如果改造成功脱除 FCC 装置瓶颈，炼油商就能通过装置改造获得显著经济效益。

表 7-5　UOP 公司 FCC 装置改造实例

	美国田纳西州孟菲斯市 $300×10^4$ t/a FCC 装置	美国海湾炼油厂 $150×10^4$ t/a FCC 装置	欧洲 $50×10^4$ t/a FCC 装置
现状	建于 1980 年，原设计能力 $150×10^4$ t/a ①反应器催化剂控制能力差，催化剂损失 5 t/d；②反再系统旋风分离器线速度高、可靠性差，常导致非计划停工	原为同轴式 Kellogg 正流 F 型设计 受到主风机、富气压缩机的动力、再生器空塔线速度、催化剂循环量和高烟道气温度的制约，提高转化能力受到限制	建于 1963 年

	美国田纳西州孟菲斯市 300×10⁴t/a FCC 装置	美国海湾炼油厂 150×10⁴t/a FCC 装置	欧洲 50×10⁴t/a FCC 装置
改造目标	①能力扩大为 350×10⁴t/a；②催化剂损失降为 1.5t/d；③原料康氏残炭到 2.2%，API 重度 24.4°API；④降低旋风分离器线速度；⑤增大烧焦能力；⑥扩大主分馏塔、汽提提浓段	①提高重质原油加工量；②焦炭产率保持不变；③解决催化剂循环量限制；④增加更有价值液体产品产率；⑤进一步提高进料灵活性	①能力扩大为 150×10⁴t/a；②丙烯产率提高 1 倍，占原料 8.5%
改造措施	①更换反应器提升管—分离器；②再生器中使用 VSS 快分；③采用 Optimix 喷嘴；④扩大烧焦罐	①更换再生器立管；②催化剂加速段采用"Y"形段；③更换新型喷嘴；④补充 1 个新的外设反应器汽提器	①采用 Optimix 喷嘴；②使用 VSS 快分；③新型的汽提器内构件；④使用 ZSM-5 添加剂
改造费用	4500 万美元(25 天完成)	730 万美元(31 天完成)	

3）重大关键技术

（1）国外催化裂化现有主要生产工艺。

国外拥有催化裂化专利技术和工程设计经验的著名公司有 UOP，Kellogg&Brown Root，ExxonMobil，Shell 和 Stone&Webster(Shaw) 等公司。表 7-6 为国外主要专利商催化裂化工艺技术特点。

表 7-6　国外主要专利商催化裂化技术特点

专利商	工艺名称	技术特点	工业化状况
UOP	RCC	燃烧器式再生器：用来加工瓦斯油和中度污染的渣油；两段式再生器：用于加工高污染的渣油。反应器区特点：短接触时间提升管和悬浮催化剂分离系统(SCSS)旋风式分离装置，将催化剂与蒸气快速分离	第一套 RFCC 装置 1983 年在挪威 Catlettsburg Ashland 炼油厂开工。迄今有超过 150 套新建装置
KBR	Orthoflow	结合了 Kellogg 正流型特点与 ExxonMobil 先进设计：闭路旋风分离系统、Atomax 喷嘴。1981 年开发重油催化裂化 HOC	第一套 RFCC 装置 1961 年 Phillips 石油公司 Borger 炼油厂开工。迄今超过 150 套新建装置
ExxonMobil	Flexicracking IIIR	灵活催化裂化技术(2 种构型)。提升管—密相床混合反应器特点：提升管顶部有一个可变密相床层，可调节空速。全提升管反应器特点：反应完全在提升管内进行	1974 年在 BP 公司的 Espana 炼油厂开工，迄今有超过 70 套新建装置

专利商	工艺名称	技术特点	工业化状况
Shell	RFCC	原料及催化剂高效混合系统、提升管短接触、多段汽提	第一套 RFCC 装置 1988 年在英国 Stanlow 炼油厂开工。迄今有超过 30 套新建装置
S&W（Shaw）	RFCC	两个再生器同轴安装且为两段再生，采用新型高效喷嘴和新型 USY 催化剂	第一套 RFCC 装置 1981 年 Arkansas 炼油厂开工。迄今有近 30 套新建装置

① UOP 公司催化裂化技术。

UOP 公司的催化裂化工艺将瓦斯油和渣油原料选择性转化为高产值产品，包括轻烯烃（可用作烷基化、聚合或醚化的原料）、液化石油气、石化中间体、高辛烷值汽油、馏分油和燃料油。图 7-4 为 UOP 公司的 FCC/RFCC 工艺反—再原则流程图，其中燃烧器式再生器通常用来加工瓦斯油和中度污染的渣油，而两段式再生器则用于加工高污染的渣油。

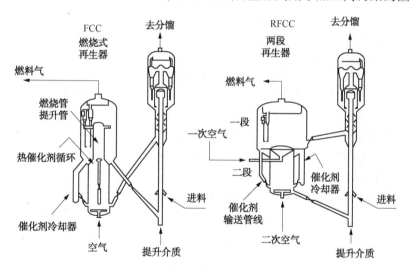

图 7-4 UOP 公司 FCC/RFCC 工艺反—再原则流程图

这两类装置的反应器区相同，轻烃的提升介质和蒸汽或两者的混合物在提升管底部与再生催化剂接触，在该预加速区催化剂与细小雾化油滴有效接触，从而提高目的产品收率。反应器区的特点是：短接触时间提升管和悬浮催化剂分离系统（SCSS）的旋风式分离装置将催化剂与蒸气快速分离。该设计中提升管的一端敞开因而避免了操作不正常时发生催化剂带出。汽提段把催化剂从夹带的烃中去除。

在燃烧器式再生器设计中，燃烧器的快速流化环境极大地提高了燃烧动力学并具有某些超出沸腾床设计的工艺优势，可使焦炭完全烧成 CO_2。渣油原料的夹带物增加了焦炭差并提高了再生器的温度，燃烧炉附带的催化剂冷却器降低了催化剂的温度并提高了装置的灵活性。这种设计可加工康氏残炭含量 6% 的原料。

对于特别重的渣油原料可使用两段再生器设计。催化剂进入上区的第一段，在这里通过控制 CO 烧为 CO_2 的量来限制催化剂的温度。催化剂被送至位于下区的第二段，在这里残余的焦炭被彻底烧尽，待催化剂中完全不含焦炭后便离开第二段，第二段中的温度可由一个或多个催化剂冷却器来控制。两段再生器系串联排列，从而使氧最大限度地得到利用。两段再生器设计可加工康氏残炭值高达 10% 的原料。

表 7-7 为 UOP 公司催化裂化技术工业化状况。目前，世界上超过 150 套装置采用了 UOP 公司的 FCC/RFCC 技术。在过去的 15 年中，UOP 工程部每年都要承担 40~60 个 FCC 改造和研究项目，来推动公司 FCC 技术的发展。

表 7-7　UOP 公司催化裂化工业化状况

类　型	首套投产时间	工业化状况（套）	备　注
叠置式	1947	72	
高低并列式	1952	28	UOP 装置总计超过 210 套，目前运行套数超过 150
高效再生式	1974	39	
逆流两段再生式	1980	3	
改进型	1990 年以后		

② Kellogg Brown&Roots(KBR)公司催化裂化技术。

Kellogg Brown&Roots 公司的正流型(Orthoflow)工艺采用多效灵活的正流型设计把瓦斯油和渣油转化成高价值的产品，包括轻烯烃、高辛烷值汽油和馏分油。图 7-5 为 Kellogg Brown&Roots 公司正流型催化裂化反—再原则流程图，首先再生催化剂由气体流化通过侧线，再通过唯一的膨胀节到外部的立式提升管反应器的底部。进料通过 Atomax 喷嘴进入，反应蒸气通过直角弯头和封闭式旋风分离系统。待生催化剂流过一个两段汽提器到再生器，再生器中采用了先进的催化剂分布和空气分布技术。根据进料生焦倾向的不同，再生器可采用 CO 部分燃烧或者完全燃烧方式。该系统采用外部烟气集气技术、全立式固体流动阀和改进的塞阀。在加工较重进料时，采用密相催化剂冷却器。

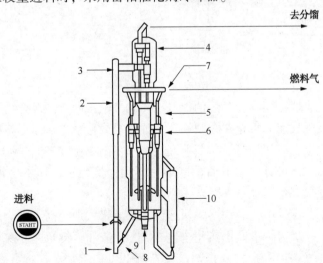

图 7-5　Kellogg Brown&Roots 公司正流型催化裂化反—再原则流程图
1—侧线；2—提升管；3—弯头；4—旋风分离器；5—DynaFlux 挡板
6—再生器；7—烟气集气系统；8—滑阀；9—塞阀；10—催化剂冷却器

表7-11为Kellogg Brown&Roots公司催化裂化技术工业化状况。目前，有超过150套Kellogg Brown&Roots公司的催化裂化工业装置在运转中，总能力超过 $20000 \times 10^4 t/a$（表7-8）。表7-9为Kellogg Brown&Roots公司催化裂化装置的典型公用工程消耗。

表7-8 Kellogg Brown&Roots公司催化裂化工业化状况

类　型	首套投产时间	工业化状况（套）	备　注
正流A型	1951	6	
B型	1953	15	
C型	1960	10	目前运行套数超过150
F型	1976	12	
HOC型	1961	5	
改进型	1979		

表7-9 Kellogg Brown&Roots公司催化裂化的典型工艺公用工程消耗

	Kellogg Brown&Roots		Kellogg Brown&Roots
电/(kW·h)	0.7~1.0	补充的催化剂（kg）	0.29~0.43
生产蒸汽(4.14MPa)(kg)	40~200	年维修费（占装置成本）(%)	3

③ ExxonMobil公司催化裂化技术。

ExxonMobil公司Flexicracking IIIR（灵活裂化）工艺可以转化高沸点烃（包括渣油、瓦斯油、润滑油抽出油和/或脱沥青油），进料可以是各种直馏、经加氢精制和裂化的物流或分离过程的产品。产品有用于加工各种汽油组分和石油化学品的轻烯烃、液化气、用于生产高辛烷值汽油的调合油料、馏分油和燃料油。

图7-6为ExxonMobil公司灵活裂化反—再原则流程图。反应器系统包括直联式旋风分离器提升管终端、新型进料注入系统、产焦较少的汽提段设计。再生器为单容器设计，带有初级燃烧器，为高效再生使空气/催化剂有效分布和接触，并可在渣油操作中保持高催化剂

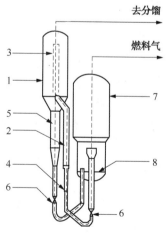

图7-6 ExxonMobil公司灵活催化裂化反—再原则流程图

1—反应器；2—提升管；3—旋风分离器/汽提容器；4—进料注入；
5—汽提段；6—节流滑阀；7—再生器；8—空气/催化剂分布和接触段

活性。设计可以适应宽范围的操作条件，包括高温再生的部分燃烧或完全燃烧方式。当加工重质原料及有必要增加热平衡控制时，可采用部分燃烧操作并在一个绝热 CO 燃烧器中进行 CO 外燃烧，或在再生器上采用 UOP 公司的催化剂冷却器技术。烟气膨胀机可用于动力回收，烟气冷却器或 CO 燃烧器可用于热回收。

表 7-13 为 ExxonMobil 公司催化裂化技术工业化状况。目前，全世界共有超过 70 套装置应用 ExxonMobil 公司灵活催化裂化工艺，总能力超过 12500×10^4 t/a（表 7-10）。表 7-11 列出了 Flexcracking ⅢR 工艺 3 种典型操作方式下的产品收率。

表 7-10　ExxonMobil 公司催化裂化工业化状况

类　型	首套投产时间	工业化状况(套)	备　注
同高并列Ⅳ型	1952	44	目前运行套数超过 70
管式反应器型	1958	1	
灵活裂化型	1974	18	
改进型	1990 年以后		

表 7-11　Flexcracking ⅢR 工艺 3 种典型操作方式下的产品收率

项目		渣油 汽油操作	VGO+润滑油抽出油 馏分油操作	VGO 汽油操作
进料	重度(°API)	22.9	22.2	25.4
	康氏残炭(%)	3.9	0.7	0.4
	性质	80%减压渣油(加氢处理)	20%润滑油抽出油	50%终馏点至 423℃
产品收率(%)(体积分数)	石脑油 (初馏点/终馏点)	78.2 (C_4/221℃)	40.6 (C_4/127℃)	77.6 (C_4/221℃)
	中间馏分 (初馏点/终馏点)	13.7 (221/341℃)	49.5 (127/396℃)	19.2 (221/332℃)

④ Shell 公司催化裂化技术。

Shell 公司的 RFCC 技术转化重石油馏分和渣油为高价值产品，产品有轻烯烃、LPG、高辛烷值汽油、馏分油和丙烯。图 7-7 为 Shell 的 RFCC 工艺反—再原则流程图。

Shell 公司的 RFCC 工艺有 2 种设计方式，其中 Shell 公司两器设计推荐用于结焦缓和的进料（包括渣油），其反应器和再生器在一起，投资成本低；Shell 公司外部反应器设计推荐用于结焦严重的进料。该工艺特点是：a. 进料通过 Shell 公司的高性能喷嘴进入短接触时间提升管，可确保原料和催化剂充分混合和快速汽化。b. 独特的提升管设计可使烃和催化剂的快速分离，保证了理想产物的收率。Shell 公司的 FCC 技术非常注重对生焦的控制，装置的开工率（包括正常停工）可达 98%。

表 7-12 为 Shell 公司催化裂化技术工业化状况。目前，有 30 套装置使用 Shell 公司的全套 RFCC 专利技术，其中 7 套为渣油进料。另有 30 套改造装置，其中有 7 套装置改为渣油进料。此外，世界上共有 14 套装置使用了 Shell 公司的闭联式提升管终端技术，15 套装置使用了 Shell 公司的高性能进料喷嘴，8 套装置使用了 Shell 公司的催化剂循环增强技术，58 套装置使用了 Shell 公司的三级旋风分离技术。

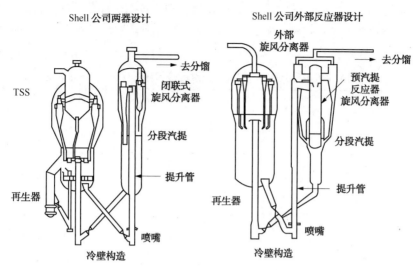

图 7-7　Shell 公司 RFCC 工艺反—再原则流程图

表 7-12　Shell 公司催化裂化工业化状况

类　型	首套投产时间	工业化状况（套）	备　注
高低并列式		30	目前运行套数超过 30，7 套为渣油催化裂化装置
渣油 FCCU	1974	3	
改进型	1990 年以后		

⑤ Stone&Webster(Shaw)公司催化裂化技术。

图 7-8 为 Stone & Webster(Shaw)/IFP 公司催化裂化反—再原则流程图。其原理如下：原料油通过高性能喷嘴有效分散和汽化，在短接触时间提升管中进行催化裂化和选择性裂化，反应产物经过高效提升管后，没有冷却的待生催化剂被预汽提后通过一个高效挡板汽提段进入再生器。蒸气产品采用 Amoco 公司技术进行急冷，以得到尽可能少的干气和最高的汽油产率。其混合温度控制（MTC）技术可以最大量生产更理想的产品。其特点是：反应器采用冷壁设计，这使得基建投资最小，机械可靠性和安全性最大。裂化操作利用了与反应系统相结合的先进流化技术，装置设计可适应炼厂的需要并且具有宽操作弹性的灵活性。

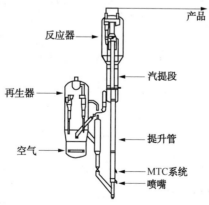

图 7-8　Stone & Webster(Shaw)/IFP 公司催化裂化反—再原则流程图

表 7-13 为 Stone & Webster(Shaw)/IFP 公司催化裂化技术工业化状况。目前，世界上共有 26 套装置采用 Stone & Webster(Shaw)/IFP 公司的全套专利技术，另有超过 100 套改造装置在运转、设计或施工中。

表 7-13　Stone & Webster(Shaw)/IFP 公司催化裂化工业化状况

类　型	首套投产时间	工业化状况(套)	备　注
RFCC	1981	12	目前运行套数 26
改进型	1990 年以后		

（2）国内催化裂化现有主要生产工艺。

我国催化裂化从第一套装置开始就为独立设计，此后催化裂化技术发展很快。到 20 世纪 80 年代后期已吸收掌握了设计馏分油催化裂化装置的成功经验。同时也进行了掺渣油（长庆减渣）的工业试验，并于 1982 年在兰州石化 $30×10^4$t/a 装置成功工业化，此后又攻克了大庆常压渣油催化裂化技术。20 世纪 80 年代后期，我国引进了 Stone&Webster(Shaw) 公司的重油转化催化裂化技术，用于镇海、武汉、广州、长岭和南京等 5 个炼油厂催化裂化装置的新建和改建，通过对它不断的消化、吸收和改进，对我国重油转化催化裂化技术的发展起到了重要的指导作用，推动了我国重油转化催化裂化技术的进一步发展。通过 20 多年的发展，这几套装置经过北京设计院（BDI）或洛阳工程公司（LPEC）的多次改造后，装置已经有了很大的变化。表 7-14 为我国催化裂化技术发展历程。

表 7-14　国内催化裂化技术发展历程

时间	技术名称	工业化时间	设计单位
1961—1965	同高并列式流化床 FCC 装置	1965(抚油二厂 $60×10^4$t/a)	石油工业部
1966—1970	同高并列式带管反 FCC 装置	1967(齐鲁石化 $120×10^4$t/a)	石油工业部
1971—1975	高低并列式全提升管装置	1974(玉门炼厂 $12×10^4$t/a)	石油工业部
1976—1980	同轴式半工业化 FCC 装置	1977(LPEC 试验装置 $5×10^4$t/a)	LPEC, BDI
	烧焦罐式再生装置	1978(荆门石化)	
	掺渣油工业试验	1977	
	能量回收机组	1978	
1981—1985	同轴式掺渣油(内取热)FCC 装置	1982(兰州石化 $30×10^4$t/a)	LPEC
	高低并列式常渣(内取热)FCC 装置	1983	
	高低并列式掺渣(内外取热)FCC 装置	1985	
	后置烧焦罐再生装置	1985(高桥石化和锦州石化)	
1986—1990	掺渣两段再生 FCC 装置 同轴式烧焦罐及床层两段再生装置	1989(镇海、武汉、广州、长岭、南京)	S&W(Shaw)
1991—1995	管式再生器 派生多产烯烃技术(MGG, ARGG, DCC)	1994(济南石化 $15×10^4$t/a)	BDI, RIPP
1996—2000	派生多产柴油技术(MGD)		RIPP
2000—	派生降烯烃技术(MIP, FDFCC, TSRFCC-LOG)		RIPP, 中国石油大学(华东)

目前国内催化裂化装置基本为国内设计，并没有再引进国外成套工艺包的催化裂化装置（有单项技术的引进）。镇海石化 $300×10^4$ t/a 催化裂化装置和大连西太平洋 $280×10^4$ t/a 重油催化裂化装置是我国自行设计，代表着我国 20 世纪 90 年代中后期的设计水平，也同时标志着 FCC 装置大型化设计、施工建设、生产管理方面已逐步向国际先进水平靠近。

此外，由中国石油天然气集团公司与中国石油大学（华东）联合开发的两段提升管催化裂化（TSRFCC）技术均在一定程度上代表了我国催化裂化装置的水平。该技术建立了"有效抑制干气和焦炭生成的强化催化裂化"理论；创立了"分段反应、催化剂接力、短反应时间和大剂油比的催化裂化"新工艺思路，发明了"两段提升管催化裂化新技术"，提高了催化裂化过程的轻质油品收率。目前已有 12 套工业装置在改造或新建过程中应用本技术，累计加工能力达 $900×10^4$ t/a。所加工的原料涵盖了优质的石蜡基原料和劣质的环烷基原料，达到了提高轻质油收率、改善产品质量的设计指标要求。装置开工顺利、操作平稳，并且都经受住了长周期运行的考验。

当以轻质油为生产目的时，可以提高汽柴油收率 1.5~3.0 个百分点，相应干气和焦炭降低 1.5~2.0 个百分点，柴油十六烷值提高 3~5 个单位。当生产要求降低汽油烯烃含量时，在降低汽油烯烃含量 10~20 个百分点的同时，可以降低干气和焦炭 0.5~1.0 个百分点，相应液体目的产品收率提高 0.5~1.0 个百分点。详细指标见表 7-15。

表 7-15　TSRFCC 技术与常规催化裂化技术主要指标对比

项　目	常规 FCC	TSRFCC 增产轻质油	TSRFCC 适度降烯烃	TSRFCC 汽油降烯烃
干气+焦炭（%）	基准	−1.5	−1.0	−0.5
总液体产品（%）	基准	+1.5	+1.0	+0.5
轻质油（%）	基准	+2.0	+0.5	
柴油（%）	基准	+3.0	+3.0	+2.0
柴油十六烷值	基准	+3.0	+3.0	+2.0
汽油中烯烃（%）	基准		−10	−20

3. 催化重整技术

催化重整是在一定温度、压力、临氢和催化剂存在的条件下，使石脑油转变成富含芳香烃的重整汽油并副产氢气的过程。催化重整装置炼油及石化工业重要的组成部分。在发达国家的车用汽油组分中，催化重整汽油占 25%~30%。苯、甲苯、二甲苯是一级基本化工原料，全世界所需的对二甲苯（BTX）有一半以上是来自催化重整。氢气是炼厂加氢过程的重要原料，而重整副产氢气是廉价的氢气来源。

1）发展历程

催化重整工艺技术的发展是与重整催化剂的发展紧密相联系的。从重整催化剂的发展过程来看，大体上经历了 3 个阶段。

第一阶段是从 1940 年至 1949 年。1940 年在美国建成了第一套以氧化钼/氧化铝作催化剂的催化重整装置，以后又有使用氧化铬/氧化铝作催化剂的工业装置。这类过程亦称临氢重整过程，可以生产辛烷值达 80 左右的汽油。这个过程有较大的缺点：催化剂的活性不高，汽油的辛烷值也不太高，反应积炭使催化剂活性降低较快，通常在进料几个小时后就要停止进料而进行再生，因而反应周期短、处理能力小、操作费用大。而后虽然也发展了移动床和硫化床重整使过程连续化，但是其本质的缺点并没有完全克服。因此，在第二次世界大战以后，临氢重整就停止了发展。

1949 年美国环球油品公司（UOP）开发出含铂重整催化剂，并建成和投产第一套铂重整工业装置，开始了催化重整的大发展时期。Pt/Al_2O_3 催化剂的活性高，稳定性好，选择性好，液体产物收率高，而且反应运转周期长，一般可连续生产半年以上而不需要再生。铂重整过程采用 3~4 个串联的固定床反应器，经过较长时间的连续运转后（一般为 0.5~2 年），催化剂的活性因积炭增多而大大下降，此时停工就地（留在反应器内）再生。再生后催化剂的活性基本恢复到新鲜催化剂的水平，再进入下一个周期运转。自第一套铂重整装置投产后的 20 年间，铂催化剂的性能不断有所改进，工艺技术也相应地有所发展。例如除上述的半再生式流程外，还有末反轮流再生流程（流程中多设一个反应器，每次再生时只有生产流程中的最后一个反应器进行再生，使生产不间断）、分段混氢流程等。

1967 年雪佛龙研究公司（Chevron Research Corp.）宣布发明成功铂—铼/氧化铝双金属重整催化剂并投入工业应用，称为铼重整过程（Rheniforming），国内则多称为铂铼重整。自此开始了双金属和多金属重整催化剂及与其相关的工艺技术发展的时期，并且逐渐取代了铂催化剂。铂铼催化剂的突出优点是容炭能力强，有较高的稳定性，因此可以在较高的温度和较低的氢分压下操作而保持良好的活性，从而提高了重整汽油的辛烷值，而且汽油、芳香烃和氢气的产率也较高。

1971 年，美国 UOP 公司的 CCR（Catalyst Continuous Regeneration）Platforming 连续催化重整工艺实现了工业化生产，4 个反应器重叠布置，积炭催化剂可连续再生，催化剂可以长期保持较高活性，重整生成油的收率和芳香烃产率得到提高，催化重整工艺技术达到一个更高的水平。2007 年 3 月 10 日美国 UOP 公司宣布，在海南石化投产的 $120×10^4 t/a$ 催化重整装置，是 UOP 的第 200 套连续催化重整装置。

1973 年，法国 IFP 的 Oatanixing 连续催化重整工艺实现了工业化生产，工艺性能与美国 UOP 公司的 CCR 相似，但 4 个反应器并列布置，长期以来，这两种工艺是世界上最有竞争力的两种连续催化重整工艺。

2009 年 1 月，我国第一套自行研究开发、设计和建设的 $100×10^4 t/a$ 连续催化重整装置在广州建成中交。它的建成投产将打破长期以来国外公司对连续重整技术的垄断，具有重要意义。

目前，催化重整已在炼油工业中占有重要的地位，其处理量在 2010 年已达 $4.75×10^8 t/a$，占原油加工能力的 11.7%。在轻芳香烃的生产中，催化重整也占有重要的地位。目前全世界的 BTX 产量中，由催化重整生产的约占 70%。单套催化重整装置的处理能力也不断增大，新建的连续重整装置的处理能力多在 $60×10^4 t/a$ 以上，最大的达 $316×10^4 t/a$。

2）发展特点与发展趋势

（1）催化重整工艺仍将持续发展。

由于汽油、氢气和 BTX 的需求含量增大，催化重整在未来相当长的一段时期内，仍是石油炼制的主要工艺之一。一般来说，在汽油调合组分中催化重整汽油占有很大比重，如美国为 28% 左右，欧洲为 44% 左右。在炼油厂结构中催化重整能力占原油蒸馏能力的 10%~30%，催化重整装置中高辛烷值重整生成油的体积收率为 75%~82%。一般炼油厂生产的汽油其研究法辛烷值为 94~102，而石油化工型炼油厂可达到 106 左右。新型催化重整装置一般能生产为 97~101 的高辛烷值重整汽油调合组分。因此，未来催化重整工艺仍将持续发展，图 7-9 为 2015 年各种炼油装置加工能力相对于 2005 年增长情况。

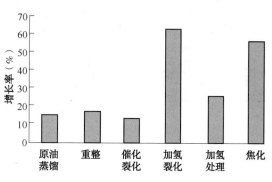

图 7-9　2015 年各种工艺装置加工能力相对于 2005 年的增长情况

（2）连续重整将更具竞争力。

由于连续重整与半再生工艺相比，技术更加先进，表现在反应压力和氢油比大大降低，液体收率、氢气产率、芳香烃产率和重整生成油的辛烷值都有不同程度的提高，具有更好的经济效益和市场竞争力。另外目前新上的重整装置规模也越来越大，连续重整成为最有竞争力的工艺。

（3）降低与回收苯含量是未来方向。

由于在 2011 年销售的汽油将要执行 MST II 的苯含量标准，以及汽油中的苯主要来源于重整汽油，因此应研究降低苯含量的工艺，以及研究如何将回收的苯作为石油化工原料。目前最常用的降低苯含量的方法有：从重整进料中脱出苯的前身物，或从重整生成油中采用后分馏的方法脱出苯，或采用异构化、苯饱和、苯抽提和苯烷基化等工艺降低汽油中的苯含量。

3）重大关键技术

催化重整装置按催化剂再生形式分类，可分为固定床半再生、循环再生和连续再生 3 种方式。其中，固定床半再生重整工艺的特点是在装置连续运转一定的时间后，催化剂上积炭达到一定数量，其活性大大降低，反应温度升高，导致产品产量下降。此时装置需停工，进行催化剂就地再生。目前，世界上固定床半再生重整工艺仍占主导地位，加工量约占催化重整总加工量的 65%。此类工艺有美国 UOP 公司的铂重整、Engdlhard 和 ARC 的麦格纳重整、ExxonMobil 公司的强化重整及 Chevron 公司的铼重整等，国内外催化重整工艺技术水平对比见表 7-16。

作为解决日益增长的重整苛刻度问题的新途径，1971 年催化剂连续再生重整工艺（CCR）自首次被环球油品公司（UOP）应用于铂重整装置，自此项新工艺推广以来，连续重整已在炼油工业中得到广泛使用，连续重整装置的加工量约占催化重整总加工量的 25%。连续重整工艺的主要特征是装置内设有单独的催化剂连续再生循环回路，从而使积炭催化剂连续不断地进行再生，使催化剂始终保持有较高的活性。2009 年前，此类型工艺只有美国 UOP 公司的 CCR 铂重整工艺和法国 IFP 的连续重整工艺。2009 年，中国石化也成功开发百万吨级超低压连续重整成套技术，对于打破国外的技术垄断具有重要意义。

表 7-16　国内外催化重整工艺技术水平对比

序号	项　目	国　外	中国石化	中国石油
1	半再生和循环再生式重整	UOP 的铂重整、Engelhard 和 ARC 的麦格纳重整、Chevron 的铼重整、Howe-Baker 公司催化重整、ExxonMobil 的 Power-forming 工艺	自行开发的半再生式催化重整	自行开发的半再生式催化重整

序号	项　目	国　外	中国石化	中国石油
2	连续再生重整	UOP 的 CCR Platforming 工艺、IFP 的连续重整工艺	自行开发百万吨级超低压连续重整成套技术、引进 UOP 和 IFP 的连续重整工艺	引进 UOP 和 IFP 的连续重整工艺

（1）半再生和循环再生式重整工艺。

固定床半再生重整工艺的特点是在装置连续运转一定的时间后，催化剂上积炭达到一定数量，其活性大大降低，反应温度升高，导致产品产量下降。此时装置需停工，进行催化剂就地再生。目前，世界上固定床半再生重整工艺仍占主导地位，加工量约占催化重整总加工量的 65%。此类工艺有美国 UOP 公司的铂重整、Engdlhard and ARC 的麦格纳重整、Exxon-Mobil 公司的强化重整及 Chevron 公司的铼重整等，见表 7-17。

表 7-17　典型半再生和循环再生式重整工艺装置概况

工艺名称	所属公司	装置数(套)	处理能力（10^4t/a）	统计时间
铂重整 Platforming	UOP	—	—	—
麦格纳重整 Magnaforming	Engelhard 公司	150	7740	1992
强化重整 Powerforming	ExxonMobil 公司	78	6020	1988
铼重整 Rheniforming	ChevronTexaco	73	—	1990
Dualforming	IFP	4	53.8	1996
催化重整	Howe-Baker 公司	3	—	2002
MaxCat 催化重整	Phillips FTD	3	—	2000

① UOP 公司的半再生铂重整工艺。

UOP 公司 1949 年首次推出铂重整工艺，其固定床式铂重整工艺流程见图 7-10。

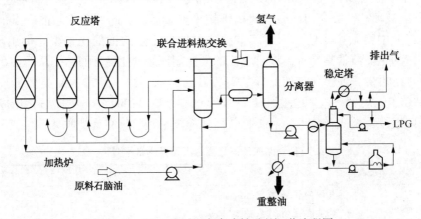

图 7-10　UOP 公司固定床式铂重整工艺流程图

采用 R-56 催化剂的 UOP 半再生重整装置操作条件、产品收率和其他技术经济指标见表 7-18。

表 7-18 UOP 半再生重整装置操作情况

项 目		数 值
催化剂		R-56
加工能力(10^4t/a)(bbl/d)		86(20000)
操作条件	RONC	97
	循环周期(月)	12
产品产率	氢气产率(m^3/m^3)	193.1
	氢气纯度(%)(体积分数)	80
	C_{5+}产率(%)[体积分数(质量分数)]	79.3(85.2)
	辛烷值[bbl/(10^6bbl/a)]	513
	辛烷值吨/[t(10^6t/a)]	64.9
公用工程消耗	电(kW·h)	246
	燃料(MJ)	184.3
	冷却水(m^3/h)	293
	高压蒸汽(产生)(t/h)	6.3
	锅炉给水(t/h)	16.6
	冷凝水回用(t/h)	8.6

② Engdlhard and ARC 的麦格纳重整(Magnaforming)工艺。

麦格纳重整是恩格哈德、矿物和化学品公司和大西洋里奇菲尔德公司共同研究开发的方法，使用铂铼催化剂。它已广泛用于提高汽油辛烷值和生产芳香烃，其流程如图 7-11 所示。

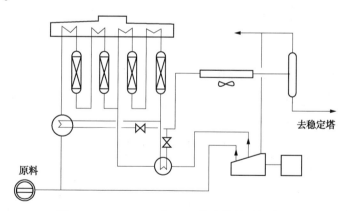

去稳定塔

原料

图 7-11 Engdlhard 和 ARC 的麦格纳重整流程

该工艺过程于 1967 年在美国 Philaelphia 炼厂首次工业化。麦格纳重整的特点主要有以下 3 个方面：a. 采用多个反应器(通常为 4 个或 4 个以上)，催化剂装量按反应器顺序递增；b. 各反应器入口温度不同，通常也是逐级递升；c. 循环气分成两路，一路从一反进入，另一路从三反或四反进入，采用上述流程后，前几个反应器在较低的反应温度、氢油比和较高的空速下操作，主要的反应是环烷烃脱氢成芳香烃的反应；后几个反应器在较高的反应温度和氢油比及较低的空速下操作，主要反应是烷烃脱氢环化成芳香烃的反应。由于在几个反应器中采用了不同的反应条件，使催化重整过程得以最优化。据报导，采用这一工艺 C_{5+} 产品收率可比常规工艺提高 2% ~ 4%（体积分数），催化剂运转周期可延长 40% 以上。Magnaforming 重整工艺操作条件、产品性质、技术经济性见表 7-19。

表 7-19　Magnaforming 重整工艺操作条件、产品性质、技术经济性

项　目		数　值		
原料	馏程（℃）	71.1 ~ 204.4		
	P/N/A（%）	55.0/34.4/10.6		
反应器压力（平均）（MPa）		2.4	1.72	1.03
反应产物	H_2（%）（质量分数）	2.5	2.8	3.1
	C_1（%）（质量分数）	1.5	1.1	0.7
	C_2（%）（质量分数）	2.8	2.0	1.3
	C_3（%）（质量分数）	4.2	3.1	2.0
	iC_4（%）（质量分数）	3.0	2.2	1.4
	nC_4（%）（质量分数）	4.1	3.0	2.0
	C_5—终馏点（%）[体积分数（质量分数）]	78.9（83.7）	81.5（87.0）	84.0（90.3）
经济性	投资（基准：半再生加硫保护床）（美元）（bbl/d）	1000 ~ 1400		
公用工程（分离器压力0.86MPa）（每立方米进料）	燃料（MJ）	1658.9（250×10^3 Btu/bbl）		
	电（kW·h）	12.6（2kW·h/bbl）		
	冷却水（温升11.1℃）（m^3）	0.95（40gal/bbl）		

③ Chevron 公司的铼重整（Rheniforming）。

铼重整是 Chevron 公司开发的一种固定床半再生式石脑油催化重整过程。使用铂铼双金属催化剂，其流程如图 7-12 所示。

该工艺结构简单，主要包括硫吸附器、反应器、分离器和稳定塔。采用 F/H 催化剂，具有低结垢特点，允许反应器在 0.62 ~ 1.38MPa（最后一个反应器的出口压力）的压力下操作。其典型的操作条件见表 7-20。

表 7-20　Chevron 公司的铼重整操作条件和性质

石脑油进料	加氢处理后的烷烃		加氢处理后的环烷烃
沸点（℃）	93.3 ~ 165.6		93.3 ~ 198.9
烷烃（%）（体积分数）	68.6		32.6
环烷烃（%）（体积分数）	23.4		55.5
芳香烃（%）（体积分数）	8.0		11.9
硫（μg/g）	<0.2		<0.2
氮（μg/g）	<0.5		<0.5
反应器出口压力（MPa）	0.62	1.38	1.38

石脑油进料		加氢处理后的烷烃	加氢处理后的烷烃	加氢处理后的环烷烃
产物性质	氢气(相对于进料)(m³/m³)	568.8	214.5	249.2
	C₁—C₃(相对于进料)(m³/m³)	28.5	63.2	28.5
	C₅₊重整油			
	收率(%)(体积分数)	80.1	73.5	84.7
	不加铅研究法辛烷值	98	99	100
	烷烃(%)(体积分数)	32.4	31.2	27.5
	环烷烃(%)(体积分数)	1.1	0.9	2.6
	芳香烃(%)(体积分数)	66.5	67.9	69.9
技术经济指标	投资(美元)*	装置费用(美元)(每bbl/d)	1475	
		催化剂(美元)(每bbl/d)	32	
	公用工程(每立方米进料)	燃料(相当于炉用油)(m³)	0.0012(2.0gal/bbl)	
		电(kW·h)	4.4(0.7kW·h/bbl)	
		蒸汽输出(3.1MPa)(kg)	114.1(40lb/bbl)	
		冷却水(m³)	3.84(160gal/bbl)	

* 基准：加工20000bbl/d阿拉伯石脑油，RON99，反应器出口压力1.03MPa(表压)，1990年美国海湾价格。

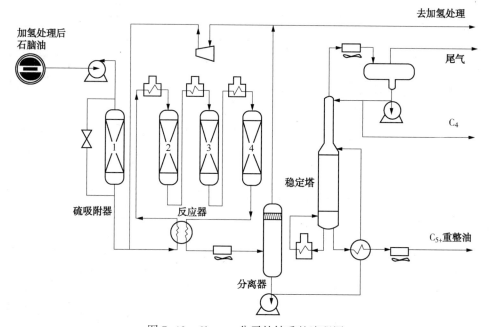

图 7-12　Chevron公司的铼重整流程图

④ Howe-Baker公司催化重整工艺。

Howe-Baker公司(为Chicago Bridge&Iron公司的一个子公司)开发的催化重整工艺流程见图7-13，该多床层式重整装置采用铂或双金属催化剂。循环氢气相对于进料摩尔比为3~7，加氢处理后的直馏石脑油或裂化产物硫含量小于 $10\mu g/g$，其重整产物无须加氢处理。该工艺操作条件和技术经济性见表7-21。

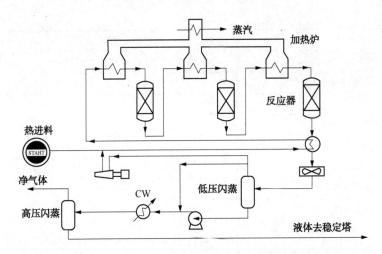

图 7-13　Howe-Baker 公司半再生催化重整工艺流程

表 7-21　Howe-Baker 公司半再生催化重整装置操作条件及技术经济分析

项　　目		数　　值	
操作条件	反应温度(℃)	468.3~537.8	
	反应压力(表压)(MPa)	1.03~2.76	
进料	P/N/A(%)	51.4/41.5/7.1	
	馏程(ASTM D86)(℃)	97.8~190.6	
产物辛烷值 RONC		99.7	
产物组成	组成	质量分数(%)	体积分数(%)
	H_2	2.3	1150ft³/bbl(204 m³/m³)
	C_1	1.1	—
	C_2	1.8	—
	C_3	3.2	—
	iC_4	1.6	—
	nC_4	2.3	—
	C_{5+}	87.1	—
	LPG	—	3.7
	重整油	—	83.2
公用工程(每立方米进料)	输出燃料(MJ)	1804.15(275×10³Btu/bbl)	
	电(kW·h)	45.26(7.2kW·h/bbl)	
	冷却水(温升 11.1℃)(m³)	1.06(216gal/bbl)	
	产生蒸汽(1.2MPa)(kg)	285.3(100lb/bbl)	

⑤ ExxonMobil 公司的 Powerforming 工艺。

该工艺属于催化剂循环再生工艺(图 7-14)。循环再生重整装置内一般设有 4~5 个同样大小的反应器，其中一个反应器作为交替切换用。每个反应器上部和下部各安装有 3 个电子切换器。装置内设有单独催化剂再生系统，系统中任何一个反应器都可从反应系统切出，进行催化剂就地再生，其余 3~4 个反应器继续串联操作，而装置不必停工。催化剂循环再生周期，根据原料油性质和操作苛刻度要求，可从几天到数周。

该工艺工业应用装置接近 50 套，其中 30 多套带有循环设施，加工能力范围为 $(5~60) \times 10^4 t/a$。Powerforming 工艺提供高稳定性、高选择性的分级装填催化剂，所开发的 KX-130 催化剂活性高，苯/甲苯/二甲苯收率高。Powerforming 强化重整工艺操作条件、产品性质及经济性数据见表 7-22。

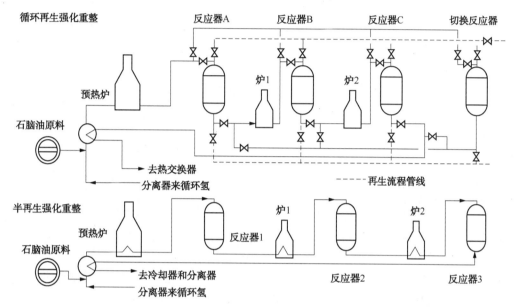

图 7-14　ExxonMobil 公司的 Powerforming 强化重整工艺流程

表 7-22　**Powerforming 强化重整工艺操作条件、产品性质及经济性数据**

原料		数值	
API 重度(°API)		57.2	
P/A(%)		57.1/30	
操作方式		半再生	循环
H_2(%)(质量分数)		2.3	2.6
C_1—C_4(%)(质量分数)		13.1	11.2
C_{5+}收率(%)(体积分数)		78.5	79.1
C_{5+}不加铅研究法辛烷值		99	101
经济性	投资(基础：界区内费用、直接材料和劳工费用，1993 年美国海湾价格)(美元)(bbl/d)	450~900	
	公用工程(每立方米进料) 燃料(MJ)	1327.0~2123.3	
	电(kW·h)	18.7~37.7	
	冷却水(m^3)	0.24~1.67	
	催化剂补充费用(美元)	0.06~0.25	

（2）连续再生重整工艺。

作为解决日益增长的重整苛刻度问题的新途径，1971 年催化剂连续再生重整工艺（CCR）首次被环球油品公司（UOP）应用于铂重整装置，自此项新工艺推广以来，连续重整已在炼油工业中得到广泛使用，连续重整装置的加工量约占催化重整总加工量的 25%。连续重整工艺的主要特征是装置内设有单独的催化剂连续再生循环回路，从而使积炭催化剂连续不断地进行再生，使催化剂始终保持有较高的活性。此类型工艺目前有美国 UOP 公司的 CCR 铂重整工艺和法国 IFP 的连续重整工艺。

① UOP 公司的 CCR Platforming 工艺。

UOP 公司全球许可了 800 多套铂重整装置，37 个用户已经在其 2 套以上的重整装置上选择了 UOP 公司的 CCR 工艺技术，详见表 7-23。

表 7-23　采用 UOP 重整技术的装置概况　　　　　　　单位：套

项　目	正在运行中的装置数	设计与建设中的装置数
总 CCR 装置数	173	47
超低压（0.34MPa）装置数	44	31
超过 35000bbl/开工日（150×10⁴t/a）装置数	29	5
带有叠层式反应器的半再生装置数	14	5

UOP 装置的总体布局是反应器和再生器并列布置，而反应部分为 3 个或 4 个反应器重叠布置，催化剂在各个反应器之间依靠重力缓慢向下移动，催化剂输送的磨损低，产生的粉尘少。此外，叠置反应器占地少，装置结构紧凑，但检修较费时。UOP 公司 CCR Platforming 工艺流程见图 7-15。UOP 连续重整技术的再生器由 3 部分组成，即烧炭区、氯化区和干燥区。烧炭区烧除重整催化剂上的焦炭，氯化区补充催化剂流失的氯组元并使铂晶重新分散，干燥区除去催化剂上的水分并使铂的表面氧化以防止铂晶的聚结，从而保持催化剂的表面积和活性。

UOP 连续重整技术的第一套装置于 1971 年建成，经过不断的努力，UOP 使其装置的操作苛刻度不断提高，反应系统的操作压力和氢油比进一步降低，催化剂循环量进一步提高，同时新型装置实际操作中遇到的问题也得到了及时的解决，因此在第一代技术的基础上又相继推出了第二代和第三代连续重整技术。目前 UOP 三代连续重整技术均有工业运转装置。

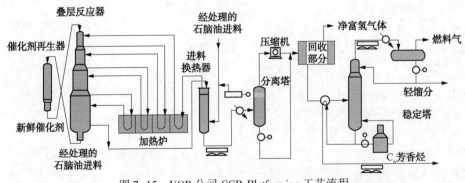

图 7-15　UOP 公司 CCR Platforming 工艺流程

表 7-24 列出了 UOP 一代、二代、三代连续重整工艺技术的主要特点。UOP 公司的连续重整技术在发展初期，曾遇到阀门磨损和反应器内催化剂贴壁等问题。经过多次改进，这些问题已得到解决，运转可靠性不断提高。UOP 连续重整反应部分的开工率已由早期的 95% 提高到 98%，再生部分的开工率由 65% 提高到 90% 以上。可见，UOP 连续重整技术正日趋完善。

表 7-24　UOP 连续重整技术比较

项目		第一代	第二代	第三代
工业化时间		1971 年	1988 年	20 世界 90 年代
反应系统	压力(MPa)	0.88	0.35	0.35
	氢烃化	3~4	1~3	1~3
	空速(h^{-1})	1.5~2.0	1.8~2.2	1.8~2.2
	催化剂	R-32	R-34	R-132, R-134
	催化剂循环周期(d)	7	3	3
	反应器布置	重叠	重叠	重叠
	反应器物流	上进下出	上进下出	上进下出
	反应器结构	径向	径向	径向
再生系统	压力(MPa)	常压	0.25	0.25
	方式	连续	连续	连续
	再生器结构	径向	径向	径向
	烧焦段	一段径向	二段径向	二段径向
	烧焦筛网	圆筒形	圆筒形	锥形
	氯化段	径向	轴向	轴向
	干燥段	轴向	轴向	轴向
	还原段	一段	一段	二段
	还原段位置	一反顶部	再生器底部	一反顶部
催化剂输送	反应器间	重力	重力	重力
	待生催化剂	N_2	H_2	N_2
	再生催化剂	H_2	H_2	H_2
	调节手段	专用阀	二次氢气	二次氢气

② IFP 的连续重整工艺。

IFP 连续重整固有的特点是反应器并列布置，其工艺流程如图 7-16 所示。这一种布置方式，安装、维修方便，避免了金属应力，无反应器高度和个数限制，可使反应器高径比达到最优化，防止"堵眼"现象。另外，这种布置框架轻、转油线短、反应器床层死区小。从平面布置角度看，反应器并列比叠立布置多占地不超过总面积的 4%，对整个装置造价的影响是微不足道的。因此这一反应器布置方式始终没有改动。

1973 年，IFP 将第一代连续重整装置投入工业使用，20 世纪 80 年代发展到高苛刻度低压连续重整；1991 年又开发了超低压催化剂连续再生技术，新鲜催化剂进入第一反应器顶

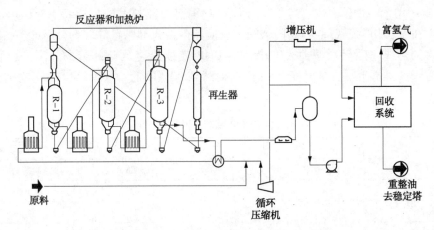

图 7-16　IFP 连续重整工艺流程

部，由自身重度移动至反应器底部流出，再由气提系统输送到第二反应器顶部，从最后一个反应器底部流出的催化剂送至再生系统进行再生。自 20 世纪 70 年代初 IFP 的连续重整技术工业化以来，世界上采用该技术建设的连续重整装置目前有 110 套装置得到许可，60 套采用连续再生技术的装置正在设计之中。目前，IFP 的三代连续重整技术均有工业运转装置。

③ 两种连续重整工艺的对比。

目前拥有工业化连续重整技术的专利商有美国环球油品公司（UOP）和法国石油研究院（IFP）两家。UOP 和 IFP 连续重整工艺技术在反应器布置、再生系统控制方法以及催化剂烧焦还原技术上都存在一些差异，在工程上最主要的差别有两点：a. 反应器布置方面，UOP 采用重叠式，IFP 采用并列式；b. 再生回路流程方面，UOP 采用热循环，IFP 采用冷循环。这两种连续重整工艺技术的对比见表 7-25。

表 7-25　UOP 与 IFP 连续重整工艺技术的对比

项　目		UOP		IFP	
		第一代	第二代/第三代	第一代	第二代
反应条件	压力（MPa）	0.88	0.35	0.8~1.0	0.35
	氢油分子比	3~4	1~3	2~5	1~3
	空速（h^{-1}）	1.5~2.0	1.2~2.0	1.5~2.0	1.2~2.3
	催化剂	R-32	R-34/R-132/R-134	RG-451 CR-201	CR-201 AR-405
	催化剂循环周期（d）	7	3	7	2~3
反应器	反应器布置	重叠	重叠	并列	并列
	反应器结构	径向，扇形筒	径向，扇形筒	径向，圆柱体	径向，圆柱体
	物流方向	上进下出	上进上出	上进下出	上进下出
催化剂再生	压力（MPa）	常压	0.25	1.3	0.55
	再生方式	连续	连续	分配—固定	连续
	再生器结构	径向	径向	轴向	径向
	再生器材质	Inconel	Incoloy 或 SS316	1Cr18Ni9Ti	1Cr18Ni9Ti

项　目		UOP		IFP	
		第一代	第二代/第三代	第一代	第二代
再生器回路	循环气输送机械	常压热风机(2台)	加压热风机(1台)	压缩机(1台)	压缩机(1台)
	加热器	电加热器	电加热器	加热炉	电加热器
	碱洗	无	有	有	有
催化剂提升	反应器间	重力	重力	H_2输送	H_2输送
	待生催化剂	N_2	N_2	N_2	N_2
	再生催化剂	H_2	H_2	H_2	H_2
	调节手段	专用阀	二次气	二次气	二次气
自动控制		专用控制系统	专用控制系统 MONIREX/CRCS	专用计算机	纳入总的 DCS 系统 CCRCS

在规模、原料及产品要求相同的情况下，两种连续重整工艺技术在原料预处理、重整反应及产品分离等几个部分的能耗基本相同，但因再生方案不同，再生部分能耗略有差别。以一套再生部分的规模为 500kg/h 的 $60×10^4$t/a 连续重整装置为例，两种连续重整工艺技术再生部分的公用工程消耗和能耗指标对比列于表 7-26 中。

表 7-26　两种连续重整工艺技术再生部分的公用工程消耗量和能耗对比

项　目	UOP 热循环回路流程	IFP 冷循环回路流程
电(kW)	342	1317
循环水(t/h)	5	117
氮气(m^3/h)	64	154
压缩空气(m^3/h)	380	400
相对每吨重整进料的能耗(MJ)	67	239
占各自总能耗的比例(%)	1.5	7.1

由表 7-26 看出，冷循环回路流程的能耗略高于热循环回路流程，但对连续重整装置来说，再生部分相对其他几个部分能耗所占的比例较小，所以再生部分的这点能耗差对装置总能耗影响不大。

已经工业化的这两种连续重整工艺技术都是成熟的，除再生部分的公用工程消耗量和能耗指标略有差别外，技术水平相当，并各有其特点，都有多套采用不同技术的装置在正常地运转。普遍认为，UOP 公司和 IFP 的两种连续重整技术的水平相当。

4. 加氢裂化技术

加氢裂化是原料油在高温高压临氢及催化剂存在下进行加氢、脱硫、脱氮、分子骨架结构重排和裂解等反应的一种催化转化过程，是重油深度加工的主要工艺手段之一。它可以加工的原料范围宽，包括直馏汽油、柴油、减压蜡油、常压渣油、减压渣油以及其他二次加工得到的原料如催化柴油、催化澄清油、焦化柴油、焦化蜡油和脱沥青油等，可以生产的产品品种多且质量好，通常可以直接生产优质液化气、汽油、煤油、喷气燃料、柴油等清洁燃料和轻石脑油、重石脑油、尾油等优质石油化工原料。加氢裂化具有生产灵活性大和液体产品收率高等特点。特别是从含硫原油的减压瓦斯油、催化循环油和焦化瓦斯油生产最大量喷气燃料和低凝点柴油，这种优势是其他任何炼油技术都不具备也是不可替代的。加氢裂化技术将成为 21 世纪炼油生产结构调整和产品升级换代、加工高硫高金属原油、生产超清洁燃料的核心技术。

1）发展历程

20 世纪 50 年代问世的加氢裂化技术发展至今已有 50 多年历史，总体来看，其发展过程主要分为 3 个时期：50 年代末至 60 年代末；60 年代末至 90 年代；90 年代末至今。不同发展时期加氢裂化技术具有不同特点，这主要取决于当时的加氢裂化技术发展水平，并与整个石油工业发展阶段（尤其是催化裂化技术）及社会历史需求密切相关。

第一个时期是加氢裂化技术的形成和初级发展阶段，因当时催化裂化技术的转化率低，有些原料难以转化，于是针对这些原料的加工利用便成为加氢裂化技术产生的直接原因。20 世纪 50 年代中期，根据煤高压加氢液化技术及开发催化裂化催化剂的经验，一些大的石油公司开发了馏分油固定床加氢裂化技术。首先，美国 Chevron 公司于 1959 年开发了 Isocracking 加氢裂化技术；紧接着美国 UOP 公司于 1960 年开发了 Lomax 加氢裂化技术；随后 Unocal 公司开发了 Unicracking 加氢裂化技术。这一时期的加氢裂化技术都采用两段工艺，得到的产品主要为轻汽油（汽油调和组分）和重汽油（重整原料）。

第二个发展时期从 20 世纪 60 年代末到 90 年代，该段时期源于催化裂化技术中提升管工艺和沸石催化剂的成熟和发展，高活性的沸石组分也开始引入加氢裂化催化剂中，而在工艺工程方面则出现了单段和单段串联加氢裂化工艺。这一发展时期的加氢裂化技术主要以生产喷气燃料和中间馏分油为目的。在实际生产过程中，随着加氢裂化技术的发展，美国 Gulf 公司、荷兰 Shell 公司、法国 IFP、德国 Basf 公司和英国 BP 公司等也相继开发出属于自己的加氢裂化技术。

20 世纪 90 年代末到现在进入了加氢裂化技术发展的另一历史时期，该时期的突出标志是清洁油品时代的来临，加氢裂化技术出现了部分转化新工艺，在生产石脑油、喷气燃料和清洁柴油的同时，未转化的尾油用作催化裂化原料，直接生产清洁汽油组分。这也是 21 世纪加氢裂化技术的发展方向。经过数十年的市场竞争和企业之间的发展重组等过程，至今具有成套转让加氢裂化技术能力的公司仅有 4 家：UOP 公司、Chevron 公司、Shell 公司和 IFP。而能够生产加氢裂化催化剂的公司稍多，包括 Akzo，HaldorTopsoe，CCIC 和 UnitedCatalysts 等公司。在这激烈的竞争过程之中，加氢裂化技术获得了不断的完善和发展，日臻成熟。

纵观加氢裂化技术的发展历史认为，该技术的产生与发展基本上是以满足石油工业不同发展时期的历史需求为推动力，深化认识加氢裂化的反应机理和本质为基础，以催化剂和工艺工程技术的发展为特征而进行的。

2）发展特点与发展趋势

随着世界石油产品需求结构的变化，尤其是柴油需求量的不断增加，增加炼油企业的加氢裂化加工能力已是未来发展的主要趋势。目前，世界各国的炼油厂绝大多数是加氢裂化型炼油厂，其中，在西方发达国家（如美国、日本和西欧国家），加氢裂化型炼油厂占炼油厂总数 70% 左右，其原油加工能力占炼油厂原油总加工能力的 80% 以上。

而在我国，加氢裂化技术的发展虽然相对滞后，但近年来发展迅速，有多套加氢裂化装置投入生产：2007 年中国石油化工股份有限公司（简称中国石化）北京燕山分公司

$200×10^4$t/a的加氢裂化装置及中国石油长庆石化分公司 $120×10^4$t/a 的加氢裂化装置相继投产；2008 年中国石油大港石化公司的 $120×10^4$t/a 加氢裂化装置开工运行；2009 年世界上最大的加氢裂化反应器已由我国自主建造完成，并将在中国石化广州分公司建设 $220×10^4$t/a 加氢裂化装置。高速发展的加氢裂化技术不仅体现了石油工业的发展要求和方向，还成为现代炼油企业发展水平的重要标志。

根据加氢裂化技术的发展现状及其所表现出的技术优势和发展潜力，结合时代需求及目前的化石能源困境，分析认为，未来加氢裂化技术的发展将体现在以下几方面：

（1）随着原料的重质化和油品的清洁化，加氢裂化的加工能力将持续增长，其在炼油工业中的地位将继续凸显。

（2）催化剂方面，根据不同的原料特点和产品需求，选择不同的组分，设计制备具有特定性质要求的催化剂，并完成对催化剂的结构和功能的可控裁剪将是未来加氢裂化催化剂的主要发展方向，此外，提高加氢裂化催化剂的抗污染能力也将是催化剂研发的重要内容。

（3）工艺方面，随着加工原料的重质化和劣质化，在今后相当长一段时期内，两段加氢裂化工艺将是加氢裂化工艺发展的主流。

（4）产品方面，优质的航空燃料与车用柴油将是加氢裂化工艺的主要产品，此外，根据相关工艺的需求生产石脑油馏分也是加氢裂化过程的另一任务，而随着燃油标准的提高，必将对加氢裂化过程提出更高要求。

（5）炼油企业将继续强化整体统筹，将加氢裂化技术与其他的加工工艺相结合，共同实现化石能源的高效利用。

3）重大关键技术

加氢裂化技术自 1959 年在美国里奇蒙炼厂首次工业应用以来，经过几十年的发展和完善，工艺已经比较成熟，工艺流程基本定形。目前国外掌握加氢裂化技术的主要公司有 UOP，Chevron，Lummux，IFP 和 Mobil-Akzo-Kellogg-Fina 联盟等。按加氢反应器床层形式可划分为固定床、沸腾床(膨胀床)、移动床和悬浮床(浆液床)加氢工艺，目前应用最广泛的是固定床加氢裂化工艺，表 7-27 列出了国内外目前应用的加氢裂化技术。

表 7-27　国内外加氢裂化技术一览表

工艺	国外	中国石化	中国石油
固定床加氢	雪佛龙公司的 RDS/VRDS、UOP 的 RCD Unionfining、Axens 的 Hyval_F、埃克森美孚公司的 Resid finig 和壳牌的 Shell HDS	S-RHT 固定床渣油加氢处理，RIPP 的 RHT 固定床加氢处理技术	引进国外技术，可独立设计 $120×10^4$t/a及以下的装置
移动床加氢	雪佛龙公司的 OCR 工艺、壳牌的 Hycon 工艺和 IFP 的 HYVAHL-M		
沸腾床加氢	Axens 公司的 H-Oil-RC 和 Chevron 公司的 LC-Fining 两种工艺		
悬浮床加氢	UOP 的 Uniflex、德国 Veta 的 VCC、埃尼的 EST、雪佛龙的 VRSH 等		

（1）固定床加氢。

固定床渣油加氢工艺是在反应器的不同床层装填不同类型的催化剂，以脱除重油中金属杂原子以及硫、氮元素,对其重组分进行改质。与催化裂化工艺相结合可将低价值的渣油全部转化为市场急需的高价值的汽油、柴油,实现炼油工业对原油资源"吃干榨尽"的目的。虽然固定床渣油加氢技术成熟,装置投资费用低,产品质量好,发展速度快,但拥有此技术的公司并不多。目前主要固定床渣油加氢工艺特点及所点市场份额分别见表 7-28 和图7-17。

表7-28 国外主要固定床渣油加氢技术一览

工艺名称	专利所属公司	工艺特点
RDS/VRDS	雪佛龙公司	原料过滤,催化剂分级装填
RCD Unionfining	UOP	采用保护性反应器
Hyval_ F	Axens	脱金属反应器在线切换操作
Resid finig	埃克森美孚公司	常压渣油加氢脱硫
Shell HDS	壳牌公司	常压渣油加氢脱硫

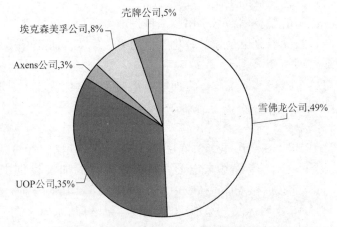

图7-17 固定床渣油加氢工艺专利商市场份额

以上工艺中,以 Chevron 和 UOP 技术的应用最广,申请的专利也最多,代表了当今世界固定床加氢技术的状况与水平。以 UOP 公司的 RCD Unionfining 技术为例,该工艺采用独特的保护反应器设计和高效的反应器内构件,使用由 Albemarle/NK 提供的最先进的多催化剂体系,可加工脱沥青油、常压渣油和减压渣油等重质残渣油,到 2008 年已经有 29 套装置在运行,总的加工量达 $5500 \times 10^4 t/a$。该工艺可用于 FCC/RFCC 的进料预处理,脱除硫及金属有机物,脱除率达90%以上,其单床层反应工艺流程见图7-18。

(2)沸腾床加氢。

20 世纪 50 年代国外开发了劣质重渣油的膨胀床加氢裂化工艺,催化剂在反应器内呈一定的膨胀或沸腾状态(催化剂浓度一般只为固定床的 60% ~ 70%),运行中可以将催化剂在线置换。催化剂兼有精制和裂化双重功能,可用于处理重金属含量和残炭值较高的劣质原料,实现常压渣油与减压渣油的脱硫、脱金属、降残炭和裂化,其运转周期比固定床工艺更长。

目前国外沸腾床加氢裂化工艺有 Axens 公司的 H-Oil-RC 和 Chevron 公司的 LC-Fining 两种工艺。两种工艺基本相近,二者都使用带有循环杯的沸腾床反应器,区别在于

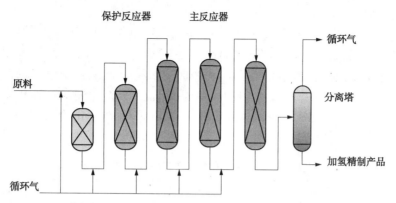

图 7-18　RCD Unionfining 单级床层反应器流程图

前者使用外循环操作方式后者使用内循环操作方式。它们的基本工艺特点为：原料油和氢气从反应器底部经分配盘进入反应器内，保持足够的气液流速使催化剂处于沸腾状。以 H-Oil-RC 工艺为例，该工艺用于生产低硫燃料油或为焦化、溶剂脱沥青和气化装置提供进料，其渣油转化率可达 40%~80%，运行周期可长达 4 年。图 7-19 为两段H-Oil-RC 工艺流程。

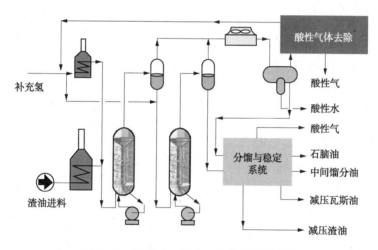

图 7-19　两段 H-Oil-RC 工艺流程示意图

（3）移动床加氢。

移动床反应器是在固定床基础上改进并发展而来的。移动床加氢工艺是先将劣质原料中的大部分金属除去，然后再将加氢油直接送至固定床反应器进行加氢反应。移动床渣油加氢工艺主要有 Chevron 公司的催化剂在线置换工艺（OCR）和壳牌公司的储仓式加氢工艺（HYCON），这两种工艺都可以实现催化剂的在线加入和排出，催化剂利用率高，装置运转周期长。目前全球有 5 套移动床渣油加氢工业装置，总加工能力达 1125×10^4 t/a，其中 OCR 工业装置 4 套，HYCON 工业装置 1 套。

由于移动床反应器和催化剂传送设备投资较大，而且后期的操作费用也较高，一般情况下，对于新建炼厂不会使用移动床加氢工艺，因此近年来该工艺研究较少，没有得到进一步的发展。

（4）悬浮床加氢。

悬浮床加氢工艺是在 20 世纪 40 年代由煤液化技术发展而来。悬浮床反应器所用催化剂或添加剂的粒度较细，呈粉状，悬浮在反应物中，可有效抑制焦炭生成。悬浮床加氢工艺依靠较高的反应温度和反应压力使原料深度裂解，获得较多的轻油产品，对所处理的原料的杂质含量基本没有限制，甚至可加工沥青和油砂。近年来，各国在悬浮床加氢的研究很活跃，许多公司也取得了不少有价值的试验数据。相关的国外技术专利所属公司和工艺见表 7-29。

表 7-29　国外悬浮床加氢工艺概况及进展情况

工艺名称	专利所属公司	工艺特点	进展
Uniflex	UOP	空筒反应器，上流式进料	$25×10^4$ t/a 工业示范
VCC	BP	管式反应器，上流式进料	$17.5×10^4$ t/a 工业示范
SOC	日本旭化成、千代田公司和日本矿业公司	原料油管式流动	$17.5×10^4$ t/a 工业示范
EST	意大利埃尼公司	空筒反应器，上流式进料	$6×10^4$ t/a 工业示范 $100×10^4$ t/a 工业装置(在建)
VRSH	Chevron 公司	空筒反应器，上流式进料	$17.5×10^4$ t/a 工业示范(在建)
HDHPLUS	Axens 公司	空筒反应器，上流式进料	10bbl/d 中试
MRH	日本出光兴产公司与美国 M. W. 凯洛格公司	空筒反应器，上流式进料	中试
M-coke	埃克森美孚公司	空筒反应器，上流式进料	中试
HFC	日本污染与资源研究所	空筒反应器，上流式进料	

由表 7-29 可知，渣油悬浮床加氢技术目前处于工业放大试验阶段，对大规模工业化还需进一步研究。目前基本成熟的只有 UOP 的 Canmet 工艺和 BP 公司的 VCC 工艺完成了工业示范，旭化成与千代田公司的 SOC 工艺和埃尼公司的 EST 工艺也达到了工业示范阶段。

另外，悬浮床加氢催化剂的金属最终沉积在尾油中，对尾油的处理也需要进一步研究；悬浮床下一步大规模工业化的经济分析也是需要重点考察的对象之一；反应器的开发、催化剂分散、尾油处理和经济性等因素是决定下一步大规模工业化与否的关键性问题。

2010 年的 NPRA 年会重点对 VCC 工艺作了介绍。

① 工艺流程和操作条件。

BPVCC 减压渣油悬浮床加氢裂化工艺的概念流程如图 7-20 所示。可以看出，这种减压渣油加氢裂化工艺实际上是悬浮床热反应系统与滴流床加氢处理系统在相同温度和压力下运行的集成工艺。链接的元件是热分离器，热分离器能确保转化产物与未转化尾油完全分离。与其他技术相比，这种集成工艺的优点是：投资省、产品质量高和热效率高。

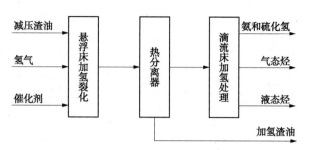

图 7-20　BPVCC 减压渣油悬浮床加氢裂化工艺的概念流程

实际工艺流程如图 7-21 所示。减压渣油与催化剂和氢气混合，经换热和加热到反应温度后进悬浮床反应器。反应系统是几台反应器串联，以克服返混的不利影响。通常反应系统的操作压力较高，为 18~23MPa。调节反应条件可使渣油(>524℃馏分)的单程转化率达到95%。原料油中的沥青质(C_7不溶物)转化率几乎达到渣油的转化水平。在热分离器中，转化产物与未转化尾油分离，未转化尾油从热分离器底部排出，进减压蒸馏塔回收馏分油后剩下的加氢渣油从减压塔底排出。回收的馏分油与热分离器顶部得到的馏分油一起在加氢处理反应器中进一步加工，含有催化剂、金属和未转化渣油的加氢渣油可以用作焦化原料，也可以外销作水泥厂燃料或气化原料。

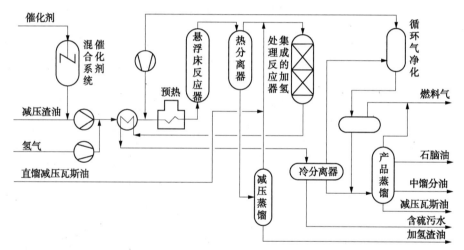

图 7-21　BPVCC 减压渣油悬浮床加氢裂化工艺流程

② 催化剂。

BPVCC 所用的催化剂是一种炼铝工业的废料或褐煤半焦并含有镍和铁，呈粉末状，其用量通常为不大于 2%(质量分数)，成本较低。

③ 工业示范装置的运行结果。

BPVCC 减压渣油悬浮床加氢裂化在单程转化率 85%，90% 和 95% 时的产品收率如图7-22 所示。石脑油、中馏分油的收率随原料渣油转化率的提高而提高，但减压蜡油的收率保持不变。气体收率随转化率的提高而提高。

加氢处理的操作苛刻度对最终的产品分布有很大影响。加氢处理在高/低苛刻度操作和悬浮床加氢裂化的产品分布如图 7-23 所示。可以看出，石脑油收率从近 10% 提高到近20%，中馏分油收率从 40% 提高到近 60%，而减压蜡油收率从 50% 下降到 20%。

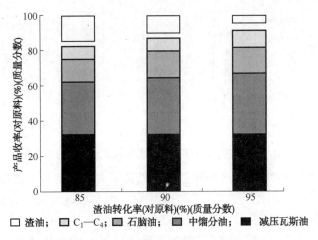

图 7-22 BPVCC 在不同转化率时的产品收率

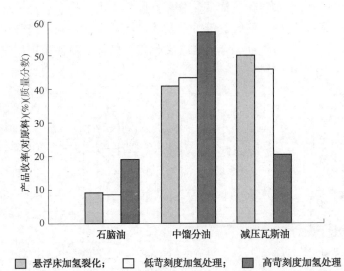

图 7-23 BPVCC 悬浮床加氢裂化/加氢处理的产品收率分布

这种灵活性可以在设计时选择空速或调节加氢处理反应器的入口温度进行控制。绝对值决定于原料，也受选用催化剂的影响和对产品质量要求的限制。产品质量高是 BPVCC 悬浮床加氢裂化的特点。表 7-30 的数据表明，石脑油质量基本符合重整原料油要求，对重整预处理装置不构成负担，经过脱硫就可进行重整；柴油符合超低硫柴油调合组分的要求；减压蜡油不经过加氢预处理就可直接用作催化裂化原料；煤油馏分的数据没有列出，但烟点大于 20mm，烛点小于 -30℃，都符合喷气燃料要求。

表 7-30　BPVCC 悬浮床加氢裂化/加氢处理的产品质量

指标	石脑油(初馏点~177℃)	中馏分油(177~343℃)	减压蜡油(343~566℃)
硫(μg/g)	~2	<10	100~300
氮(μg/g)	~2		
十六烷值		>45	

续表

指标	石脑油(初馏点~177℃)	中馏分油(177~343℃)	减压蜡油(343~566℃)
浊点(℃)		<-15	
残炭(%)(质量分数)			<0.15
金属(μg/g)			<1
用途	重整原料油	超低硫柴油组分	催化裂化原料

BP 公司认为，3500bbl/d 工业示范装置已成功运转 10 多年，主要特点是，渣油转化率在 95% 以上，高压操作，稳定性和可靠性高，可用的原料多，产品收率分布灵活，产品质量符合清洁燃料标准；炼厂加工方案的研究表明，在原油价格为 50 美元/bbl 左右时，BPVCC 悬浮床加氢裂化装置的净现值与延迟焦化相当，但在原油价格高时有很大优势。VCC 技术曾在 20 世纪 90 年代初转让给两家用户，并已准备好整套设计，后来由于炼油行业的经济环境恶化而撤销。

5. 延迟焦化技术

自 1930 年 8 月世界上第一套延迟焦化装置在美国 Whiting 炼油厂投产以来，延迟焦化技术已有 70 余年的发展历史。目前延迟焦化工艺技术已发展得较为成熟，装置投资和操作费用较低，并能将各种重质渣油(或污油)转化成液体产品和特种石油焦。可大大提高炼油厂的柴汽比，尤其是渣油/石油焦的气化技术和焦化—气化—汽电联产组合工艺的不断开发和应用，使延迟焦化工艺至今仍是渣油深度加工的重要手段。

1) 发展历程

延迟焦化工艺是一类深度热裂化过程，它的发展主要是在热裂化工艺基础上逐渐发展起来的。焦化装置采用加热炉形式以及两个焦炭塔，以便保持操作的连续性。

1929 年，美国标准石油公司在美国印第安纳州的怀亭(Whiting)炼油厂建设了世界上第一座延迟焦化工业化装置。设计处理能力为 382m³/d。

1938 年，壳牌(Shell)石油公司发明和设计了水力除焦方法，大大促进了延迟焦化工艺的发展。

随着原油的重质化，炼油企业越来越多地选择加工重质原油。由于延迟焦化能够加工廉价的重质高硫、高金属含量的渣油，柴汽比高而且焦化汽油加氢后可作为裂解乙烯装置的原料，因而延迟焦化成为渣油加工的重要技术，并成为许多炼厂优先选用的渣油加工方案。中国延迟焦化加工能力自 20 世纪 90 年代进入快速增长期(图 7-24)，2009 年达到 7500×10⁴t/a 左右。

2) 发展特点与发展趋势

延迟焦化工艺在把渣油转化为更有价值的轻质产品方面发挥着重要作用。在工艺流程、生产操作和设备设计等诸多方面均有许多发展和创新，主要体现在以下几个方面：

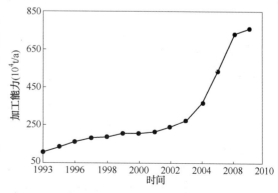

图 7-24　中国延迟焦化装置加工能力

（1）提高液收、减低焦炭收率。

炼厂是以生产液体燃料为目的，因此追求高液收、低焦炭收率也成为延迟焦化工艺发展的首要目标。为实现这一目标主要措施有：降低循环比；降低操作压力、提高操作温度；馏分油循环和减压蒸馏采取减压深拔等。

Foster Wheeler 公司为提高液体收率，开发了低压（0.103MPa）和超低循环比（0.05）的新工艺。采用该工艺的延迟焦化装置，在低压、超低循环比条件下操作，可以少产焦炭 25%，同时可以多产 10% 以上的重焦化蜡油，其残碳和金属含量仍符合催化裂化和加氢裂化装置的原料要求。

（2）提高装置的灵活性。

焦炭塔为间歇操作，焦化装置应能适应焦炭塔切换造成的波动，所以在焦化装置的设计上应具备一定的灵活性。目前，在延迟焦化装置的灵活性上工作主要集中在增强原料适应性（加工不同的原料油）、提高操作弹性、高液收或多产优质石油焦、可处理炼厂废渣和不合格油以及适应炼厂总流程变化上。

中国石化洛阳石化工程公司开发了可调循环比的延迟焦化工艺，该工艺将加热后的原料直接进入焦炭塔，而非分馏塔，分馏塔内的反应尤其热量由塔底抽出的循环油回流取走。进加热炉的循环油量可根据需要调节，从而实现可调节循环比流程。在广州石化的应用表明，可调循环比的工艺流程提高了延迟焦化装置的操作灵活性，现场可根据原料性质、产品要求处理量等情况，选择合适的循环比和操作条件，优化装置操作。

（3）提高装置的处理能力。

① 装置的大型化。

装置的大型化是提高劳动生产率、降低成本和增加效益的重要手段。因此，世界和我国的焦化装置的规模也在向大型化方向发展，见表 7-31。

表 7-31　世界及我国延迟焦化装置规模发展的趋势

国　　外			国　　内		
国外	建设时间	加工能力（10^4t/a）	炼厂	建设时间	加工能力（10^4t/a）
美国 Chevron 公司 Pasgagoula 炼厂	20 世纪 80 年代初	301	锦州石化	1989	100
加拿大 Syncor 公司油砂加工厂	20 世纪 90 年代初	365	上海石化	2000	100
加拿大 Syncor 公司 FortmeMurray 炼厂	1993	503	高桥石化	2002	140
美国 Premcor 阿瑟港炼厂	2001	440	扬子石化	2004	160
印度信诚工业公司炼厂	2003	673	惠州炼厂	2007	420
伊朗 NDC 霍尔木兹炼厂设计中	2009	520			

② 焦炭塔大型化。

随着焦化装置能力的增大，焦炭塔的设计也随之趋于大型化，见表 7-32。采用较大的焦炭塔可以减少炼厂焦炭塔的数量，但塔的寿命会受到限制。ABB Lummus 公司建议焦炭塔直径为 8200~8500mm。

表 7-32 延迟焦化装置焦炭塔大小发展趋势

时间	国外焦化装置	焦炭塔尺寸(mm)	时间	国内焦化装置	焦炭塔尺寸(mm)
1930		φ3000	20 世纪 50—80 年代		φ5400
20 世纪 70 年代		φ5400×7900			
20 世纪 80 年代		φ8200	1989	锦州石化	φ6100
20 世纪 90 年代初	美国 Chevron 公司 Pasgagoula 炼厂	φ8300×33500			
1998	F-W 为印度设计 670×10⁴t/a 装置	φ8840	2000	上海石化	φ8400×33881
1998	F-W 设计	φ8530	2002	高桥石化	φ8800×35383
2003		φ9200×36600			
2003	加拿大 Syncor 公司 油砂加工厂	φ12200×30000	2004	扬子石化	φ9400
2005	Bechtel 承包的 Sweeny 炼厂	φ9000×39000	2007	惠州炼厂	φ9800

③ 缩短生焦周期。

目前,新设计的焦化装置生焦周期一般为 16~20h。据报道,目前国外一些装置采用了 14h 的生焦周期,亦有尝试突破装置瓶颈,采用 12h 生焦周期的研究者,典型的短生焦周期的焦化装置的清焦操作时间分配见表 7-33。

表 7-33 短生焦周期的焦化装置的清焦操作时间分配

操作步聚	14h 周期	12h 周期
小吹气至分馏塔	0.5	0.25
大吹气放空	1	0.5
急冷和注水	5.5	5.5
排水	1	0.75
卸头盖	0.5	0.25
除焦	2	1.5
安装头盖及试压	0.5	0.5
暖塔	3	2.75

缩短生焦周期将大幅提高焦化装置的生产能力,但若将周期缩短到 12h,则需要采用大量的设备并进行系统瓶颈的消除。

(4)生产优质石油焦。

延迟焦化的传统应用是处理减压渣油、增加轻质油品的产量,同时副产石油焦。随着焦化技术的发展和石油焦用途的扩大,一些延迟焦化装置也在特定的操作条件下生产优质石油焦。石油焦中附加值最高的是针状焦,目前国内仅有锦州石化拥有 5×10⁴t/a 的产能。随着国内炼钢电极焦需求的增长,国内的煤系针状焦和石油系针状焦产量远不能满足国内的需求。因此,发展优质石油焦生产也是大势所趋。

3）重大关键技术

世界拥有延迟焦化专利技术和工程设计经验的著名公司有 ABB Lummus，Foster Wheeler（简称 FW），Kellogg，Conoco 和 UOP 等。其中 Lummus 有 50 多年经验，采用其技术已建成的装置已超过 50 套。FW 用其技术所建生产燃料、阳极焦和针状焦装置超过 35 套，能力超过 2088t/a。1998 年，该公司为印度 Reliance 炼油厂设计建成处理能力达 $673×10^4$t/a 的延迟焦化装置。2002 年，为委内瑞拉 Sincor 炼油厂设计处理能力为 $770×10^4$t/a 的延迟焦化装置。在美国，延迟焦化装置以 FW 公司技术为主。Kellogg 目前应用其延迟焦化技术的装置超过 35 套。Conoco 有 40 多年经验，用其技术建设装置有 15 套，其中 8 套为新建，7 套为现有装置改造。我国延迟焦化装置都是我国自己开发、设计和建设的，工艺技术达到了较高水平，其中以上海石化和锦州石化延迟焦化装置较具代表性。

（1）Lummus 的延迟焦化技术。

Lummus 的延迟焦化转化减压渣油（直馏的及加氢处理的）、各种石油残渣油和煤焦油沥青。产品有燃料气、液化石油气、石脑油、瓦斯油及燃料、电极焦或针状焦（取决于原料及操作条件）。其原理如下：经过换热后的进料送入焦化装置分馏塔的下部，在此与冷凝循环油混合。此混合物经过焦化装置加热炉，加热到所需的焦化温度，然后进入到两个焦化塔中的一个。蒸汽或锅炉给水注入加热炉炉管防止炉管结焦。焦化塔顶部出来的油汽进入分馏塔，此油汽在分馏塔中被分离成含富气、液化石油气和石脑油的塔顶馏出物，两种瓦斯油作为侧线产品和循环油，此循环油再混入进料中。塔顶馏出物进入油汽回收装置分离为多个产品，焦炭在至少是两个平行安装的焦化塔之一中生成，然后用高压水清焦。装置内还设有放空系统、焦处理和水回收系统。操作条件为加热炉出口温度 $482\sim510℃$、焦化塔压力 $0.104\sim0.62MPa$、循环比 $0\sim100\%$（体积分数）（对进料）。图 7-25 为 Lummus 延迟焦化工艺流程图。

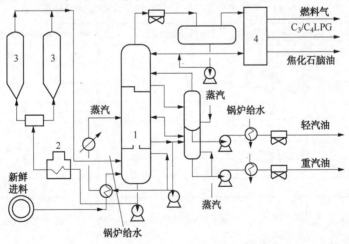

图 7-25　Lummus 延迟焦化工艺流程图

1—分馏塔；2—加热炉；3—焦化塔；4—回收装置

（2）Foster Wheeler 的可选择产率延迟焦化（SYDEC）技术。

Foster Wheeler 的可选择产率延迟焦化工艺可生产石油焦并把渣油转化为较轻的烃馏分。产品有石油焦、干气、液化石油气、石脑油和瓦斯油。对于生产燃料级焦炭的延迟焦化装置来说，该公司的技术特点是采用低压和超低循环比，以确保获得最大的液体产品收率。

① 焦炭塔的典型设计操作压力为 0.103MPa，焦化分馏塔顶受液罐压力为 0.014MPa。

② 循环比主要用来控制馏分油的干点和质量。该公司推荐采用的超低循环比为 0.05。如果下游装置允许重焦化馏分油产品有较高的干点、金属含量和康氏残炭，则循环比可以低至零。

③ 生焦周期一般为 16~18h。

图 7-26 为 Foster Wheeler 的延迟焦化工艺流程图。其原理如下：原料直接送入分馏塔，在此与循环油合在一起，用泵送入焦化加热炉。加热到焦化温度，此时发生部分气化和轻度裂化，气液混合物进入焦炭塔进一步裂化。焦炭塔顶的气体进入分馏塔分离成气体、石脑油和轻重瓦斯油。本装置至少有两个焦炭塔，一台进行焦化反应，另一台用高压水喷射清焦。

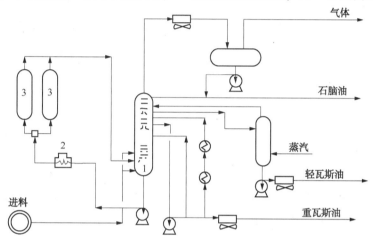

图 7-26 Foster Wheeler 的延迟焦化工艺流程图
1—分馏塔；2—加热炉；3—焦化塔

（3）Kellogg 的延迟焦化技术。

Kellogg 的延迟焦化可改质减压渣油或重芳烃物料，产品有干气、液化石油气、石脑油、瓦斯油和作燃料用的油焦或用于炼钢和炼铝工业的焦炭。图 7-27 为 Kellogg 的延迟焦化工艺流程图。其原理如下：热的渣油被送进分馏塔的底部，与冷凝的循环油混合。总进料在加热炉中被加热到合适的温度，随后在焦炭塔内发生焦化反应。焦炭塔顶部气体流入分馏塔，在此被分馏成湿气、未经稳定的石脑油、轻重瓦斯油和循环油。按前面介绍过的操作，冷凝循环油与新鲜进料混合。湿气和未经稳定的石脑油送入轻馏分回收装置，分离为燃料气、液化石油气和石脑油。此外，还需要一些辅助设备，例如封闭放空系统、焦炭切割和输送系统及水回收系统。操作条件为加热炉出口温度 482~510℃、焦化塔压力 0.10~0.62MPa、循环比 0~100%(体积分数)(对进料)。

（4）Bechtel/Conoco 公司的延迟焦化技术。

Bechtel/Conoco 公司的延迟焦化技术将渣油(包括减压渣油、沥青、溶剂脱沥青装置的沥青和燃料油)改质为更有价值的 LPG、石脑油、馏分油和瓦斯油，同时副产燃料气和石油焦。由于其低投资和灵活的产品结构，被广泛用于渣油的改质。Conoco-Bechtel 延迟焦化技术具有以下优点：①低压操作、蒸馏循环、零或最低循环专利技术。②蒸馏循环操作可灵活调节产品结构。③超短循环时间尽可能提高装置能力。④投资费用低。图 7-28 为 Conoco-Bechtel 延迟焦化工艺流程图。

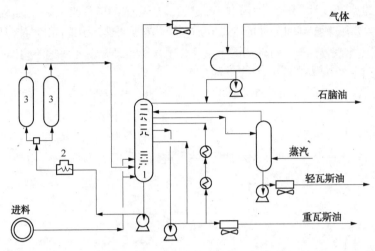

图 7-27　Kellogg 延迟焦化工艺流程图

1—分馏塔；2—加热炉；3—焦化塔；4—回收装置

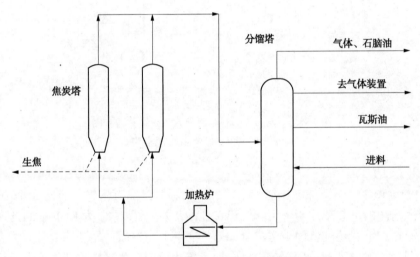

图 7-28　Conoco-Bechtel 延迟焦化工艺流程图

（5）上海石化延迟焦化技术。

上海石化延迟焦化装置由中国石化北京设计院设计，设计处理能力为 $100 \times 10^4 t/a$，按沙特阿拉伯轻质原油与阿曼原油以 80：20 及 60：40 两种方案进行设计。该装置是我国首套采用"一炉二塔"工艺的大型化新型延迟焦化装置，标志着我国延迟焦化装置的设计技术水平已经接近或达到国外近期设计水平。其设计首先从工艺流程着手，在装置加热炉设计中，引进国外双面辐射、多点注水和在线清焦新技术，采用了四管程双面辐射式炉型、加热炉和低碳火嘴的先进控制系统等。设计中还采用国内首次使用的原料预热流程等多项新技术，焦炭塔直径放大到 8.4m，高度达 34m，高径比为 4.05。此外，由于焦炭塔的大型化使水力出焦系统的设备连接部件达到国内最高的压力等级 32MPa，绞车实现变频无级调节，切焦也实现了"本安型"PLC 逻辑控制，提高了出焦系统操作的安全性。图 7-29 为上海石化延迟焦化装置原则流程图。

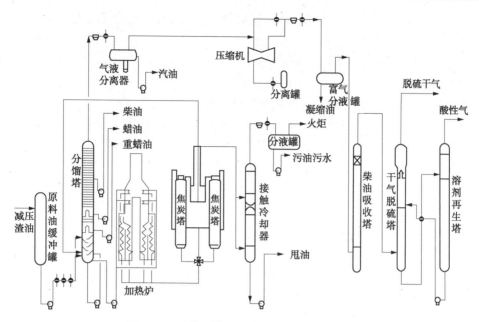

图 7-29　上海石化延迟焦化装置原则流程图

　　上海石化延迟焦化装置的建成，在较大程度上解决了含硫渣油的去向，使原油的轻油收率提高 5% 以上，汽油、柴油的产率有了较大幅度的提高，其典型产品收率见表 7-34。

表 7-34　上海石化延迟焦化装置典型产品收率

原料性质	密度（g/cm³）	0.9784	产品收率（%）	干气	6.32
	硫（%）	2.38		汽油	15.82
	残炭（%）	16.22		柴油	34.57
	凝点（℃）	28		轻蜡油+重蜡油	12.30+1.20
	运动黏度（100℃）（mm²/s）	384		焦炭	24.34

6. 汽柴油加氢技术

　　由于市场对优质中间馏分油的需求不断增长，加工高硫原油的需要，发展原油深度加工和重油轻质化、提高轻油收率、改进炼油经济效益的需求以及提高产品质量和减少环境污染的需要，加氢技术的发展和推广应用速度很快。加氢技术在石油炼制和加工领域的应用十分广泛，工艺种类很多。仅就汽柴油加氢精制而言，它是工业上解决汽柴油质量问题的最有效、最普遍的使用方法。

　　1）发展历程

　　1949 年铂重整技术的问世为加氢处理技术的发展和大量工业应用创造了前所未有的机遇，半个多世纪以来，加氢处理技术的发展可以归纳为 3 个阶段：

　　（1）起步阶段（20 世纪 50 年代）。

　　实际上是煤加氢液化中油加氢预处理技术的移植阶段。20 世纪 50 年代开发成功并开始工业应用的加氢处理工艺有：Esso 公司的 Hydrofining（1950 年），BP 公司的 Autofining（1952 年），Husky 公司的 Diesulforrning（1953 年），UOP 公司和 Union Oil 公司的 Unifning/Unionfining（1954 年），Standard Oil（Indiana）公司的 Ultrafning（1955 年），BP 公司的 Hydrofining(1955 年)，Shell 公司的 Trickle HDS(1955 年)，Sinclair 公司的 HDS(1955 年)，Houdy 公司的 HDT(1955 年)，Phillips 公司的 HDT(1956 年)，Kellogg 公司的 HDS(1956 年)，Mobil 公司的 Sovafining(1956 年)，Texaco 公司的 HDT(1956 年)，Gulf Oil 公司的 Gulfining(1957 年)等。

所有这些工艺基本上都是采用钼钴氧化铝催化剂，在中低压条件下进行重整原料油的加氢预处理，直馏和二次加工石脑油、煤油、炉用油、柴油的脱硫和提高安定性，石蜡和润滑油基础油的加氢处理。到 1960 年底，美国的原油加工能力为 $52500×10^4 t/a$，加氢处理的加工能力已占原油加工能力的 21.1%；除美国以外的世界上其他国家原油加工能力为 $58500×10^4 t/a$，加氢处理的加工能力也占原油加工能力的 6.8%。

(2) 成长阶段(20 世纪 60 年代至 80 年代)。

实际上是煤加氢液化中油加氢预处理技术的进一步改进和提高阶段。

进入 20 世纪 60 年代以后，加氢处理技术及其工业应用进入了快速发展阶段。其主要原因有以下几个方面：一是许多国家经济增长，对石油产品的需求大增，70 年代的两次石油危机以后，深度加工技术的工业应用有了新的增长，大量的二次加工油品需要精制并提高安定性；二是 60 年代初加氢裂化技术开始工业应用，大量的加氢裂化原料油都需要深度精制，特别是深度脱氮；三是 70 年代开始美国、日本等许多国家含硫原油和高硫原油的加工量大增，不仅大量的直馏汽煤柴油需要脱硫，而且减压瓦斯油也需要脱硫，催化裂化原料油需要脱硫、脱氮和芳香烃饱和。就是在这样的背景下，不仅 50 年代出现的多种馏分油加氢处理技术在工业上得到了推广应用，而且又出现了一些新技术。在加氢处理工艺方面有：BP 公司的 Ferrofining(润滑油加氢补充精制，1961 年)，Esso 公司的 Gofining(减压瓦斯油加氢脱硫，1969 年)，Chevron 公司的 CRC lsomax(减压瓦斯油加氢脱硫，1969 年)，UOP 公司和 Union Oil 公司的 Unisar(煤油、溶剂油芳香烃加氢，1969 年)，UOP 公司的 UOP Isomax(减压瓦斯油加氢脱硫，1969 年)，IFP 的 VGO HDS(减压瓦斯油加氢脱硫，1971 年)，Lummus 公司的 Arosat(煤油芳香烃加氢，1973 年)等。除加氢裂化原料油加氢预处理外，所有这些工艺都大同小异，都是中低压固定床加氢，也都先后在工业上得到推广应用。在加氢处理催化剂方面，出现了较大的进展。先后出现了钼镍氧化铝、钨镍氧化铝、钼钴氧化硅—氧化铝、钼镍氧化硅—氧化铝、用特殊载体的贵金属催化剂等。为了提高催化剂活性，采取了许多措施，如提高金属组分的含量，改变金属组分的配比，添加助剂(P，F，Ti，Zr，B 等)；催化剂的形状由锭片改变为圆柱形小条、三叶形小条、四叶形小条、五叶形小条等并减小粒径，以有利于原料油分子的扩散，并提高压碎强度、耐磨性，以降低床层压力降；改变催化剂制备方法，在改善金属分布、生成更多活性相的同时，使比表面积、孔容特别是孔分布更好地适应原料油分子大小和扩散的需要。最终使催化剂的活性、选择性、稳定性有了大幅度提高，从而使反应温度、反应压力、氢油比降低，空速提高，既降低了能耗延长了运转周期，又降低了生产成本。所有这些进展，使加氢处理技术较好地适应了不同原料油脱硫、脱氮、芳香烃饱和等的要求，满足了生产的需要。到 1990 年底，美国炼油厂加氢处理的加工能力已占原油加工能力的体积比为 59.6%，日本为 80.6%，全球(不包括原苏联地区等)为 45.4%。

中国的馏分油加氢处理技术源于 20 世纪 50 年代在抚顺石油三厂实现工业生产用硫化钼—活性炭催化剂和硫化钨催化剂的油页岩混合轻油的加氢精制。60 年代以后随着大庆、胜利等油田相继开发，我国炼油厂加工国产原油的数量逐年增加，中国石化石油化工科学研究院(RIPP)、中国石化抚顺石油化工研究院(FRIPP)等科研、生产企业首先开发了重整原料油加氢预处理的钼钴氧化铝和钼镍氧化铝催化剂,后来又采取提高金属组分含量、添加磷、氟等助剂,提高氧化铝纯度和制备特定孔结构的载体等多种措施,开发了用于二次加工汽柴油、石蜡、凡士林及润滑油基础油加氢处理的催化剂近 20 种,在 4.0MPa 压力下含氮量为 660μg/g 的催化柴油加氢处理和在 6.0MPa 压力下含氮量为 2000μg/g 的焦化柴油或渣油催化裂化柴油的加氢处理技术均在工业上得到应用。到 2002 年,我国加氢处理装置的加工能力为 7100×10^{4}t/a。

(3)提升阶段(20 世纪 90 年代至今)。

实际上是适应油品升级换代和炼厂装置结构调整的加氢处理技术的创新阶段。

1990 年美国国会通过清洁空气法修正案(CAAA),开始对汽油组成作出规定,限制汽油中的苯、芳香烃、烯烃和硫含量,并用含氧化合物替代芳烃和烯烃来提高汽油辛烷值。这种汽油在美国称为"新配方汽油(RFG)",其他国家称为清洁汽油。2005 年欧洲议会要求执行平均含硫为 30μg/g 的超低硫汽油规格,这是世界上最严格的清洁汽油标准。

表 7-35 和表 7-36 分别列出了国外汽柴油典型的规格指标值。可以看出,汽油规格主要对降低硫含量、降低苯含量、降低芳香烃含量、降低烯烃含量,对氧含量、蒸气压有一定要求;柴油规格中主要对硫含量、芳香烃含量、密度和馏出点温度有一定限制,对十六烷值和十六烷值指数等提出了最低限要求。我国与国外发达国家相比,国内汽柴油质量仍有较大差距。

未来汽油要求进一步降低芳香烃、烯烃、苯、硫、雷德蒸气压(RVP),尤其要降低汽油中含硫量。由于催化裂化汽油(FCC 汽油)是汽油的主要成分,也是汽油中硫的主要来源(占 86% 以上)。因此,欲降低汽油总体硫含量,就必须降低 FCC 汽油的含硫量。加氢精制技术不但能脱除汽油等馏分油中硫醇性硫,而且还能较好地脱除其他较高沸程汽油中含有的较多的噻吩和其他杂环硫化合物。此外,十六烷值作为评价柴油质量的重要指标之一,要求柴油加氢精制时除了深度脱硫外,还要尽可能降低柴油中芳香烃的含量。高质量的柴油应具备低硫、低芳香烃和高十六烷值等性能。为了满足不断苛刻的汽柴油标准的油品生产要求,加氢精制工艺必然得到广泛应用。

表 7-35 国内外车用汽油规格

项目	美国 1990 平均	美国新配方 1995.1	加州新配方 1996.3	美国第Ⅱ阶段 2000	欧盟 2000	欧盟 2005	欧洲议会 2000	欧洲议会 2005	世界燃料宪章 Ⅱ	世界燃料宪章 Ⅲ
硫(μg/g)	<338	不超过 1990 年水平	<40	140~170	<150	<50	<150	<30	<200	<30
苯(%)(体积分数)	<1.6	1.0	<1.0	<1.0	<1.0	<1.0	<1.0	<1.0	<2.5	1
芳香烃(%)(体积分数)	<28.6	25	<25	<25	<42	<35	<35	<30	<40	<35
烯烃(%)(体积分数)	<10.8	不超过 1990 年水平	<6	6~10	<18	<18	<14	<14	<20	<10
氧(%)(质量分数)	0.0	2.0	>2.0	1.6~3.5	<2.7	<2.3	<2.7	<2.7	<2.7	<2.7
蒸气(kPa)	<60		<48	46.2~51.8[①]	<60	<60	<60	<60		

①为体积分数。

表7-36　国内外车用柴油规格

项目	美国环保局	加州CARB	加州CARB新配方	欧盟1996年	欧盟2000年	欧洲议会建议	世界燃料宪章 Ⅱ	世界燃料宪章 Ⅲ
硫(μg/g)	≤500	≤500	≤200	≤800	≤350	≤50	≤300	≤30
密度(15.6℃)(%)(质量分数)	<0.8760	0.8299~0.8602		0.8200~0.8600	<0.8448	<0.8251	0.820~0.850	0.820~0.840
芳香烃(%)(质量分数)	≤36	≤10①	15~25①				≤25	≤15
稠环芳香烃(%)(质量分数)		≤1.4	2.2~4.7		≤11	≤1	≤5	≤2
十六烷值		≥48	55~59	≥49	≥51	≥58	≥53	≥53
十六烷值指数	≥40							
90%馏出点(℃)	≤338	228~321						
95%馏出点(℃)		305~349	304~350	≤370	≤360	≤340	≤355	≤340

①为体积分数。

2) 发展特点与发展趋势

生产清洁汽油的技术特点是既要降低硫含量和烯烃含量，又要保持汽油辛烷值和收率不降低。而清洁汽油中的硫(98%左右)和烯烃(90%左右)基本上都是来自催化汽油组分，所以降低催化汽油的硫和烯烃含量又保持辛烷值和收率不降低就成了生产清洁汽油的难点。因此，未来一段时间内，汽油加氢改质技术的发展趋势应包括如下几方面：

(1) 脱硫降烯烃的幅度要大，脱硫的同时降烯烃不小于30个百分点；

(2) 辛烷值损失小，氢耗低，开发高度异构化、适度芳构化的新型催化剂将烯烃转化为芳香烃和异构烃以减少辛烷值损失，同时降低氢耗；

(3) 液收高，催化剂抗积炭能力强，选择性高；尽量减少裂解反应生成气体副产物，适度控制氢转移反应延缓催化剂结焦失和；

(4) 工艺要简单，最好能直接处理全馏分汽油，不必对油品进行蒸馏切割，减少装置投资。

生产清洁柴油的技术特点是所有柴油组分特别是催化柴油、焦化柴油组分，既要深度脱硫又要深度脱芳香烃提高十六烷值，投资和生产成本都不能太高。因此，柴油加氢改质技术的发展方向应为：

(1) 开发活性更高、稳定性更强的加氢催化剂，以更好的满足市场的需求；

(2) 改进反应器及器内构件(如分配器等)设计、工艺流程改进、过程自动控制等手段来提高超低硫柴油生产的经济性；

(3) 针对芳香烃含量、十六烷值、密度、馏出95%时的温度T_{95}、冷流动性等方面的质量要求，开发成套组合技术；

(4) 开发柴油加氢改质降凝技术。

3) 重大关键技术

加氢精制过程的研究和运用，根据不同的阶段发展不同特点的工艺技术，因而加氢精制过程种类繁多。根据加工油品性质的不同，分为汽油加氢精制和柴油加氢精制。表7-37列出了目前工业应用中一些典型的工艺过程和催化剂。

表 7-37　国内外典型的汽柴油加氢技术和催化剂

技术种类	国 外	中国石化	中国石油
选择性加氢脱硫技术	Axens 的 Prime-G+技术、Exxon-Mobil 的 SCANfining、UOP 的 Select-fining 和 CDTech 的 CDHydro/CDHDS 脱硫技术	RSDS, OCT-M, RIDOS, 全馏分 FCC 汽油选择性加氢技术 (FRS), OTA	选择性加氢脱硫技术 (DSO)、高脱硫选择性催化裂化汽油加氢改质催化剂及工艺技术 (GARDES)
深度加氢脱硫生产超低硫柴油技术	Axens 公司的 Prime-D 柴油加氢工艺、UOP Unicracking™ 技术、杜邦的 IsoTherming 技术、AkzoNobel 的超深度加氢脱硫技术、DS2Tech 公司开发出先进的馏分油氧化脱硫工艺、Criterion 公司的两段加氢处理生产超低硫低芳香烃柴油技术、芳香烃选择性开环生产清洁柴油	FRIPP 开发了最大限度改善劣质柴油十六烷值 (MCI) 技术, RIPP 开发了提高十六烷值加氢技术 (RICH), FRIPP 开发了采用两段法芳香烃饱和生产低硫和低芳香烃柴油的工艺、柴油加氢改质异构降凝 (FHI) 技术、中压加氢改质 (MHUG) 技术、焦化 LCGO 和直馏含硫柴油加氢技术	具有常规柴油加氢精制技术的设计能力
加氢处理催化剂技术	Haldor Topsoe 生产超低硫柴油和催化裂化进料预处理的新一代 BRIM™ 催化剂、Criterion 第三代生产超低硫油加氢处理催化剂、Albemarle 开发的加氢裂化和加氢处理的 NEBULA 催化剂	FRIPP 的 481 系列催化剂和 FH 系列催化剂　FRIPP 的 RN 系列催化剂和 RS 系列催化剂	FDS-1 硫化型柴油加氢精制催化剂　PHF 柴油加氢精制催化剂

（1）汽油加氢工艺技术。

世界上大多数国家的车用汽油主要由催化汽油组成，降低催化汽油含硫量是降低成品汽油含硫量的关键。催化裂化汽油含硫量是催化裂化原料油中含硫量和硫类型的函数。催化裂化汽油硫的分布情况如下：轻汽油（初馏组分 C_5，终馏点 120℃）占催化汽油的 60%，含硫量占催化汽油含硫量的 15%；中汽油（120~175℃）占催化汽油的 25%，含硫量占催化汽油含硫量的 25%；重汽油（175~220℃）占催化汽油的 15%，含硫量占催化汽油含硫量的 60%。针对催化汽油硫的分布情况，近年来，美国 ExxonMobil 公司开发了 SCANfining 工艺，法国 IFP 开发了 Prime-G 工艺，委内瑞拉国家石油公司（PDVSA）研究开发公司（Intevep）和美国 UOP 公司联合开发了 ISAL 工艺，美国 Mobil 公司开发了 Octgain 工艺，美国催化蒸馏技术公司开发了 CDHydro/CDHDS 等。这些新工艺的共同特点：降低硫含量的同时，减少氢耗和烯烃饱和，使汽油辛烷值的损失降到最低。

① ExxonMobil 公司开发的 SCANfining 加氢脱硫技术。

美国 ExxonMobil 研究与工程公司开发的 SCANfining 技术于 1998 年宣布实现工业化生产，是一种常规固定床汽油加氢脱硫工艺，工艺流程见图 7-30。催化汽油进料和氢气首先进入双烯烃饱和器对双烯烃进行饱和，以免双烯烃在换热器和反应器中结垢。饱和后的物流通过装有 RT-225 催化剂（由 ExxonMobil 公司与 Akzo Nobel 公司联合开发，是专为取得较高的 HDS/烯烃饱和比而设计的）的 SCANfining 固定床反应器进行反应，反应物流冷却分离。

来自分离器的氢气用胺洗涤脱除 H_2S 后循环使用。

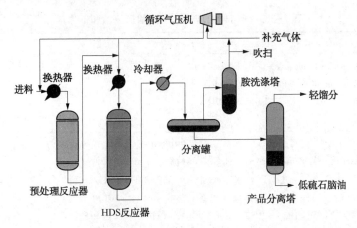

图 7-30　SCANfining 典型工艺流程图

SCANfining 加氢脱硫技术已有两代：第一代技术是 SCANfining Ⅰ，第二代技术为 SCAN-fining Ⅱ。

如果炼厂的催化裂化原料油经过加氢预处理，采用 SCANfining Ⅰ 技术可以生产超低硫汽油，但有少量辛烷值损失。已经投产运用该技术的装置见表 7-38。其中有些用全馏分汽油作原料，也有一些用催化中汽油或重汽油作原料。为了满足更加严格的环保要求，该公司致力于进一步降低车用汽油硫含量，并且已经取得了较大进展，开发的第二代 SCANfining 工艺，硫含量可进一步降低到 $10 \sim 50\mu g/g$，并使辛烷值损失减小到第一代工艺的 50%，已投产运用该技术的装置见表 7-38。

表 7-38　第二代 SCANfining 的性能

项　　目		A	B	C	D
催化裂化汽油进料性质	API 重度(°API)	48.0	43.1	41.0	54.8
	硫含量($\mu g/g$)	3340	2874	2062	808
	硫醇硫含量($\mu g/g$)	0	11.6	29.5	11.3
	溴值[g(Br)/(100g)]	50.7	38.5	34.3	53.4
	芳香烃含量(体积分数)[1](%)	37.5	48.2	51.9	28.2
	烯烃含量(体积分数)[1](%)	32.8	23.0	20.7	34.9
	饱和烃含量(体积分数)[1](%)	29.7	28.8	27.4	36.9
馏程[2](℃)	10%	171	178	207	118
	50%	258	281	323	230
	90%	344	419	421	358
产品硫含量($\mu g/g$)		8.0	12.0	16.5	9.1
脱硫率(%)		99.8	99.6	99.2	98.9
烯烃饱和率(%)		47.9	45.2	34.0	33.3
估计抗爆指数损失		3.8	2.3	1.1	2.4

① 荧光指示剂法。

② 气相色谱模拟蒸馏。

与第一代技术相比，第二代技术很容易地达到硫含量低于 $10\mu g/g$ 的要求，还能使辛烷值的损失减少一半，当然要追加一定的投资。在开发第二代 SCANfining 的过程中，对范围很宽的各种原料都进行了试验。在所有各种情况下都显示了很高的选择性和优良的辛烷值水平。所选用的各种进料中的硫含量为 $808\sim3340\mu g/g$，烯烃含量（体积分数）则为 $20.7\%\sim34.9\%$。将进料中的硫脱除到 $10\sim20\mu g/g$（$99\%\sim99.8\%$ 脱硫率）时烯烃被饱和的不多，为 $33\%\sim48\%$。SCANfining II 适用于高硫催化汽油加氢脱硫，生产低硫汽油或超低硫汽油，有少量辛烷值损失。在中试装置上已通过长期运转，证实是一项工业上可行的技术，目前至少有两套工业装置在设计之中，见表 7-39。该工艺 C_5 液收超过 100%。

表 7-39 ExxonMobil 公司部分 SCANfining 汽油脱硫工艺装置投用情况

序号	公司	位置	进料	采用的技术	状态
1	Bazan ORL	以色列	全馏分石脑油	I 代	2002 年开工
2	Bazan ORL	以色列	全馏分石脑油	I 代（改造）	2000 年开工
3	ExxonMobil	加拿大	全馏分石脑油	I 代	设计
4	Frontier	美国	全馏分石脑油	I 代	设计
5	许可	美国	全馏分石脑油	I 代	设计
6	许可	美国	全馏分石脑油	I 代	设计
7	许可	美国	全馏分石脑油	II 代	设计
8	StatOil	挪威	全馏分石脑油	I 代	建设中
9	Williams	美国	全馏分石脑油	I 代	设计
10	ExxonMobil	法国	中馏分石脑油	I 代	1999 年开工
11	LG-Caltex	韩国	中馏分石脑油	I 代（改造）	2001 年开工
12	许可	美国	中馏分石脑油	I 代（改造）	2001 年开工
13	ExxonMobil	美国	中 & 重馏分石脑油	I 代（改造）	1995 年开工
14	ExxonMobil	加拿大	中 & 重馏分石脑油	I 代	设计
15	ExxonMobil	美国	中 & 重馏分石脑油	II 代	设计
16	ExxonMobil	美国	中 & 重馏分石脑油	II 代	设计
17	许可	美国	中 & 重馏分石脑油	I 代（改造）	2001 年开工
18	许可	美国	中 & 重馏分石脑油	I 代（改造）	设计
19	许可	欧洲	中 & 重馏分石脑油	II 代	设计

为了生产小于 $10\mu g/g$ 的汽油，ExxonMobil 公司与 Merichem 公司合作，开发了 SCANfining 和 EXOMER 工艺的组合工艺，EXOMER 工艺对 SCANfining 工艺产物中的含硫化合物进一步抽提。目前有几个炼厂正在对 SCANfining 与 EXOMER 组合工艺进行评价。

② Axens 公司开发的 Prime-G+超深度汽油脱硫技术。

Axens 公司（由 IFP 的 Licensing division 和 IFP 在北美的 Procatalyse Catalyst&Adsorbents 合并组建）提出了生产低硫催化裂化汽油技术——Prime-G 和 Prime-G⁺。

最初开发的 Prime-G 技术是把 127℃ 以上的催化重汽油加氢脱硫，调合得到的成品汽油可以实现含硫 $100\sim150\mu g/g$ 的目标。Prime-G 技术脱硫的思路主要是基于单一脱硫催化剂实现含硫 $150\mu g/g$ 的目标。对高选择性脱硫需求的增加，导致 Prime-G 技术进一步改进，推出了采用双催化剂系统的 Prime-G⁺工艺。该过程包括在分馏塔上游设一个逆流选择性加氢反应器，在此反应器中发生 3 种主要反应：双烯烃加氢饱和；烯烃双键异构化；硫醇转化为更重的硫化物。选择性加氢与分馏塔联合使用，其优势在于：生产低硫、无硫醇的 LCN馏分油，这部分馏分可根据需要进一步加工，如醚化或烷基化；保护 HCN 加氢脱硫部分，防止 HCN 馏分油中二烯参加反应引起压降上升及缩短催化剂运转周期。由分离塔分离出的重 FCC 石脑油再进入 Prime-G⁺双催化剂反应器系统，获得超低硫汽油。Prime-G⁺的典型工艺流程见图 7-31，工业应用结果见表 7-40。

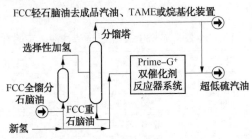

图 7-31　Prime-G⁺工艺典型流程

表 7-40　Prime-G⁺工艺的工业应用结果

全馏分 FCC 汽油，40~220℃	进　料	Prime-G⁺产物
硫含量($\mu g/g$)	2100	50
(RON+MON)/2	87.5	86.5
Δ(RON+MON)/2	—	1.0
%HDS	—	97.6

注：调合后可使汽油池硫含量不大于 30$\mu g/g$。但在德国开工的两套装置汽油池硫含量已经低于 10$\mu g/g$。

到 2002 年 1 月为止，共有 43 套 Prime-G 和 Prime-G⁺装置获得许可，有 9 套装置已经工业运转，获得许可装置的总加工量超过 110×10⁴bbl/d(约 550×10⁴t/a)。这些装置应用范围如下：原料加工能力为 3000~100000bbl/d 及以上[(1.5~50)×10⁴t/a]，可加工硫含量为100~4000$\mu g/g$ 及以上的原料，产品硫含量可低于 10$\mu g/g$。Prime-G⁺工艺流程以固定床反应器和传统的蒸馏装置为基础，可适合用于任何炼厂结构，可以处理其他裂化汽油，如热裂化、焦化或减粘裂化汽油等。

估计 Prime-G⁺工艺装置的界区内投资约为 600~800 美元/(bbl·开工日)。

Prime-G⁺工艺目前有数十套装置已经在工业运转之中。其中头两套工业化装置于 2001年在德国投产。第一套装置加工能力 1.8×10⁴bbl/d(约 9×10⁴t/a)，设计将硫含量从 550$\mu g/g$降低到 10$\mu g/g$。除了可加工本厂的 FCC 石脑油外，还具有加工蒸汽裂解石脑油的操作弹性。装置开工以来，产品硫含量一直控制在 10$\mu g/g$ 以下；第二套装置由一套现有加氢装置改建而成，加工含硫 400$\mu g/g$ 的 C$_{6+}$FCC 石脑油，加工能力 21500bbl/d(约 10.75×10⁴t/a)。尽管开工期间得到了硫含量在 10$\mu g/g$ 以下的产品，但目前该炼厂不需要控制该指标，该工艺装置可利用操作弹性生产硫含量不同(一般可在 5~60$\mu g/g$ 范围内波动)的产品。

③ 中国石油公司开发的高脱硫选择性催化裂化汽油加氢改质技术(Gardes)。

中国石油天然气集团公司开发的 Gardes 技术通过两段加氢工艺：一段选择性加氢脱硫(控制脱硫率在 60%~80%)，二段采用辛烷值恢复技术降低辛烷值损失、同时补充性脱硫。

针对硫含量小于300μg/g的FCC汽油采用全馏分加氢工艺路线，针对硫含量大于300μg/g的FCC汽油采用切割后对重馏分进行加氢的工艺路线，可以满足国Ⅳ汽油的质量标准。

该技术具有脱硫选择性高、辛烷值恢复能力强、液体收率高、能量利用率高、化学氢耗低等特点，在中国大连石化公司20×10⁴t/a工业应用试验装置上的运转结果表明，采用FCC汽油为原料，烯烃降低15~18个百分点，改质后的FCC汽油达到了硫含量小于50μg/g，辛烷值损失1.0个单位，收率保持在99%以上，解决了目前FCC汽油改质领域内烯烃大幅降低辛烷值损失大的技术难题。Gardes工艺流程见图7-32。

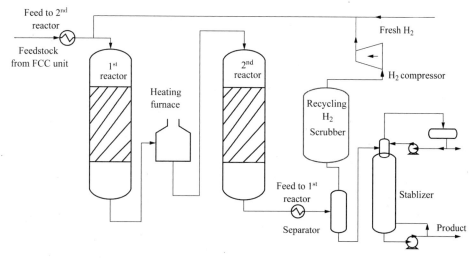

图7-32　20×10⁴t/a催化汽油加氢改质装置原则流程图

④ 中国石油公司开发的催化裂化汽油加氢脱硫技术（DSO）。

DSO技术是中国石油天然气集团公司针对我国目前催化汽油高硫、高烯烃的特点所开发的一种加氢脱硫活性高、辛烷值损失少、液收高的新型汽油加氢脱硫技术，可直接生产满足国Ⅳ标准清洁汽油组分，工艺流程见图7-33。

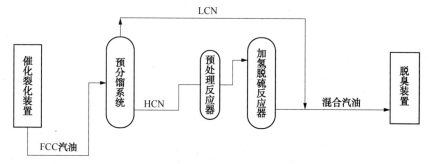

图7-33　DSO-FCC汽油加氢脱硫技术工艺流程图

该技术在中国玉门炼化总厂32×10⁴t/a汽油加氢工业试验装置上一次开车成功。工业试验结果表明，DSO技术工艺流程灵活，原料适应性强，反应条件缓和（反应温度与同类技术相比低10~30℃），脱硫率高，辛烷值损失小，液收高，能够满足工业装置长周期稳定运行。

通过与其他技术相比（表7-41），中国石油开发的DSO技术处理的原料烯烃含量更加恶劣，原料适应性强(从高硫高烯烃原料到低硫低烯烃原料均可加工)，反应条件缓和(反应温度与同类技术相比低 10~30℃)，脱硫率高，辛烷值损失小，液收高，能够满足工业装置长周期稳定运行，具有良好的工业应用前景和较强的市场竞争能力，可为企业创造较大的经济效益。

表 7-41　国内外 FCC 汽油选择性加氢脱硫技术比较

技术名称		中国石油		中国石化		Axens	
		DSO		OCT-M	RSDS	OCTMD	Prime-G⁺
应用地点		玉门<70μg/g	玉门<50μg/g	锦州	上海	华北	大港
反应条件	压力(MPa)	1.9	1.7	1.7	1.84	1.8	1.8
	氢油体积比(m³/m³)	259	280	275		357	
	空速(h⁻¹)	2.19	1.6	3.2	3.54	2.0	2.1
	入口反应温度(℃)	238	238	240	269	247	270
原料	硫(μg/g)	320.3	262	242	340	611	151
	烯烃(%)(体积分数)	57.5	53.9	36.9	51.6	49	38.8
	辛烷值	92.4	91.7	90.0	95.3	93.3	92
产品	硫(μg/g)	59.3	46	76.2	69	161	40
	脱硫率(%)	81.5	82.4	68.5	79.7	73.6	73.5
	烯烃(%)(体积分数)	51.7	48.0	31.3	46.9	41.09	34.9
	辛烷值	91.7	90.5	88.2	94.4	92.1	91.2
	辛烷值损失	0.7	1.2	1.8	0.9	1.1	0.8

第二节　未来 20 年炼油技术发展展望

随着全球政治经济形势的变化，以及化石能源的耗尽，未来的炼油工业将面临着原料和产品的双重挑战。原油的重质化与劣质化、环保要求越来越苛刻，将促使炼油技术向高效地加工重质原料、节约能源、降低成本和发展替代燃料方向发展。

一、世界炼油工业面临的挑战

1. 原油重质化与劣质化

自 20 世纪 60 年代以来，石油一直在世界能源生产和消费中占主导地位，随着对石油的开采与利用，原油的重质化已经成为不争的事实。剑桥能源研究协会(CERA)预测 2010 年以后原油的总量(不包括凝析油)将不会有大的变化，但部分原油(如超重原油)的供应量将增加。

1) 重质原油比例增加

从长期的角度来说，随着轻质原油的耗尽，重质原油的比例增加将是一个必然的趋势。OPEC 预测重质原油产能将从 2007 年的 940×10⁴bbl/d 增至 2020 年的 1250×10⁴bbl/d，增长率为 33%，占全球原油的比例也将从 12% 提高到 14%(图 7-34)，2015 年全球原油 API 重度的平均值将上升到 34.1°API，到 2030 年又将下降到 33.8°API(图 7-35)。目前全球已探明但尚未开发的 1050 个油田的可采重油(API 重度小于 27°API)储量约为 320×10⁸bbl(表 7-42)。

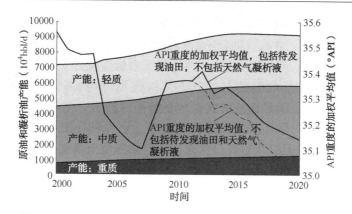

图 7-34　2000—2020 年世界轻质、中质、重质原油产能变化

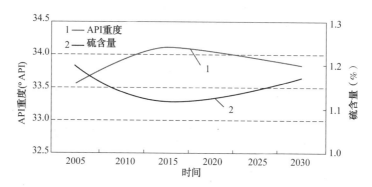

图 7-35　2005—2030 年世界原油 API 重度和硫含量的变化

表 7-42　世界未开发的大型重质油田

国家	储量超过 $1×10^8$ bbl 的重质油田数量（个）	可采储量（$×10^8$ bbl）	储量的 API 重度加权平均值（°API）	储量的相对密度 d_{20}^4 加权平均值
伊拉克	20	65.78	19	0.9395
巴西	21	60.05	18	0.9428
沙特阿拉伯	10	56.84	23	0.9120
俄罗斯	4	16.38	24	0.9061
安哥拉	7	1250	22	0.9180
厄瓜多尔	3	11.38	15	0.9623
伊朗	5	8.43	19	0.9365
墨西哥	2	7.79	21	0.9241
美国	4	7.35	21	0.9241
英国	3	3.72	19	0.9365
尼日利亚	2	3.37	20	0.9302
秘鲁	2	2.26	16	0.9556
总的 API 重度平均值	—	—	20.05	0.9299

2）原油含硫量日益增高

CERA 预测，全球液体原料的硫含量将从 2007 年的 1.2% 降至 2010 年的 1.1%，到 2020年又会上升到 1.2%。未来美国和欧亚地区的原油硫含量将升高，美国尤其是墨西哥湾原油

的硫含量将从 2007 年的 1.0% 上升到 2020 年的 1.2%；欧亚地区的原油硫含量将从 2007 年的 0.9% 上升到 2020 年的 1.0%，但其他地区的低硫原油将削弱这两个地区对世界原油整体硫含量的影响（图 7-36）。OPEC 对全球液体原料硫含量变化趋势的预测与 CERA 相似，认为 2015 年全球原油硫含量平均值将从 2005 年的 1.2% 下降到 1.1%，2030 年将回升到 1.2% 左右（图 7-35）。

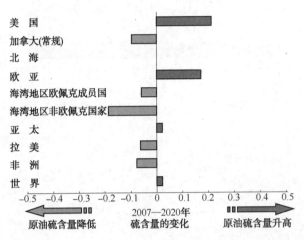

图 7-36　2007—2020 年世界不同地区原油和凝析油硫含量的变化趋势

2. 环保要求更加苛刻

随着全球性的环境保护要求日趋严格，油品质量规格不断提高，炼厂排放要求日益严格，对炼油工业提出更高要求。

1）清洁油品标准更为严格

为了改善环境，世界各国对清洁燃料标准的要求不断提高。车用燃料清洁化的总趋势是低硫和超低硫。汽油要求低硫、低烯烃、低芳香烃、低苯和低蒸气压；柴油要求低硫、低芳香烃（主要是稠环芳香烃）、低密度和高十六烷值。

目前国际上汽车排放法规主要分为三大体系，即美国排放法规、欧洲排放法规和日本排放法规，其他各国基本上是按照或参考这三大体系来制定本国的排放法规。2009 年 9 月 1 日起，欧盟范围销售和行驶的民用车辆执行欧 V 标准，车用油的硫含量由 $50\mu g/g$ 降到 $10\mu g/g$，而将于 2014 年 9 月在欧洲实施的欧 VI 标准则更加严格。日本、韩国、新加坡和我国香港早在 2005 年就规定汽油和车用柴油硫含量都要低于 $50\mu g/g$。部分发展中国家也正在加快车用燃料升级的步伐。

2）对室温气体排放的限制

21 世纪以来，由人类活动产生的温室气体排放造成的全球气候变化问题被提上了日程。2005 年 2 月旨在限制二氧化碳及其他温室气体排放的《京都议定书》正式生效，要求 39 个发达国家在 2008—2012 年将其温室气体排放量在 1990 年基础上平均减少 5.2%。《京都议定书》列出的 6 种主要的温室效应排放气体是：二氧化碳、甲烷、一氧化二氮、氢氟烃、全氟化碳、六氟化硫。其中二氧化碳是头号温室气体。2009 年底，国际社会在丹麦哥本哈根召开的气候变化大会上确定了 2012 年后 CO_2 的减排目标。

为了履行《京都议定书》，目前一些发达国家已开始要求企业及时报告 CO_2 排放情况。

欧盟 2005 年开始实施《欧盟温室气体排放贸易体系》，确定了每个国家的 CO_2 排放限额，同时要求 CO_2 排放量每年超过 $2.5×10^4t$ 的炼厂和化工厂必须加入其国家配额计划并给予一定的 CO_2 排放许可量。例如，壳牌位于荷兰的 $2000×10^4t/a$ 炼厂被分配了 $660×10^4t/a CO_2$ 排放限额，超过此许可量将被处以 40 欧元/t 的罚款。2009 年 12 月，美国环保局依据《清洁空气法案》，认定温室气体属于污染物。随后加利福尼亚州通过一项低碳燃料标准，到 2020 年，在加州销售的汽车燃料，不论是汽油、柴油等石化燃料，还是利用玉米提取的乙醇，其碳含量必须降低 10%。这就要求炼油企业必须采取相应技术措施，从燃料的生产到加工、消费环节，努力提高燃料清洁度，或者采购并销售其他清洁的可替代能源。

对温室气体排放的限制将迫使炼油企业不得不通过提高能效、降低能耗、使用低碳能源或通过清洁发展机制（CDM）、排放贸易（ET）等机制来满足排放限额，从而增加炼厂的成本，缩小盈利空间。

3）对 SO_2、CO 和 NO_x 排放的限制

由于炼厂空气质量法规的制定越来越严格，不仅对新建装置的排放进行控制，对老装置的排放也要求和新装置在同一水平。对 SO_x，NO_x 和 CO 排放的严格限制，促进了排放控制技术的快速发展。

在美国，主要有 3 个条例影响着炼厂 SO_2，CO 和 NO_x 的排放限值，分别是：《新污染源执行标准》（NSPS）、《空气污染物国家排放标准》（炼厂 MACT Ⅱ）和美国环境保护总署（EPA）的强制措施及其承诺法令。《新污染源执行标准》（NSPS）要求新建的和进行重大改造的炼厂装置进行烟气排放监控。《空气污染物国家排放标准》对所有现有炼油装置规定了颗粒物和 CO 排放物的允许污染水平，其限值和当前 NSPS 要求相同。据估计，在美国运转的近 100 套 FCC 装置中，约有一半需安装污染控制设备以便将颗粒排放物减少到 MACT Ⅱ 所要求的水平。美国环保总署还制定法令规定：在有 SO_2 控制设备时 SO_2 排放降至 $23\mu g/g$ 以下 NO_x 排放降至 $20\mu g/g$ 以下。

3. 非常规重质液体原料比例增加

在非常规液体原料包括天然气凝析液（NGL）、凝析油、生物燃料、天然气合成油（GTL）、煤合成油（CTL）等轻质液体原料和超重原油、油砂沥青、页岩油等重质液体原料。

其中在重质液体原料方面，目前储量最大并已实现经济开采的是委内瑞拉奥利诺科油带（Orinoco Belt）的重油和加拿大阿尔伯塔省（Alberta）的油砂资源。CERA 预测委内瑞拉超重原油和加拿大油砂沥青的产能将从目前的 $200×10^4bbl/d$ 增加到 2020 年的 $460×10^4bbl/d$，美国能源信息署（EIA）预测，2030 年油砂沥青将是最主要的非常规原油，供应量将达到 $420×10^4bbl/d$，委内瑞拉超重原油将达到 $130×10^4bbl/d$（图 7-37）。

二、未来炼油技术的发展趋势

从长期看，世界原油质量的重质化和劣质化将是发展的必然趋势，同时环境保护的压力也越来越大。重油加工技术的突破将成为未来 20 年的研究重点，而以委内瑞拉重油和加拿大 Alberta 的油砂为代表超重质原油也将越来越多地进入炼厂的视线，同时石油焦制氢将成为解决高硫石油焦出路的一个切实可靠的方案。另外，越来越严格的燃料规格也使清洁燃料

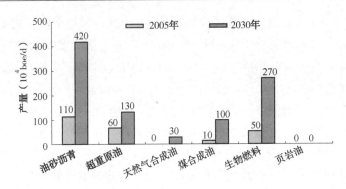

图 7-37　2005—2030 年世界非常规液体原料的产量变化

生产仍为炼油技术发展的持续热点，而石油替代燃料技术逐渐走向成熟，藻类尤其是微型藻类的能源化利用有望破解"后石油时代"的能源危机。

1. 清洁燃料技术仍是发展的主流

车用燃料清洁化的总趋势是低硫和超低硫，并从低硫向低苯和低碳发展。汽油要求低硫、低烯烃、低芳香烃、低苯和低蒸气压；柴油要求低硫、低芳香烃（主要是稠环芳香烃）、低密度和高十六烷值。目前欧盟汽油质量已达欧Ⅳ标准，硫含量低于 $50\mu g/g$，欧洲部分国家和日本车用汽油硫含量已达到 $10\mu g/g$，美国已达到低于 $50\mu g/g$ 的水平。

为了以较低的成本生产合格的清洁燃料，各大石油公司、技术开发商和催化剂生产商均将清洁燃料生产技术作为重点进行攻关，推动了世界炼油业加快发展清洁燃料的步伐。清洁汽油的生产技术发展方向是进一步降低汽油的硫、苯、芳香烃和烯烃含量，提高辛烷值、氧化安定性和清净性，其中，脱硫成为研发的重中之重。

1）传统的加氢技术将进一步改进

根据汽油加氢脱硫研究，按照反应中的噻吩类活性含硫化合物可以分为四类。第一类主要是烷基苯并噻吩；第二类为烷基双苯并噻吩（DBT）及烷基取代 DBT（但不在 4- 与 6- 位置上）；第三类是只有在 4- 或 6- 任一位置上取代的 DBT；第四类为 4- 及 6- 位置上都有取代的烷基 DBT。当总硫质量分数降到 $500\mu g/g$ 以下时，加氢处理后油品中主要含第三和第四类硫的化合物。当总硫质量分数降至 $30\mu g/g$ 时，加氢精制油品中仅剩下第四类含硫化合物，表明随着硫含量的降低，含硫化合物加氢脱硫活性越低。另外，许多研究已经表明，硫质量分数低于 $500\mu g/g$ 的柴油中残留的含硫化合物主要是 4- 或（和）6- 位置的烷基取代双苯并噻吩，其在加氢脱硫过程中反应活性较低，很难在加氢脱硫过程中被除去。

考虑到目前的这些问题，如果通过传统的方法进行加氢脱硫过程将当前硫质量分数从 $500\mu g/g$ 降到 $15\mu g/g$（2006 年规定），那么催化剂床层的体积将比目前增加 3.2 倍。如果将硫质量分数减少到 $0.1\mu g/g$，传统催化剂床层将增加到目前的 7 倍。增加高温、高压反应器的体积非常昂贵。对于当前加氢脱硫过程，如果不改变床层体积必须将催化剂活性提高 3.2 倍或 7 倍来满足新规范和生产需求。对当前已经发展了 50 年的加氢催化剂的活性提出这么高的要求可能困难。

近年来出现的汽油选择性加氢技术就是沿着这一思路对传统加氢技术工艺的改进，展望未来 20 年，随着对油品含硫量要求的越来越高，传统加氢技术还将出现新的突破，这些突破将出现在催化剂活性方面，或者在反应机理与工艺上有所提高。

2）催化裂化脱硫技术将有新的发展

汽柴油加氢是传统的脱硫技术，但仅仅将含硫量为数百微克每克将至 $10\mu g/g$ 以下，说明该反应的效率并不高，更何况为此还将付出较大的投资。但目前的技术水平决定了，如果要想低成本的解决清洁油品的生产问题，只能以汽柴油加氢技术为主。

从另一角度来说，如果催化裂化能够脱除大部分的硫，后期的汽柴油加氢将不会有太大的压力，经过简单的分割，只需要少量投资就可达到更高的油品规格。目前，采用最广泛的技术是催化裂化添加剂脱硫技术。该技术不需要增加新的设备和操作费用，只需对催化裂化工艺条件进行适当调整，即可达到降低汽油中硫含量的目的，生产成本低，但脱硫效果有限。如果在催化剂上进行相应的改进，其脱硫效果将大为改观。

近年来，Roberie 等提出将钒的氧化物固定到大孔分子筛的孔内壁上制备的脱硫催化剂，国内中国石油石油化工研究院也正在从事这方面的研究。预计未来，催化裂化催化剂将在脱硫方面具有新的突破，从而大大提高脱硫效果，降低脱硫成本。

2. 重质油加工是炼油技术发展的重要方向

世界原油质量趋于重质化和劣质化。据美国《世界炼油》杂志预测，世界原油平均 API重度将由 2000 年 32.5°API 减小到 2010 年的 32.4°API，2015 年为 32.3°API；平均硫含量将由 2000 年 1.14%增加到 2010 年的 1.19%，2015 年增至 1.25%。在世界原油质量趋于重质化、劣质化的同时，石油产品的需求趋于轻质化。近年来，重质燃料油需求逐年下降，轻质和中间馏分油的需求不断增加。据《欧佩克世界石油展望2007》预测，2030 年石油产品需求将增加 $3400\times10^4 bbl/d$，其中轻质和中间馏分油产品为 $3200\times10^4 bbl/d$，重质油品仅为 $200\times10^4 bbl/d$，增加最多的是柴油、汽油和航煤等运输燃料。

为了应对原油重质化、劣质化，轻质和中间馏分油需求不断增加的挑战，重油加工技术仍是炼油技术发展的重要方向之一，并将得到进一步发展。渣油加氢、催化裂化、延迟焦化技术仍将是重油加工的重要手段，单一加工重油工艺将向组合工艺发展，渣油超临界溶剂脱沥青将取得重大突破。

1）超临界溶剂脱沥青组合工艺将取得重大突破

随着对重质油化学的进一步认识，超临界溶剂脱沥青技术将应用于渣油或者超重油的加工当中。一般而言，重质油经过加工可以转化为两部分：汽油、柴油等车用轻质燃料和乙烯、丙烯等化工原料等目的产品的"可转化"部分(指在常用的反应条件下能够转化为所需目的产品的重质油分子)；采用现有加工手段"不可转化"的残渣部分(指难以或根本不能转化为目的产品的重质油分子)。"不可转化"的残渣部分既可作为低价值的燃料油直接燃烧，也可用于气化造气和其他高附加值用途(如制备炭材料和催化材料合成的模板剂，但用量极小)。在重质油加工过程中，应尽可能将非烃化合物微量金属(Ni，V 等)和 S，N，O 等杂原子，超分子聚集体沥青质浓缩至"不可转化"部分，以改善"可转化"部分的性能，否则将对后续加工过程极其有害，尤其是对加工过程中催化剂的性能及产品的质量。

根据工艺过程的不同，目前世界上已有的重质油加工工艺可归纳为 3 种加工流程：以焦化过程为先导的流程[图 7-38(a)]、以加氢处理为先导的流程[图 7-38(b)]和以溶剂脱沥青为先导的流程[图 7-38(c)]。图 7-38(a)流程中的焦化过程不仅是最彻底的脱残炭过程，而且还可脱除绝大部分重金属，除生成一部分汽油和柴油外，还可得到相当数量的蜡油作为催化裂化或加氢裂化的原料，是目前唯一能够直接加工劣质重质油并适当加以转化的重质油轻质化技术。但焦化过程存在以下问题：（1）20%～40%的重质油转化成低价值的焦炭，不仅影响炼油厂的总体经济效益，也不符合我国轻质车用燃料十分缺乏的国情，而且随着高硫原油加工量的增加，如何处理和利用低价值的高硫石油焦炭已成为是否选用焦化工艺的关键；（2）焦化过程得到的蜡油必须经过加氢处理才能作为催化裂化的原料，因此需要配套投资昂贵的加氢工艺；（3）焦化过程得到的汽油、柴油质量较差，必须经过进一步的加氢精制才能成为合格产品。

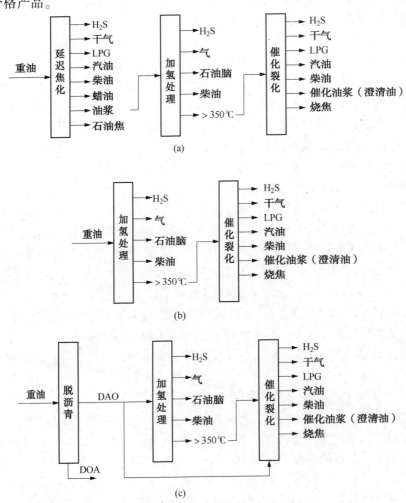

图7-38　不同预处理技术的重质油加工组合工艺

　　图7-38（b）流程所得到的轻质油收率最高，产品质量也最好。国外大多数原油，尤其是储量占世界近60%的中东原油，其渣油中的重金属、硫、沥青质含量普遍较高，不能直接采用催化裂化进行加工，需要对其进行加氢预处理后才能作为催化裂化或加氢裂化的原料。因此，重质油加氢技术在国外得到了大力发展，成为与催化裂化技术并驾齐驱的重质油深度加工方法。但这一方案投资高，投资利润率低。更为重要的是，现已商业化的加氢处理技术仅能加工重金属含量低于150μg/g、残炭含量低于15%（质量分数）的重质油，难以直接加工性质更差的重质油。

　　图7-38（c）流程中的重质油经过超临界溶剂脱沥青可得到重金属含量和残炭值较低的脱

沥青油(DAO)。这些脱沥青油根据脱沥青深度的不同可作为催化裂化工艺或加氢裂化工艺的原料。通过对此方案进行系统的研究和技术经济评价表明，与图7-38(a)(b)流程相比，图7-38(c)流程的净利润率最高，投资利润率也最高，经济效益最优，是一条比较有利的重质油加工路线。

基于工程方面的原因，这一流程迄今尚未实现工业化，尤其是在涉及工程应用方面的重要工艺参数的选择和优化，重质油残渣的分离等缺乏相关技术的支持，还需要进行深入、系统的研究。预计随着工程问题的解决，超临界溶剂脱沥青技术将在重油加工中得到广泛应用。

2) 渣油加氢与焦化技术仍是并重的渣油加工手段

渣油加氢技术与焦化技术是重油加工的重要手段。渣油加氢的主要目的一是经脱硫后直接制得低硫燃料油，二是经预处理后为催化裂化和加氢裂化等后续加工提供原料。而焦化过程是渣油在高温下进行深度热裂化的一种热加工过程。长期以来，炼油界一直有加氢路线与焦化路线的争论。

渣油加氢按加氢反应器床层形式可划分为固定床、沸腾床(膨胀床)、移动床和悬浮床(浆液床)加氢工艺。在这4种工艺中，以固定床渣油加氢处理技术最成熟，沸腾床技术发展较快，悬浮床技术正在向工业化迈进。渣油加氢技术具有产品质量好的特点，从理论上来说，可以达到"吃干榨净"的目的。但实践中渣油加氢又具有空速低、催化剂失活快、氢耗高、系统压降大、原料重、易结焦等特点，其工艺过程需要采取多种保护措施以延长渣油加氢装置的运转周期。与焦化过程相比，渣油加氢投资较高，操作费用也高。在实际操作中，固定床渣油加氢不能够100%的以渣油为原料，必须掺炼轻质馏分油，这样往往也导致了炼厂渣油的不平衡。

而焦化技术可以加工残炭值及重金属含量很高的各种劣质渣油，而且过程比较简单，投资和操作费用较低，还可为乙烯生产提供大量的石脑油原料。但焦化也存在着重要的缺点，它的焦炭产率较高，一般为原料残炭的1.3~1.8倍；液体产品的质量较差，需要进一步加氢精制。

展望未来20年，重质原油占原油的相对密度会越来越高，特别是以委内瑞拉超重油为代表的劣质重油将逐渐走进炼油厂。渣油加氢过程与焦化过程只有相互结合，才能提高资源利用率，真正的达到对重油资源"吃干榨净"的目的。

3. 石油焦制氢技术将进入炼厂视野

随着原料的重质化和延迟焦化工艺的广泛应用，炼油厂高硫石油焦的产量越来越大，仅中国石化总公司下属7家企业的高硫石油焦产量近年将达到$314×10^4$t/a，石油焦平均硫质量分数为5.9%。特别是当加工一些如塔河、委内瑞拉超重质原油时，由于原油硫含量很高，焦化生产的石油焦硫含量可高达5%以上。期望在传统市场上为高硫石油焦产品找到经济可行的出路有许多制约。利用石油焦气化技术制氢是解决高硫石油焦出路的一个切实可靠的方案。

氢气是炼油厂重要的资源，已成为炼油厂主要的成本构成。近年来，炼油厂用氢量有急剧增加的趋势。一般情况下一个配置渣油加氢的加工能力为千万吨级炼油厂的平均用氢量大致是原油加工量的1.0%，不配置渣油加氢的则为0.7%左右。在这种情况下，一个现代化炼油厂必需要充分重视氢气制备的低成本，包括制氢原料的优化。炼油厂采用自产的低价值高硫石油焦作为制氢原料来代替石脑油（天然气）制氢既解决了炼油厂高硫石油焦的出路，同时所置换下来的轻油可以用于其他炼油工艺过程，从而提升了炼油厂轻质油收率水平，也可得到很好的经济效益。石油焦制氢的成本较低，约为干气制氢的 2/3，石脑油制氢的 1/3。

高硫石油焦制氢和煤制氢工艺基本上是相似的。主流程包括气化—变换—低温甲醇洗—PSA 氢提纯等单元，主要差别在气化工艺部分。因此石油焦气化本质上可看成是一种煤化工向炼油工业的延伸。世界上煤气化工业技术很多，气化工艺专利商主要有 GE（Texaco），Shell，Lurgi，KruPp—Koppers，Sasol 和 Destec 公司等，全球已有 276 套 POX 气化装置。所有这些专利技术中，GE（Texaco）气化工艺是迄今工业化应用最多的工艺。我国也开发了各种煤（石油焦）气化技术，其中华理制氢技术是一种已经有大量工业化经验的国产化气化技术。

石油焦的性质和煤有许多不同之处。石油焦具有三高（碳高、硫高、热值高）、二低（低灰、低挥发份）等特点。其反应活性及可燃性相对较差，其气化过程的单程碳转化率为 86%~90%，工业上采用碳浆循环系统。总碳转化率可提高到 90%~95%。国内有一些炼厂已经考虑开发高硫石油焦制氢工艺。如有一套制氢能力为 130dam^3/h 石油焦气化装置，总投资 17 亿元。所得的氢气含税成本为 1.6 元/m^3（石油焦和煤各占 50%，焦单价 950 元/t，煤单价 750元/t）。

和煤气化相似，石油焦气化制氢装置投资相对较高，所以项目必须达到规模经济其技术经济指标才可行。一般对于气流床加压气化炉的煤炭日处理量应达到 3000t/d 左右，单系列煤气化炉制氢系统产氢量约 150dam^3/h。与水蒸气转化（如天然气制氢）工艺相比，成本平衡点的产氢规模在 80~100dam^3/h。

对加工劣质原油炼厂提出开发延迟焦化——石油焦制氢组合工艺技术，达到优化制氢原料、以焦代油和解决高硫石油焦出路的目的。长远来讲，高硫石油焦气化工艺还可以为其他石油化工过程提供 CO 等一碳化学的原料，无论是在炼油还是石油化工产业都有着广阔的发展远景。

4. 炼化一体化技术大幅提高经济效益

面对炼油和石化企业加工重质、低质原油面临的诸多挑战，应对这些挑战的最佳对策之一就是实现炼化一体化。炼化一体化可以减少投资、降低原料和生产成本、提高石油资源的利用效率、拓宽石化原料来源、提高生产灵活性，应对油品和石化产品市场变化的需求，提高经济效益。世界已先后形成和正在形成一批世界级炼油化工一体化基地，如美国墨西哥湾地区、日本东京湾地区、韩国蔚山和丽川、沙特朱拜勒地区、比利时安特卫普、新加坡裕廊等。美国墨西哥湾沿岸地区炼油能力占美国炼油总能力的 43.8%；乙烯生产占美国乙烯总能力的 95.1%。日本东京湾地区年炼油能力占日本炼油总能力的 38.5%；乙烯生产能力占55.9%。韩国有 32% 的炼油能力和 46% 的乙烯能力集中在蔚山。

从提高竞争力和经济效益考虑，新建大型炼油厂该向中等水平的炼化一体化方向发展；中型炼油厂，特别是加工很轻或很重原油的炼油厂，向高水平的炼化一体化方向发展，将是一种特别经济的方案；对于现有的燃料型炼油厂特别是那些建有催化裂化和催化重整装置的炼油厂，通过改造，经济地实现炼化一体化，通过价值链的延伸和产品的多样化提高竞争力和经济效益。

5. 节能减排技术将成为关注的热点

随着《京都议定书》的生效和丹麦哥本哈根气候变化大会的召开，二氧化碳等温室气体排放量的将进一步受限，这将使全球炼油工业面临减排温室气体的新挑战。在整个工业结构里，炼油厂是用能大户，也是温室气体 CO_2 的排放大户。减排任务成为炼油工业不可回避的问题，节能是炼油厂最主要和直接的减排方式。发展 NO_x、SO_x 和 CO_2 的减排新技术，以及 CO_2 的捕集、储存、利用技术将成为炼油工业今后研究的热点。

在致力于提高整个炼油厂能量利用率的同时，许多解决方案可以同时实施，比如将炼厂热电联产（IGCC）装置联产碳捕获与封存装置（CCS）联合起来，这样即可以大大提高发电效率及能源利用率，还可以极大地减少 CO_2 的排放，这将是炼厂长远碳管理战略的关键组成部分。

6. 替代燃料技术将逐渐成熟

随着石油资源的枯竭，替代燃料技术的成熟性将愈显重要。石油替代的方案众多，广义上可以分为化石燃料替代方案、生物燃料替代方案和清洁能源替代方案。化石燃料是指以煤和天然气为原料生产出的汽车燃料，包括煤制油、煤制甲醇、煤基二甲醚、天然气合成油、CNG 和 LNG 等；生物燃料包括生物汽油和生物柴油；清洁能源方案是指以核能、太阳能、风能、水能等清洁能源为源头驱动汽车的技术。由于清洁能源的能源转化技术不成熟，离大规模替代石油燃料的道路还相当遥远，未来 30 年还不可能成为替代燃料的主流。依目前的技术发展趋势，化石替代燃料和生物燃料将逐渐走向成熟，替代相当比例的石油。

1）化石燃料方案

目前，基于化石原料的商业化或半商业化的燃料替代方案主要有煤制油、天然气制油、煤基甲醇等。实际上，煤和天然气制油是已经成熟的石油替代路线。从 20 世纪的第二次世界大战期间煤制油技术工业化以来，南非的多套煤制油工业装置也已运行数十年。煤的直接液化制油、采用物理或化学方法拿出煤中的油（许多煤种中油含量远高于油页岩含油量）、煤气化后间接制油或以天然气制油以及综合利用煤焦油都是石油替代应该研究的方向。

煤制油技术包括直接液化和间接液化两种工艺。直接液化是在高温（400℃以上）、高压（10MPa 以上），在催化剂和溶剂作用下使煤的分子进行裂解加氢，直接转化成液体燃料，再进一步加工精制成汽油、柴油等燃料油。早在 20 世纪 30 年代，第一代煤炭直接液化技术——直接加氢煤液化工艺在德国实现工业化，但反应条件较为苛刻。1973 年的世界石油危机，使煤直接液化工艺的研究开发重新得到重视。相继开发了多种第二代煤直接液化工艺，如美国的氢—煤法（H-Coal）、溶剂精炼煤法（SRC-Ⅰ，SRC-Ⅱ）、供氢溶剂法（EDS）等，这些工艺已完成大型中试，技术上具备建厂条件，只是由于经济上建设投资大，煤液化油生产成本高，而尚未工业化。现在几大工业国正在继续研究开发第三代煤直接液化工艺，具有反应条件缓和、油收率高和油价相对较低的特点。目前世界上典型的几种煤直接液化工艺有：德国 IGOR 公司和美国碳氢化合物研究（HTI）公司的两段催化液化工艺等。我国神华集团百万吨级煤直接液化示范工程于 2008 年试车成功，标志着我国煤制油技术进入世界领先行列。

煤制天然气技术相对成熟，与煤制油、煤制甲醇相比，在节能、节水、CO_2 排放方面具有优势，近 10 多年来世界上新建的大型天然气合成油厂主要是在卡塔尔和尼日利亚。由 Sasol Chevron 公司与卡塔尔国家石油公司合资，在卡塔尔 Ras Laffen 建设的世界上第 1 座大型现代化天然气合成油厂，投资 9.5 亿美元，设计用卡塔尔北方气田 $3 \times 10^8 ft^3/d$（$840 \times 10^4 m^3/d$）天然气生产 34000bbl/d 合成油，其中柴油 24000bbl/d，石脑油 9000bbl/d，液化气 1000bbl/d。

煤和天然气制油能否大规模应用主要取决于其经济性以及环保要求的苛刻度。直到目前，煤制油在经济上仍然难以站住。另外，由于煤和天然气制油要耗费大量的水，并排放大量的 CO_2，因此环境压力也是重要因素之一。

2）生物燃料方案

由于化石能源的不可再生性，石油燃料最终将由生物燃料取代。生物质的氢碳比是石油燃料相近，从结构上说，用生物质生产运输燃料、石化产品比较合理，而且生物燃料是目前国际公认唯一能在运输领域大规模替代汽油和柴油。

目前使用的生物燃料主要是燃料乙醇和生物柴油。第一代生物燃料以糖、淀粉、植物油等粮食作物为原料生产的燃料乙醇和生物柴油，由于高涉及"与人争粮"、排放优势不明显以及较高的生产成本，国际上正转向用秸秆类农林废弃物、纸张和城市垃圾，以及专门的能源作物（如柳枝稷、芒草或短轮伐期杨树）为原料生产的第二代生物燃料——纤维素乙醇。而用 CO_2 和（海）水经光合作用生成油藻后生产的生物柴油和燃料乙醇被视作第三代生物燃料，正进入中试阶段。

美国在生物质炼油化工厂的建设和投入方面走在世界的前列。2003 年 12 月，美国 Gargill 公司展示了国际上第一座工业运转的生物质炼油化工厂。此后，生物质炼油化工厂的建设在美国蓬勃展开。美国政府也十分重视生物质炼油化工厂的建设，一直给予投资和扶持。2007—2009 年，美国前后共宣布投资 21 亿美元用于生物能源研究和生物燃油化工厂的建设。2010 年 7 月，美国 Gevo 公司宣布，由纤维素生物质可生产异丁醇、烃类和可再生喷气燃料。该公司采用 Cargill 公司转让的纤维素生物催化剂，成功地由纤维素生物质衍生的可发酵糖类生产出异丁醇，再将纤维素异丁醇转化成异丁烯、可再生汽油和石蜡基煤油（喷气燃料），产品达到或超过 ASTM 的全部规范要求。

被视为第三代生物燃料的藻类具有分布广、生物量大、光合效率高、环境适应能力强、生长周期短、油脂含量高和环境友好等突出特点。藻类尤其是微型藻类的能源化利用有望破解"后石油时代"的能源危机。微藻是光合效率最高的原始植物，比农作物的单位面积的产率高出数十倍，微藻干细胞的含油量可高达 70%，产油量大大高于其他生物质（表 7-43）。微藻可以生长在高盐、高碱环境的水体中，既可利用滩涂、盐碱地、沙漠进行大规模培养，还可利用海水、盐碱水、工业废水等非农用水进行培养；微藻的培养利用工业废气中的 CO_2，减少温室气体的排放，吸收工业废气中的 NO_x，将减少对环境的污染。

表 7-43　常用生物质的产油量对比

常用生物质	大豆	亚麻荠	向日葵	麻风树	油棕榈树	微藻
产油量[L/(acre·a)]	48	62	102	202	635	1000~6500

利用微藻生产生物柴油的经济性主要取决于微藻生物质的生产成本。尽管研究人员已经成功地利用微藻生产出生物柴油，但大规模的工业生产尚未实现，大型成套技术缺乏。多个环节需要改善。由于微藻生物柴油在技术上是可行的，随着产业化中的关键技术不断被攻

克，其经济性将得到大幅提高，新型的藻类清洁生物燃料可能会成为极具潜力的替代能源。

第三节 结论与启示

通过对炼油工业过去 10 年的发展历程回顾以及未来 20 年的发展前景展望，得出以下几点结论和启示：

（1）进入 21 世纪以来，一方面，随着经济的发展，石油消费逐年增加，原料质量变差；另一方面，迫于地球环境保护的压力，对油品质量要求不断提高，使得炼厂成本上升，炼油工业抗风险能力变弱。

（2）近 10 年来炼油技术没有新的重大突破，随着世界经济形势的变化，炼油技术也做着相应的调整。总体而言，炼油工业主要是炼厂规模和炼油装置向大型化发展，向原油深度加工、提高加工各种原油灵活性的方向发展，向进一步提高石油产品收率和质量、提高炼厂经济效益的方向发展，向炼化一体化方向发展。

（3）随着原油的劣质化和燃料规格的不断提高，重油或超重油加工以及清洁燃料生产依旧是炼油工业未来 20 年的面临的主要挑战，渣油加氢与焦化工艺是应对重质原料最重要的两项加工手段，随着工程技术的进一步成熟，超临界溶剂脱沥青将在重油加工中发挥更为重要的作用。

（4）氢气已成为未来炼油厂成本制约的重要因素，并且随着原料的劣质化，用量将越来越大。随着技术的成熟，石油焦制氢将应用于炼油厂，从而解决大量廉价氢源和由重质原料带来的石油焦出路问题。

（5）作为一种不可再生性资源，石油最终将让位于可再生的生物能源，长远来看，微藻的能源化利用有望破解"后石油时代"的能源危机。

综上所述，炼油工业在过去 10 年和未来 20 年的关键技术及其发展趋势见表 7-44。

表 7-44 炼油关键技术发展趋势与未来 20 年展望

技术领域	当前重大关键技术	发展趋势与方向	未来 20 年技术展望
重油加工	延迟焦化、重油加氢	加工更劣质的原油、超重油和油砂将进入炼油厂的原料范畴	超临界溶剂脱沥青梯级分离工艺、悬浮床渣油加氢、焦化等技术将有新的突破
清洁燃料	催化裂化、汽柴油加氢、吸附脱硫	催化剂脱硫能力更强、加氢精制效率更高	高效的加氢精制技术和具备超强脱硫能力的催化裂化技术将相继研发出来
碳—化工	天然气制油、煤制油	经济性更加合理、能耗与排放降至合理范围	石油焦制氢将成为大型重油加工炼油厂的重要氢源
生物燃料	粮食乙醇、生物柴油	非粮生物燃料	微藻生物燃料将有重大进展

参 考 文 献

［1］中国石油经济技术研究院. 2012 年国内外油气行业发展报告［R］. 2012.

［2］Refining challenge：Satisfying new demand. CERA WEEK 2009，February 2009. http：//www. cera. com.

［3］Kenneth D Rose，Conventional and Alternative Fuels：Future Demand and Quality［R］. IAMF 2009，2009.

［4］Shore J，Hcakworth J. Are Refinery Investments Responding to Market Changes? EIA，March 2009.

［5］Razak S，Jackson P M. The Changing Composition of the Barrel：a Moving Target through 2020. CERA.

［6］朱和，单洪青. 全球石油石化工业的世纪回顾与展望［J］. 当代石油石化，2001，9(1)：16-22.

［7］Wisdom L，Peer E，Bonnifay P. Cleaner Fuels Shift Refineries to Increased Resid Hydroprocessing［J］. Oil Gas J.，1998，96(6)：58-61.

［8］刘献玲. 催化裂化提升管新型预提升器的开发［J］. 炼油设计，2001，31(9)：31-35.

［9］陈俊武. 催化裂化工艺与工程［M］. 北京：中国石化出版社出版，2005.

［10］郭毅葳，王玉林，张剑波. 采用 UOP 催化裂化技术加工大港常压重油［J］. 石油炼制与化工，2002，33(12)：9-13.

［11］胡锐. 硫转移剂在催化裂化装置中的运用［J］. 广东化工，2003(2)：69-71.

［12］杜泉盛. 利用助剂法降低催化裂化再生烟气 SO_x 排放［J］. 石油化工环境保护，2001，(4)：40-45.

［13］徐承恩. 催化重整工艺与工程［M］. 北京：中国石化出版社，2006.

［14］胡德铭. 国外催化重整工艺技术进展［J］. 炼油技术与工程，2008，38(11)：1-5.

［15］David Netaer. Reduce Benzene while Elevaling Octane and Coproducing Petrochemicals［C］//NPRA Annual Meeting，2007，AM-07-49.

［16］Vasant Thakkar. Innovative Hydrocracking Applications for Conversion of Heavy Feedstocks［C］//NPRA Annual Meeting，2007，AM-07-47.

［17］Chunshan Song. An Overview of New Approaches to Deep Desulfurization for Ultra-clean Gasoline，Diesel Fuel and Jet Fuel［J］. Catalysis Today，2003，86(1/4)：211-263.

［18］乔明，石华信. 世界原油供应和炼油工业中长期发展预测［J］. 国际石油经济，2009(5)：20-27.

［19］李大东. 加氢处理工艺与工程［M］. 北京：中国石化出版社，2004，25-40.

［20］张德义. 进一步加快我国加氢工艺技术的发展［J］. 炼油技术与工程，2008，38(5)：1-5.

［21］夏恩冬，吕倩，等，国内外渣油加氢技术现状与展望. 精细石油化工进展，2009，9(8)：42-46.

［22］Dan Gillis. Upgrading Residues to High-Quality Transportation Fuels Through Hydrogen-Addition Technology［C］. 2008 China Refining & Petrochemicals Conference，2008.

［23］Frédéric Morel. Upgrading Options & Economicsfor Athabasca Bitumen Conversion［C］. The Second PetroChina and Axens Refining & Petrochemical Seminar，2012.

［24］李出和. 国内外延迟焦化技术对比［J］. 石油炼制与化工，2010，41(1)：1-5.

［25］刘方涛. 延迟焦化技术的现状及展望［J］. 广州化工，2010，38(1)：27-29，32.

［26］Roth J im R. Method for Increasing Yield of Liquid Products in a Delayed Coking Process：United States：5645712［P］. 1997-7-8.

［27］甘丽琳，徐江华，李和杰. 可调循环比的延迟焦化工艺［J］. 炼油技术与工程，2003，33(10)：8-10.

［28］侯芙生. 发挥延迟焦化在深度加工中的重要作用［J］. 当代石油石化，2006，14(2)：3-7，12.

［29］钱伯章. 延迟焦化技术的发展前景［J］. 石油规划设计，2005，16(4)：10-12.

［30］乔明，石华信，世界原油供应和炼油工业中长期发展预测［J］. 国际石油经济，2009(5)：20-27.

［31］中国石油兰州润滑油研究开发中心信息所. 世界炼油工业面临的挑战［J］. 润滑油与燃料，2007，17(3)：28-31.

［32］OPEC. World oil outlook 2030，2008. http：//www. opec. org.

［33］Ma X，Sakanishi K，Isoda T，et al. Determination of Sulfur Compounds in non-polar Fraction of Vacuum Gas Oil［J］. Fuel，1997，76：329-339.

［34］Ma X，Sakanishi K，Mochida I. Hydrodesulfurization Reactivities of Various Sulfur Compounds in Diesel Fuel［J］. Ind. Eng. Chem.，1994，33：218-222.

［35］Ma X，Sakanishi K，Isoda T，et al. Hydrodesulfurization Reactivities of Narrow-cut Fractions in a Gas Oil［J］. Ind. Eng. Chem. Res.，1995，34：748-754.

［36］Ma X，Sakanishi K，Mochida I. Hydrodesulfurization Reactivites of Various Sulfur Compounds in Vacuum Gas

Oil [J]. Ind. Eng. Chem. Res., 1996, 35: 2487-2494.

[37] Kabe T, Ishiharam A, Tajima H. Hydrodesulfurization of Sulfur Containing Polyaromatic Compounds in Light Oil[J]. Ind. Eng. Chem. Res., 1992, 31: 1577-1580.

[38] Roberie T G, Kuma R R. Gasoline Sulfur Reduction in Fluid Catalytic Cracking: US, 6482315B1[P]. 2002.

[39] Roberie T G, Kuma R R. Gasoline Sulfur Reduction in Fluid Catalytic Cracking: EP, 1228167[P]. 2002.

[40] 尹忠辉. 煤及天然气两种制氢路线的比较[J]. 石油化工技术与经济, 2009, 25(3): 60.

[41] Naik S N, et al. Production of First and Second-generation Biofuels: A Comprehensive Review[J]. Renewable and Sustainable Energy Reviews, 2010, 14(2): 578-597.

[42] 徐春明, 杨朝合. 石油炼制工程[M]. 北京: 石油工业出版社, 2009.

[43] 潘元青, 伏喜胜. 催化裂化技术进展[M]. 北京: 石油工业出版社, 2010.

[44] 邢颖春. 国内外炼油装置技术现状与进展[M]. 北京: 石油工业出版社, 2006.

[45] Martin Rupp, Richard Spencer. Slurry Phase Residue Hydrocracking - a Superior Technology to Maximize Liquid Yield and Conversion from Residue & Extra Heary Oil[C]. NPRA, 2010.

第八章 世界石油化工关键技术发展
回顾与展望

石油和化学工业是指以石油、天然气、煤炭、天然矿物、生物质等为原料，生产农用化学品、有机和无机基本原料、合成材料、精细与专用化学品等多类产品的行业。石油化工的基础产品为三烯(乙烯、丙烯、丁二烯)和三苯(苯、甲苯、二甲苯)，乙烯是其中的主要代表产品，并一直占据主导地位。同时石化产业链向下延伸，各种有机原料经过聚合形成以合成树脂、合成纤维和合成橡胶为代表的高聚物材料。本章将以乙烯作为典型基础原料，同时选取合成树脂中的聚烯烃(以聚乙烯、聚丙烯为主)和ABS树脂以及合成橡胶作为合成材料部分的研究对象。主要研究内容包括：21世纪以来世界石油化工工业关键技术发展水平，如呈现的新特点、新趋势、发展方向、发展现状与发展前景；对未来20年影响石油化工工业发展的关键技术进行前瞻性分析和预判。

第一节 石油化工技术发展10年回顾与趋势分析

一、石油化工技术发展历程与轨迹

世界石油化工技术发展历程与趋势主要分5个阶段，如图8-1所示。

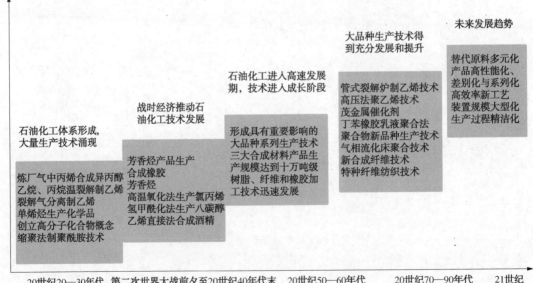

图8-1 世界石油化工技术发展历程与趋势

初创阶段(20世纪20—30年代)：随着石油炼制工业的兴起，产生了越来越多的炼厂气。1920年利用炼厂气中的丙烯合成异丙醇进行工业生产，这是第一个石油化学品，标志着石油化工发展的开始。1919 年出现了乙烷、丙烷裂解制乙烯的方法，随后实现了从裂解气中分离乙烯，并用乙烯加工成化学产品。20 世纪 20—30 年代美国石油化学工业主要利用单烯烃生产化学品。如丙烯水合制异丙醇、再脱氢制丙酮，次氯酸法乙烯制环氧乙烷，丙烯制环氧丙烷等。20 年代创立了高分子化合物概念，出现了缩聚法制聚酰胺技术。

战时阶段（第二次世界大战前夕至 20 世纪 40 年代末）：美国石油化工在芳香烃产品生产及合成橡胶等高分子材料方面取得了很大进展。出现了从烃类裂解产物中分离出丁二烯作为合成橡胶单体的技术，并建立了丁烯催化脱氢制丁二烯的大型生产装置。为了满足战时对TNT 炸药原料（甲苯）的大量需求，美国研究成功由石油轻质馏分催化重整制取芳香烃的新工艺，开辟了苯、甲苯和二甲苯等重要芳香烃的新来源（在此以前，芳香烃主要来自煤的焦化过程）。1943 年建成了聚乙烯厂；1946 年开始用高温氧化法生产氯丙烯系列产品；1948年用氢甲酰化法生产八碳醇；1949 年乙烯直接法合成酒精投产。

蓬勃发展阶段（20 世纪 50—60 年代）：50 年代起，世界经济由战后恢复转入发展时期。合成橡胶、塑料、合成纤维等材料的迅速发展，使石油化工在欧洲、日本及世界其他地区受到广泛的重视。在发展高分子化工方面，欧洲在 50 年代开发成功一些关键性的新技术，如低压法生产聚乙烯的新型催化剂体系，并迅速投入了工业生产；建成了大型聚酯纤维生产厂；发展了齐格勒催化剂，合成了立体等规聚丙烯。其他方面也有很大的发展，1957 年成功开发了丙烯氨化氧化生产丙烯腈的催化剂；1957 年乙烯直接氧化制乙醛的方法取得成功。进入 60 年代，先后投入生产的还有乙烯氧化制醋酸乙烯酯、乙烯氧氯化制氯乙烯等重要化工产品。石油化工新工艺技术的不断开发成功，使传统上以电石乙炔为起始原料的大宗产品，先后转到石油化工的原料路线上。在此期间，日本、原苏联地区也都开始建设石油化学工业。日本发展较快，仅 10 多年时间，其石油化工生产技术已达到国际先进水平。原苏联地区在合成橡胶、合成氨、石油蛋白等生产上，有突出成就。

提升突破阶段（20 世纪 70—90 年代）：石油化工新技术特别是合成材料方面的成就，使生产上对原料的需求量猛增，推动了烃类裂解和裂解气分离技术的迅速发展。在此期间开发了多种管式裂解炉和多种裂解气分离流程，使产品乙烯收率大大提高、能耗下降。西欧各国与日本，由于石油和天然气资源贫乏，裂解原料采用了价格低廉并易于运输的中东石脑油，以此为基础，建立了大型乙烯生产装置，大踏步地走上发展石油化工的道路。至此，石油化工的生产规模大幅度扩大。

更新更高阶段（21 世纪以来）：20 世纪已经走向成熟的、特别是那些符合可持续发展战略要求的技术，在 21 世纪相当长一段时期内仍将继续发挥主要作用。未来化工技术发展在替代原料多元化、产品高性能化、差别化与系列化、高效率新工艺、装置规模大型化、生产过程清洁化等方面仍有很大的发展空间。生产三大合成材料的聚合技术仍将是 21 世纪的主要实用技术。

二、关键技术发展 10 年历程回顾与趋势分析

1. 乙烯生产技术

乙烯是石油化工最基础的产品，乙烯技术的进步在某种程度上影响着整个石油化工行业的发展。乙烯生产方法主要有管式炉蒸汽裂解制乙烯、甲醇制烯烃、催化裂解制乙烯、生物乙醇制乙烯、甲烷制乙烯、由合成气制乙烯等多种方法。迄今，世界上几乎所有的乙烯装置

均采用管式炉蒸汽裂解工艺。

1）乙烯生产技术发展历程

20世纪管式炉裂解生产乙烯技术日臻成熟，其他固体热载体裂解技术、气体热载体裂解技术、催化裂解技术等，有些曾得到工业应用，但由于技术经济的原因，不能与管式炉裂解技术抗衡而被淘汰；有些尚处于研究或工业试验阶段。

进入21世纪，乙烯技术的发展始终处于平稳阶段，没有大的突破性进展。但在追求低成本的动力下，蒸汽裂解制乙烯技术正朝着使乙烯装置不断向降低投资、降低原料消耗与能耗、长周期运转的方向发展。其中管式炉蒸汽裂解技术仍是乙烯生产的主导技术，随着管式炉裂解技术的日益完善，改进的余地逐渐减少，一些新的技术，如烯烃裂解技术、重质油裂解技术和 C_1 制乙烯技术的研究也一直在进行。目前 Exxon Mobil/Washington 公司、Lyondell/HalliburtonKBR 公司、Lurgi 公司和 Atofina/UOP 公司可提供烯烃裂解技术转让，ABB Lummus 公司正在进行 Auto-Metathesis 工艺的半工业化试验；石油化工科学研究院开发的重质油催化裂解（DCC）技术的工业化装置已经运行，重质油催化热裂解（CPP）技术的工业化试验也已完成；用天然气或煤衍生的合成气制得的甲醇制造乙烯，是一种吸引力的乙烯生产路线，Lurgi 公司的甲醇制烯烃（MTP）技术和 UOP/Hydro 公司的甲醇制烯烃（MTO）技术较为成熟，虽然目前还没有工业化装置，但都已经有建设意向。

2）乙烯生产技术发展特点与趋势分析

近些年开发的乙烯生产新技术，其特点基本上都是以节能为目标。从技术发展规律上看，除非原料供应发生巨大变化（比如石化原料转变为生物质原料），乙烯生产技术不会有颠覆性变化。如何把技术用好，优化生产，实现最大的经济效益是首要任务。

当前世界乙烯技术的发展方向为继续向低能耗、低投资、大型化和延长运转周期方向发展。为了适应激烈的市场竞争，最大限度地降低成本，提高抗风险能力，乙烯生产技术的发展主要围绕以下几个目标：

（1）装置大型化。主要包括：裂解炉大型化技术、压缩机大型化技术、塔器和换热器大型化技术。

（2）装置长周期运行技术。主要包括：压缩机、透平、泵、换热器等关键设备增加连续运转时间，结焦和降黏系统长周期运行，延长催化剂使用寿命，减少设备结垢等。

（3）乙烯装置节能。主要包括：使用最少的裂解原料和燃料，得到最大收率的目标产品，最大限度地回收裂解余热，并将回收热量合理分配到压缩、深冷、精制各工段，优化装置蒸汽系统，合理利用蒸汽等级等。

（4）提高生产灵活性。主要包括：原料灵活性技术和产品方案灵活性技术。

3）乙烯重大关键技术

（1）裂解技术。

裂解炉是乙烯生产的关键设备，其投资大（占全装置设备总投资1/3），能耗高（占装置能耗50%~60%）。乙烷、石脑油等裂解原料，与蒸汽混合后再高温下发生热裂解反应，生产乙烯、丙烯、C_4 及以上烯烃、裂解汽油、重油等油气产品，通过提高裂解选择性，最大限度地提高裂解反应中三烯的收率。裂解技术总的发展趋势是向着高温、短停留时间、低烃分压的工艺方向发展，以进一步提高裂解产物的选择性和收率，降低能耗、投资和成本，增加裂解炉的原料灵活性，以适应市场变化。

为了提高乙烯和丙烯的收率、适应原料的灵活性、提高操作的可靠性，改进裂解炉的结构是根本途径，为此各专利商推出了一代又一代辐射段炉管构型来提高乙烯的选择性、收率和原料的利用率。裂解炉已由 20 世纪 60 年代的裂解温度 800~820℃、停留时间 0.5s 左右、对原料适应性差的等径不分枝炉管构型发展到当今裂解温度 900℃、停留时间约 0.1s 的单程小直径毫秒炉，乙烯收率达 30%~33%。为了缩短停留时间，近年来开发了更短的炉管。随着炉管长度的缩短，有必要降低炉管的直径，以提高热通量，降低炉管管壁温度。日本久保田公司开发的混合元件辐射炉管技术（MERT）使用铸于炉管内部的螺旋状构件来促进气体混合，改良了热和流体的传递性质，从而降低了炉管金属温度和结焦速率，运转周期延长，传热效率提高（为裸管的 115 倍），节约了燃料，改善了对环境的影响。

停留时间非常短的裂解炉的裂解深度受辐射炉管材质限制，苛刻的裂解条件要求辐射段炉管在极高的管壁温度下操作，其会导致结焦加速、金属渗碳和破坏，因此促进了高抗渗碳性炉管材质的开发。Exxon Mobil 化学公司和 Oak Ridge 国家实验室开发的一种渗入铁、镍、铝化物的新型炉管材料，与普通的铬镍不锈钢炉管材料相比，它在抑制结焦和防渗碳性能方面提高了一个数量级。由于陶瓷材料没有催化活性中心，不会促进催化结焦，因此一直是人们致力研究的炉管材料之一。法国 IFP 公司和加拿大 Nova Chemicals 公司合作开发了一种陶瓷炉管，可在高温下运转而不催化结焦，此外该炉可使乙烷生成乙烯的转化率高达 90%，并具有相当高的选择性，S&W 公司和 Linde 公司也在开发类似的陶瓷裂解炉管。

乙烯裂解炉炉管结焦会增大炉管管壁热阻，降低热传导率，增大裂解过程的能耗，壁温升高，缩短炉管寿命；焦垢会使炉管内径变小，物料流动过程的压降增大，生产效率下降，运转周期缩短；同时裂解炉离线烧焦又会进一步限制产量。为了减轻炉管结焦，加快裂解过程中焦及其前体的脱除，开发了各种抑制结焦技术。近几年进展较快的抑制结焦技术为炉管涂覆技术，主要有加拿大 Westaim SEP 公司开发的 Coatalloy 技术、Nova 化学公司的 AN K400 技术、SK 公司的 PY-Coat 新型乙烯裂解炉管防结焦系统、美国 Alon 表面技术公司的 Alcroplex 技术、Shell 公司和日本 Daido Steel 公司合作开发的炉管涂覆技术、Technip Benelux 公司和 Elf Atochem 公司合作的炉管涂覆技术。这些涂覆技术均能大幅度地延长炉管寿命和运转周期。如 Westaim SEP 公司的 Coatalloy 技术可使运转周期延长 2~6 倍；Nova 化学公司的 AN K400 技术可减少除焦次数，使运行周期延长 10 倍，裂解炉运行 3 年后仍可保持 50% 的活性。另外，近几年传统的添加结焦抑制剂技术也有一定进展，表现突出的有 Phillips 公司开发的 CCA-500 化学抑制剂、Lummus 公司和 NalcoExxon Energy 化学公司开发的 Coke-Less 新一代有机膦系结焦抑制剂。北京化工研究院、华东理工大学等单位也各自研制开发了新型结焦抑制剂，经试验证明都具有较好的抑制结焦效果。

裂解炉系统早期采用的单参数或双参数的调节方法已不能满足乙烯技术进步的要求。近几年，大多数裂解装置都采用先进的 DCS 控制系统，使装置在数据数字化的基础上形成了高度的控制系统，并可同计算机连接，从而扩大了有关操作管理、生产管理方面的功能。运用计算机可以对装置生产过程实现超前控制和最佳控制，不仅可降低生产成本，而且可节约能耗。采用最佳控制后的乙烯装置效率可提高 2%~4%。

裂解装置的大型化刺激了大型裂解炉设计概念的发展。随着单台炉裂解能力的提高，吨乙烯产能的投资下降，操作成本相应降低，维修成本减少，吨乙烯的生产成本降低。据 Stone & Webster 公司介绍，该公司已成功地将其裂解炉的规模提高到 $(15\sim21)\times10^4t/a$，其设计的最大液体进料裂解炉能力为 $17.5\times10^4t/a$ 以上(在墨西哥湾已投用)，最大气态原料裂解炉能力为 $210\times10^4t/a$(在加拿大投用)。另外最近 Lummus 公司开发的 SRT-X 型裂解炉，单台裂解炉裂解能力超过 $30\times10^4t/a$(单炉膛)。

表 8-1 列出了世界五大主要乙烯技术提供商的乙烯工艺对比。

表 8-1 五大乙烯技术提供商的工艺对比表

公司		KBR	S&W	Linde	ABB Lummus	TP/KTI
裂解炉	代表炉型名称	SC-1	U 型	Pyrocrack1-1	SRT-IV	GK-V
	辐射室数	1 或 2	1 或 2	2	1	1 或 2
	辐射炉管型式	直通式	直通式	分支式	分支式	分支式
	辐射炉管构型	1	1-1	2-1	8-1	2-1
	辐射炉管程数	1	2	2	2	2
	辐射炉管组数	≥192	132~192	64~80	24	48
	急烧锅炉级数	2	2	1	1	1
	烧嘴布置	底	底//侧	底//侧	底//侧	底//侧
	停留时间(s)	约 0.1	0.15~0.25	0.15~0.2	0.2~0.25	0.15~0.25
分离系统		油吸收分离流程 (ALCET)：(1)利用溶剂吸收分离脱甲烷；(2)溶剂吸收与前加氢和前脱丙烷相结合，将 C_4 及以上馏分除掉；(3)不用甲烷制冷压缩机和乙烯制冷压缩机，省投资，易于维护；(4)不用脱甲烷塔，冷箱很少，低温材料、阀门少；(5)整个系统可用普通低温碳钢制造，成本低	前脱丙烷流程：(1)前端双塔双压脱丙烷，前端乙炔加氢；(2)裂解气五段压缩，四段出口碱洗；(3)采用 ARS 技术和预脱甲烷塔，核心是采用高效、节能的分凝分离器；(4)低压乙烯精馏、多股进料，乙烯精馏与乙烯制冷机形成开式热泵	前脱乙烷前加氢流程：(1)前端乙炔等温加氢，前段脱乙烷；(2)双塔双压脱乙烷；(3)裂解气五段压缩，四段出口碱洗；(4)乙烯单股进料，并与乙烯机形成开始热泵	顺序分离流程：(1)五段裂解气压缩，三段出口碱洗；(2)顺序分离前段低压脱甲烷；(3)后端加氢；(4)双塔双压脱丙烷；(5)丙炔加氢采用催化精馏；(6)低压丙烯精馏，并与丙烯制冷机形成热泵；(7)全低压深冷流程和三元制冷压缩机	渐进分离中压脱甲烷流程：(1)采用渐进分离技术，对相邻组分实行不完全分离，对相差较远的组分实行完全分离，为实现分离顺序采用多步分离；(2)采用中压双塔脱甲烷和双塔脱丙烷

(2) 分离技术。

裂解气分离部分的投资和能耗在乙烯装置中均占较大比例，工业生产上主要采用的裂解气分离方法为深冷分离法，流程选择主要是根据裂解原料情况，设计最合适的优化方案。世界上成熟的乙烯分离技术主要有 3 种：以 Lummus 公司为代表的顺序分离流程、以 Linde 公司为代表的前脱乙烷前加氢流程、以 KBR 公司和 S&W 公司为代表的前脱丙烷前加氢流程。乙烯装置分离流程相对较为成熟，近几年没有出现大的改变。但各专利商以降低投资和操作成本、节约能耗为主要目的，对现有工艺不断地进行改进，并开发出了各种新工艺、新技术、新设备和新型催化剂。

近年来世界各大公司提出的新工艺、新技术有催化精馏加氢技术、混合冷剂制冷技术、前脱碳五前加氢技术、膜分离技术、变压吸附分离技术及高热通量传热换热器技术。由于采用了新技术，分离部分的能耗有所降低，设备台数相应减少，流程也较为简单。

Lummus 公司开发的催化精馏加氢技术（CDHydro）可将加氢反应器和精馏塔相结合，在精馏塔中进行加氢反应，减少了设备数量，所需设备仅为常规装置设备数的 15%。另外该技术由于通过化学反应将 35% 的氢气移走，可减少 15% 的制冷量，降低了分离部分的能耗和温室气体排放。

传统分离需要 3 个独立的制冷系统。Lummus 公司开发的二元制冷/三元制冷是将传统的 2 个/3 个独立的制冷系统合并成一个制冷系统，减少了设备数量，节省了投资。对于一套 $60 \times 10^4 t/a$ 石脑油裂解装置可节省投资约 1000 万美元，节省压缩机功率 520kW。

Lummus 公司开发的前脱碳五前加氢技术的主要优势是使氢气在进入低温分离区以前用于加氢反应而部分消耗，由此可以降低低温分离的能耗，降低制冷功率和总压缩机功耗。此外，C_4 和 C_5 的单烯烃和双烯烃全加氢后作为裂解原料可节省新鲜原料消耗 10% 以上。

加氢催化剂的发展趋势正由以往的单一活性组分 Pd 催化剂和（或）双金属催化剂向含有助催化剂的多组分催化剂方向发展，现普遍采用以 Pd 为主的多金属负载型催化剂。另外，非贵金属多组分催化剂、非晶态合金催化剂、纳米催化剂的研究也非常活跃。

2. 合成树脂生产技术

合成树脂是综合性能优异的新型合成材料，其最重要的品种是聚乙烯（PE）、聚丙烯（PP）、聚氯乙烯（PVC）、聚苯乙烯（PS）和 ABS 等五大通用树脂，其中聚乙烯（PE）、聚丙烯（PP）以及其他烯烃类聚合物可统称为聚烯烃。

1）合成树脂生产技术发展历程

20 世纪合成树脂生产技术发展很快，各种以催化剂为先导的新工艺获得较大进步，高活性 Ziegler-Natta 催化剂的出现，可以极大提高催化剂活性，简化原有工艺，而且为新工艺的诞生奠定了基础，其中气相法聚乙烯、聚丙烯工艺是突出的代表。合成树脂工艺技术已经相当成熟，以聚烯烃第二代技术为代表，在合成树脂大型化的过程中，各大品种的生产技术还不断有新的发展。

进入 21 世纪，茂金属催化剂的研究开发取得重要突破，出现了以超冷凝、超临界等新技术为代表的第三代聚烯烃技术。不断创新不仅为消除"瓶颈"制约，提高生产能力提供了技术支撑，也为增加合成树脂数大量的新牌号提供了手段。信息技术的发展进一步提高了合成树脂的生产效率，还为按用户要求提供所需性能的产品提供了有力的手段。

2）合成树脂生产技术发展特点与趋势分析

聚烯烃工业发展的关键是催化剂技术、聚合反应工程技术和聚烯烃改性及加工应用技术。世界聚烯烃工业技术进展主要归功于催化剂的进步，表现在催化剂活性明显提高，活性中心的控制手段明显改进，催化剂技术的进步还带动了相关聚烯烃装置的发展。目前，各类催化剂的发展趋势特征明显，传统的 Z-N 催化剂在目前乃至在今后很长一段时期仍具有广阔的发展空间；茂金属催化剂市场份额不断扩大；非茂金属催化剂不断涌现，正在发挥其应用潜力；后过渡金属催化剂仍然是研究热点。由于非茂单活性中心催化剂具有合成相对简单、产率较高、催化剂生产成本低、可以生产多种聚烯烃产品等特点，预计将成为烯烃聚合催化剂的又一发展热点。高聚物合成技术主要包括提高高聚物的性能及其形成的品种、牌号和专有料等技术，旨在提高其强度、透明度、低温热封性、支化度等基础上，合成相应的新品种牌号，或与后加工技术结合获得更多牌号与专有料等技术。总之聚烯烃工业的发展呈现了以下几个特点：一是催化剂技术创新发挥先导作用；二是多种工艺并存，气相法技术发展较快；三是装置趋向大型化；四是产品应用广泛，新产品不断涌现；五是信息技术提升聚烯烃材料产业；六是与环境相协调受到高度重视。

　　ABS 树脂作为五大通用塑料之一，其生产技术的发展趋势重点体现在制造工艺的不断改进和完善上，其中成熟稳定的乳液接枝—本体 SAN 掺混技术在未来一定时期仍将是居主导地位的生产技术；优势显著的连续本体技术则是一个主要的发展趋势，随着对该技术的不断改进，将对前者形成强有力的冲击，是非常具有发展前景的工艺技术。产品发展方向则以性能的不断提高、功能的不断增加、专产专用、增加合金的复合功能为重点，同时双峰、三峰产品因其综合性能优异正在成为研发热点，纳米改性等新的改性技术正以令人瞩目的态势进入 ABS 树脂改性技术中，拓宽了 ABS 树脂的应用领域。此外，ABS 树脂正从通用树脂向工程塑料的应用领域转变是值得关注的一个发展趋势。

　　3）合成树脂重大关键技术

　　（1）聚烯烃生产技术。

　　聚烯烃是烯烃均聚物和共聚物的总称，主要包括聚乙烯（PE）、聚丙烯（PP）以及其他烯烃类聚合物。工业生产的聚乙烯有 3 个品种：高密度聚乙烯（HDPE）、低密度聚乙烯（LDPE）、线型低密度聚乙烯（LLDPE）以及一些具有特殊性能的聚乙烯小品种。聚丙烯根据高分子链立体结构不同有 3 个品种：等规聚丙烯（iPP）、无规聚丙烯（aPP）和间规聚丙烯（sPP）。

　　在聚烯烃工艺技术领域，一直是多种工艺并存，各有所长，但近年来气相法技术发展较快。在聚乙烯领域，LDPE 的高压气相法工艺曾遇到低压液相法的挑战，但因高压聚乙烯产品综合性能优良，至今仍然占有一定的市场份额，并在技术上有许多新发展。HDPE/LLDPE 是由低压液相法和气相法生产的。目前并存的液相法工艺有 Nova 公司的中压法工艺、Dow 公司的低压冷却法工艺和 DSM 公司的低压绝热工艺。应用最广泛的淤浆法工艺是 Phillips、Solvay 公司的环管工艺和 Hoechst、日产化学、三井化学的搅拌釜工艺。气相法工艺主要有 Univation 公司的 Unipol 工艺、BP 公司的 Innovene 工艺与 Basell 公司的 Spherilene 工艺。近年来，气相法由于流程短、投资较低等特点发展较快，2010 年气相法技术占世界聚乙烯总生成能力 55%左右，新建的 LLDPE 装置 70%采用气相法技术。

　　聚丙烯生产工艺分本体法、气相法与淤浆法。目前在世界上并存的主要工艺有 Basell 公司的 Spheripol 本体法工艺、Mitsui 公司的 Hypol 本体工艺、Dow 公司的 Unipol 气相流化床工艺、Novolen Technology 公司的 Novolen 气相立式搅拌床工艺以及 BP/窒素公司的气相卧式搅拌床工艺等。世界上聚丙烯装置采用本体法生产工艺的占 55%，其余均为气相工艺和淤浆工艺。20 世纪 90 年代以来，淤浆法工艺正逐渐被本体法和气相法取代，而气相聚合工艺由于流程简单、设备较少、反应系统烃类存量低于液相工艺等特点，正在加快发展。

近年来，在聚烯烃各种工艺并存的同时，很多新技术不断涌现，极大地促进了世界聚烯烃工业的发展。

① 冷凝及超冷凝技术。冷凝及超冷凝技术是在一般的气相法聚乙烯流化床反应器工艺的基础上，反应的聚合热由循环气体的温升和冷凝液体的蒸发潜热共同带出反应器，从而提高反应器产率和循环气撤热的一种技术。冷凝操作可以根据生产需要随时在线进行切换，使装置在投资不大的情况下大幅提高生产能力，装置操作的弹性增大，操作稳定性得到提高。国内外已有大量采用冷凝和超冷凝技术对装置扩能的实绩，最高扩能达到原有产能的 2.5 倍以上。冷凝态进料技术，主要包括 Univation 公司的普通冷凝态、超冷凝态技术，BP 公司的高产率(HTV)和增强型高产率(EHP)技术。

② 超临界技术。超临界技术是利用超临界流体的特性而逐渐发展起来的一门新兴技术。超临界流体是处于临界温度和临界压力以上、介于气体和液体之间的流体，具有黏度小、扩散系数大、密度高、具有良好的溶解和传质特性，且在临界点附近对温度和压力特别敏感，一般情况不发生化学反应，使用安全、价廉，对环境不产生化学污染。

Borealis 公司用丙烷代替异丁烷作为超临界流体，在临界区进行乙烯聚合。聚合物在丙烷中的熔解度比在异丁烷中小，因而低密度和高熔体流动速率(MPR)的聚合物在丙烷中不易溶胀，反应器热传导表面的结垢明显减少。由于在超临界区反应，系统不存在气液相分离问题，可允许采用高浓度的氢气生产低相对分子质量的聚乙烯，且仅需两个反应釜串联使用即可。由于每个反应釜的氢气浓度可独立变化，因而可灵活生产具有双峰相对分子质量分布的聚乙烯。

Borealis 公司北星双峰聚丙烯工艺源于其北星双峰聚乙烯工艺，其环管反应器在高温(85~95℃)或超过丙烯临界点的条件下操作，聚合温度和压力都较高，能防止气泡的产生。这是世界上唯一一个超临界条件下进行的聚丙烯生产工艺。由于该工艺的环管反应器在超临界条件下操作，可加入的氢气浓度几乎没有限制，气相反应器也适宜高浓度氢气的操作，这种反应器的组合可直接在反应器中生产具有很高的 MFR 和高共聚单体含量的产品。目前已开发出 MFR 高于 1000g/10min 的产品。产品的相对分子质量分布也可控，使产品具有一些独特的性质(如低的蠕变性和高的熔体强度)。

③ 共聚技术。长链单体共聚的 LLDPE 比短链单体共聚的树脂具有更高的整体韧性和强度。随着新型共聚性能良好的催化剂的开发成功，以及冷凝和超冷凝态进料技术的应用，采用共聚技术对聚乙烯进行改性取得了很大的发展。LLDPE 的共聚单体从 1-丁烯向 1-己烯、1-辛烯和 4-甲基-1-戊烯等高级 α-烯烃转变，许多公司已能够经济有效的生产高级 α-烯烃共聚的 LLDPE 树脂。

④ 不造粒技术。随着催化剂技术的进步，现已出现直接在聚合釜中制得球形聚乙烯树脂的技术，产品包括 LDPE，LLDPE 和 HDPE，且从反应器中得到的低结晶产品不会发生形态变化，可生产出分散非常均匀的聚合共混物或聚合物合金。该技术不需造粒工序，可缩短加工周期、节省加工能量，装置投资可减少约 20%。

⑤ 反应器新配置技术。大型管式反应器的开发已经成为生产 LDPE 产品的发展趋势，采用 2 台釜式反应器串联操作技术，使釜式反应器工艺的生产费用可与管式反应器竞争。采

用反应器新配置可使装置转化率提高 35% 以上，装置产量可提高 50%，生产成本降低 25%。采用双反应器技术或多区反应器技术，在不同的反应段控制不同的反应参数，可提高对产品性能的控制能力。近几年推出的 Unipol Ⅱ 工艺、Borealis 公司的 Borstar 工艺、日本三井化学的 Evolue 工艺均采用两个反应器串联流程（即采用两个气相反应器串联或一个浆液反应器与一个气相反应器串联），这种技术适宜生产加工性能更好的双峰树脂或宽相对分子质量分布的树脂。这种双反应器技术从某种程度上借鉴了浆液法生产双峰树脂的双反应器串联流程技术。

⑥ 双峰技术。双峰聚乙烯是指相对分子质量分布曲线呈现两个峰值的聚乙烯树脂，可以在获得优越物理性能的同时改善其加工性能。生产双峰树脂的方法主要有熔融共混、反应器串联、在单一反应器中使用双金属催化剂或混合催化剂等方法，目前主要采用串联反应器方法。Borealis 公司采用两段聚合反应，仅在第一段聚合过程中使用氢气，采用具有两种或多种活性中心的载体催化剂体系可得到宽相对分子质量分布的树脂；采用两个独立的、互不干涉的催化剂体系可获得宽相对分子质量分布的树脂。

表 8-2 列出了主要聚乙烯技术提供商的概况。表 8-3 列出了主要的聚丙烯工艺特点。

表 8-2　主要聚乙烯技术提供商

专利商	工艺名称	工艺特点	反应器型式	适用范围		
				LDPE	HDPE	LLDPE
Univation	Unipol Ⅰ	气相法	1 台流化床		√	√
	Unipol Ⅱ	气相法	2 台流化床串联		√	√
Basell	Spherilene	气相法	2 台流化床串联带环管淤浆预聚		√	√
	Lupotech G	气相法	串联流化床		√	√
	Hoestalen	淤浆法	2 台搅拌釜（可串可并）		√	
	Lupotech T	高压法	管式	√		
Ineos	Innovene	气相法	1 台流化床		√	√
Equistar		高压法	釜式	√		
		高压法	管式	√		
Mitsui	Evolue	气相法	2 台流化床串联		√	√
	CX	淤浆法	2 台搅拌釜		√	
Borealis	Borstar	气相法	1 台环管淤浆反应器串联 1 台气相流化床		√	√
ChevronPhilips		淤浆法	连续环管		√	√
Nova	Sclairtech	溶液法	2 台搅拌釜		√	√
DSM	Compact	溶液法	搅拌釜		√	√
		高压法	管式	√		
Dow	Dowlex	溶液法	2 台搅拌釜串联		√	√
Solvay		淤浆法	环管		√	

续表

专利商	工艺名称	工艺特点	反应器型式	适用范围		
				LDPE	HDPE	LLDPE
ExxonMobil		高压法	釜式	√		
		高压法	管式	√		
EniChem		高压法	釜式	√		
		高压法	管式	√		

表 8-3　几种聚丙烯工艺对比表

工艺	Spheripol	Innovene	Novolen	Hypol	Unipol	Borstar
专利商	Basell	BP	NTH	三井油化	Dow	Brealis
工艺概况	采用液相本体法和气相法组合工艺生产 PP。采用环管式液相反应器，可生产均聚和无规产品，加上一台气相反应器即可生产抗冲共聚产品，现国内有多套该工艺装置	采用两台卧式反应器生产 PP。第一反应器生产均聚和无规产品；第二反应器生产抗冲产品。催化剂不用预聚合。燕山石化现有一套 20×10⁴t/a 装置	采用两台立式带搅拌的反应器生产 PP。第一反应器生产均聚和无规产品；第二反应器生产抗冲产品，第二反应器也可用以生产均聚产品	用液相加一台气相反应器生产均聚产品；用液相反应器加两台气相反应器生产抗冲产品	采用两台带扩径的流化床反应器，气相法生产 PP。第一反应器生产均聚产品；第二反应器生产共聚产品。催化剂不需要预聚合；无脱灰、脱氯工序	北星双峰聚丙烯工艺采用与北星双峰聚乙烯工艺相同的环管和气相反应器，采用模块化设计的概念，根据目标市场和产品方案，可以灵活地选择工厂配置
技术特点	最新的 Spheripol 工艺在新的操作条件下，可生产高熔融指数的新产品，球形催化剂可生产粒径好、流动性好的球形产品	气相法生产 PP，工艺流程短，设备较少，相应建设投资少，采用液体丙烯气化撤走反应热，效能高，产品质量好，单线产能高。独特的反应器设计及气锁系统能够生产高性能的产品	Novolen 工艺气相法生产 PP，流程简单，采用液相丙烯气化方式带走反应热，共聚反应可生产均聚产品，产品切换方便，产品应用范围广，在茂催化剂方面的研究和产品开发上处于较领先的地位	采用液、气相本体法生产 PP。有催化剂预聚合反应器，整个工艺过程需要的反应器台数多，流程较长，能耗高，设备多，一次投资较大	流程短，设备少，能耗低，催化剂不用预处理，活性较高，气相法生产聚丙烯，不存在共聚产品的溶解与溶胀问题，采用气相共沸产品质量均匀，丙烯冷凝气取走反应热，该工艺可转到聚乙烯产品的生产上	主要特点可以概括为：先进的催化剂技术、聚合反应条件宽、产品范围宽、产品性能优异

（2）聚烯烃催化剂生产技术。

催化剂是整个聚合技术的核心。20 世纪 80 年代之前，聚烯烃催化剂研究的重点是追求效率的提高，经过多年的努力，催化剂的效率已呈数量级地提高，从而简化了生产工艺，降低了能耗和物耗。目前，聚烯烃催化剂的发展更侧重于简化聚合工艺、改善生产质量，开发制备具有更优异性能的聚合物、拓宽产品的应用领域。

① 聚乙烯催化剂。聚乙烯催化剂发展至今，已经形成 Ziegler-Natta 催化剂（简称 Z-N 催

化剂)、铬系催化剂、茂金属催化剂等多种催化剂共同发展的格局。

传统的 Ziegler-Natta(Z-N) 催化剂是指以化学键结合在含镁载体上的钛等过渡金属化合物。由于其催化效率高，生产的聚合物综合性能好、成本低，目前是需求量最大的聚乙烯催化剂，被大多数 HDPE 生产商所采用。Z-N 催化剂经过几代的发展，性能已经得到很大的提高，其中高活性、高立构有规性的 Ti/Mg 复合载体型催化剂的开发应用最引人注目，所带来的显著变化是：一是收率提高到每份催化剂几十万份到几百万份；二是立体等规度提高到 99%以上，已无须脱灰及脱无规物处理；三是可在很宽的范围内控制聚合物的相对分子质量及其分布；四是可在反应器内直接实现造粒。Z-N 催化剂主要代表：Univation 公司的 UCAT-A 和 UCAT-J 系列催化剂，Basell 公司的 Avant Z 催化剂，Nova 和 BP 的 Novacat 系列催化剂、三井化学公司的 RZ 催化剂等。目前，对 Z-N 催化剂化学组成和物理结构与生成聚合物之间的关系并不十分清楚，仍有大量的课题需要解决。

铬系催化剂是由硅胶或硅铝胶载体浸渍含铬的化合物生产的，包括氧化铬催化剂和有机铬催化剂，依靠化学和(或)加热来活化。这种催化剂有许多变型，它是在催化剂制备之前或在制备过程中使铬化合物或其载体进行化学改性，以改变获得的 HDPE 的特性。理论上，基于铬和钛的催化剂可用于所有类型的工艺。然而，各生产商倾向于在每种生产线中只采用一种类型的催化剂。铬系催化剂最初主要用于生产线型结构的 HDPE，改进后也可用于乙烯和 α-烯烃的共聚反应，用这种催化剂生产的共聚物有非常宽的相对分子质量分布。铬系催化剂主要代表：Basell 公司的 Avant C 和 Univation 公司的 UCAT-B 和 UCAT-G 系列等。

茂金属催化剂及其应用技术已成为聚烯烃领域中最引人注目的技术进展之一。目前，已经开发的茂金属催化剂具有普通金属茂结构、桥链金属茂结构和限制几何形状的茂金属结构，过渡金属涉及到锆、铪和钛等茂金属，配位体有茂基、茚基、芴基等。茂金属催化剂与传统的 Z-N 催化剂的主要区别在于活性中心的分布。Z-N 催化剂是非均相催化剂，含有多个活性中心，其中只有一部分活性中心是有立体选择性的，因此得到的聚合物支链多，相对分子质量分布宽。茂金属催化剂有理想的单活性中心(SSC)，且所有的催化剂中心都有活性，从而能精密的控制相对分子质量、相对分子质量分布、共聚单体含量及其在主链上的分布和结晶结构，催化合成的聚合物是具有高立构规整性的聚合物，相对分子质量分布窄，可以准确地控制聚合物的物理性能和加工性能，使其能满足最终用途的要求。主要代表有：Exxon 公司的 Exxpol 催化剂，Dow 化学公司的 CGC 催化剂和 Univation 公司的 XCAT 系列。

② 聚丙烯催化剂。

目前世界上生产聚丙烯的绝大多数催化剂仍是基于 Ziegler-Natta(Z-N) 催化体系。

Basell 公司是目前全球最大的 PP 专利和生产商，在市场上销售 10 个牌号的 Spheripol 载体催化剂，基本上都属于 Z-N 型 HY/HS 催化剂。该公司在采用邻苯二甲酸酯作为给电子体的第四代催化剂基础上，成功开发了用琥珀酸酯作为给电子体的第五代新型 Z-N 负载催化剂，该催化剂通过使相对分子质量分布变宽而极大地扩展了 PP 均聚物和共聚物的性能，在生产宽相对分子质量分布产品方面是个突破。Basell 公司又开发了以二醚作为给电子体的第五代新型 Z-N 催化剂，催化活性高达 90kg(PP)/g(催化剂)，在较高温度和较高压力下，用新催化剂可使 PP 抗冲共聚物中的 PP 段有较高的等规度，提高了结晶度，即使熔体流动指数很高时，PP 的刚性也很好，非常适合用作生产洗衣机内桶的专用料。目前，该公司正在开发一系列基于其专利的二醚类内给电子体新催化剂，据称催化剂活性超过 100kg/g，聚合物等规指数大于99%。用这类催化剂生产的产品具有窄的相对分子质量分布，适用于纺粘和熔喷纤维，并可与新的茂金属催化剂相竞争。

Dow化学公司推出一种新的PP催化剂SHAC330，主要用于其UniPol PP生产工艺上。这种改进的Z-N催化剂可提高PP装置的生产能力和效率，并降低生产成本，生产出高附加值的抗冲共聚PP产品Imppax。

Borealis公司开发出一种用于Borstar工艺(双峰工艺)的专有催化剂BCI。该专有催化剂以Ti/Zr为主体，是一种特殊的Z-N催化剂，具有两种或更多种类型活性点的载体催化剂体系，能够适应较高的聚合温度，催化剂活性和等规指数随聚合温度的提高而增大。采用BCI催化剂，既能生产相对分子质量分布很窄的单峰产品，也能生产相对分子质量分布很宽的双峰产品，包括均聚物和无规共聚物。目前，这种催化剂已经在Borealis公司现有的PP装置上得到工业应用，第二代催化剂也正在研究开发中。

茂金属和单活性中心催化剂技术使PP产品性能显著改进，并进一步扩大了PP的应用领域。目前，Exxon Mobil公司的Exxpol/Unipol技术、Basell公司的Metocene和Spheripol技术、DOW化学公司的Insite/Spheripol技术、北欧化工公司的Borstar技术、阿托菲纳公司的Atofina技术、三井化学公司的三井技术等均可采用茂金属/SSC催化剂技术生产高能等规PP(m-iPP)、抗冲共聚PP、无规PP、间规PP(m-spp)或弹性均聚PP等产品。

(3)ABS树脂生产技术。

ABS树脂的生产方法很多(表8-4)，目前在全世界范围内的工业装置中应用较多的是乳液接枝掺合法、连续本体法等。尽管近年来由于本体工艺的不断完善而逐步成为公认的更为先进、更具成本优势的ABS生产工艺，但是乳液接枝掺合工艺仍是在全世界范围内的生产装置上应用最为广泛的工艺技术，其主要原因该工艺成熟、产品范围宽、实用性强。

乳液/悬浮聚合反应因流程长、反应体系复杂、公用工程消耗高、废水处理量大而使投资和生产成本较高。一般来说在ABS树脂生产的各个中间步骤中乳液/悬浮聚合工艺应用的越少则整个生产技术路线的经济性就越好，在ABS树脂的各个生产步骤中尽可能少采用乳液/悬浮聚合，用连续本体聚合取而代之是目前ABS树脂生产技术发展的一个主要趋势。然而，由于连续本体ABS生产工艺在产品范围上还有较大的局限性，因此目前仅有少数公司采用连续本体工艺直接得到ABS树脂产品，大部分生产厂仍保留乳液法生产接枝聚合物步骤。

近10年来在ABS树脂生产领域有两大进展：一是乳液接枝本体SAN掺合工艺的开发和工业化取得很大成功；二是本体工艺逐步走向完善并生产出有能力向一些新的市场渗透的树脂牌号。今后在技术方面的主要发展趋势将是继续开发ABS树脂与其他聚合物共混新技术和继续开发新牌号以寻求新的高附加价值的应用领域。本文只介绍乳液接枝—本体SAN掺混生产技术和连续本体聚合技术。

表8-4 ABS树脂工业生产技术综合评价

项目	乳液接枝聚合技术	乳液接枝掺混法			连续本体聚合法
		乳液SAN掺混	悬浮SAN掺混	本体SAN掺混	
技术水平	落后，仍生产	效益差，仍生产	广泛应用	大力发展	尚不完善
投资	中等	较高	较高	中等	最低
反应控制	较容易	容易	容易	容易	困难

续表

项目	乳液接枝聚合技术	乳液接枝掺混法			连续本体聚合法
		乳液 SAN 掺混	悬浮 SAN 掺混	本体 SAN 掺混	
设备要求	聚合简单	聚合简单	后处理复杂	后处理复杂	简单
热交换	容易	容易	容易	较容易	困难
后处理	复杂	复杂	复杂	复杂	简单
环保	差	差	较差	中	最好
发展趋势	淘汰	无发展空间	仍有发展空间	主要方法	前景广阔，有待完善
品种变化	品种可调	品种灵活	品种灵活	品种灵活	品种少
产品质量	含杂质较多	含杂质较多	含一定量杂质	含杂质较少	产品纯净

① 乳液接枝—本体 SAN 掺混生产技术。乳液接枝—本体 SAN 掺混技术是生产 ABS 树脂较为成熟的技术，目前在世界 ABS 树脂生产中约 70% 采用该技术。尽管该工艺仍存在着生产周期长、能力低、耗能大、胶含量低等不足，但随着该技术的不断完善和发展，在一定时期内其主流技术的地位不会有太大的变化。乳液接枝—本体 SAN 掺混法由于本体 SAN 生产成本比较低，所以近几年开发的重点是生产高性能 ABS 粉料。目前 ABS 高胶粉的主要研究方向是提高胶乳中橡胶相(乳液聚丁二烯主干或乳液丁苯胶乳主干)的含量，努力缩短聚丁二烯主干胶乳的聚合反应时间及苯乙烯和丙烯腈在 PB 胶乳上接枝的聚合反应时间，严格控制胶乳粒径和粒径分布，提高 ABS 树脂的冲击性能和改善外观光泽度。

a. PBL 的大粒径化。

ABS 生产中控制 PBL 胶乳粒径的大小对 ABS 树脂的性能，尤其是对抗冲性有着决定性影响，对加工流动性和弹性也有重大影响。目前的技术主流是先合成小粒径胶乳，再将小粒径胶乳附聚成大粒径胶乳。附聚技术在控制胶乳粒径、缩短基础胶乳的聚合时间、制备双峰分布 ABS 树脂、改善产品质量、丰富产品品种、赋予产品不同特性等方面显示出灵活而独到的技术优势，是实现 PBL 大粒径化的主要途径。传统的乳聚法制备 PBL 胶乳的聚合时间一般在 40h 以上，采用附聚技术可使 PBL 胶乳合成时间大大缩短。附聚法 ABS 技术以其灵活的粒径及其分布控制能力正在成为合成新型 ABS 树脂(如双峰 ABS 树脂)的重要手段和热点合成技术之一，如采用乳液接枝—本体 SAN 掺混技术，将不同粒径的聚丁二烯胶乳按比例混合可制得具有双峰橡胶含量的 ABS 树脂。附聚方法主要有化学附聚、压力附聚和种子附聚 3 种方法。

德国 Bayer 公司、韩国 LG 化学和宁波 LG 甬兴等公司采用化学附聚法生产 ABS 树脂。美国 GE、日本 Lummus/ Denka、韩国 Miwon 的 ABS 装置均采用压力附聚法生产，尤其是美国 GE 公司对此进行了大量研究，开发出了先进的具有独特工艺的压力附聚技术。种子附聚法的典型代表为 GE 公司，由于使用了种子，使反应时间大大降低，生产效率大为提高。

通过调整各种添加剂(如乳化剂、电解质等)的添加量和添加方式可以实现增大胶乳粒径的目的。如日本钟渊化学工业株式会社发明的一种 ABS 树脂用聚合胶乳的制备方法中，通过在乳液接枝聚合前添加电解质的方法，制得粒径较大的聚丁二烯胶乳，该方法的优点是短时间内可除去未反应单体，抑制胶乳起泡，在不降低收率条件下，制备出具有品质良好的共聚胶乳。

b. 湿法挤出工艺。

ABS 树脂的掺混技术有干法和湿法两种。随着 ABS 技术的发展和对安全环保的日益重视，现在国内外一些厂家采用湿法挤出技术生产 ABS 树脂，如韩国 LG 公司、中国石油兰州石化公司等。但由于湿法挤出都需要特殊的设备，如湿粉挤出机等，加之 ABS 接枝粉料生产装置和 SAN 生产必须高度匹配和稳定，所以湿法挤出技术还需要根据装置具体工艺条件进一步的改进和完善。

② 连续本体聚合法。连续本体聚合法合成 ABS 树脂的工艺过程，是将橡胶溶于苯乙烯、丙烯腈和少量溶剂中，通过加热，加入引发剂、相对分子质量调节剂进行接枝聚合。苯乙烯和丙烯腈共聚物为连续相，接枝橡胶粒子成为分散相，反应物经脱挥、造粒得到本体 ABS 产品。连续本体 ABS 聚合生产过程复杂，橡胶物料要很好地溶解在混合单体中，要有预聚合过程，对橡胶种类、橡胶用量、接枝过程中的接枝率和橡胶粒径控制都有较高的要求。该聚合法具有工业污水排放量少，产品纯度高，装置投资小，生产成本低的优点，具有较大的发展潜力。

美国 Monsanto 公司、Dow 化学公司在聚合体系中加入硅油，反式丁烯酸二丁酯、甲基丙烯酸甲酯来调整接枝橡胶相合 SAN 连续相的溶合度，可以显著提高 ABS 树脂的光泽性和韧性。

美国 Dow 化学公司开发了 PFR 串联本体聚合 ABS 树脂生产工艺，此工艺是 3 釜串联聚合；将低顺 BR 橡胶胶溶于苯乙烯、丙烯腈和乙苯溶剂中；聚合釜采用高强度搅拌器，反应温度 85~160℃，单体转化率 75%~85%，ABS 产品中橡胶含量 7.5%左右，产品冲击强度达到 130J/m。美国 GE 公司 PFR—CSTR 工艺，第 1 聚合釜用于苯乙烯和丙烯腈在橡胶主干上接枝，转化率控制在 20%以下，第 2 反应器是卧式搅拌槽式反应器，转化率控制在 60%，第 3 反应器是立式聚合釜，最终转化率可以达到 90%，该工艺开发出了具有较高抗冲击性能的 ABS 树脂。日本 MTC 公司本体 ABS 聚合工艺采用 4 釜串联满釜操作，BR 橡胶被粉碎成 3mm 的小胶粒加到溶解槽内与苯乙烯、丙烯腈和乙苯混合，按配方加入引发剂、相对分子质量调节剂到反应器中聚合，反应温度 80~165℃，转化率 60%~85%。

3. 合成橡胶生产技术

合成橡胶是橡胶工业的重要原料，是一种合成的高分子弹性体，其中重要的有丁苯橡胶（SBR，包括 ESBR 和 SSBR）、聚丁二烯橡胶（简称顺丁橡胶，BR）、聚异戊二烯橡胶（简称异戊橡胶，IR）、乙丙橡胶（EPR）、氯丁橡胶（CR）、丁基橡胶（IIR）和丁腈橡胶（NBR）等 7 大基本胶种的产品体系，还大量生产了苯胶乳和热塑性弹性体，以及量少但价值极高的特种弹性体，如氟橡胶、硅橡胶、聚氨酯橡胶、氯磺化聚乙烯橡胶及丙烯酸橡胶等。

橡胶的用途在逐步拓宽（表 8-5）。由于这些弹性体的性质和性能，其用途遍及几乎所有经济领域——汽车、塑料、市政建设、运动鞋、医疗产品等。合成橡胶主要用来制造轮胎，因此丁苯橡胶和聚丁二烯橡胶是消费量最大的一类合成橡胶。目前，丁苯橡胶仍为产耗量最大的合成橡胶胶种，溶聚丁苯橡胶（SSBR）成为发展重点，乳聚丁苯橡胶（ESBR）用量逐年减少；顺丁橡胶继续保持第二大品种的地位，稀土钕系顺丁橡胶（Nd-BR）和锂系顺丁橡胶（Li-BR）备受关注；乙丙橡胶是仅次于 SBR 和 BR 的第三大合成橡胶，在世界合成橡胶生产中占到 12%左右，乙丙橡胶包括二元乙丙橡胶（EPM）、三元乙丙橡胶（EPDM）及各种改性 EPR。

表 8-5　合成橡胶主要类型与应用

名称	橡胶类型	沥青改性	鞋	胶黏剂	技术商品	轮胎	胎面	塑料改性
ESBR	乳聚丁苯橡胶		√	√	√	√	√	
SSBR	溶聚丁苯橡胶	√	√	√	√	√	√	
BR	聚丁二烯橡胶					√	√	√
NBR	丁腈橡胶		√		√			√
EPDM	(三元)乙丙橡胶	√						√
IIR	丁基橡胶			√	√			
CR	氯丁橡胶			√	√			
TR	塑料	√	√	√				√
Latex	各种乳胶	√	√	√			√	

1) 合成橡胶生产技术发展历程

合成橡胶已有近百年的发展历史。20 世纪后期，虽然合成橡胶供需总量增长缓慢，但弹性体领域的技术进步显著。以提高产品内在质量、改进产品使用性能、适应环保要求等为主要目标的生产技术取得许多质的进步。其中，茂催化剂金属合成橡胶领域；活性负离子聚合技术突破传统观念，实现结构性能的优化集成；正碳离子活性聚合步入实用性研究开发阶段；气相聚合工艺初步实现工业化；系列反应器或多元催化剂直接合成聚烯烃热塑性弹性体的新工艺推动了热塑性弹性体的发展。

进入 21 世纪，合成橡胶品种不断向专用化和高性能化发展，合成橡胶工业在开发新技术与新品种的同时，将更加注重对现有合成橡胶品种的改性。目前，合成橡胶新的专用聚合物、高性能热塑性弹性体以及各种改性橡胶的需求将继续增长，特别是对溶液丁苯橡胶等可裁制聚合物的需求量将迅速增加；合成橡胶生产商必须开发茂金属催化剂技术及气相聚合技术等新而更有效的制备技术以使产品性能、质量与价格等更具竞争性。

2) 合成橡胶生产技术发展特点与趋势分析

世界合成橡胶工业技术总的发展趋势为：生产装置多功能化、高产化；合成技术由溶液法向工艺流程短、不使用溶剂、节省能源且无(低)污染的气相聚合倾斜；分子设计工程技术得到广泛应用；活性正离子聚合技术工业化指日可待；成品胶延伸加工与改性工作深入开展；各大公司竞相将茂金属催化剂列为长远研发的重点项目；弹性体乳液加氢改性技术暂露头角等。而气相聚合、茂金属催化剂、稀土橡胶、锂系负离子聚合橡胶、氯化顺丁橡胶、弹性体氢化改性和双螺杆技术将是新世纪合成橡胶技术发展的主要方向。

3) 合成橡胶重大关键技术

(1) 丁苯橡胶(SBR)。

SBR 是最大的通用合成橡胶品种，具有优异的物理机械性能和良好的加工性能，是天然橡胶的最好代用品种之一，通常可分为乳液聚合法丁苯橡胶(简称乳聚丁苯橡胶，ESBR)和溶液聚合法丁苯橡胶(简称溶聚丁苯橡胶，SSBR)。目前 SBR 的主要生产方法是乳液聚合法和溶液聚合法，乳液聚合生产工艺已相当成熟，仍占 SBR 生产的主导地位。

ESBR 生产和加工工艺成熟，应用广泛，其中 2/3 用于轮胎生产。ESBR 抗湿滑性能远胜于顺丁胶，耐热、耐磨、耐老化、抗湿滑性能均优于天然橡胶，易于塑炼加工，综合性能优良；但 ESBR 滚动阻力较大，生胶强度和粘接性能都低于天然橡胶，因此在高性能轮胎中的使用比例有所下降。

与 ESBR 相比，采用阴离子溶液聚合技术合成的 SSBR，其聚合物结构和性能有更多的可调性，不但可调节苯乙烯结合量，还可以调节丁二烯单元微观结构和苯乙烯单元序列分布。发达国家开发的第二代和第三代 SSBR，其滚动阻力比 ESBR 低 20%~30%，湿抓着力和耐磨耗性能分别提高 3% 和 10%，因此成为高性能轮胎胎面胶的主要胶种之一。

① 乳液聚合丁苯生产工艺。低温乳液聚合法是最常用的工艺技术，世界上约 90% 的乳聚丁苯橡胶是用此法生产。聚合体系以水为介质，油水两相在乳化剂作用下（乳化剂为歧化松香酸钾皂或与脂及酸皂混合），部分单体浸入胶束中发生增溶溶解，其他单体成为被皂包覆着的液滴而悬浮着，在水相中由氧化—还原体系提供最初自由基，进入增溶溶解的胶束中使单体发生反应，并进行聚合物的链增长（单体液滴不断向胶束内扩散以补充单体的消耗），并用链转移调节剂调节聚合物平均相对分子质量，当单体转化率达到一定值时，终止聚合反应。胶乳经闪蒸、压缩、冷凝回收丁二烯；经过蒸汽真空蒸馏、冷凝、分离，回收苯乙烯。根据丁苯橡胶的门尼加合性，用加权平均的方法将不同门尼的脱气胶乳调配成要求门尼值的脱气胶乳，再加入防老剂或填充油，然后用高分子凝聚剂溶液和硫酸作凝聚剂，在 pH 值 3.0~4.0、温度 50~60℃ 的条件下进行凝聚，使橡胶自胶乳中离析出来，再经洗涤、脱水、干燥、称重后，压制成产品胶块。

乳聚丁苯橡胶经过半个多世纪的发展，其生产技术路线已经定型，尤其低温乳液聚合工艺的生产技术水平已经相当成熟。生产 ESBR 的工艺流程大致相同，包括原料准备、化学品配制、聚合、单体回收、胶乳贮存、凝聚、干燥和产品包装等工序。生产上所用配方大同小异，仅采用的引发剂与乳化剂的种类和助剂用量略有差异。低温乳液聚合工艺催化剂、活性剂使用效率高，聚合反应温度低，凝胶含量少，能生产出大相对分子质量、机械性能较好的橡胶。

国际上拥有乳液聚合丁苯工艺技术的专利商主要有：日本合成橡胶（JSR）公司、日本瑞翁公司、中国台湾台橡公司、美国 Goodyear 轮胎与橡胶公司、PolimeriEuropa（欧洲聚合物）、Dow 化学公司等。

② 溶液聚合丁苯生产工艺。合成 SSBR 的基本技术路线通常为用烷基锂（主要是丁基锂）作引发剂，用烷烃或环烷烃作溶剂，用四氢呋喃（THF）作无规剂，用醇类作终止剂。工业生产方法通常用菲利浦（Pillips）法和费尔斯通法（Fireston）两种。前者覆盖了连续和间歇聚合工艺，但以间歇聚合工艺为主。目前菲利浦公司虽然已不再生产 SSBR，但其技术仍被欧洲许多公司（Petrochim 公司和 Enichem 公司等）采用。费尔斯通法与菲利浦法相近，以连续聚合为主，也可使用间歇聚合工艺生产。其他技术都是在这两种技术的基础上发展起来的。

目前，国际上拥有溶聚丁苯橡胶工艺技术的专利商主要有：国内燕山石化公司研究院；国外荷兰 Shell、比利时 Fina、日本 JSR、德国 Bayer、日本旭化成等公司。

（2）顺丁橡胶（BR）。

BR 是仅次于丁苯橡胶的世界第二大通用合成橡胶，目前世界上生产 BR 大部分采用溶液聚合法，采用的溶剂有抽余油、甲苯、甲苯与庚烷混合溶剂、正己烷、庚烷与环己烷混合溶剂等。采用的催化剂有镍（Ni）系、钛（Ti）系、钴（Co）系、钕（Nd）系、锂（Li）系。除传统的溶液法外，还有德国 Bayer 化学公司用新开发的气相法生产聚丁二烯技术，新技术开发的关键是采用新型的钕系镍系催化剂而淘汰传统的钛系催化剂。

日本合成橡胶公司研究发现，与传统顺丁橡胶和宽相对分子质量分布的稀土顺丁橡胶相比，窄相对分子质量分布的稀土顺丁橡胶具有更好的加工性能、更低的滞后损失和较高的耐磨性能。对于单体浓度或转化率不高的顺丁橡胶，要通过技术改进，在保证产品质量的条件下进一步提高单体浓度或转化率，以降低能耗和物耗。

（3）异戊橡胶（IR）。

IR 是一种通用型 SR，其物理机械性能和天然橡胶相似，也称为"合成天然橡胶"。它具有优良的弹性、耐磨性、耐热性和抗撕裂性。由于 IR 优良的密封性，广泛用于制造轮胎和其他橡胶工业制品，可以代替天然橡胶使用。

IR 在工业上其溶液聚合生产技术已基本成熟，按其催化体系基本分为三大系列：锂系、钛系、稀土体系，目前工业上异戊橡胶主要采用 Ziegler-Natta 催化剂体系的溶液聚合法来生产，一般以 $TiCl_4-AlR_3$（R 多为异丁基）钛系催化体系为主。国外异戊橡胶的生产技术主要有：俄罗斯的雅罗斯拉夫工艺、美国的固特里奇工艺、意大利的斯纳姆及荷兰的壳牌工艺。

（4）丁基橡胶（IIR）。

IIR 是世界上第四大合成橡胶胶种。IIR 是异丁烯和异戊二烯在 Friedel-Craft 催化剂作用下进行阳离子聚合反应的产物，其生产方法有淤浆法和溶液法两种。

溶液法是以烷基氯化铝与水的络合物为引发剂，在烃类溶剂（如异戊烷）中于 $-90 \sim -70$℃下，异丁烯和少量异戊二烯共聚而成。该技术由俄罗斯 Togliatti 工厂与意大利 PI 公司合作开发。淤浆法是以氯甲烷为稀释剂，以 $H_2O—AlCl_3$ 为引发体系，在 -100℃将异丁烯与少量异戊二烯通过阳离子共聚合制得的。该生产技术由美国 Exxon 公司和德国 Lanxess 公司所垄断。

（5）乙丙橡胶（EPR）。

EPR 是仅次于 SBR 和 BR 的第三大合成橡胶，在世界合成橡胶生产中占到 12% 左右。EPR 包括二元乙丙橡胶（EPM）、三元乙丙橡胶（EPDM）及各种改性 EPR。

EPR 工业生产技术路线有溶液聚合法、悬浮聚合法及气相聚合法 3 种，其核心技术均以 Z-N 催化剂进行阴离子配位聚合。茂金属催化乙丙橡胶（mEPDM）生产技术于 20 世纪 90 年代末实现工业化。乙丙橡胶茂金属催化剂结构主要有桥联型和限定几何构型，主要工业应用的茂金属催化剂有陶氏化学公司的限定几何构型茂钛催化剂（In-site 技术）和 ExxonMobil 公司的茂锆催化剂（Exx-pol 技术）等。与传统钒系、钛系催化体系相比，茂金属催化乙丙橡胶产品具有聚合活性高，产物相对分子质量分布窄，共聚单体结合均匀，可实现间规聚合，对现有工艺的适应性强等优点。此外，美国 UCC 公司还开发了气相聚合乙丙橡胶生产工艺。气相法聚合与溶液法和悬浮法相比，工艺流程简短、不需溶剂或稀释剂，可省去脱除溶剂步骤，几乎无三废排放，有利于环境保护，并可大幅度降低装置投资和生产成本。气相聚合和溶液聚合制得的茂金属乙丙橡胶的基本性能与过去的钒系乙丙橡胶相当，但是气相法茂金属乙丙橡胶组成分布较传统乙丙橡胶窄，弯曲强度高，压缩永久变形也优于传统乙丙橡胶产品。由于茂金属催化剂聚合活性高，催化剂用量少，残余物含量少，因此聚合产物不用脱除残留催化剂，产品颜色透亮，聚合物结构均匀，相对分子质量分布窄，物理机械性能优异。通过改变茂金属结构可以准确调节乙烯、丙烯和二烯烃的组成，在很大范围内调控聚合物的微观结构，合成出具有新型链结构的、不同用途的产品。茂金属乙丙橡胶在润滑油添加剂、聚合物改性、电线电缆绝缘材料、汽车专用料、塑料添加剂等领域对非茂金属乙丙橡胶产品形成了挑战。活性单一、高效的茂金属催化剂开发成功将给乙丙橡胶工业的发展注入了新动力，未来茂金属乙丙橡胶发展前景十分看好。

（6）丁腈橡胶（NBR）。

NBR 是丁二烯和丙烯腈两种单体经自由基引发聚合制得的一种无规共聚物，分子结构中含有不饱和双键和极性基团—CN，使之具有耐油性能好，物理机械性能优异等特点，已经被广泛地应用于各种耐油制品。

工业上生产 NBR 采用连续或间歇式乳液聚合工艺，按聚合温度不同，分为热法聚合与冷法聚合两类。冷法聚合通常采用连续聚合工艺，热法聚合通常采用间歇聚合工艺。目前世界上生产厂家如 Bayer 公司、美国 Goodrich 公司、日本 Zeon 公司以及日本 JSR 公司都采用低温乳聚法。近年来，世界 NBR 工业技术进展主要体现在完善聚合配方、改进聚合工艺、提高自控水平以及新产品的开发等几个方面。目前，乳液聚合工艺仍是工业化生产 NBR 的唯一方法。溶液聚合工艺和悬浮聚合工艺由于存在聚合时间长、转化率低、产物相对分子质量小等缺点而始终未能实现工业化。

（7）氯丁橡胶（CR）。

CR 目前工业生产方法依所用原料单体不同大致分为乙炔法和丁二烯法两种生产路线。乙炔法工艺技术落后，消耗定额高，在国外除日本电气化学工业司外均已淘汰乙炔法生产工艺。丁二烯法生产工艺是一个资金和技术高度密集型产业，生产工艺极其复杂，Distillers 公司、BP 公司、Du Pont 公司、Bayer 公司等国外大公司垄断了该技术。

以乙炔为原料的方法是将乙炔气体通过 Nieuwland 催化剂（由氯化亚铜和氯化铵的盐酸水溶液组成）进行二聚作用合成乙烯基乙炔，再将其与氢化氢反应制得沸点 59.4℃的氯丁二烯单体的方法。由于反应副产物具有极大的爆炸性，1960 年后基本不再采用该种方法。

英国 Distillers 公司开发的以丁二烯为初始原料生产氯丁橡胶的方法（后来该技术由 BP 公司买断），到 20 世纪 70 年代大部分氯丁橡胶生产厂家转换为危险小的丁二烯方法，直至现在。丁二烯方法首先是将丁二烯与氯反应合成二氯丁烯-2。该二氯丁烯-2 有 3，4-和 1，4-二氯丁烯两种异构体。其中 1，4-二氯丁烯-2 通过异构反应转换成 3，4-氯丁烯-1，然后用氢氧化钠对其进行脱盐酸反应制成氯丁二烯单体。

第二节　未来 20 年石油化工技术发展展望

一、石油化工行业发展面临的挑战、技术需求

1. 行业发展面临的挑战

依据石油化工行业目前情况分析，当前面临挑战有：

（1）化工原料来源的多样化。石油资源日趋紧张，发展替代资源和其他新的原料途径日益受到重视。石油化工生产原料将向石油、天然气、煤、生物质等多元化原料途径发展。

（2）产业供应格局发生重大变化。随着 2008 年以来中东新增石化产能进入投产高峰期，世界石化工业将面对来自中东的挑战，特别是在大宗乙烯衍生物方面。中东石化产业链向下

游产品延伸，使得产业供应格局将发生重大变化。

（3）市场转移与用户新要求引起需求变化。受金融危机影响，部分终端产品市场需求疲软，呈现不确定性；需求将进一步向新兴市场转移。下游制品生产商也对聚合物产品性能和功能的要求不断提高。

（4）生产工艺绿色清洁化。日益严格的环境标准推动石化生产不断向简洁、高效、节约和环境友好的方向发展。

2. 行业发展面临的技术需求

世界石油化工的发展史，也是一部技术发展史，不同时期的技术进步推动着石油化学工业水平迈上了一个个新台阶，未来20年甚至更远的时间石油化工技术面临的技术需求为：

（1）大力发展拓宽原料来源新技术，石化原料向多元化发展。石油化工产品原料将向石油、天然气、煤、生物质等多元化原料途径发展，烷烃路线、甲醇/乙醇路线、CO/CO_2以及生物质原料路线等拓宽石化原料来源的新技术受到广泛关注。

（2）高性能和高附加值产品继续是三大合成材料发展的重点。随着下游制品对聚合物产品性能和功能的要求不断提高，高性能、功能化和专用化的产品将拥有更多的发展机遇，如分子定制与活性聚合技术、单活性中心催化剂技术以及纳米复合技术等将带动合成材料新产品开发。

（3）装置大型化、更多的实现一体化运营，实现规模经济。为提高石油化工生产的经济效益和竞争力，达到合理的经济规模，降低运营成本，炼化一体化技术、装置大型化等成为未来的发展方向，实际上也是国家总体工业水平和石油化工技术水平的综合体现。

（4）高效工艺开发与生产过程清洁化。开发高效率、低成本、副产物少、无污染的新一代绿色生产工艺，石化生产向简洁高效、节约和环境友好的方向发展，具体技术包括：原料和生产技术绿色化、能量系统优化等。

（5）关注化学工程前沿技术研究。如化学工程学的多尺度化的研究、极限化技术等。

二、关键石油化工技术发展展望

展望未来，石油化工技术的发展有5个方向：

一是替代资源利用技术，加强煤、生物质的研究和利用；

二是高性能、功能化和专用化的合成材料产品的开发，重点关注活性聚合与分子定制技术、纳米复合技术；

三是规模大型化趋势，重点关注炼油化工一体化技术和装置大型化技术；

四是绿色化生产，深化原料、催化剂和工艺等绿色清洁工艺的开发研究；

五是化学工程前沿技术研究。

1. 替代资源利用技术

化石能源作为不可再生资源，日益减少的同时也带来了能源的危机意识，而合理开发替代能源利用技术，则提供了一条解决问题的途径，这里我们介绍的替代能源利用技术主要有煤制烯烃、生物制乙烯等。

1）煤制烯烃技术

煤制烯烃技术是以煤炭替代石油生产甲醇，进而再向乙烯、丙烯、聚烯烃等产业链下游方面发展。煤制烯烃包括煤气化、合成气净化、甲醇合成及甲醇制低碳烯烃(乙烯和丙烯)4

项核心技术。

为满足经济规模的需要,煤制烯烃装置所需的大型煤气化技术、百万吨级甲醇生产技术均成熟可靠,关键是甲醇制烯烃技术。目前世界上具备商业转让条件的甲醇制烯烃技术的有美国环球油品公司 UOP 和挪威 Hydro 公司共同开发的甲醇制低碳烯烃(MTO)工艺、德国 Lurgi 公司的甲醇制丙烯(MTP)工艺、中国科学院大连化学物理研究所的甲醇制低碳烯烃(DMTO)工艺。这 3 种工艺经多年开发,已具备工业化条件。

(1) UOP/Hydor 的甲醇制烯烃工艺(MTO)。

UOP/Hydro 的 MTO 工艺采用流化床反应器和再生器设计(图 8-2),用以 SAPO-34 为主要成分的 MTO-100 型催化剂,在 0.1~0.5MPa 和 350~550℃ 下进行反应。反应产物中乙烯和丙烯的摩尔比例从 0.75~1.50 可调,烷烃、二烯烃和炔烃生成的数量少。甲醇转化率始终大于 99.8%,乙烯和丙烯的选择性分别为 55% 和 27%。失活的催化剂被送到流化床再生器中烧碳再生,然后返回流化床反应器继续反应,反应热通过产生的蒸汽带出并回收。

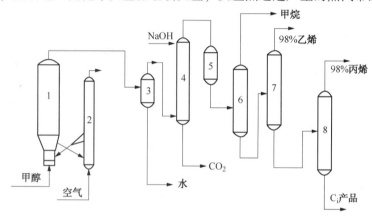

图 8-2　UOP/Hydro 的 MTO 装置工艺流程图

1—反应器;2—再生器;3—水分离器;4—碱洗塔;5—干燥器;6—脱甲烷塔;7—脱乙烷塔;8—脱丙烷塔

该工艺除反应段(反应—再生系统)的热传递不同之外,其他都非常类似于炼油工业中成熟的催化裂化技术,且操作条件的苛刻度更低,技术风险处于可控之内。而其产品分离段与传统石脑油裂解制烯烃工艺类似,且产物组成更为简单,杂质种类和含量更少,更易实现产品的分离回收。

(2) Lurgi 公司的甲醇制丙烯工艺(MTP)。

德国鲁奇(Lurgi)公司是世界上唯一开发成功 MTP 技术的公司。

MTP 工艺采用稳定的分子筛催化剂和固定床反应器(图 8-3),催化剂由南方化学公司提供。第一个反应器中甲醇转化为二甲醚,在第二个反应器中转化为丙烯,反应—再生轮流切换操作。反应器的工业放大有成熟经验可以借鉴,技术基本成熟,工业化的风险很小。MTP 技术所用催化剂的开发和工业化规模生产已由供应商完成。

MTP 技术特点是:较高的丙烯收率,专有的沸石催化剂,低磨损的固定床反应器,低结焦催化剂可降低再生循环次数,在反应温度下可以不连续再生。Lurgi 公司开发的 MTP 工艺与 MTO 不同之处除催化剂对丙烯有较高选择性外,反应器采用固定床而不是流化床,由于副产物相对减少,所以分离提纯流程也较 MTO 更为简单。

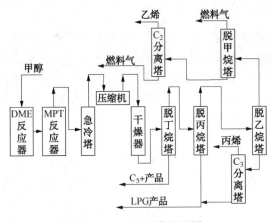

图 8-3 MTP 工艺流程图

（3）煤制烯烃技术存在的问题。

① 产业布局。煤制烯烃和石脑油裂解制烯烃技术路线相比较，在经济上的竞争力取决于甲醇的成本。如果在煤炭产地附近建设工厂，以廉价的煤炭为原料，通过大规模装置生产低成本的甲醇，再将甲醇转化成烯烃，经济上将具有较强的竞争能力。因此煤化工发展的规划布局一定要合理。富煤、水资源充足、交通便利，满足这 3 个条件的可以定为发展煤化工的首选地区。

② 环境压力。目前煤化工产生的传统污染物已经能够很好治理，如硫的排放控制、工业废渣的综合利用等。水资源是煤化工产业发展的重要制约因素，尽管在先进的煤化工技术中，水的循环利用率很高，然而煤化工一定会消耗大量的水，在某些缺水地区大规模发展煤化工产业，会影响当地脆弱的水资源平衡。另外，作为高碳含量的化石能源，煤炭不论是作为能源直接燃烧利用或者是转化利用，二氧化碳的排放都是不可避免的。值得庆幸的是，煤化工生产过程所产生的二氧化碳具有较高的纯度，这样比起从燃煤烟气中捕获二氧化碳使之浓缩再埋藏的成本要低很多。

2）生物制乙烯技术

生物乙烯以从可再生的生物质发酵而来的生物乙醇为原料，由乙醇催化脱水生成。与石油乙烯路线相比，生物乙烯具有明显的自身特点：（1）原料来源广泛、可再生；（2）副产物少、乙烯纯度高、分离成本低、装置能耗低；（3）工艺流程简单、操作方便；（4）装置设备少、投资低、占地面积小、建设周期短、投资回收快；（5）建厂不受地域性限制，解决高危险性乙烯气体的运输问题；（6）CO_2 排放少，环境友好。

目前生物乙烯在技术上是完全可行的，在经济上已经具有竞争力，但是尚需解决一些大规模产业化的关键技术问题，进一步降低生产成本。

（1）低成本非粮乙醇生产技术。

乙醇原料的生产是生物乙烯产业发展的基础，不同国家针对自身的生物质资源情况分别选用不同的原料来生产乙醇，目前以木薯、红薯、陈粮等低成本的非粮原料以及秸秆类木质纤维素等为原料非粮乙醇成为热点。此外利用生物高技术，特别是代谢工程，构建和选育能多糖利用的高效菌种；开发完善高效细胞固定化技术、自絮凝酵母技术、反应分离耦合技术等过程工程技术，都是降低生物乙醇成本的重要方向和内容。

但值得注意的是，采用可再生的生物质原料生产乙醇，不可避免会副产正丙醇、异丁醇、异戊醇、活性戊醇等杂醇，一方面会降低原料对乙醇的转化率，增加生产中的原料成本；另一方面还会对后续的乙醇脱水催化剂的寿命有严重的影响，难以实现乙醇生产和脱水工艺耦合的节能工艺。

（2）乙醇脱水制乙烯的催化技术。

目前工业应用最成熟的催化剂是活性氧化铝基催化剂，但其对反应条件要求苛刻，反应温度高，乙醇原料体积分数要求高（90% 以上），导致整体能耗高。因此开发能够在较低温度下，将较低浓度的乙醇高选择性和高转化率地转化为乙烯的长寿命催化剂，已成为生物质经由乙醇中间体制乙烯的关键。

杂多酸催化剂虽然活性高，但是目前寿命和热稳定性问题没能得到解决，限制了其在工业化上的应用。沸石分子筛催化剂在乙醇脱水反应中比氧化物型催化剂具有更低的反应温度，更高的操作空速和更高的单程反应转化率和乙烯收率，而 ZSM-5 型是目前最有希望成功工业化应用的沸石催化剂，但是沸石催化剂的抗积碳能力、水热稳定性和寿命还需进一步提高，对发酵乙醇杂质的耐受性也值得深入研究。

2. 高分子产品生产技术

1) 活性聚合与分子定制技术

随着现代活性聚合技术的发展，通过"大分子工程"设计，可以得到预期分子结构的聚合物，并借助物理与化学改性，获得高性能或特殊功能的聚合物。这些可控/活性聚合方法包括活性阴离子聚合、活性阳离子聚合以及活性自由基聚合等(图8-4)。

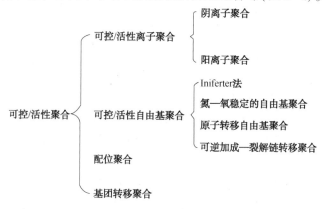

图 8-4　主要的可控/活性聚合方法

（1）可控/活性阴离子聚合技术。

可控/活性阴离子聚合技术在弹性体工业生产领域占有重要地位，主要是以有机锂为引发剂，生产溶聚丁苯橡胶(SSBR)、苯乙烯—异戊二烯—丁二烯三元共聚橡胶(SIBR)和苯乙烯热塑性弹性体(SBC)。目前溶聚丁苯橡胶的发展方向是采用新型引发体系(例如兼有链引发和端基改性功能的新型引发剂)、锡偶联技术、末端化学改性技术和加氢技术，改善产品的滚动阻力和抗湿滑性，提高 SSBR 的综合性能。

（2）可控/活性阳离子聚合技术。

可控/活性阳离子聚合技术是一类不存在链终止和链转移反应的聚合体系。由于其具有反应条件温和、所得聚合物的相对分子质量随单体转化率线性增加且接近理论值、反应结束后补加原单体或新单体反应就可继续进行等特点，因此在高分子的精细合成、新型聚合物如嵌段聚合物、支化和超支化聚合物等的制备方面有广泛应用。

可控/活性阳离子聚合作为一种新型的高分子合成技术，近年来发展迅速，但也存在一些问题，如聚合速率低、所适用的单体有限等。因此未来活性阳离子聚合在以下几方面仍需努力：

① 在不降低活性中心活性的前提下，通过精确调控反应条件如活性中心浓度与单体的配比等，抑制链转移或链终止的发生，实现活性阳离子聚合，提高聚合速率。

② 发展水溶性的催化/引发体系，实现有水条件下或乳液状态下的活性阳离子聚合。

③ 进一步明确亲核试剂在聚合反应中的作用机理。用亲核试剂调节反应，使更多的单体适合活性阳离子聚合仍是未来发展的重点，但利用溶剂化作用以及选择合适的共引发剂，调控活性中心正负离子间的距离，进而控制活性中心的活性，实现活性阳离子聚合也值得关注。

（3）可控/活性自由基聚合技术。

可控/活性自由基聚合技术的基本原理就是设法降低自由基聚合的链终止和链转移反应速率，使其相对于链增长反应几乎可以忽略不计。可控/活性自由基聚合技术结合了自由基聚合和离子聚合的优点，使自由基聚合具有可控性。

可控/活性自由基聚合技术是当前快速发展的研究新领域，其容易制备随机和嵌段共聚物，反应条件温和，操作简便，使其具有重要的商业应用价值。同时，可控/活性自由基聚合技术包含有活性离子型聚合和自由基聚合的全部优点，如预定的相对分子质量、低分散度、端基官能度、不同的结构控制等。在今后的可控/活性自由基聚合技术研究中，研制更好的催化引发体系和对其动力学进行探讨以及寻找在分散多相体系中的聚合特性仍然是研究的重点。

2）纳米技术

纳米技术即纳米尺度的科学和技术，是在 $0.1 \sim 100nm$ 的尺度里，研究电子、原子和分子内的运动规律和特性的技术；纳米材料即超细微粒或超细粉末，被称为纳米材料的条件：一是物质加工到 100nm 以下尺寸；二是在此尺寸下物质往往产生既不同于微观原子、分子，也不同于宏观物质的超常规特性。

由于纳米粒子表面积大、表面活性中心多，所以在催化剂中加入纳米粒子可以大大提高反应效果、控制反应速度，甚至原来不能进行的反应也能进行。在石油化工工业采用纳米催化材料，可提高反应器的效率，改善产品结构，提高产品附加值、产率和质量。目前已经将铂、银、氧化铝和氧化铁等纳米粉材直接用于高分子聚合物氧化、还原和合成反应的催化剂。如将普通的铁、钴、镍、钯、铂等金属催化剂制成纳米微粒，可大大改善催化效果；粒径为 30nm 的镍催化剂可把加氢和脱氢反应速度提高 15 倍；纳米铂黑催化剂可使乙烯的反应温度从 600℃ 降至常温。用纳米催化剂提高催化反应的速度、活性及选择性等。

3）热塑性弹性体（TPE）新材料生产技术

热塑性弹性体（TPE）具有硫化橡胶的物理机械性能和热塑性塑料的工艺加工性能，常被人们称为第三代橡胶。热塑性弹性体不需要硫化，成型加工简单，与传统硫化橡胶相比，TPE 的工业生产流程缩短了 1/4，节约能耗达 25%~40%，效率提高了 10~20 倍。通常按制备方法的不同，热塑性弹性体主要分为化学合成型热塑性弹性体和橡塑共混型热塑性弹性体两大类。对于化学合成型热塑性弹性体，其代表性品种有苯乙烯类嵌段共聚物、热塑性聚氨酯弹性体和热塑性聚酯弹性体等。对于橡塑共混型热塑性弹性体，其主要包括聚烯烃类热塑性弹性体（TPO）和热塑性硫化弹性体（TPV）两大类。其中热塑性硫化弹性体（TPV）是热塑性弹性体（TPE）的一种特殊类型，与具有弹性的嵌段共聚物不同，而是由弹性体—热塑性聚合物共混物的协同作用生成，具有比简单共混物更好的性质。TPV 作为替代传统热固性橡胶最为理想的一类材料，是解决橡胶"黑色污染"和"不可回收"世界性难题的最佳技术方法。

4）集成橡胶（SIBR）生产技术

集成橡胶（SIBR）是以苯乙烯（St）、异戊二烯（Ip）和丁二烯（Bd）为单体聚合而成的三元共聚物，属于第三代溶聚丁苯橡胶（SSBR）范畴，具有优异的物理性能和动态力学性能，是一种理想的新型轮胎胎面用橡胶，也是迄今为止性能最全面的聚二烯烃类橡胶。其结构的显著特点是分子链由多种结构的链段构成，既有柔性的，与顺丁橡胶（BR）结构相近的链段，亦有柔性较弱的，与丁苯橡胶（SBR）结构相近的链段，不同结构的链段赋予橡胶不同的性能。柔性链段可使橡胶具有优异的低温性能、耐磨性能以及低的滚动阻力；刚性链段可增大橡胶的湿抓着力，提高轮胎在湿滑路面行驶的安全性。因此集成橡胶既克服了机械共混并用胶微观上严重的相分离，各种橡胶原有优势不能充分发挥的不利因素，又集合了各种橡胶的优点而克服了单一橡胶的缺点，通过适当地调整其结构，可同时满足轮胎胎面对全天候、安全、长寿命和经济性的要求。

3. 炼化一体化技术及装置大型化趋势

1）炼油化工一体化技术

目前，炼油和石化行业面临着加工重质、低质原油遇到的诸多挑战，应对这些挑战的最佳对策就是实现炼化一体化。

炼化一体化的五大优势：

（1）可以减少投资，降低生产成本；

（2）可以降低原料成本，提高石油资源的利用效率；

（3）可以拓宽石化原料来源，满足市场不断增长的需求；

（4）可以提高生产灵活性，应对油品和石化产品市场变化的需求；

（5）可以实现产品多样化，延伸价值链，提高经济效益。

通过炼化一体化多生产低成本的乙烯、丙烯、苯和对二甲苯是炼化一体化企业的关键，其关键技术：一是石油化工型催化裂化技术；二是生产对二甲苯和苯的组合技术；三是甲醇制烯烃技术。

（1）石油化工型催化裂化技术。

目前已经工业应用和即将工业应用的有3种：一是UOP公司的高苛刻度催化裂化技术（PetroFCC），以减压瓦斯油为原料，可以得到6%乙烯、22%丙烯和18%芳香烃。这项技术已有成功工业应用案例。二是Stone& Webster公司的高苛刻度催化裂化技术（SWFCC），这是中国石化石油化工研究院开发的技术，由Stone& Webster公司代理在中国以外的国家转让，建在沙特的装置已经投产。三是Axens-Shaw-Total-IFP（以下简称Axens/Shaw）合作开发的渣油双提升管催化裂化技术（PetroRiser），装置正在建设中。

（2）生产对二甲苯和苯的组合技术。

包括高苛刻度催化重整、C₇/C₉芳香烃烷基转移、二甲苯分离和二甲苯异构化技术。目前工业应用的有两种：一是UOP公司的连续重整（CCR）、C₇/C₉芳香烃烷基转移（Tatory）、二甲苯分离（Parex）和二甲苯异构化（Isomar）技术。二是Axens公司的连续重整（Aromising）、C₇/C₉芳香烃烷基转移（TransPlus）、二甲苯分离（Eluxyl）和二甲苯异构化（XyMax）技术。

（3）甲醇制烯烃（乙烯/丙烯）技术。

目前正在建设工业装置的技术有两种：一是UOP和Nosk Hydro公司的MTO技术，第一套采用这项技术的工业装置计划于 2012 年投产，该装置以廉价的天然气为原料，生产甲醇 1×10^4 t/d，年产 130×10^4 t 乙烯和丙烯，最终生产聚乙烯和聚丙烯。二是 Lurgi 公司的 MTP 技术，第一套工业装置正在我国宁夏回族自治区建设。

2）装置大型化

未来化工装置要实现大型化，在技术上与国际接轨，核心是技术集成，关键是工艺过程的优化、工厂系统的经济配套以及高水平的大型化单元及其设备的技术能力。要形成以 PIMS，Aspen Plus 和 PRO Ⅱ 为平台的各种化工装置工艺计算、流程模拟等软件包系统的集成及优化设计。根据各化工装置的加工目标，进行装置加工流程研究，要对原料、主要加工工艺、副产品、储运系统和公用工程系统的物料进行优化和一体化安排。正确计算全厂的物料平衡和能量平衡，实现从目前的"稳态模拟"过渡到"动态模拟"，全面提升化学工程研究水平，减少工厂大型化的风险。

同时还要实现全厂能量系统过程的集成及优化。利用"狭点"理论，重点开发全厂能量优化综合利用技术和软件，以实现单元内能量优化、跨单元能量优化和全厂系统综合能量优化的目标。要借助信息技术，辅以过程集成软件，对包括全厂自备电厂、变电设备、动力系统的烟气透平、蒸汽透平、蒸汽管网、热电联产、制冷系统的冷量回收等的全厂能量系统进行优化合成、监控和在线调优。

4. 化工过程绿色化

传统化学向绿色化学的转变可以看作是化学工业从"粗放型"向"集约型"的转变。绿色化就是清洁生产，既是对生产过程及产品采取整体预防性的环境策略，以减少对人类及环境的危害，包括节省原材料与能源、尽可能不采用有毒原材料、减少废弃物排放的数量和毒性、生产过程对人类和环境的影响减少到最低程度。近年来，绿色化学的研究正围绕着化学反应、原料、催化剂、溶剂、产品以及工艺的绿色化而开展。

清洁生产概念强调 3 个重点内容：

（1）清洁能源，包括常规能源的合理利用，尽量利用可再生能源，同时开发清洁的新能源以及各种节能技术；

（2）清洁生产过程，即尽量不用有毒有害原料，避免易燃、易爆、噪声等问题的发生，采用高效设备，减少排放，最大限度地回收利用有用物质；

（3）清洁产品，即要求产品不危害人体健康，不破坏生态环境，易于回收再利用。

绿色化学的研究：

1）绿色原料

原料的绿色化主要表现在利用可再生资源做为原料以及采用低毒或无毒无害的原料代替高毒原料方面。

（1）利用可再生资源作为原料。

出于利用廉价的二氧化碳碳源以及减少温室气体排放的考虑，天然气和二氧化碳重整制合成气技术是一个可逆的强吸热反应。甲烷和二氧化碳反应可用来生成富含一氧化碳的合成气，H_2/CO 约为 1，以利于后续的费—托合成及羰基化反应，解决常用的天然气蒸汽转化法制合成气工艺中氢过剩、一氧化碳不足的问题（甲烷—水蒸气重整生产的合成气中 H_2/CO 约为 3），而且还可用于能量传输系统。该技术的研发重点是高性能催化剂及载体。目前天然气二氧化碳重整技术尚处于实验室研究和工业小试阶段。

用二氧化碳加氢合成甲醇、甲酸是一条很有意义的有机合成路线。由于它能与氢气互溶，在超临界二氧化碳流体中，二氧化碳生成甲酸的氢化反应具有很高的反应效率。Jessop等用 Ru(Ⅱ)化合物催化高浓度氢，反应初期速率达到 1400mol(甲酸)/[mol(催化剂)·h]，比同样条件下有机溶剂中的反应速率高一个数量级。二氧化碳加氢合成有机物的研究与碳资源的有效利用和环境保护具有重要的意义，二氧化碳作原料采用类似的方法亦可制备二甲基甲酰胺和甲酸甲酯。

（2）采用低毒或无毒无害的原料。

现有化工生产中往往使用剧毒的光气和氢氰酸等作为原料。由于光气剧毒、且生产过程中产生大量的氯化氢，既腐蚀设备，又污染环境。在代替光气作原料生产有机化工原料方面，碳酸二甲酯(DMC)起到了重要的作用，DMC 无毒而且在无光气的环境中合成所需的化工产品，如在羰基化反应中用 DMC 代替剧毒的光气($COCl_2$)作羰基化试剂。

2）绿色溶剂

（1）离子溶液。

离子液体是由特定阳离子和阴离子构成的在室温或近于室温下呈液态的物质，其主要的特点是：几乎没有蒸气压，不挥发，无色，无嗅；具有较大的稳定温度范围，较好的化学稳定性及较宽的电化学稳定电位窗口；通过阴阳离子的设计可调节其对无机物、水、有机物及聚合物的溶解性，且其酸度可调至超强酸。在离子液体中进行加成反应的突出优点是体系有足够低的蒸气压、可再循环、无爆炸性、热稳定且易于操作。离子液体良好的环境友好性和可设计性，使其作为新型的反应介质正在成为研究热点。

（2）无溶剂有机反应。

因为有机溶剂能很好地溶解有机反应物，使反应物分子在溶液中均匀分散，稳定地进行能量交换，所以传统的有机反应，常常在有机溶剂中进行。但有机溶剂的毒性、挥发性、难以回收使其成为对环境有害的因素。因此，无溶剂有机合成将成为发展绿色合成的重要途径。

无溶剂有机反应最初被称为固态有机反应，它既包括经典的固—固反应，又包括气—固反应和液—固反应。无溶剂反应机理与溶液中的反应一样，反应的发生起源于两个反应物分子的扩散接触，接着发生反应，生成产物分子。此时生成的产物分子作为一种杂质和缺陷分散在母体反应物中，当产物分子聚集到一定大小，出现产物的晶核，从而完成成核过程，随着晶核的长大，出现产物的独立晶相。无溶剂有机反应可在固态、液态及熔融状态下进行，尤其是微波与无溶剂反应技术相结合，具有安全、速率快、易操作、选择性好的特点。

3）绿色催化剂

（1）生物催化剂。

生物催化剂就是在生物细胞中形成可加速体内化学反应的物质，通常以酶为主。酶具有反应步骤少、催化效率高、副产物少和产物易分离纯化等优点。微生物、植物细胞、动物细胞等与酶的催化作用相比，它们具有不需要酶的分离纯化和辅酶的再生等优点。所以现在微生物生产的方法已经广泛地用于一些有机酸、氨基酸、核苷酸、抗生素和激素等化合物的工业化生产。

（2）固体酸碱催化剂。

固体酸碱催化剂可以有效地减少甚至避免对环境的污染，同时也容易回收，可以多次使用。有报道称日本东京技术研究院合成了硫酸基团密度较高的碳基固体酸催化剂，可有效催化一系列有机反应，包括水解、酯化、烷基化、水合以及重排等，这种催化剂在200℃以下保持稳定且易于从反应产物中移除，避免了无机酸带来的废水处理问题。

4）绿色合成工艺。

（1）利用绿色能源。

长期以来，人们一直在努力研究利用太阳能。我们地球所接受到的太阳能，只占太阳表面发出的全部能量的二十亿分之一左右，这些能量相当于全球所需总能量的3万~4万倍，可谓取之不尽，用之不竭，并且太阳能和石油、煤炭等矿物燃料不同，不会导致"温室效应"和全球性气候变化，也不会造成环境污染。因此，太阳能的利用受到了越来越多的重视，各公司竞相开发各种光电新技术和光电新型材料，以扩大太阳能利用的应用领域。若将太阳能运用到各合成反应中，即可实现化学反应低耗能，又可减少污染。

（2）资源再生和循环使用技术。

自然界的资源有限，因此人类生产的各种化学品能否回收、再生和循环使用也是绿色化学研究的一个重要领域。如回收废弃塑料，再生或再生产其他化学品等；设计合理的工业生产流程，使每一个反应所产生的废物成为另一个反应的原料，以实现废物"零排放"的目的。

5. 化学工程前沿技术研究

1）化学工程学的多尺度化

化学工程学界定的多尺度，有别于普遍采用的单一尺度，是一种新兴的、研究具有广泛时空尺度耦合现象的科学的研究方法和工具，包括纳观尺度（Nanoscale）、微观尺度（Microscale）、介观尺度（Mesoscale）、宏观尺度（Macroscale）和兆观尺度（Megascale）。量子化学和基于模拟研究的分子过程属于纳观尺度；微化学研究中液滴、气泡和微粒过程属于微观尺度；传统的单元操作、反应器、蒸馏塔、换热器等的设计计算属于介观尺度；工厂装置和生产过程的设计优化属于宏观尺度；研究臭氧层穿洞、温室效应等大气、环境过程属于兆观尺度。

对多尺度研究方法的理解可以归纳为：

（1）采用多尺度研究可以将化工过程分解成生产装置、反应器、流体力学与传递、催化剂与反应化学，以及原子、分子的分析，能够解决传统研究方法无法描述复杂体系的内部结构及内在规律的问题。

（2）多尺度研究方法能够实现多目标的优化。过程与生产的安全性是首要优化的目标，这不仅只是生产操作者的需要，投资者也需要最少的投资及最安全的运转；其次是优化环境的相容性；再次是废弃物最少的要求。

2）极限化技术

迄今，人们对物质状态的认识绝大多数是正常状态下的，与各种极限状态的过程相伴而生的极限技术有：超高温技术、超高压技术、超真空技术、超低温技术、超临界技术、超重力场技术、微引力技术、失重技术、飞秒化学技术等。下面介绍的是超临界技术和飞秒化学技术。

（1）超临界技术。

超临界流体（Supercritical Fluid，简称SCF）是指临界温度和临界压力以上的高密度流体，超临界流体兼具气体和液体的双重特性，密度接近于液体，黏度和扩散系数接近于气体，渗透性好。目前，有文献报道的超临界流体大致有几十种，最为常见的是 CO_2 和 H_2O，均具有价廉易得、安全无毒等特点，应用较为广泛。

从目前的发展状况看，超临界技术在以下几个方面发挥了重要的作用：

① 超临界萃取。超临界萃取技术(Supercritical Fluid，SCF)是以超临界状态的流体作为溶剂，利用该状态下具有的高渗透能力和高溶解能力，萃取分离混合物质的一项新技术。现在研究较多的被用作超临界萃取的溶剂有乙烷、乙烯、丙烷、丙烯、甲醇、乙醇、水和 CO_2 等物质，其中 CO_2 最受青睐，它具有无毒、无臭、无腐蚀性、无残留、不燃烧、不氧化、临界压力(7.4 MPa)适中、易实现临界温度等优点。

② 材料科学。超临界流体在材料领域中的应用是近些年来才开展的课题，制备原理主要有超临界流体结晶技术(即超临界流体溶液快速膨胀结晶(RESS)和气体抗溶剂结晶(GAS))、超临界流体干燥技术(SCFD)、超临界流体渗透技术(SFI)。具体应用主要集中在微细颗粒的制备、高分子材料及其改性、无机和有机材料等方面。

以高分子材料在聚合物微粒制备中的应用为例：

在聚合物微粒制备中应用超临界流体技术正处于研究阶段。采用 RESS 法可以制备出各种形态的聚苯乙烯微粒，如直径为 $1\mu m$、长度为 $100\sim1000\mu m$ 的纤维状微粒，或直径为 $20\mu m$ 的球形微粒，而得到的聚丙烯微粒则是纤维状的。在一定的条件下，用 RESS 法可制得直径为 $0.7\mu m$ 的醋酸纤维。DixonDj 等采用 GAS 法制得微孔发泡塑料。将聚苯乙烯溶于有机溶剂(如甲苯)，以 CO_2 作为流体，通过控制压力、温度、溶液初始浓度及溶剂引入速率等条件，可以控制过程的饱和度变化，从而控制成核速率和微孔尺寸。

③ 发展超临界技术面临的问题。超临界流体技术作为一种新兴技术，还存在着制约其发展的难题，主要表现为：

a. 设备及工艺技术要求高；

b. 一次性投资较大；

c. 关键设备的防腐和盐沉积问题并未完全解决；

d. 在反应机理上还需要进一步探讨。

(2) 飞秒化学技术。

飞秒化学技术就是利用飞秒激光研究各种化学反应中的动力学过程，主要涉及飞秒和皮秒量级的超快反应过程。这些过程包括：化学键断裂，新键形成，质子传递和电子转移，化合物异构化，分子解离，反应中间产物及最终产物的速度、角度和态分布，溶液中的化学反应以及溶剂的作用，分子中的振动和转动对化学反应的影响以及一些重要的光化学反应等。

飞秒(fs)化学并不是化学的某个新的领域，而是利用飞秒(飞秒即 10^{-15} s，这个时标与分子中的电子或质子的运动速率大致相对应)时间分辨光谱于化学反应动力学研究的一项新技术，"飞秒"只是该技术的主要特征。因为用飞秒的尺度来观测化学反应过程的细节，可以揭示出反应过程中存在的过渡态或中间体的实际情况，从而使得有些化学反应的机理能够由推测变为有确切证明的实际。

飞秒化学技术是利用一种短脉冲激光(飞秒激光)技术，通过连续施放两个脉冲，第一个脉冲为能量脉冲用以激活反应物分子达到活化状态；第二个脉冲为探测脉冲，像一台极高速度的照相机，用以捕捉化学反应实际过程及过渡态分子的图象。飞秒化学技术对化学动力学的贡献是显而易见的，反应中原子的运动不再只是想象、推理或计算的结果，"活化""能垒""过渡态"等也已不再是一些模糊的概念。

第三节　结论与启示

通过对石油化工生产技术过去 10 年的发展历程回顾以及未来 20 年的发展前景展望，得出以下几点结论与启示：

（1）在追求低成本的动力下，蒸汽裂解制乙烯技术朝着使乙烯装置不断向降低投资、降低原料消耗与能耗、长周期运转的方向发展。目前管式炉蒸汽裂解技术仍是乙烯生产的主导技术，世界上约 98% 的乙烯产量通过该技术生产得到。经过几十年的发展，蒸汽裂解技术已经是比较成熟的技术，但在乙烯厂商追求低成本的推动下，各乙烯技术专利商对技术的开发、革新从没有中断过，使得裂解技术日益完善。

（2）茂金属单中心催化剂、"双峰"等易加工 LLDPE 树脂、超冷凝态高效扩能工艺等将对未来的聚乙烯工业产生重要影响。催化剂的进步仍将在聚乙烯工业的发展中起引导作用。高强度、高韧性、高透明性薄膜是聚乙烯产品开发的主流；包装材料是聚乙烯最大的应用领域；适应不同要求的包装薄膜和长寿、耐候、保温、防雾滴等高质量农膜的开发仍将是聚乙烯产品开发的重点。气相法工艺仍将保持较快的发展速度，我国气相法生产能力占聚乙烯总生产能力的比例远远超过世界平均比例，开发用于气相法的催化剂和成套工艺对我国聚乙烯工业的发展至关重要。

（3）聚丙烯作为性能优良的聚烯烃材料，其应用的领域和范围不亚于甚至超过聚乙烯。聚丙烯的生产工艺技术已经非常成熟，国内外聚丙烯的生产能力在今后几年将保持较高的增长速度；新建装置的规模基本都会在 $20 \times 10^4 t/a$ 以上，其中气相生产工艺会占有越来越多的比重。传统的 Z-N 催化剂仍然在聚丙烯生产中占有重要地位，进一步开发和改进的空间很大，尤其是在共聚技术和提高产品性能方面，世界上主要聚丙烯生产商对催化剂开发的大部分投入目前还是集中于 Z-N 催化剂的改进上。茂金属催化剂的开发和工业化应用在不断发展，其工业化的聚丙烯产品已投入市场，并显示了独特的性能优势，但由于成本、聚合物产品的性能和应用有待进步改进，不会很快成为生产聚丙烯催化剂的主流。在聚丙烯产品开发中，共聚物由于其优良的应用性能和经济效益，产量和市场需求不断增加；反应器内共聚合金技术及其高附加值合金产品比较引人瞩目；其他如高熔体强度聚丙烯产品、高结晶和高透明聚丙烯产品的开发和应用相当活跃，产品的市场和增值潜力很大；近期出现的聚丙烯在窗型材方面的应用很值得注意，有可能开拓出聚丙烯应用的新领域，刺激聚丙烯生产和需求的新增长。

（4）ABS 树脂作为 5 大通用塑料之一，其生产技术的发展趋势重点体现在制造工艺的不断改进和完善上。其中成熟稳定的乳液接枝—本体 SAN 掺混技术在未来一定时期仍将是居主导地位的生产技术；优势显著的连续本体技术则是一个主要的发展趋势，随着对该技术的不断改进，将是非常具有发展前景的工艺技术。ABS 产品发展方向则以性能的不断提高、功能的不断增加、专产专用、增加合金的复合功能为重点，同时双峰、三峰产品因其综合性能优异正在成为研发热点，纳米改性等新的改性技术拓宽了 ABS 树脂的应用领域。此外，ABS 树脂正从通用树脂向工程塑料的应用领域转变是值得关注的一个发展趋势。

（5）市场的需求是合成橡胶工业发展的主要动力和源泉。溶液聚合技术是高性能合成橡胶的主导技术，催化剂技术是开发新产品的关键技术，弹性体的高性能化无疑是合成橡胶材料技术发展中最主要的趋势。

（6）未来石油化工技术的主要发展方向可以概括为替代资源利用技术、功能性高分子产品生产技术、装置规模大型化趋势、化工过程的绿色化、化学工程前沿技术研究。

综上，石油化工技术的关键技术发展趋势与未来 20 年展望见表 8-6。

表 8-6　石油化工关键技术发展趋势与未来 20 年展望

技术领域		当前重大关键技术	未来 20 年技术展望	发展趋势与方向
乙烯生产技术		(1)裂解技术； (2)分离技术	(1)替代资源利用技术。 ①煤制烯烃技术； ②生物制乙烯技术。 (2)高分子产品生产技术。 ①活性聚合与分子定制技术； ②纳米复合技术。 (3)装置规模大型化趋势。 ①炼油化工一体化技术； ②装置大型化技术。 (4)化工过程的绿色化。 ①绿色原料； ②绿色溶剂； ③绿色催化剂； ④绿色合成工艺。 (5)化学工程前沿技术研究。 ①多尺度化； ②极限技术	(1)装置大型化； (2)装置长周期； (3)乙烯装置节能； (4)生产灵活性
合成树脂生产技术	聚烯烃生产技术	(1)冷凝及超冷凝技术； (2)超临界技术； (3)共聚技术； (4)不造粒技术； (5)反应器新配置技术； (6)双峰技术		(1)催化剂技术先导作用； (2)多种工艺并存，气相法技术发展较快； (3)装置趋向大型化； (4)产品应用广泛； (5)信息技术； (6)与环境相协调
	聚烯烃催化剂生产技术	(1)聚乙烯催化剂； (2)聚丙烯催化剂		
	ABS 树脂生产技术	(1)乳液接枝—本体 SAN 掺混生产技术； (2)连续本体聚合法		
合成橡胶生产技术		七大橡胶生产技术		(1)装置多功能、高产化； (2)合成技术由溶液法向气相聚合倾斜； (3)分子设计工程技术； (4)活性正离子聚合技术； (5)成品胶延伸加工与改性； (6)茂金属催化剂； (7)弹性体乳液加氢改性技术

参 考 文 献

［1］ Mike Gordon. Delay in Petchem Downturn［N］. Asian Chemical News，2005-10-31.

［2］ Medved J J. Research Targets the Prediction and Control of Corrosion and Coke Formation［J］. Chem. Eng.，2000，107(2)：21.

［3］ Breton M. Ceramic－Based Furnace Designed for Ultra－High Temperature Cracking［J］. Eur. Chem. News, 2001, 74(1959): 31.

［4］ Irving P E. Nova Commercializes Anticoking Technology［J］. Chem. Week, 2002, 164(40): 24.

［5］ Steven L Johnson. Winning All Round［J］. Eur. Chem. News, 2002, 77(23): 24-25.

［6］ 王红秋, 张宁. 超临界技术在化学工业中的应用现状及进展［J］. 湖北化工, 2003, 20(1): 1-3.

［7］ William L. Process Evaluation/Research Planning. In: Chemical Systems［J］. Polypropylene, 2009, 36(4): 16-20.

［8］ Peter Glavic. Reactor Trial is Successful［J］. Eur. Chem. News, 2002, 78(20): 26.

［9］ 胡耀忠. ABS 生产中 PBD 胶乳的合成工艺［J］. 宁波化工, 2000(4): 35-36.

［10］ Vanhoorne, et al. Met hod for Agglomerating Finely Divided Polybutadiene Lattices: US 6939915［P］. 2005.

［11］ 田凤, 杨世元. 世界 ABS 树脂工业格局及技术进展［J］. 塑料工业, 2004, 32(6): 124.

［12］ Ueno M, Noda M, et al. Process for Producing Graft Copolymerlatex: USP. APP. NO. 20030032724［P］. 2003202213.

［13］ 姜华. ABS 生产工艺研究进展［J］. 皮革化工, 2005(6): 8-11.

［14］ 李永田. ABS 新品种开发［J］. 石油科技论坛, 2006(4): 48-49.

［15］ 李建华, 孙艳萍. 煤制烯烃的技术进展及经济分析［J］. 化工技术经济, 2006, 11(24): 43-52.

［16］ UOPLLC. Attrition Resistant Catalyst for Light Olefin Rroduction: WO: 02/05952A2［P］. 2002.

［17］ 张惠明. 甲醇制低碳烯烃工艺技术新进展［J］. 化学反应工程与工艺, 2008, 24(2): 178-182.

［18］ 彭琳. 甲醇制低碳烯烃技术进展［J］. 国内外石油化工快报, 2008, 38(4): 1-6.

［19］ 永德. 甲醇制低碳烯烃的前景及建议［J］. 应用化工, 2006, 35(10): 304-312.

［20］ 任诚. 非石油路线制取低碳烯烃的生产技术及产业前景［J］. 精细化工中间体, 2007, 37(5): 6-9.

［21］ 程惠明. 甲醇制低碳烯烃工艺的新技术及其进展［J］. 广东化工, 2010, 4(37): 27-33.

［22］ 张殿奎. 煤化工发展方向——煤制烯烃［J］. 化学工业, 2009, 2(27): 18-22.

［23］胡炎, 李慧, 黄和, 胡耀池. 生物乙烯开发进展与产业化［J］. 现代化工, 2009, 1(29): 6-9.

［24］ 程广文, 范晓东, 刘国涛, 孔杰. 控制/活性阳离子聚合的研究进展［J］. 化学通报, 2009, 3: 229-236.

［25］ Kapur S. Why Integrate Refineries and Petrochemical Plants［J］. Hydrocarbon Processing, 2009, 88(2): 29-40.

［26］ Aaron Alone. Light-heavy Crude Spread Widens on Rising Middle Distillate Demand［J］. Worldwide Refining Business Digest Weekly, 2006, 13(11): 37-39.

［27］ Philip L. Maximising Potential［J］. Hydrocarbon Engineering, 2007, 12(12): 67-70.

［28］ Mallik R, et al. Integrated Complexes "The Competitire Driving Force［C］. AM-09-76, NPRA Annual Meeting, 2009.

［29］ Andsrson J. Market Trends and Opportunities in Petrochemical Propylene Production［C］. AM-05-58, NPRA Annual Meeting, 2005.

［30］ PetroRabign brings Saudi Cracker Onstream. Chemical Engineering, April 10, 2009. http: //www. zawya. com.

［31］ Petrobras Picks Axens Technology for Comperj PC Comples［J］. Worlwide Refining Business Digest Weekly, December 10, 2007: 26.

［32］ Silady P, et al. Increasing p-xylene Production［J］. Petroleum Technology Quarterly, 2005, 10(3): 33-39.

［33］ 姚国欣. 因地制宜合理选择丙烯生产技术［J］. 现代化工, 2004, 24(8): 4-9.

［34］ Gerald Ondrey. World's Largest Methanol Plant［J］. Petroleum Technology Quarterly, 2008, 13(3): 133-134.

［35］ 刘家明. 工程技术为炼油业的可持续发展提供技术支撑［J］. 石油学报(石油加工), 2004, 10(20):

6-12.

[36] 贺红武，任青云. 绿色化学研究进展及前景[J]. 农药研究与应用，2007，11(1)：1-9.

[37] Zhang X Y, Fan X S, Niu H Y, et a1. An Ionic Liquid as a Recyclable Medium for the Green Preparation of α，α′-bis (Substituted Benzylidene) Cycloalkanones Catalyzed by FeCl$_3$ · 6H$_2$O[J]. Green Chem.，2003，5(2)：267-269.

[38] Olivier H，Magna L. Ionic Liquids：Perspectives for Organic and Catalytic Reactions[J]. Journal of Molecular Catalysis A：Chemical，2002，(182-183)：419-437.

[39] 李静，孙婷，胡月霞. 无溶剂有机合成新进展[J]. 许昌学院学报，2006，25(5)：115-124.

[40] Jacob R G，Perin G，Loi L N，et al. Green Synthesis of(-)-isopulegol from(+)-citronellal：Application to Essential Oil of Citronella[J]. Tetrahedron Lett.，2003，44(18)：3605-3608.

[41] Loupy A. Solvent-free Microwave Organic Synthesis as an Efficient Procedure for Green Chemistry[J]. C. R. Chimie.，2004，7：103-112.

[42] 陈依军，吴旭日. 生物催化与新药研究和开发[J]. 化学进展，2007，19(12)：1947-1954.

[43] 张炜. 绿色化学简介[J]. 贵阳学院学报：自然科学版，2006，1(4)：31-35.

[44] 沈明昊. 浅析燃煤对大气环境的污染及防治[J]. 西北煤炭，2008，6(1)：46-48.

[45] 黄仲涛，李雪辉，王乐夫. 21世纪化工发展趋势[J]. 化工进展，2001，4：1-4.

[46] 管荷兰，徐吉成，蔡笑笑，元强. 超临界技术的发展现状与前景展望[J]. 污染防治技术，2008，4(21)：30-33.

[47] 陆云清. 飞秒化学研究进展[J]. 激光与光电子学进展，2008，9(45)：38-46.